高等学校电子信息类专业系列教材

电路分析与工程应用

王　辉　张晋新　白义臣　冯冬竹　冯　娟　编

西安电子科技大学出版社

内容简介

本书为西安电子科技大学重点立项教材。本书内容包括电路的基本概念和定律、电阻电路的分析、正弦稳态电路的分析、频率响应与谐振电路、动态电路的时域分析，其中正弦稳态电路的分析特意增加了复数运算及三相电路的相关知识与例题。各章配有大量不同层次的计算、证明、设计等例题和不同领域的工程应用实例以及习题，并在书末配有部分习题答案。

本书可作为普通高等学校相关专业少学时“电路”或“电路分析基础”课程的教材，也可供相关科技人员参考。

图书在版编目（CIP）数据

电路分析与工程应用 / 王辉等编. -- 西安：西安电子科技大学出版社，2025. 5. -- ISBN 978-7-5606-7551-0

Ⅰ. TM133

中国国家版本馆 CIP 数据核字第 2025NP5506 号

策　　划　陈　婷

责任编辑　陈　婷

出版发行　西安电子科技大学出版社（西安市太白南路 2 号）

电　　话　(029) 88202421　88201467　　邮　　编　710071

网　　址　www. xduph. com　　电子邮箱　xdupfxb001@163. com

经　　销　新华书店

印刷单位　陕西日报印务有限公司

版　　次　2025 年 5 月第 1 版　2025 年 5 月第 1 次印刷

开　　本　787 毫米×1092 毫米　1/16　　印　　张　17

字　　数　402 千字

定　　价　45. 00 元

ISBN 978-7-5606-7551-0

XDUP 7852001-1

前　言

为了适应不同层次高等院校电子信息类专业和一些非电类专业少学时电路基础课程的需求，编者根据多年教学经验专门编写了本书。

在编写过程中，编者充分考虑了本书的教学适用性，对全书内容进行了精心编排，既遵循电路理论自身的系统和结构，也注意适应读者的认识规律。通过合理、有序地组织全书内容，使各章节的中心内容明确、层次清楚、概念准确，论述力求简明扼要。

本书共5章，分别为：电路的基本概念和定律、电阻电路的分析、正弦稳态电路的分析、频率响应与谐振电路、动态电路的时域分析。本书的教学参考学时数为48学时。本书在编写过程中注重突出以下几个方面的特色：

(1) 优选内容。为了适应电子信息类专业和一些非电类专业的需求，本书在内容上对传统电路分析做了相当大的重新组合，如对KCL、KVL、基本元件的VCR(包含欧姆定律)等经典内容力求讲清概念，强化工程应用和近现代电路发展的新理念和新方法。

(2) 简明扼要。本书对基本概念的讲解力求准确、明了，对物理概念仅做定性解释，减少反复的数学推导，做到思路清楚、过程简明扼要、结论明确，便于学生掌握。

(3) 突出重点。本书对常用的等效变换、戴维南定理、节点法、回路法、一阶电路的三要素法、正弦稳态的相量分析方法等重点内容进行了多视角的描述，力求讲清讲透，同时潜移默化地渗透其工程理念及工程应用；对重要的电路定理，做到讲清定理的基本内容、存在的依据、使用的范围条件，并通过举例讲清应用中需要注意的问题；对于只是要求学生了解的非重点内容，如△-Y互换等效、互易定理等，只交待基本内容及如何使用。

(4) 加大工程应用实例的篇幅。考虑到社会对工程实践人才的需求，为了使本书与工程实际结合更加紧密，本书每章均有工程应用实例，这些应用实例兼具工程的典型性和知识的趣味性，可将抽象的理论与实际相结合，以引导学生进行研究性学习，调动学生的主动性和积极性，增加学生的学习兴趣。

(5) 例题、习题丰富。本书配有形式多样的例题，可帮助读者加深对概念的理解，掌握如何灵活运用基本概念和方法来分析具体的电路。各章均配有数量较多的习题，以供读者练习。

本书的编写得到了西安电子科技大学及空间科学与技术学院有关部门的大力支持，还借鉴了从事电路教学的多位老师的教学实践成果，并听取了学生们的意见，在此一并表示诚挚的感谢。

由于编者水平有限，一些内容是首次尝试引入，难免存在疏漏和不足，敬请读者对教材体系和内容提出宝贵意见。

编　者

2024年12月

目　　录

01

第 1 章　电路的基本概念和定律

1.1　引言

电路理论(circuit theory)起源于物理学中电磁学的一个分支，从欧姆定律(1827 年)和基尔霍夫定律(1845 年)的提出算起，至今已有将近 200 年的历史。随着电力和通信工程技术的发展，电路理论逐渐成为一门比较系统且应用广泛的工程学科。自 20 世纪 60 年代以来，新的电子器件不断涌现，集成电路、大规模集成电路、超大规模集成电路的飞跃进展，计算机技术的迅猛发展和广泛使用等，都给电路理论提出了新的课题，同时也促进了电路理论的发展。

1.1.1　电路分析与工程应用的关系

尽管电路在工程领域有明确的专业区分，但这些专业中有大量的知识是学生不论从事哪个方面的工作都会用到的，特别是在解决问题的时候。事实上，学生们将来可能会从事各种不同的工作，从单个器件和系统的设计到辅助解决各种社会经济问题，如空气和水污染治理、城市规划、通信、大规模交通、电力开发和传输、自然资源的有效利用和保护等，这些不同的工作甚至会超出他们自己的专业范围，但是所掌握的知识和技能会帮助他们适应不同的环境。

长期以来，电路分析一直是从工程角度来分析问题和解决问题的。在当今社会中，任何一个工程师都很难碰到一个不包含电路的系统。随着电路变得越来越小以及功耗越来越低，电源也不断变小，同时价格越来越便宜，嵌入式电路变得随处可见。大多数的工程在某些阶段需要团队工作，因此工程师具备电路分析知识有助于他们在项目中进行有效的沟通。

因此，本书不仅从工程应用角度来介绍电路分析和解决问题的基本方法，还会从一般性的角度来给学生讲解一些对电路的认识与理解，以帮助学生从电路入手来理解一个复杂系统，本书还进一步给出了一些相关内容的工程应用案例。除了培养学生掌握电路分析技术，本书还注重培养学生掌握解决问题的系统方法、收集重要信息的技巧，以及敢于对问题准确性进行验证的实践精神。例如，通过对液体流动、机车悬置系统、桥梁设计、供应链管理和过程控制等工程应用案例的学习，学生们将会发现，许多描写各种电路行为的方程与其他课程中的方程具有相同的形式，只需学会怎样“翻译”有关的变量(例如，用力替换电压、用距离替换电荷、用摩擦系数替换电阻等)，就可以知道怎样处理其他类型的问题。若学生拥有了解决类似或有关问题的经验，那么直觉和经验会引导他找到一个全新问题的答案。

本书所讲解的有关线性电路分析的内容是后续电气工程、电子信息工程、通信工程等课程的基础，其目的是培养学生熟练而系统地分析、解决实际问题的能力，有时甚至不用动笔就可以分析一个复杂电路。本书有关电路时域和频域的章节会直接引出信号分析处理、电力传输、控制理论和通信的有关思想，其目的是为学生打开一扇窗，以感受和遐想窗外的“风景”，为后续高阶学习和探索做好铺垫和知识储备。

1.1.2 电路模型

电路(electric circuit)是由电器件互连而成的电流通路。实际电路的功能繁多，概括地说，电路的主要作用是能量的传送与转换和信号的传递与处理。譬如，电力系统的发电机将热能(或水位能、原子能等)转换为电磁能，经输电线传送给各用电设备(如电灯、电动机等)，这些用电设备将电磁能转换为光、热、机械能等。通常将供给电磁能的设备统称为电源，把用电设备统称为负载。又如，生产过程中的控制电路是用传感器将所观测的物理量(如温度、流量、压力等)变换为电信号(电压或电流)，经过适当地“加工”处理得出控制信号，用以控制生产操作(如断开电炉的电源以停止加热或接通电源以启动加热等)。再如，电视机是将接收到的高频电信号经过变换、处理(如选频、放大、解调等)，将分离出的图像信号送到显像管，在控制信号的作用下，将信号显示为画面，同时将伴音信号传送到扬声器转换为声音。在电源的作用下电路中将产生电压和电流，因此，电源又称为激励源，由激励而在电路中产生的电流和电压统称为响应。根据激励与响应之间的因果关系，有时又把激励称为输入，响应称为输出。

实际电路在运行过程中的物理表现相当复杂，要在数学上精确描述这些物理现象相当困难。为了定量地从理论上研究电路的性能，可将组成实际电路的电器件在一定的条件下按其主要电磁性质加以理想化，从而抽象出一系列具有单一电磁性质的理想化元件。例如，电阻器、灯泡、电炉等，它们主要消耗电能，可以用理想电阻元件来反映其消耗电能的特征，其模型符号如图 1.1-1(a)所示；各种电容器主要储存电能，可以用理想电容元件来反映其储存电能的特征，其模型符号如图 1.1-1(b)所示；各种电感线圈主要储存磁能，可以用理想电感元件来反映其储存磁能的特征，其模型符号如图 1.1-1(c)所示。

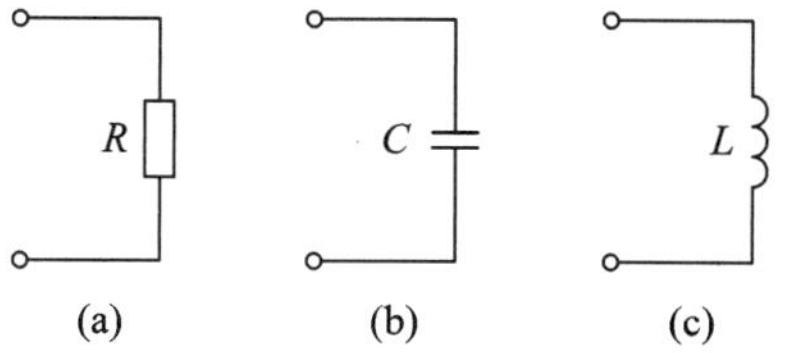

图 1.1－1　电阻、电容、电感元件模型

有了这些理想元件模型之后，任何一个实际电器件就可以忽略一些次要特性，用足以反映其电磁性能的一些理想元件模型来表示，以构成实际电器件的电路模型。例如，电阻器、灯泡、电炉等，它们主要的电磁性能是消耗电能，在低频应用时，其储存的电能和磁能比起消耗的电能来说很微小，可以忽略不计，此时它们的电路模型都可用图 1.1－1(a)所示的理想电阻来表示。再如，一个用铜丝绕制的电感线圈，如图 1.1－2(a)所示，在低频应用时，其主要的电磁性能是储存磁能，它所消耗和储存的电能都很小，与储存磁能相比可以忽略不计，它的电路模型就可用图 1.1－1(c)所示的理想电感来表示；在高频应用时，它消耗和储存的电能将增大，建模时必须加以考虑，其电路模型如图 1.1－2(b)所示。

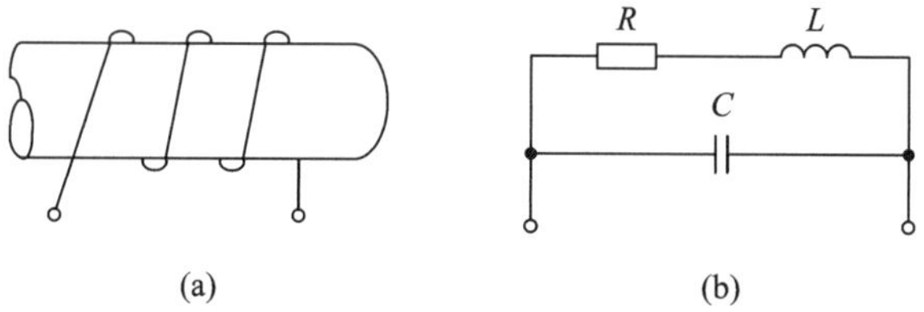

图 1.1－2　实际电感线圈及其模型

实际电路的电路模型就是用一些理想化的元件相互连接组成理想化电路，用以描述该实际电路，进而对电路模型进行分析，其所得结果就反映了实际电路的物理过程。

电路理论研究的对象不是实际电路，而是理想化的电路模型。因而电路理论中所说的电路是指由一些理想化的电路元件按一定方式连接组成的总体。

1.1.3 集总参数电路

实际电路器件中的耗能和储能现象是交织在一起并发生在整个器件中的。只有当电路器件尺寸 l 远小于电路最高工作频率 f 所对应的波长 λ($\lambda = c/f$，$c=3\times10^8$ m/s)，即

$$l \ll \lambda \tag{1.1-1}$$

时，才可以认为传送到实际电路各处的电磁能量是同时到达的。这时，与电磁波的波长相比，电路尺寸可以忽略不计，同时发生在电路中的耗能和储能现象可以分开考虑。从电磁场理论的观点来看，整个实际电路可看作是电磁空间的一个点，这与经典力学中把小物体看作质点相类似。式(1.1－1)称为电路的集总参数假设条件。满足集总参数假设条件的电路称为集总参数电路(lumped parameter circuit)。通常所说的电路图是用“理想导线”将一些电路元件符号按一定规律连接组成的图形。电路图中，元件符号的大小、连线的长短和形状都是无关紧要的，只要能正确地表明各电路元件之间的连接关系即可。

实际电路的几何尺寸相差甚大。对于电力输电线，其工作频率为 50 Hz，相应的波长为

6000 km，因而 30 km 长的输电线只有波长的 1/200，可以看作是集总参数电路。对于电视天线及其传输线来说，其工作频率为 10^8 Hz 的数量级，譬如 10 频道，其工作频率约为 200 MHz，其相应的工作波长为 1.5 m，这时 0.2 m 长的传输线不能看作是集总参数电路。对于不符合集总化假设的实际电路，需要用分布参数电路(distributed parameter circuit)理论或电磁场理论来研究。本书只讨论集总参数电路，书中所说的"元件""电路"均指理想化的集总参数的元件和电路。

需要注意的是，不应把实际器件(有的也称为元件)与电路元件(理想化的)混为一谈。各种电子设备使用的电阻器、电容器、线圈、晶体管等，在一定的条件下，可用某种电路元件或一些电路元件的组合来模拟。同一个器件，由于工作条件不同或精度要求不同，它的模型也不同。

用理想化的模型模拟实际电路总有一定的近似性，也就是说，用电路元件互连来模拟实际电路，只是近似地反映实际电路中所发生的物理过程。不过，由于电路元件有确切的定义，且分析运算是严谨的，因此就能保证这种近似有一定的精度，而且还可根据实际情况改善电路模型，使电路模型所描述的物理过程更加逼近实际电路的物理过程。大量的实践经验表明，只要电路模型选取适当，按理想化电路分析计算的结果与相应实际电路的观测结果是一致的。当然，如果电路模型选取不当，则会造成较大的误差，有时甚至得出互相矛盾的结果。

1.2 电路变量

为了定量地描述电路的性能，可在电路中引入一些物理量作为电路变量。电路变量通常分为基本变量和复合变量两类。电流、电压由于易测量而常被选为基本变量，有时也用电荷、磁通(或磁链)作为基本变量。复合变量包括功率和能量等。电路变量一般都是时间的函数。

1.2.1 电流及其参考方向

在电场力的作用下，电荷有规则的定向移动形成电流(current)。单位时间内通过导体横截面的电荷量定义为电流强度，简称电流，用符号 i 或 $i(t)$[①] 表示，即

$$i(t) \overset{\text{def}}{=\!=} {}^{②} \frac{\mathrm{d}q(t)}{\mathrm{d}t} \tag{1.2-1}$$

---

① 本书用小写字母表示随时间变化的量，如 $i(t)$、$q(t)$等，在不致引起误会的情况下，常省去(t)，用 i、q 表示。

② 符号 $\overset{\text{def}}{=\!=}$ 可读为"定义为"，或"按定义等于"。

式中，电荷量 $q(t)$ 的单位是库(C)，时间 t 的单位是秒(s)，电流 $i(t)$ 的单位是安(A)。

习惯上把正电荷运动的方向规定为电流的实际方向。但在具体电路中，电流的实际方向常常随时间变化，即使不随时间变化，对较复杂电路中电流的实际方向有时也难以预先断定，因此，往往很难在电路中标明电流的实际方向。

通常在分析电路时，先指定某一方向为电流方向，这个电流方向称为电流的参考方向(reference direction)，用箭头表示，如图 1.2-1 中实线箭头所示。如果电流的参考方向与实际方向(虚线箭头)一致，则电流 i 为正值($i>0$)，如图 1.2-1(a)所示；如果电流的参考方向与实际方向相反，则电流取负值($i<0$)，如图 1.2-1(b)所示。这样，在指定的电流参考方向下，电流值的正或负就反映了电流的实际方向。显然，在未指定参考方向的情况下，电流值的正或负是没有意义的。

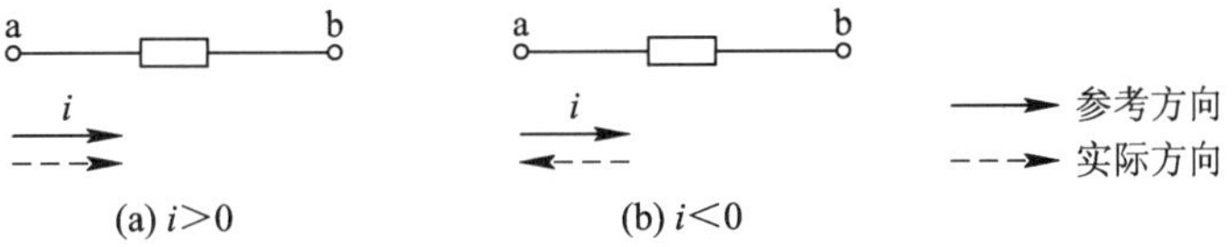

图 1.2-1　电流的参考方向

电流的参考方向是任意指定的，一般用箭头表示，有时也用双下标表示，如 i_{ab} 表示其参考方向为由 a 指向 b。本书电路图中只标明参考方向。

1.2.2 电压及其参考极性

电路中，电场力将单位正电荷从某点移到另一点所做的功定义为该两点之间的电压(voltage)，也称电位差，用 u 或 $u(t)$ 表示，即

$$u(t) \overset{\text{def}}{=\!=} \frac{\mathrm{d}w(t)}{\mathrm{d}q(t)} \tag{1.2-2}$$

式中，功 $w(t)$ 的单位是焦(J)，电压 $u(t)$ 的单位是伏(V)。

通常，两点间电压的高电位端为“+”极，低电位端为“−”极。

像需要为电流指定参考方向一样，也需要为电压指定参考极性(也称参考方向，即“+”极到“−”极的方向)。在分析电路时，需先指定电压的参考极性，“+”号表示高电位端，“−”号表示低电位端，如图 1.2-2(a)所示。如果电压的参考极性与实际极性一致，则电压 $u>0$；如果电压的参考极性与实际极性相反，则电压 $u<0$。

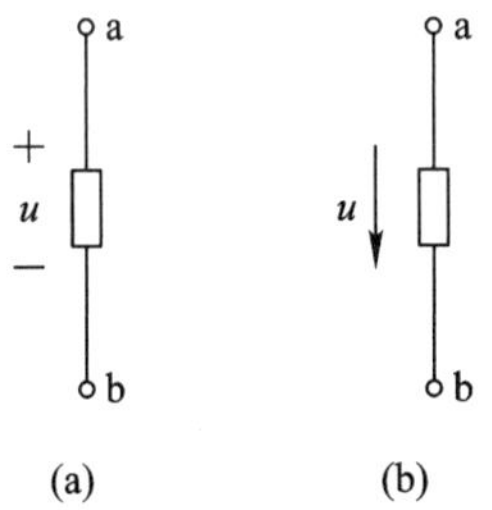

图 1.2-2　电压的参考极性

电压的参考极性是任意指定的，一般用“+”“−”极性表示，有时也用箭头表示参考极性(如图 1.2-2(b)所示)，箭头由“+”极指向“−”极；也可用双下标表示，如 u_{ab} 表示 a 点为“+”极，b 点为“−”极。

电流、电压的参考方向在电路分析中起着十分重要的作用。电流、电压是代数量，既有数值又有与之相应的参考方向才有明确的物理意义。只有数值而无参考方向的电流、电压

是没有意义的。

对一个元件或一段电路上的电压、电流的参考方向可以分别独立地任意指定，但为了方便，常常采用关联(associated)参考方向，即电流的参考方向和电压的参考方向一致，如图 1.2-3(a)所示。这时在电路图上只需标明电流参考方向或电压参考极性中的任何一种即可。电流、电压参考方向相反时称为非关联参考方向，如图 1.2-3(b)所示。

本书中任意瞬间 t 的电流、电压分别用 $i(t)$ 和 $u(t)$ 表示，也常简写为 i、u。如果它们的大小和方向都不随时间变化，则分别称为直流电流、直流电压，用大写字母 I、U 表示。

测量直流电流时，要根据电流的实际方向将电流表串联接入待测支路中，使电流的实际方向从直流电流表的正极流入。测量直流电压时，要根据电压的实际极性将直流电压表并联接入电路，使直流电压表的正极接所测电压的实际高电位端，负极接所测电压的实际低电位端。例如，理论计算出的 $U_{ab}=5$ V，$U_{bc}=-3$ V，$I=1$ A，若要测量这些电压和电流，电压表和电流表应按照图 1.2-4 所示接入电路，图中，Ⓥ和Ⓐ分别为电压表和电流表，两边所标示的“+”“−”号分别为直流电压表和电流表的正、负极。

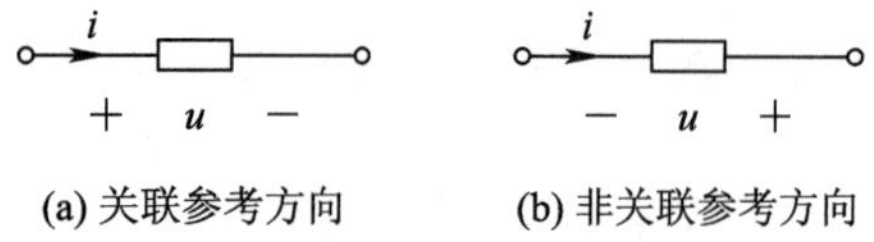

图 1.2-3 关联参考方向和非关联参考方向

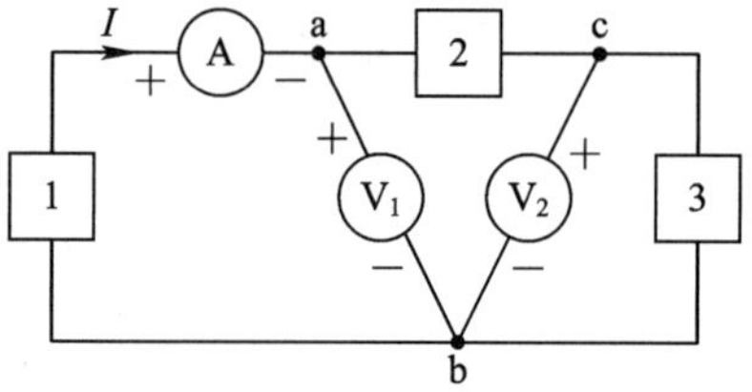

图 1.2-4 直流电压和电流测量电路

在实际应用中，上述电流、电压的单位有时会过小或过大，这时可在各单位前加适当的词头，形成十进倍数单位和分数单位。例如，1 μA(微安) $=10^{-6}$ A，1 mV(毫伏) $=10^{-3}$ V，3 kΩ(千欧) $=3\times10^{3}$ Ω，2 GHz(吉赫) $=2\times10^{9}$ Hz 等。部分常用国际单位制(SI)词头见表 1.2-1。

表 1.2-1 部分常用国际单位制(SI)词头

因数	词　　头	符号	因数	词　　头	符号
10^{12}	太〔拉〕(tera)	T	10^{-3}	毫(milli)	m
10^{9}	吉〔咖〕(giga)	G	10^{-6}	微(micro)	μ
10^{6}	兆(mega)	M	10^{-9}	纳〔诺〕(nano)	n
10^{3}	千(kilo)	k	10^{-12}	皮〔可〕(pico)	p

1.2.3 功率和能量

功率(power)是指某一段电路所吸收或提供能量(energy)的速率，用符号 $p(t)$ 表示，其数学定义式为

$$p(t)=\frac{\mathrm{d}w(t)}{\mathrm{d}t} \tag{1.2-3}$$

式中，$dw(t)$为 dt 时间内电场力所做的功，单位为瓦(W)。

功率与电压和电流密切相关。当正电荷从电路元件上电压的"+"极经元件移到"−"极时，电场力对电荷做功，这时元件吸收能量；反之，当正电荷从电路元件的"−"极移到"+"极时，则必须由外力(化学力、电磁力等)对电荷做功以克服电场力，这时电路元件发出能量。

若某元件两端的电压为 u，在 dt 时间内流过该元件的电荷量为 dq，那么，根据电压的定义式(1.2-2)，电场力做的功 $dw(t)=u(t)dq(t)$。

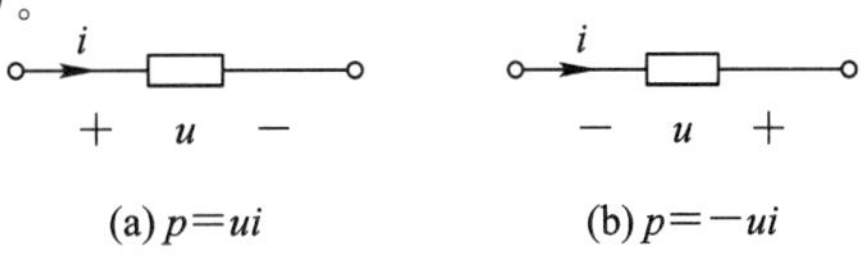

图 1.2-5　吸收功率

在电流与电压为关联参考方向的情况下(这时，正电荷从电压"+"极移到"−"极)，如图 1.2-5(a)所示，由式(1.2-1)可得，在 dt 时间内电场力所做的功，即该元件吸收的能量为

$$dw(t)=u(t)i(t)dt \qquad (1.2-4)$$

则由功率的定义式(1.2-3)可得电路元件吸收的功率 $p(t)$为

$$p(t)=\frac{dw(t)}{dt}=u(t)i(t) \qquad (1.2-5(a))$$

需要注意的是，式(1.2-5(a))是在电压、电流为关联参考方向下推得的(参看图 1.2-5(a))。如果电压、电流为非关联参考方向，如图 1.2-5(b)所示，则电路元件吸收的功率 $p(t)$为

$$p(t)=-u(t)i(t) \qquad (1.2-5(b))$$

利用式(1.2-5(a))计算功率时，如果 $p>0$，表示元件吸收功率；如果 $p<0$，表示元件吸收的功率为负值，实际上它将发出功率。

设 t_0 时元件的能量为 $w(t_0)$，t 时元件的能量为 $w(t)$，在 u 与 i 为关联参考方向的情况下，对式(1.2-4)从 t_0 到 t 进行积分，则可求得从 t_0 到 t 的时间内元件吸收的能量为

$$\int_{w(t_0)}^{w(t)} dw(\xi)=\int_{t_0}^{t} p(\xi)d\xi=\int_{t_0}^{t} u(\xi)i(\xi)d\xi \qquad (1.2-6)$$

上式中，为避免积分上限 t 与积分变量 t 相混淆，将积分变量换为 ξ。

若选 $t_0=-\infty$，且假设 $w(-\infty)=0$，则

$$w(t)=\int_{-\infty}^{t} p(\xi)d\xi=\int_{-\infty}^{t} u(\xi)i(\xi)d\xi \qquad (1.2-7)$$

式(1.2-7)表示到时刻 t，元件吸收的能量。在实际工程中，能量单位除用焦之外，还常用千瓦小时(kW·h)。吸收功率为 1000 W 的家用电器，加电使用 1 h，它吸收的电能(即消耗的电能)为 1 kW·h，俗称 1 度电。

以上关于功率、能量的论述适用于任何一段电路。

一个二端元件(或电路)，如果对于所有的时刻 t，元件吸收的能量满足

$$w(t)=\int_{-\infty}^{t} p(\xi)d\xi \geqslant 0 \qquad \forall t^{①} \qquad (1.2-8)$$

则称该元件(或电路)是无源的，否则就称其为有源的。在 1.4 节和 1.5 节中将分别讨论无源元件和有源元件(电源)。

---

① 数学符号 ∀ 的意思是所有的、一切的。 $\forall t$ 的意思是对于所有的时刻 $t(t>-\infty)$。

例 1.2-1 图 1.2-6 所示是由 A 和 B 两个元件构成的电路，已知 $u=3$ V，$i=-2$ A。求元件 A 和 B 分别吸收的功率。

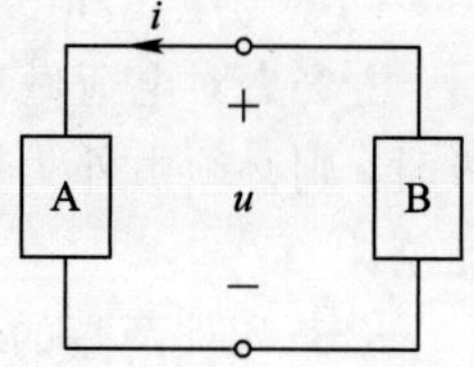

图 1.2-6 例 1.2-1 图

解 对元件 A 来说，u 与 i 为关联参考方向；对元件 B 来说，u 与 i 为非关联参考方向。因此

$$p_{A吸}=ui=3\times(-2)=-6\ \mathrm{W}$$

$$p_{B吸}=-ui=-3\times(-2)=6\ \mathrm{W}$$

例 1.2-2 某一段电路电流、电压为关联参考方向，其波形如图 1.2-7(a)所示，分别画出其功率和能量的波形，并判断该电路是无源电路还是有源电路。

解 由图 1.2-7(a)可写出

$$u=\begin{cases}0 & t<0,\ t>3\\ t & 0<t<2\\ 2(3-t) & 2<t<3\end{cases}$$

$$i=\begin{cases}0 & t<0,\ t>3\\ 1 & 0<t<2\\ -1 & 2<t<3\end{cases}$$

因此

$$p=ui=\begin{cases}0 & t<0,\ t>3\\ t & 0<t<2\\ 2(t-3) & 2<t<3\end{cases}$$

$$w(t)=\int_{-\infty}^{t}p(\xi)\mathrm{d}\xi=\begin{cases}0 & t<0\\ 0.5t^2 & 0<t<2\\ t^2-6t+10 & 2<t<3\\ 1 & t>3\end{cases}$$

其功率和能量的波形分别如图 1.2-7(b)和 1.2-7(c)所示。由图 1.2-7(c)可见，$w(t)$满足式(1.2-8)，因此，该段电路是无源电路。

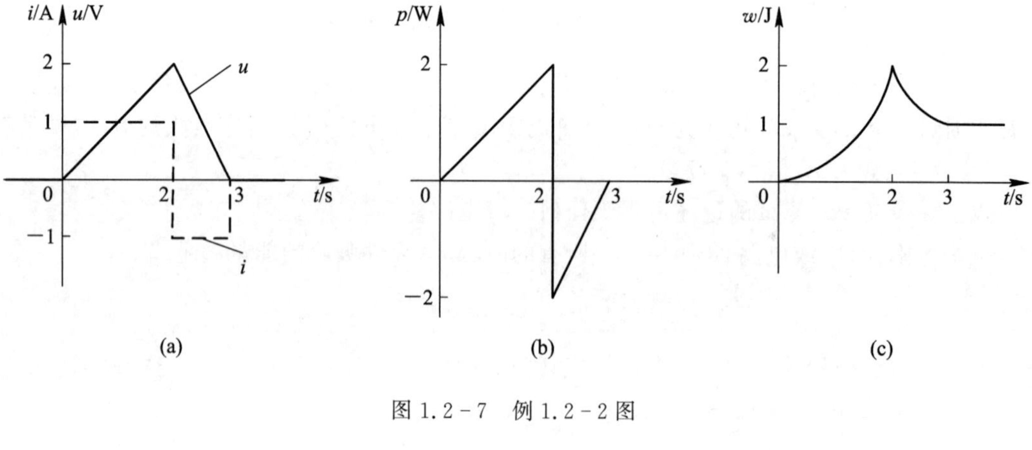

图 1.2-7 例 1.2-2 图

1.3 基尔霍夫定律

电路是由一些电路元件相互连接构成的总体。电路中各元件的电流和电压受到两类约束。一类是元件的相互连接给元件电流之间和元件电压之间带来的约束，称为拓扑约束(topological constraint)。这类约束由基尔霍夫定律体现。另一类是元件的特性造成的约束，即每个元件上的电压与电流自身存在一定的关系，称为元件约束(element constraint)。这里先讨论前者，元件约束稍后再讨论。

1.3.1 电路图

图 1.3－1(a)所示是由 6 个元件相互连接组成的电路图，各元件上的电压、电流均为关联参考方向。如前所述，在电流、电压取关联参考方向的前提下，其参考方向可只标示一种(这里只标示电流的参考方向)。如果仅研究各元件的连接关系暂不关心元件本身的特性，则可用一条线段来代表元件。这样，图 1.3－1(a)所示的电路图就可简化表示为图 1.3－1(b)所示的拓扑图[①]，简称图(graph)。标明参考方向的图称为有向图(directed graph)。通常图中的参考方向与相应电路图中电流(或电压)的参考方向相同。

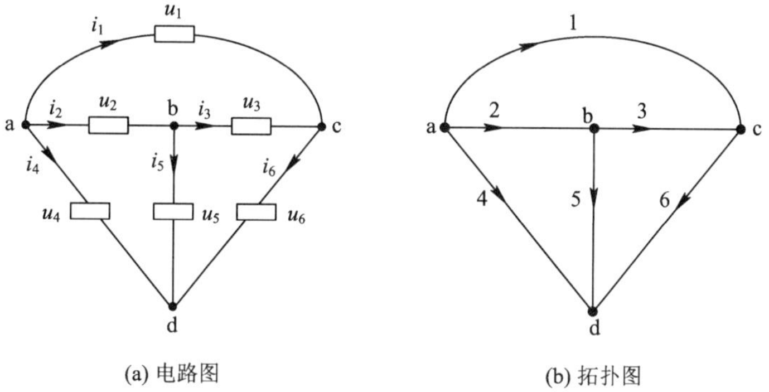

图 1.3－1　电路图及其拓扑图

电路图中的每一个元件，即图中的每一条线段，称为支路(branch，图论中常称为边)，支路的连接点称为节点(或结点，node)。例如图 1.3－1(a)和 1.3－1(b)中有 1，2，…，6 等 6 条支路；有 a，b，c，d 等 4 个节点。在电路图中，从某一节点出发，连续地经过一些支路和节点(只能各经过一次)，到达另一节点，就构成路径。如果路径的最后到达点就是出发点，这样的闭合路径称为回路[②](loop)。例如在图 1.3－1 中，支路(1，3，2)、(4，5，2)及(2，3，6，4)等都是回路。

---

① 拓扑图(topological graph)，简单地说就是图形可以进行弹性运动，其各线段可以随意伸长、缩短、弯曲、拉直等，但图形的连接关系不变。

② 关于支路、节点、回路等有关图的知识，将在 2.1 节中进一步说明。

描述集总参数电路中支路电流之间的关系和支路电压之间的关系的基本定律是基尔霍夫电流定律(KCL)和基尔霍夫电压定律(KVL)[①]。

1.3.2 基尔霍夫电流定律

基尔霍夫电流定律(KCL)可表述为：对于集总参数电路中的任一节点，在任意时刻，流出该节点的电流和等于流入该节点的电流和，即对任一节点，有

$$\sum_{\text{流出}} i(t) = \sum_{\text{流入}} i(t) \qquad \forall t \tag{1.3-1}$$

例如，图 1.3-2 所示是某电路图中的一个节点 p，根据 KCL，在任意时刻有

$$i_1(t) + i_3(t) + i_4(t) = i_2(t) + i_5(t)$$

如果流出节点的电流前面取“+”号，流入节点的电流前面取“-”号，则 KCL 可表述为：对于集总参数电路中的任一节点，在任意时刻，所有连接于该节点的支路电流的代数和恒等于零，即对任一节点，有

$$\sum i(t) = 0 \qquad \forall t \tag{1.3-2}$$

对于图 1.3-2 中的节点 p，KCL 方程为 $i_1 - i_2 + i_3 + i_4 - i_5 = 0$。

KCL 通常用于节点，它也可推广用于包括数个节点的闭合曲面(可称为广义节点，即图论中的割集，cut set)。例如在图 1.3-3 中，对于闭合曲面 S，有

$$-i_3 - i_4 - i_5 + i_8 + i_9 = 0$$

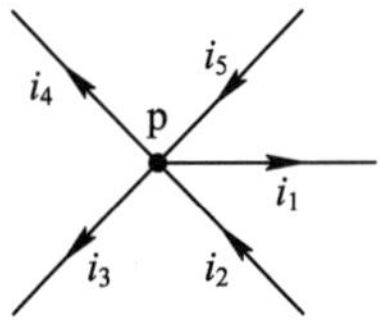

图 1.3-2 KCL 用于节点

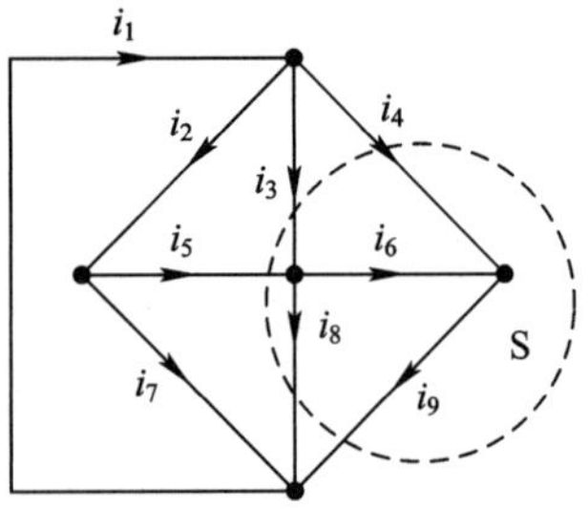

图 1.3-3 KCL 用于节点

例 1.3-1 电路如图 1.3-4 所示，已知 $i_1 = -5$ A，$i_2 = 1$ A，$i_6 = 2$ A，求 i_4。

解 为求得 i_4，对于节点 b，根据 KCL 有

$$-i_3 - i_4 + i_6 = 0$$

即

$$i_4 = -i_3 + i_6$$

为求出 i_3，可利用节点 a，由 KCL 有 $i_1 + i_2 + i_3 = 0$，即

$$i_3 = -i_1 - i_2 = -(-5) - 1 = 4 \text{ A}$$

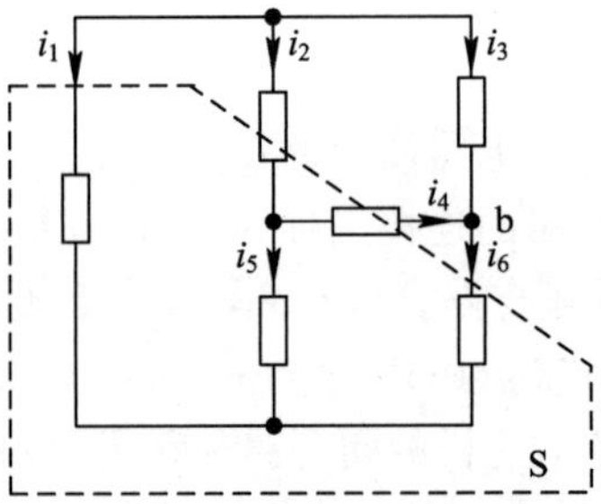

图 1.3-4 例 1.3-1 图

① KCL 是 Kirchhoff's Current Law 的缩写，KVL 是 Kirchhoff's Voltage Law 的缩写。1845 年，年仅 21 岁的德国人 G. R. Kirchhoff 提出了基尔霍夫电流定律和基尔霍夫电压定律。

将 i_3 代入 i_4 的表达式，得

$$i_4 = -i_3 + i_6 = -4 + 2 = -2\ \text{A}$$

或者，取闭合曲面 S，如图 1.3－4 中虚线所示，根据 KCL，有

$$-i_1 - i_2 + i_4 - i_6 = 0$$

可得

$$i_4 = i_1 + i_2 + i_6 = -5 + 1 + 2 = -2\ \text{A}$$

1.3.3 基尔霍夫电压定律

基尔霍夫电压定律（KVL）可表述为：在集总参数电路中，任意时刻，沿任一回路绕行，回路中所有支路电压的代数和恒为零，即对任一回路，有

$$\sum u(t) = 0 \qquad \forall t \tag{1.3-3}$$

注意：上式取和时，需要任意指定一个回路的绕行方向，凡支路电压的参考方向与回路的绕行方向一致者，该电压前面取“＋”号；支路电压的参考方向与回路绕行方向相反者，前面取“－”号。

对图 1.3－5 所示的回路，KVL 方程为

$$u_1 - u_2 + u_3 + u_4 - u_5 = 0$$

在电路分析时，常常需要求得某两节点之间的电压，譬如图 1.3－5 中节点 a、d 之间的电压 u_{ad}。为了叙述方便，这里各支路电压用双下标表示。如图 1.3－5 中，$u_{ab}=u_1$，$u_{bc}=-u_2$，$u_{cd}=u_3$，$u_{de}=u_4$，$u_{ea}=-u_5$。根据 KVL，沿 a、b、c、d、e、a 的绕行方向有

$$u_1 - u_2 + u_3 + u_4 - u_5 = 0$$

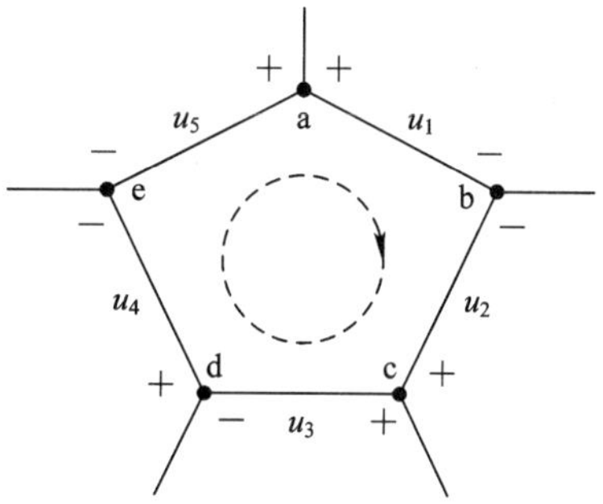

图 1.3－5　KVL 应用

亦即

$$u_{ab} + u_{bc} + u_{cd} + u_{de} + u_{ea} = 0$$

将上式中的后两项移到等号右端，考虑到 $u_{de}=-u_{ed}$，$u_{ea}=-u_{ae}$，可得

$$u_{ab} + u_{bc} + u_{cd} = u_{ae} + u_{ed}$$

上式等号左端是沿路径 a、b、c、d 的电压 u_{ad}，即

$$u_{ad} = u_{ab} + u_{bc} + u_{cd} = u_1 - u_2 + u_3$$

而等号右端是沿路径 a、e、d 的电压 u_{ad}，即

$$u_{ad} = u_{ae} + u_{ed} = u_5 - u_4$$

二者相等。

以上结果表明，在集总参数电路中，任意两点（譬如 p 和 q）之间的电压 u_{pq} 等于沿从 p 到 q 的任一路径上所有支路电压的代数和，即

$$u_{pq} = \sum_{\substack{\text{沿由p到q的}\\ \text{任一路径}}} u(t) \qquad \forall t \tag{1.3-4}$$

例 1.3－2　电路如图 1.3－6 所示，已知 $u_1=10$ V，$u_2=-2$ V，$u_3=3$ V，$u_7=2$ V。求 u_5、u_6 和 u_{cd}。

解　由图可见

$$u_5=u_{bc}=u_{ba}+u_{ac}=-u_1+u_3=-7\text{ V}$$

由于 $u_6=u_{ad}$，沿 a、b、e、d 路径，得

$$u_6=u_{ab}+u_{be}+u_{ed}=u_1+u_2-u_7=6\text{ V}$$

$$u_{cd}=u_{ca}+u_{ad}=-u_3+u_6=3\text{ V}$$

或者沿路径 c、a、b、e、d，得

$$\begin{aligned}u_{cd}&=u_{ca}+u_{ab}+u_{be}+u_{ed}\\&=-u_3+u_1+u_2-u_7\\&=3\text{ V}\end{aligned}$$

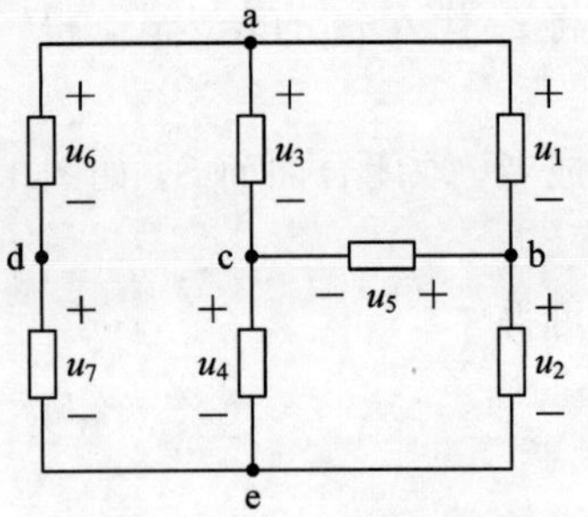

图 1.3－6 例 1.3－2 图

基尔霍夫电流定律(KCL)和基尔霍夫电压定律(KVL)是集总参数电路的基本规律。KCL 描述了电路中任一节点处各支路电流的约束关系，实质上是电荷守恒原理的体现；KVL 描述了在电路的任一回路中各支路电压的约束关系，实质上是能量守恒原理的体现。KCL 和 KVL 仅与电路中元件的相互连接形式有关，而与元件自身的特性无关，是元件互连的拓扑约束关系。KCL 和 KVL 不仅适用于线性电路，也适用于非线性电路；不仅适用于非时变电路，也适用于时变电路。

1.4 电阻元件

在集总参数电路中，电路元件是构成电路的基本单元。按电路元件的引出端(称为端子)的数目，可分为二端元件、三端元件、多端元件等。在集总参数假设条件下，通常只关心元件端子上的特性(称为外部特性)，而不必关心其内部的情况。本节只讨论电阻元件。

1.4.1 电阻元件概述

电阻器是实际电路中广泛使用的一类器件，电阻元件则是从实际电阻器抽象出来的模型。电阻器、灯泡、电炉等在一定条件下可以用电阻元件作为其模型。

一个二端元件，如果在任意时刻 t，其两端电压 u 与流经它的电流 i 之间的关系(VCR①)能用 u-i 平面(或 i-u 平面)上通过原点的曲线所确定，就称其为二端电阻元件，简称电阻元件。

由于电压和电流的单位分别是 V 和 A，因此电阻元件的特性称为伏安特性或伏安关系(VAR②)。如果电阻元件的伏安特性不随时间变化(即它不是时间的函数)，则称其为非时变(或时不变)的，否则称为时变的；如果其伏安特性是通过原点的直线，则称为线性的，否则称为非线性的。本书涉及最多的是线性非时变电阻元件，其符号与伏安特性如图 1.4－1 所示。

线性非时变电阻元件的伏安特性是 u-i 平面上一条通过原点的直线，如图 1.4－1(b)

---

① VCR 是 Voltage Current Relation 的缩写。

② VAR 是 Volt Ampere Relation 的缩写。

所示，在电压、电流参考方向相关联(图 1.4－1(a)所示)的条件下，其电压与电流的关系就是熟知的欧姆定律，即

$$u(t)=R\,i(t)\qquad \forall t \tag{1.4-1}$$

或写为

$$i(t)=G\,u(t)\qquad \forall t \tag{1.4-2}$$

式(1.4－1)和式(1.4－2)常称为电阻的伏安关系。式中 R 为元件的电阻，单位为欧(Ω)；G 是元件的电导，单位为西(S)。电阻 R 和电导 G 是联系电阻元件的电压与电流的电气参数。对于线性非时变电阻元件，R 和 G 都是实常数，它们的关系是

$$G=\frac{1}{R} \tag{1.4-3}$$

线性非时变电阻元件也简称为电阻(resistor)。这里，“电阻”一词及其符号 R 既表示电阻元件也表示该元件的参数。通常所说的电阻，其伏安特性如图 1.4－1(b)所示，其电阻 R(或电导 G)为正值，可称为正电阻(或正电导)，一般将“正”字略去。用电子器件也能实现图 1.4－1(c)所示的伏安特性，其电阻(或电导)为负值，称为负电阻(或负电导)。

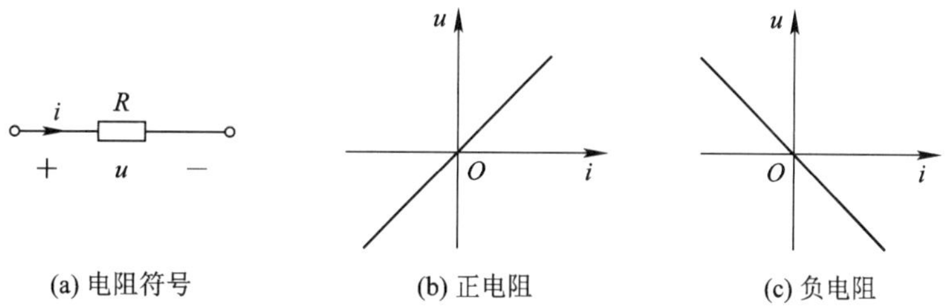

图 1.4－1　线性非时变电阻的符号与伏安特性

需要特别注意的是，以上的论述是在电阻元件端电压 u 与通过它的电流 i 为关联参考方向的前提下得出的。如果电阻元件的端电压 u 与电流 i 为非关联参考方向，如图 1.4－2 所示，则欧姆定律的表示式(1.4－1)和表示式(1.4－2)应该变为

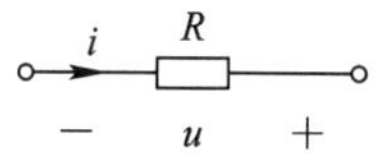

图 1.4－2　u、i 为非关联参考方向

$$u(t)=-R\,i(t) \tag{1.4-4(a)}$$

$$i(t)=-G\,u(t) \tag{1.4-4(b)}$$

上式中的“－”号切勿与负电阻混为一谈。

有两个特殊情况值得留意，即开路和短路。当一个二端元件(或电路)的端电压不论为何值时，流过它的电流恒为零值，就把它称为开路。开路的伏安特性在 u-i 平面上与电压轴重合，相当于 $R=\infty$ 或 $G=0$，如图 1.4－3(a)所示。当流过一个二端元件(或电路)的电流不论为何值时，它的端电压恒为零值，就把它称为短路。短路的伏安特性在 u-i 平面上与电流轴重合，相当于 $R=0$ 或 $G=\infty$，如图 1.4－3(b)所示。

由式(1.2－5a)、式(1.4－1)和式(1.4－2)可得，在电压、电流取关联参考方向时，在任一时刻 t，电阻吸收的功率

$$p(t)=u(t)i(t)=Ri^2(t)=Gu^2(t) \tag{1.4-5}$$

由式(1.2－7)可知，从 $-\infty$ 直到时刻 t，电阻吸收的能量

$$w(t)=R\int_{-\infty}^{t} i^2(\xi)\mathrm{d}\xi=G\int_{-\infty}^{t} u^2(\xi)\mathrm{d}\xi \tag{1.4-6}$$

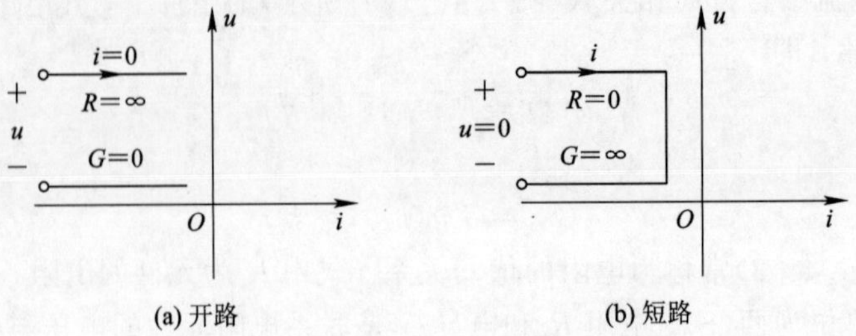

图 1.4-3 开路和短路的伏安特性

由式(1.4-5)和式(1.4-6)可见，对于通常所说的电阻(即 $R \geqslant 0$，$G \geqslant 0$)恒有

$$p(t) \geqslant 0, \ w(t) \geqslant 0 \quad \forall t \tag{1.4-7}$$

这表明，在任何时刻，(正)电阻都不可能发出功率(或能量)，它吸收的电磁能量全部转换为其他形式的能量。所以，(正)电阻不仅是无源元件而且是耗能元件。

对于负电阻元件，$R \leqslant 0$，$G \leqslant 0$，显然有 $p(t) \leqslant 0$，$w(t) \leqslant 0$。它可以向外部电路提供功率和能量，是供能元件。实际上，负电阻是某些对外提供电磁能量的电子装置的理想化模型。

1.4.2 分立电阻与集成电阻

任何材料都有电阻。导体、半导体和绝缘体三者的区别是由材料的电阻率 ρ 而定的。通常，$\rho < 10^{-4}\ \Omega \cdot \mathrm{m}$ 的材料称为导体，$\rho > 10^{4}\ \Omega \cdot \mathrm{m}$ 的材料称为绝缘体，半导体的 ρ 介于导体和绝缘体之间。

一段长度为 L、截面积为 S、电阻率为 ρ 的材料，其电阻值为

$$R = \rho \frac{L}{S} \tag{1.4-8}$$

1. 分立电阻器的主要参数

电子电路中单个使用的具有电阻特性的元件，称为分立电阻器。前面讨论的电阻元件是由实际电阻器抽象出来的理想化模型。

电阻元件和电阻器这两个概念是有区别的。电阻元件的参数只有一个电阻值，而电阻器的元件参数包括标称值、容差、额定功率、温度系数等。

标称值(标准电阻值)是指标志在电阻器上的电阻值。标称阻值是有规定的，一般可以是 1.0 Ω、1.1 Ω、1.2 Ω、1.3 Ω、1.5 Ω、1.6 Ω、1.8 Ω、2.0 Ω、2.2 Ω、2.4 Ω、2.7 Ω、3.0 Ω、3.3 Ω、3.6 Ω、3.9 Ω、4.3 Ω、4.7 Ω、5.1 Ω、5.6 Ω、6.2 Ω、6.8 Ω、7.5 Ω、8.2 Ω、9.1 Ω 等以及乘 10 次幂的阻值。不同系列的电阻器，其标称阻值也会有所不同。如果从电路模型中算出的电阻值为 70 Ω，工程上只能选 68 Ω 电阻，因为实际中没有标称值为 70 Ω 的电阻。

批量生产的电阻器很难具有完全一样的阻值。电阻器的实际阻值与标称值之间的相对误差称为电阻的阻值误差，即

$$\text{阻值误差} = \frac{\text{实际阻值} - \text{标称值}}{\text{标称值}} \times 100\%$$

电阻器阻值的误差容限称为电阻器的容差，记为 ε。容差大小一般分三级：ε＝±5%为Ⅰ级，ε＝±10%为Ⅱ级，ε＝±20%为Ⅲ级。对于精密电阻器，容差等级有±0.05%、±0.2%、±0.5%、±1%等。

电阻器所允许消耗的最大功率称为电阻器的额定功率。当电阻器的额定功率是实际承受功率的 1.5～2 倍以上时才能保证电阻器可靠工作。

此外，随着温度变化，构成电阻器的材料的电阻率也发生变化，从而导致电阻器的阻值发生变化。某些材料构成的电阻器的温度降到一定值后，其阻值可能迅速减至零，此时称该电阻器进入了超导状态。

2. 常用电阻器的特点

(1) 碳膜电阻器的特点：稳定性好，噪声低，阻值范围宽(1 Ω～10 MΩ)，温度系数不大且价格便宜，额定功率可达 2 W，是电子电路中使用最广泛的电阻。

(2) 绕线电阻器的特点：阻值精度高，噪声小，稳定性高，温度系数低，但阻值小(0.1 Ω～5 MΩ)，体积较大，固有电感及电容较大，因此，一般不能用于高频电路。

(3) 金属膜电阻器的特点：温度系数低，并且很坚固，使用寿命长，广泛应用于稳定性和可靠性要求较高的电路中。

(4) 金属氧化膜电阻器的特点：性能可靠，额定功率大(最大可达 15 kW)，但其阻值范围较小(1 Ω～200 kΩ)。

3. 集成电阻

1960 年之前，组成电路的都是一些分立元件。1959 年发现了将固体工艺和制造印刷电路板中所用的光刻技术结合起来，可以在一块半导体硅片上同时制作很多元件，并且可以在硅片上淀积金属薄膜而将它们互连成电路。这样的电路称为集成电路。在集成电路中，除了以 PN 结作为电阻外，还有多种以晶体管工艺兼容方式制作的集成电阻。最常用的是扩散电阻。

通过复杂的扩散工艺在硅片上生成一定尺寸的薄层而制成的电阻，称为扩散电阻。

考虑最简单的情况，图 1.4-4 给出一块扩散有均匀材料的矩形扩散电阻，由式(1.4-8)可得其电阻值为

$$R=\rho\frac{L}{S}=\rho\frac{L}{x\cdot W}=\frac{\rho}{x}\left(\frac{L}{W}\right) \qquad (1.4-9)$$

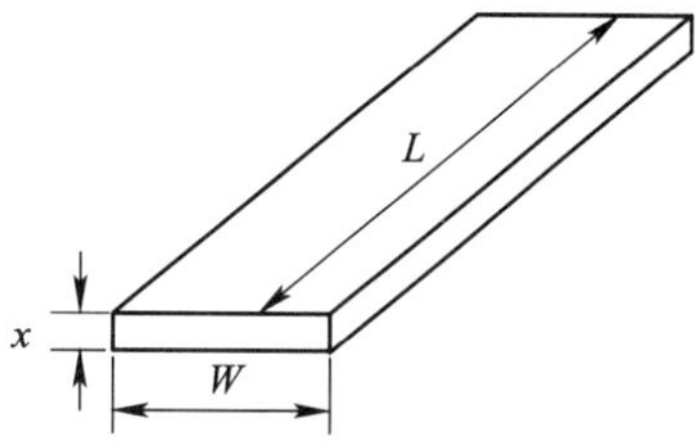

图 1.4-4　矩形扩散电阻

式中，ρ 为材料的电阻率，L、W 分别为矩形扩散电阻的长度和宽度，x 为矩形扩散电阻的扩散厚度。材料的电阻率和扩散电阻的扩散厚度由集成电路生产线的工艺所决定，即，生产线工艺一旦确定，则式(1.4-9)中的 ρ/x 为固定值，所以，设计人员所能改变的只有扩散电阻的长度和宽度。为此，集成电路设计中将 ρ/x 定义为方块电阻(也称薄层电阻)，记为 $R_{\square}$，单位为 Ω/□(每方欧姆)，即

$$R_{\square}=\frac{\rho}{x} \qquad (1.4-10)$$

式(1.4-9)用方块电阻可表示为

$$R=R_{\square}\left(\frac{L}{W}\right) \qquad (1.4-11)$$

利用方块电阻的概念就把版图的几何平面尺寸和工艺纵向参数分开了，设计人员根据生产线工艺所提供的方块电阻值，通过改变扩散电阻的长和宽就可改变其阻值。可见，大阻值的电阻将会占用很多芯片面积。

一般来说，扩散电阻的容差为±20%，并且不可能修整得更精确。因为电路中所有电阻是同时扩散成的，所以阻值误差一般是同符号的。因此，在集成电路设计中的一个重要问题是：电压、电流响应的极限值应尽可能依赖于电阻的比值（相对值）而不依赖于电阻的绝对值，这是因为在集成电路工艺中各电阻间的配比误差可以控制在±2%以内。当需要精确的电阻时，就必须采用厚膜或薄膜电阻，再通过修整（如用激光）以得到精确阻值。但这样做，生产成本将加大许多。

无论是分立电阻器，还是集成电阻，分析它们时都抽象为电阻元件，所以在进行电路分析时是一样的。

1.5 电源

电源是有源的电路元件，是各种电能量（电功率）产生器的理想化模型。电源可分为独立电源（independent source）和非独立电源（也称为受控源，controlled source）两类。独立的理想化电源有理想电压源和理想电流源，分别简称为电压源（voltage source）和电流源（current source）。

1.5.1 电压源

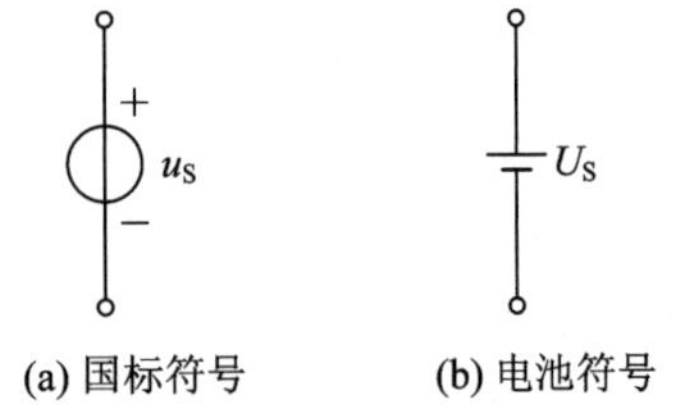

图 1.5-1 电压源符号

一个二端元件，若其端口电压总能保持为给定的电压 $u_S(t)$，而与通过它的电流无关，则称其为电压源。电压源的图形符号（国际符号）如图 1.5-1(a)所示。若 $u_S(t)$ 为恒定值，则称其为直流电压源或恒定电压源，有时用图 1.5-1(b)所示的图形符号表示，其中长的一端为“+”极，粗的一端为“−”极。干电池两端的电压基本不随负载的变化而变化，可看作电压源。话筒是一种声电传感器，它将声能转换为电能。话筒两端的电压随声音的强弱变化，但基本上与其电流无关，因此也可看作电压源。

将理想电压源接上外部电路 N，观测其端口的电压 u 和电流 i 如图 1.5-2(a)所示。电压源具有如下特点：

(1) 无论通过它的电流为何值，电压源的端口电压总保持 $u(t)=u_S(t)$。如果 u_S 是直流电压源 U_S（U_S 为常数），则电压源端口电压 u 与流过它的电流 i 的关系（即伏安特性）是一条位于 $u=U_S$ 且平行于电流轴的直线，如图 1.5-2(b)所示。如果 u_S 是随时间变化的，则平行于电流轴的直线也随之改变其位置，如图 1.5-2(c)所示。

(2) 电压源的电流由电压源和与它相连的外电路共同决定。电压源的端口电压 u 与电流 i 可表示为

$$\begin{cases} u(t)=u_S(t) \\ i(t)=\text{任意值} \end{cases} \quad \forall t \tag{1.5-1}$$

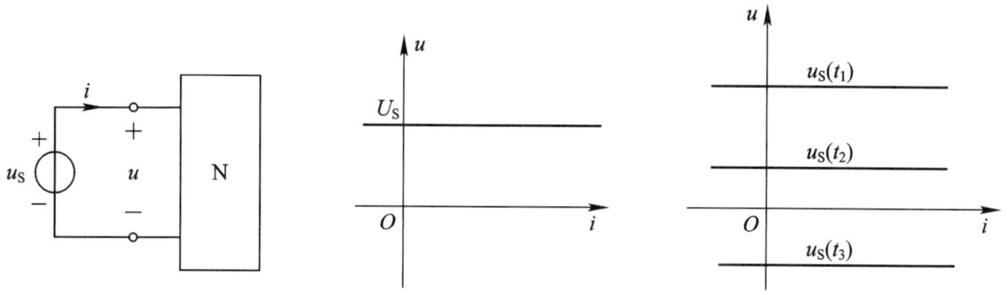

(a) 接负载的电压源　(b) 直流电压源的伏安特性　(c) 时变电压源的伏安特性

图 1.5-2　电压源的特性

顺便指出，电压源的端电压与电流常采用非关联参考方向，如图 1.5-2(a)所示。此时，电压源发出的功率为 $p=u_S i$，它也是外电路 N 吸收的功率。

如果电压源的端口电压 u_S 恒等于零，则其伏安特性与电流轴相重合，该电压源相当于短路。

1.5.2 电流源

一个二端元件，若其端口电流总能保持为给定的电流 $i_S(t)$，而与其端口电压无关，则称其为电流源。电流源的图形符号如图 1.5-3 所示。若 $i_S(t)$为恒定值，则称其为直流电流源或恒定电流源。太阳能电池是一种光电传感器，它将光能转换为电能。太阳能电池上的电流随光的强弱而变化，但基本上与其两端的电压无关，因此可看作电流源。

图 1.5-3　电流源符号

将理想电流源接上外部电路 N，观测其端口的电压 u 和电流 i 如图 1.5-4(a)所示。

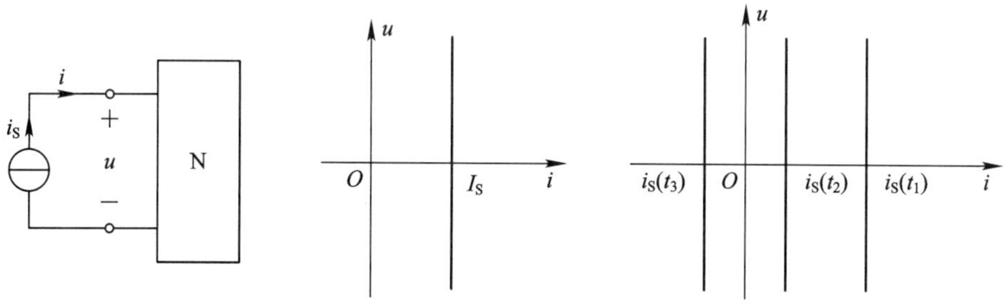

(a) 接负载的电流源　(b) 直流电流源的伏安特性　(c) 时变电流源的伏安特性

图 1.5-4　电流源的特性

电流源具有如下特点：

(1) 无论其端口电压 u 为何值，电流源的电流总保持 $i(t)=i_S(t)$。如果 i_S 是直流电流源 I_S(I_S 为常数)，则电流源的伏安特性是一条位于 $i=I_S$ 且平行于电压轴的直线，如图

1.5-4(b)所示。如果 i_S 是随时间变化的，则平行于电压轴的直线也随之改变其位置，如图 1.5-4(c)所示。

(2) 电流源的端口电压由电流源和与它相连的外电路共同决定。电流源的端口电压 u 与电流 i 可表示为

$$\begin{cases} u(t)=\text{任意值} \\ i(t)=i_S(t) \end{cases} \quad \forall t \qquad (1.5-2)$$

电流源的端口电压与电流也常采用非关联参考方向，如图 1.5-4(a)所示。此时，电流源发出的功率为 $p=ui_S$，它也是外电路 N 吸收的功率。

如果电流源的电流 i_S 恒等于零，则其伏安特性与电压轴相重合，该电流源相当于开路。

独立电源的特点是：电压源的电压 u_S 和电流源的电流 i_S 都不受电路中其他因素的影响，是独立的。它们作为电源或输入信号，在电路中起着“激励”作用，将在电路中产生电压和电流，这些由激励引起的电压和电流就是“响应”。

例 1.5-1　电路如图 1.5-5 所示，求电压源产生的功率、电流源产生的功率和电阻消耗的功率。

解　由图 1.5-5 可见，根据电流源的定义，电流 $I=I_S=1$ A，它也是通过电压源的电流。因 U_S 与 I 为关联参考方向，故电压源吸收的功率为

$$P_{U_S}=U_SI=2\ \text{W}$$

则电压源发出(或产生)的功率为 -2 W。

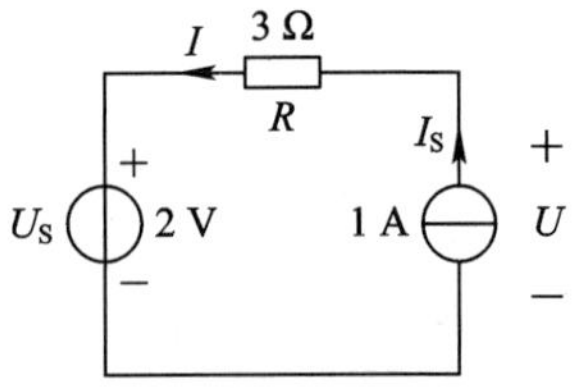

图 1.5-5　例 1.5-1 图

根据 KVL，电流源的端口电压

$$U=RI+U_S=RI_S+U_S=5\ \text{V}$$

由于 I_S 与其端口电压 U 为非关联参考方向，故电流源产生的功率为

$$P_{I_S}=UI_S=5\ \text{W}$$

电阻 R 消耗的功率为

$$P_R=I^2R=3\ \text{W}$$

从该例可看出，独立源并不总是发出功率。充电中的可充电电池就是独立源吸收功率的一个实例。对于图 1.5-5 所示完整的电路，电源发出的总功率为 $P_{U_S}+P_{I_S}=-2+5=3$ W，电阻吸收的功率为 $P_R=3$ W。即发出功率与吸收功率互相平衡，这是能量守恒原理的体现。

1.5.3　电路中的参考点

在电路分析中，常常指定电路中的某节点为参考点(reference node)，计算或测量出的其他各节点相对参考点的电位差，称为各节点的电位或各节点的电压。

如图 1.5-6(a)所示的电路，若选节点 d 为参考点，节点 a、b、c 的节点电位或节点电压分别用 U_{na}、U_{nb}、U_{nc}[①] 表示，在不致混淆的情况下，也常用 U_a、U_b、U_c 表示，则

$$U_{na}=U_{ad}=U_{S1},\qquad U_{nb}=U_{bd}=R_3I_3$$

① 下标 n 表示节点“node”。有些书中也用 V 或 φ 表示节点电位。

$$U_{nc}=U_{cd}=-U_{S2},\qquad U_{nd}=U_{dd}=0$$

由此可见，参考点的电位为零。

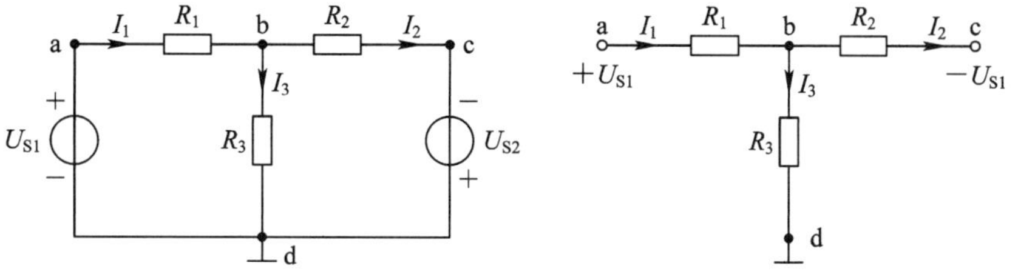

(a) 原电路　　(b) 简略电路

图 1.5－6　电路中的参考点

在电力工程中，常选大地为参考点，即认为大地的电位为零。在电子线路中，常规定一条公共导线作为参考点，这条公共导线一般是众多元器件的汇集点，常称为地线。元件的一端若与地线相接，称为接地，接地的符号如图 1.5－6(a)和(b)中的 d 处。

需要强调指出，电路中某点的电位随参考点选取位置的不同而改变，不指明参考点而谈论某点的电位是没有意义的，而电压是两点之间的电位差，与参考点的选取无关。

在电子线路中，为了使电路图简洁醒目，对于有一端接地(参考点)的电压源常不再画出电源符号，而只在电源的非接地的一端处标明电压的数值和极性。按这种简略画法，图 1.5－6(a)所示的电路可画为图 1.5－6(b)。

例 1.5－2　电路如图 1.5－6 (b)所示，已知 $U_{S1}=6\ \text{V}$，$U_{S2}=3\ \text{V}$，$R_1=2\ \Omega$，$R_2=6\ \Omega$，$R_3=6\ \Omega$，求节点 b 的节点电压 U_b。

解　首先标明各支路电流(或电压)的参考方向。显然有

$$U_a=U_{S1}=6\ \text{V},\ U_c=-U_{S2}=-3\ \text{V}$$

由图可见，ab 间的电压为

$$U_{ab}=U_{ad}-U_{bd}=U_a-U_b=6-U_b$$

所以

$$I_1=\frac{U_{ab}}{R_1}=\frac{6-U_b}{2}$$

bc 间的电压为

$$U_{bc}=U_{bd}-U_{cd}=U_b-U_c=U_b-(-3)=U_b+3$$

所以

$$I_2=\frac{U_{bc}}{R_2}=\frac{U_b+3}{6},\quad I_3=\frac{U_{bd}}{R_3}=\frac{U_b}{6}$$

对于节点 b，根据 KCL 有

$$I_1=I_2+I_3$$

将 I_1、I_2、I_3 代入上式，得

$$\frac{6-U_b}{2}=\frac{U_b+3}{6}+\frac{U_b}{6}$$

解得 $U_b=3\ \text{V}$。

例 1.5－3　电路如图 1.5－7 所示，$U_S=12\ \text{V}$，N 为某用电设备，现测得 $U_N=6\ \text{V}$，

$I_N=1$ A，其参考方向如图中所示。

(1) 求未知电阻 R。

(2) 求电压源和电流源产生的功率。

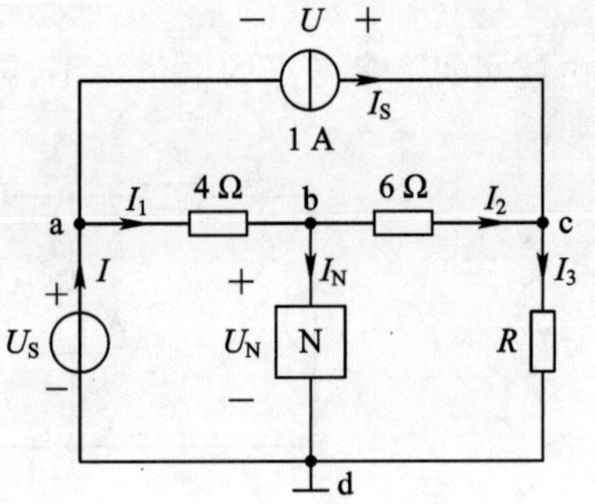

图 1.5-7 例 1.5-3 图

解 首先标明有关电流 I_1、I_2、I_3 的参考方向。

(1) 为求得电阻 R，需要求得 U_c 和 I_3。

若以 d 为参考点，则

$$U_a=U_S=12\ \text{V},\ U_b=U_N=6\ \text{V}$$

所以

$$U_{ab}=U_a-U_b=6\ \text{V}$$

$$I_1=\frac{U_{ab}}{4}=1.5\ \text{A}$$

根据 KCL，对于节点 b 有

$$I_2=I_1-I_N=0.5\ \text{A}$$

对于节点 c，有

$$I_3=I_2+I_S=1.5\ \text{A}$$

cd 两点间的电压，即 c 点的电压(以 d 为参考点)为

$$U_c=U_{cd}=U_{cb}+U_{bd}=-6I_2+U_N=3\ \text{V}$$

所以，电阻(U_{cd} 与 I_3 为关联参考方向)

$$R=\frac{U_c}{I_3}=2\ \Omega$$

(2) 为求得电压源和电流源产生的功率，需求出电压源的电流 I 和电流源的端电压 U，其参考方向如图 1.5-7 中所示，它们都是非关联参考方向。根据 KCL，电压源的电流

$$I=I_1+I_S=1.5+1=2.5\ \text{A}$$

所以，电压源产生的功率

$$P_{U_S}=U_SI=12\times2.5=30\ \text{W}$$

根据 KVL，电流源的端电压

$$U=U_{cd}+U_{da}=U_c-U_a=3-12=-9\ \text{V}$$

所以，电流源产生的功率

$$P_{I_S}=UI_S=(-9)\times1=-9\ \text{W}$$

实际上，电流源吸收功率为 9 W。

1.5.4 受控源

非独立电源是指电压源的电压或电流源的电流不是给定的时间函数，而是受电路中某支路电压或电流控制的，因此也常称为受控源。

根据控制量是电压还是电流，受控的电源是电压源还是电流源，受控源有四种基本形式，分别是电压控制电压源(VCVS，简称压控电压源)、电流控制电压源(CCVS，简称流控电压源)、电压控制电流源(VCCS，简称压控电流源)和电流控制电流源(CCCS，简称流控

电流源)[①]，如图 1.5－8 所示。受控源的电源符号用菱形表示，其电压、电流关系分别为

$$压控电压源(VCVS)\begin{cases}u_S(t)=\mu u_C(t)\\ i_C(t)=0\end{cases}\quad \forall t \tag{1.5-3}$$

$$流控电压源(CCVS)\begin{cases}u_S(t)=ri_C(t)\\ u_C(t)=0\end{cases}\quad \forall t \tag{1.5-4}$$

$$压控电流源\ VCCS)\begin{cases}i_S(t)=gu_C(t)\\ i_C(t)=0\end{cases}\quad \forall t \tag{1.5-5}$$

$$流控电流源(CCCS)\begin{cases}i_S(t)=\alpha i_C(t)\\ u_C(t)=0\end{cases}\quad \forall t \tag{1.5-6}$$

式中，μ、r、g、α 是控制系数，其中 μ 和 α 无量纲，r 和 g 分别具有电阻和电导的量纲。当这些系数为常数时，被控电源数值与控制量成正比，因此这种受控源称为线性非时变受控源。本书只涉及这类受控源。

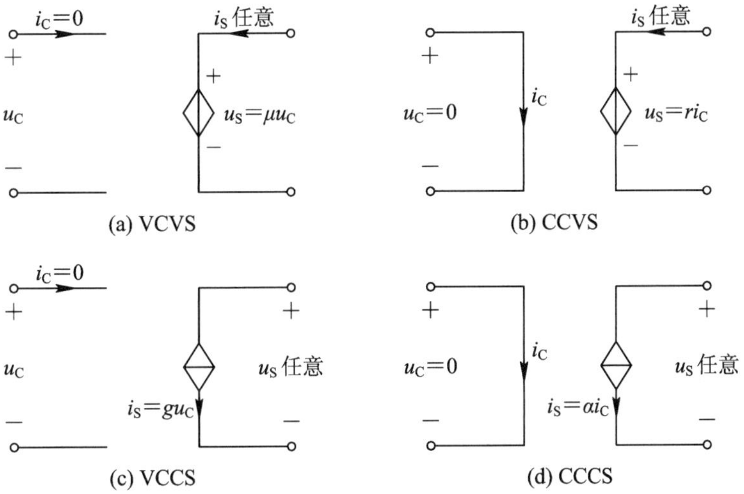

图 1.5－8　受控源的四种形式

受控源是一种有源元件。下面以 VCVS 为例讨论受控源的有源性。

将 VCVS 的控制关系代入式(1.2－7)，得

$$w(t)=\int_{-\infty}^{t}p(\xi)\mathrm{d}\xi=\int_{-\infty}^{t}u_S(\xi)i_S(\xi)\mathrm{d}\xi=\mu\int_{-\infty}^{t}u_C(\xi)i_S(\xi)\mathrm{d}\xi$$

由于 u_C、i_S 在电路中可能为正也可能为负，上式不能确保对任意 t 均不小于零，因此受控源是有源元件。

需要指出的是，独立源和受控源是两个不同的物理概念。独立源是实际电路中电能量或电信号“源泉”的理想化模型，在电路中起着“激励”作用；而受控源是描述电子器件中某支路对另一支路控制作用的理想化模型，本身不直接起“激励”作用。

---

① VCVS－Voltage Controlled Voltage Source；CCVS－Current Controlled Voltage Source；VCCS－Voltage Controlled Current Source；CCCS－Current Controlled Current Source。

例 1.5-4 电路如图 1.5-9 所示，求 i_x。

解 图 1.5-9 所示是含有流控电压源的电路，可以求得控制电流

$$i_1=\frac{6}{12}=0.5\ \text{A}$$

从而受控源的端电压 $u_2=4i_1=2$ V。于是未知电流

$$i_x=\frac{u_2}{5}=0.4\ \text{A}$$

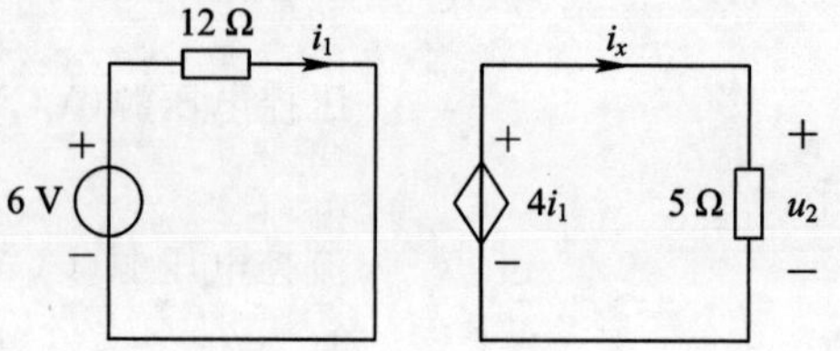

图 1.5-9 例 1.5-4 图

例 1.5-5 电路如图 1.5-10 所示，求 5 Ω 电阻两端的电压 u_x。

解 图 1.5-10 所示是含有压控电流源的电路，可以求得控制电压

$$u_1=4\times1=4\ \text{V}$$

从而受控源的电流 $i_2=0.5u_1=2$ A。

由于 u_x 与 i_2 为非关联参考方向，因此

$$u_x=-5\ i_2=-10\ \text{V}$$

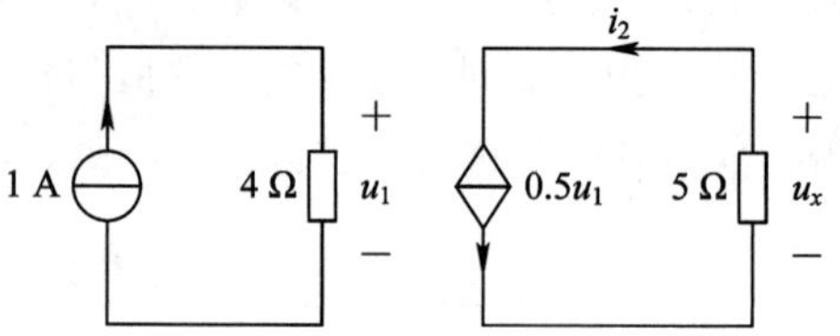

图 1.5-10 例 1.5-5 图

例 1.5-6 图 1.5-11 所示是放大器的简化模型。已知 $R_1=2$ Ω，$R_2=15$ Ω，$\alpha=4$，输入电压 $u_i=2\cos t$ V，求输出电压 u_o。

解 对于节点 a，根据 KCL，考虑到 $i_2=\alpha i_1$，有

$$i_3=i_1+i_2=(1+\alpha)\ i_1$$

输入电压

$$u_i=R_1i_3=R_1(1+\alpha)\ i_1$$

输出电压

$$u_o=-R_2i_2=-R_2\alpha\ i_1$$

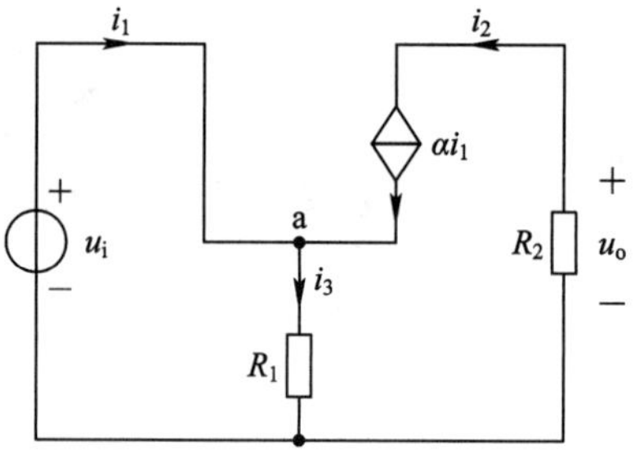

图 1.5-11 例 1.5-6 图

所以

$$\frac{u_o}{u_i}=-\frac{R_2\alpha}{R_1(1+\alpha)}$$

即

$$u_o=-\frac{R_2\alpha}{R_1(1+\alpha)}u_i=-\frac{15\times4}{2(1+4)}\times2\cos t=-12\cos t\ \text{V}$$

可见，输入电压被放大到 6 倍，但极性相反。

1.6 电路等效

由线性非时变电阻、线性受控源和独立源组成的电路称为线性非时变电阻电路，简称

为电阻电路。

在电路理论中，“等效(equivalent)”的概念是极其重要的，利用它可以简化电路的分析和计算。

本节首先阐述电路等效的一般概念，即等效的定义、等效的条件、等效的对象以及等效的目的，然后讨论不含独立源电路的等效问题。含独立源电路的等效问题将在下一节中讨论。

1.6.1 电路等效的概念

对于结构、元件参数完全不同的两部分电路 B 和 C，如图 1.6－1 所示，若 B 和 C 具有完全相同的端口电压 u、电流 i 关系(VCR)，则称 B 与 C 是端口等效的，或称电路 B 和 C 互为等效电路。

相互等效的两部分电路 B 与 C 在电路中可以相互替换，替换前的电路与替换后的电路对任意外部电路 A 中的电压、电流、功率是等效的，如图 1.6－2 所示。也就是说，用图 1.6－2(b)的电路求 A 中的电压、电流、功率，与用图 1.6－2(a)的电路求 A 中的电压、电流、功率具有同等效果。习惯上将这种替换称为电路的等效变换(equivalent transformation)。

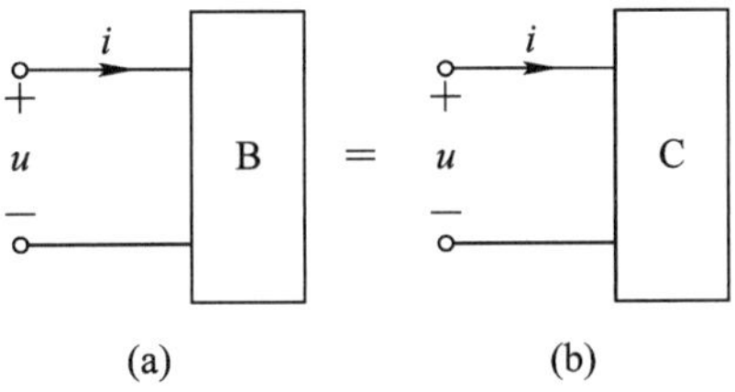

图 1.6－1　具有相同端口 VCR 的两部分电路

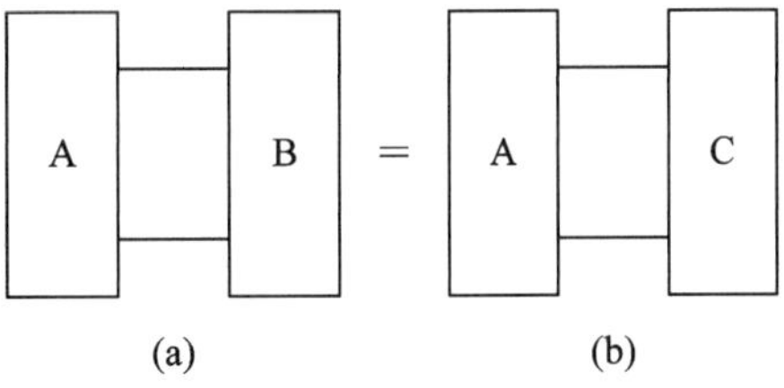

图 1.6－2　电路等效变换

关于电路等效的概念，可重点归纳为以下三点：

(1) 电路等效变换的条件是相互替换的两部分电路 B 与 C 具有完全相同的 VCR。

(2) 电路等效的对象是外部电路 A(即电路未变化的部分)中的电压、电流、功率。

(3) 电路等效的目的是简化电路的分析和计算。

1.6.2 电阻的串联和并联等效

为了便于理解上述等效的概念，下面通过推导大家熟知的串联电阻等效公式和并联电阻等效公式来加以说明。

图 1.6－3(a)所示是由 n 个电阻 R_1，R_2，…，R_n 串联组成的二端电路 B。电阻串联(series connection)的基本特征是通过各电阻的电流是同一电流。图 1.6－3(b)所示是仅由一个电阻 R_{eq} 构成的二端电路 C。对于电路 B，根据 KVL 可得到它的端口 VCR 为

$$u=u_1+u_2+\cdots+u_n=(R_1+R_2+\cdots+R_n)i \tag{1.6-1(a)}$$

对于电路 C，其端口 VCR 为

$$u=R_{eq}i \tag{1.6-1(b)}$$

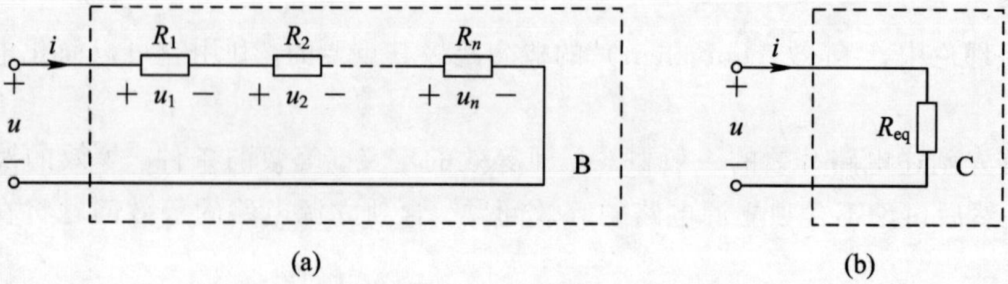

图 1.6-3 电阻的串联

如果

$$R_{eq}=R_1+R_2+\cdots+R_n \tag{1.6-2(a)}$$

则电路 B 和 C 的端口 VCR 完全相同，从而二者等效。在电路中，若用 R_{eq} 代替 n 个串联电阻，则对其外部电路来说，它们起的作用是相同的。式(1.6-2(a))就是大家熟知的串联电阻等效公式。电阻 R_{eq}[①] 称为 n 个电阻串联的等效电阻。

电阻串联时，各电阻的电压

$$u_k=R_k i=\frac{R_k}{R_{eq}}u \qquad k=1, 2, \cdots, n \tag{1.6-2(b)}$$

式(1.6-2(b))通常称为分压公式。

图 1.6-4(a)所示是由 n 个电导(电阻)并联组成的二端电路。电导(电阻)并联(parallel connection)的基本特征是各电导(电阻)的端电压是同一电压。图 1.6-4(b)中的二端电路仅含一个电导(电阻)。它们的端口 VCR 分别为

$$i=i_1+i_2+\cdots+i_n=(G_1+G_2+\cdots+G_n)u \tag{1.6-3(a)}$$

$$i=G_{eq}u \tag{1.6-3(b)}$$

如果

$$G_{eq}=G_1+G_2+\cdots+G_n \text{ 或 } \frac{1}{R_{eq}}=\frac{1}{R_1}+\frac{1}{R_2}+\cdots+\frac{1}{R_n} \tag{1.6-4(a)}$$

则图 1.6-4(a)和(b)的电路有完全相同的端口 VCR，二者是等效的。G_{eq} 称为等效电导。

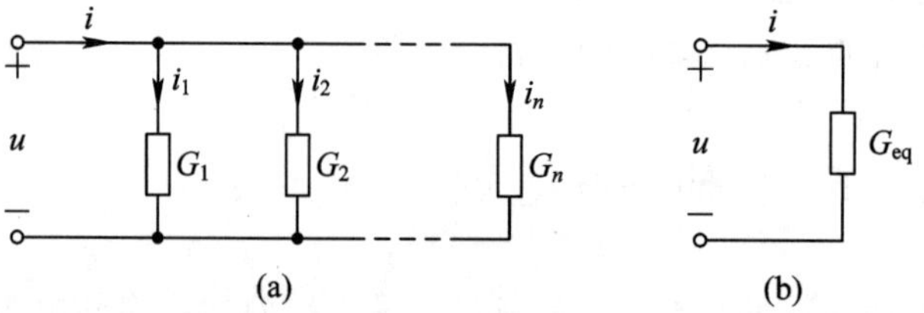

图 1.6-4 电阻的并联

电导并联时，各电导上的电流

$$i_k=G_k u=\frac{G_k}{G_{eq}}i \qquad k=1, 2, \cdots, n \tag{1.6-4(b)}$$

式(1.6-4(b))通常称为分流公式。

---

① 下标 eq 为等效(equivalent)的简写。

电路中最常遇到的是两个电阻相并联的情形如图 1.6－5 所示，其等效电阻

$$R_{eq}=\frac{R_1R_2}{R_1+R_2} \qquad (1.6-5(a))$$

为了简便，常用符号“//”表示两个元件并联，上式可写为

$$R_{eq}=R_1 /\!/ R_2=\frac{R_1R_2}{R_1+R_2}$$

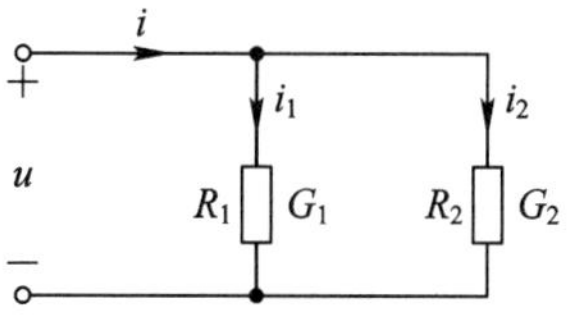

图 1.6－5　两个电阻并联

两支路电流分别为

$$i_1=\frac{R_2}{R_1+R_2}i，\ i_2=\frac{R_1}{R_1+R_2}i \qquad (1.6-5(b))$$

兼有电阻串联和并联的电路称为混联电路。在混联的情况下，应根据电阻串联、并联的基本特征，仔细判别电阻间的连接方式，然后利用前面的串、并联公式进行化简和计算。

例 1.6－1　电路如图 1.6－6 所示。

(1) 求 a、b 两点间的电压 u_{ab}。

(2) 若 a、b 两点用理想导线短接，求流过该短路线上的电流 i_{ab}。

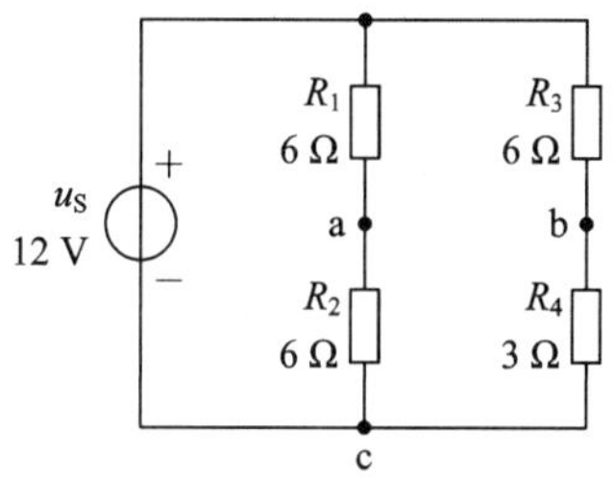

图 1.6－6　例 1.6－1 题图

解　(1) 由图 1.6－6 可见，R_1 与 R_2 串联，R_3 与 R_4 串联。由分压公式可求得

$$u_{ac}=\frac{R_2}{R_1+R_2}u_S=6\ \text{V}$$

$$u_{bc}=\frac{R_4}{R_3+R_4}u_S=4\ \text{V}$$

所以，ab 间的电压

$$u_{ab}=u_{ac}+u_{cb}=u_{ac}-u_{bc}=2\ \text{V}$$

(2) 若 a、b 两点短接，如图 1.6－7(a)所示。这时，R_1 与 R_3 并联，R_2 与 R_4 并联，等效变换后的电路如图 1.6－7(b)所示。

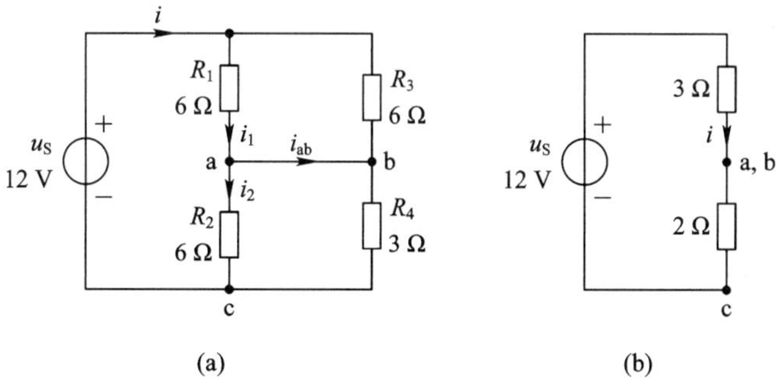

图 1.6－7　例 1.6－1 解图

要特别注意，电路变换后，节点 a、b 合并为一点，这时图 1.6－7(b)中的电流不是图 1.6－7(a)中的 i_{ab}，而是图 1.6－7(a)中的电流 i。

由图 1.6－7(b)可求得总电流

$$i=\frac{u_S}{3+2}=2.4\ \text{A}$$

按图 1.6－7(a)所示，应用分流公式得

$$i_1=\frac{R_3}{R_1+R_3}i=1.2\ \text{A}$$

$$i_2=\frac{R_4}{R_2+R_4}i=0.8\ \text{A}$$

根据 KCL，可求得 a、b 间短路线上的电流

$$i_{ab}=i_1-i_2=0.4\ \text{A}$$

1.6.3 电阻 Y 形电路与△形电路的等效变换

图 1.6－8(a)所示电路中，各个电阻之间既不是串联也不是并联，显然不能用电阻串并联的方法求 a、b 端的等效电阻。如果能将图 1.6－8(a)中虚线围起来的 B 电路(称为△形电路)用图 1.6－8(b)中虚线围起来的 C 电路(称为 Y 形电路)等效替换，则从图 1.6－8(b)就可以用电阻串并联的方法求 a、b 端的等效电阻。下面讨论 B 电路与 C 电路之间的等效变换条件。

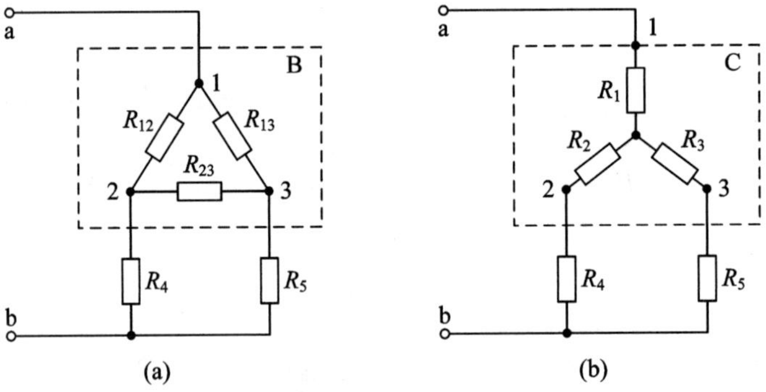

图 1.6－8 △形和 Y 形电路等效

图 1.6－9(a)所示为电阻 R_1、R_2、R_3 的 Y 形(或称 T 形、星形)连接电路，图 1.6－9(b)所示为电阻 R_{12}、R_{23}、R_{13} 的△形(或称 π 形、三角形)连接电路。

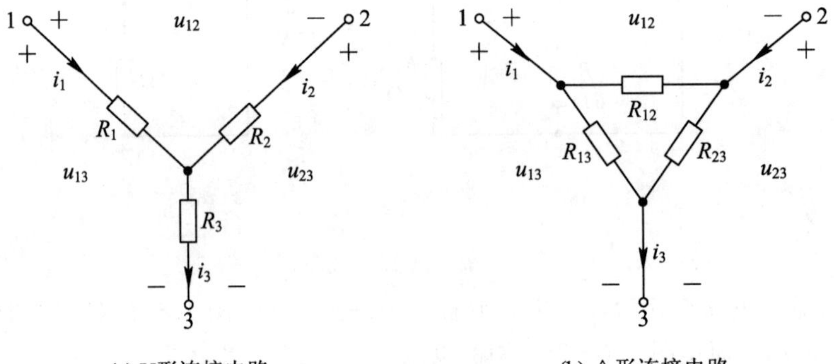

图 1.6－9 Y 形和△形电路

Y 形电路和△形电路都是通过三个端子与外部相连的，是两个典型的三端电阻电路。为使两者等效，要求二者的端口 VCR 完全相同。

对于图 1.6-9(a)、(b)中的三端电路，由 KCL、KVL 可知

$$i_3=i_1+i_2$$

$$u_{12}=u_{13}-u_{23}$$

显然，3 个电流变量和 3 个电压变量中各有 2 个是相互独立的。

对于 Y 形电路，由图 1.6-9(a)，根据 KVL 有

$$\begin{cases}u_{13}=R_1i_1+R_3(i_1+i_2)=(R_1+R_2)i_1+R_3i_2\\ u_{23}=R_2i_2+R_3(i_1+i_2)=R_3i_1+(R_2+R_3)i_2\end{cases}\tag{1.6-6}$$

对于△形电路，由图 1.6-9(b)，根据 KCL 有

$$i_1=\frac{1}{R_{13}}u_{13}+\frac{1}{R_{12}}(u_{13}-u_{23})=\left(\frac{1}{R_{13}}+\frac{1}{R_{12}}\right)u_{13}-\frac{1}{R_{12}}u_{23}$$

$$i_2=\frac{1}{R_{23}}u_{23}-\frac{1}{R_{12}}(u_{13}-u_{23})=-\frac{1}{R_{12}}u_{13}+\left(\frac{1}{R_{23}}+\frac{1}{R_{12}}\right)u_{23}$$

联立求解以上两式得

$$\begin{cases}u_{13}=\dfrac{R_{13}(R_{12}+R_{23})}{R_{12}+R_{13}+R_{23}}i_1+\dfrac{R_{13}+R_{23}}{R_{12}+R_{13}+R_{23}}i_2\\ u_{23}=\dfrac{R_{13}R_{23}}{R_{12}+R_{13}+R_{23}}i_1+\dfrac{R_{23}(R_{12}+R_{13})}{R_{12}+R_{13}+R_{23}}i_2\end{cases}\tag{1.6-7}$$

为使 Y 形电路与△形电路等效，式(1.6-6)与式(1.6-7)必须完全相同，故有

$$\begin{cases}R_1+R_3=\dfrac{R_{13}(R_{12}+R_{23})}{R_{12}+R_{13}+R_{23}}\\ R_2+R_3=\dfrac{R_{23}(R_{12}+R_{13})}{R_{12}+R_{13}+R_{23}}\\ R_3=\dfrac{R_{13}R_{23}}{R_{12}+R_{13}+R_{23}}\end{cases}\tag{1.6-8}$$

由式(1.6-8)可得出，已知△形电路的电阻，计算其相应等效的 Y 形电路中各电阻的公式为

$$\begin{cases}R_1=\dfrac{R_{13}R_{12}}{R_{12}+R_{23}+R_{13}}\\ R_2=\dfrac{R_{12}R_{23}}{R_{12}+R_{23}+R_{13}}\\ R_3=\dfrac{R_{23}R_{13}}{R_{12}+R_{23}+R_{13}}\end{cases}\tag{1.6-9}$$

由式(1.6-9)可得出，已知 Y 形电路的电阻，计算其等效的△形电路中各电阻的公式为

$$\begin{cases}R_{12}=\dfrac{R_1R_2+R_2R_3+R_3R_1}{R_3}=R_1+R_2+\dfrac{R_1R_2}{R_3}\\ R_{13}=\dfrac{R_1R_2+R_2R_3+R_3R_1}{R_2}=R_1+R_3+\dfrac{R_1R_3}{R_2}\\ R_{23}=\dfrac{R_1R_2+R_2R_3+R_3R_1}{R_1}=R_2+R_3+\dfrac{R_2R_3}{R_1}\end{cases}\tag{1.6-10}$$

为便于记忆，以上等效互换公式可归纳为

$$\text{Y 形电路电阻 } R_i = \frac{\triangle \text{ 形电路中与节点 } i \text{ 连接的两电阻乘积}}{\triangle \text{ 形电路三电阻之和}}$$

$$\triangle \text{ 形电路电阻 } R_{ij} = \frac{\text{Y 形电路电阻两两乘积之和}}{\text{Y 形电路中与节点 } i \text{ 和 } j \text{ 均不连接的电阻}}$$

若 Y 形电路的三个电阻相等，即 $R_1=R_2=R_3=R_Y$，则其等效的△形电路的电阻也相等，即 $R_{12}=R_{23}=R_{31}=R_\triangle$。其关系为

$$R_\triangle = 3\,R_Y \tag{1.6-11}$$

例 1.6-2 电路如图 1.6-10(a)所示，求 ad 端的等效电阻 R_{eq}。

解 图 1.6-10(a)所示的电路不能直接用电阻串、并联的方法简化，但若用△-Y 变换将比较方便。

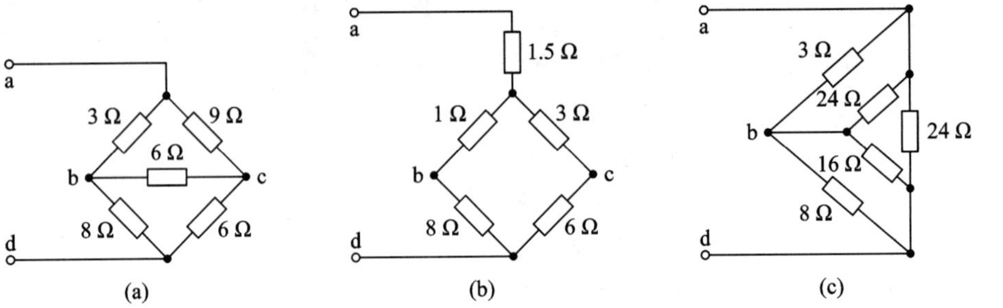

图 1.6-10 例 1.6-2 图

(1) 将图 1.6-9(a)电路中节点 a、b、c 间的△形电路等效变换为 Y 形电路，如图 1.6-10(b)所示。若令等效 Y 形电路中接于节点 a、b、c 的电阻分别为 R_a、R_b 和 R_c，则根据式(1.6-9)可得

$$R_a = \frac{3\times 9}{3+6+9} = 15\ \Omega$$

$$R_b = \frac{3\times 6}{3+6+9} = 1\ \Omega$$

$$R_c = \frac{6\times 9}{3+6+9} = 3\ \Omega$$

它们分别标明在图 1.6-10(b)中。根据图 1.6-10(b)，用电阻串并联的方法，不难求得 ad 端的等效电阻

$$R_{eq} = 1.5 + \frac{(1+8)(3+6)}{(1+8)+(3+6)} = 6\ \Omega$$

(2) 也可将图 1.6-10(a)电路中连接到节点 ac、bc、dc 的三个 Y 形连接的电阻等效变换为△形电路，如图 1.6-10(c)所示。按式(1.6-10)计算的各电阻值已标明在图 1.6-10(c)中。根据图 1.6-10(c)不难求得 ad 端的等效电阻 $R_{eq}=6\ \Omega$。

1.6.4 等效电阻

前面已叙述了等效电阻的概念和一些计算方法，现在讨论一般电路的等效电阻的计算

方法。如有一个不含独立源的二端电阻电路 N 如图 1.6-11 所示，设其端口电压 u 与电流 i 为关联参考方向，则其端口等效电阻可定义为

$$R_{eq} \overset{\text{def}}{=} \frac{u}{i} \qquad (1.6-12)$$

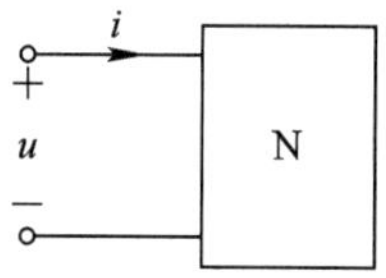

图 1.6-11　二端电路

式(1.6-12)表明，二端电路 N 的端口 VCR 为

$$u = R_{eq} i \qquad (1.6-13)$$

只要设法求出电路 N 的端口 VCR，或者测得端口电压 u 和电流 i，就可求得等效电阻 R_{eq}。

例 1.6-3　图 1.6-12(a)和(b)所示是只含受控源的一端口电路，若控制系数 $r>0$ 且已知，分别求图 1.6-12(a)和(b)电路的等效电阻。

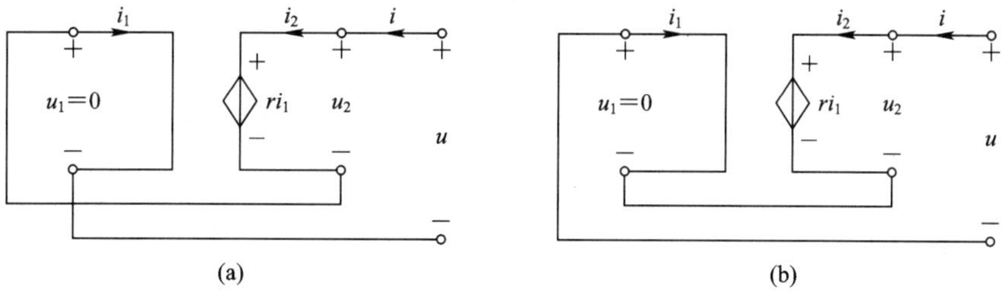

图 1.6-12　例 1.6-3 图

解　(1) 由图 1.6-12(a)可知，按设定的参考方向，二端电路的端口电流 $i=i_2=i_1$，端口电压(考虑到 $u_1=0$)为

$$u = u_2 + u_1 = u_2 = ri_1$$

故其等效电阻为

$$R_{eq} = \frac{u}{i} = r$$

可见，图 1.6-12(a)所示的二端电路等效电阻为电阻 r。

(2) 由图 1.6-12(b)可知，二端电路的端口电流 $i=i_2=-i_1$，端口电压(考虑到 $u_1=0$)为

$$u = u_2 - u_1 = u_2 = ri_1$$

故其等效电阻为

$$R_{eq} = \frac{u}{i} = -r$$

可见，图 1.6-12(b)所示的二端电路等效电阻为负电阻。

例 1.6-4　二端电路如图 1.6-13 所示，求其等效电阻。

解　按图 1.6-13 所示，根据 KCL，有

$$i_2 = i_1 - \alpha i_1$$

由于 $i=i_1$，故 $i_2=(1-\alpha)i$。对于 u、R_1、R_2 组成的回路，由 KVL 有

$$\begin{aligned} u &= R_1 i_1 + R_2 i_2 = R_1 i + R_2(1-\alpha)i \\ &= [R_1 + R_2(1-\alpha)]i \end{aligned}$$

故得图 1.6-13 所示电路的等效电阻为

$$R_{eq} = \frac{u}{i} = R_1 + (1-\alpha)R_2$$

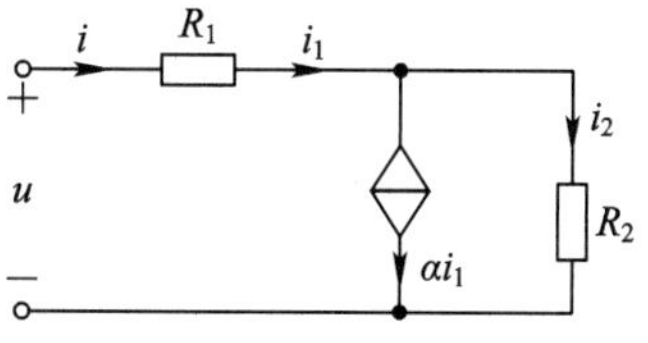

图 1.6-13　例 1.6-4 图

由上式可见，若 $R_1>0$、$R_2>0$，则当 $\alpha<\frac{R_1+R_2}{R_2}$ 时，R_{eq} 为正电阻；当 $\alpha>\frac{R_1+R_2}{R_2}$ 时，R_{eq} 为负电阻。

1.7 含独立源电路的等效

1.7.1 独立源的串联和并联

电压源和电流源的串联和并联有几种不同的情况。为了简明，这里都以两个电源串联和并联为例进行说明。通过下面的论述，读者不难推广到多个电源的串联和并联情形。

图 1.7-1 所示是两个电压源相串联的情况。根据电压源的定义和 KVL，两个电压源 u_{S1} 和 u_{S2} 相串联可等效为一个电压源 u_S。若电压参考极性规定如图 1.7-1(a)所示，则等效电压源的电压

$$u_S(t)=u_{S1}(t)+u_{S2}(t) \qquad \forall t \tag{1.7-1(a)}$$

若电压参考极性规定如图 1.7-1(b)所示，则等效电压源的电压

$$u_S(t)=u_{S1}(t)-u_{S2}(t) \qquad \forall t \tag{1.7-1(b)}$$

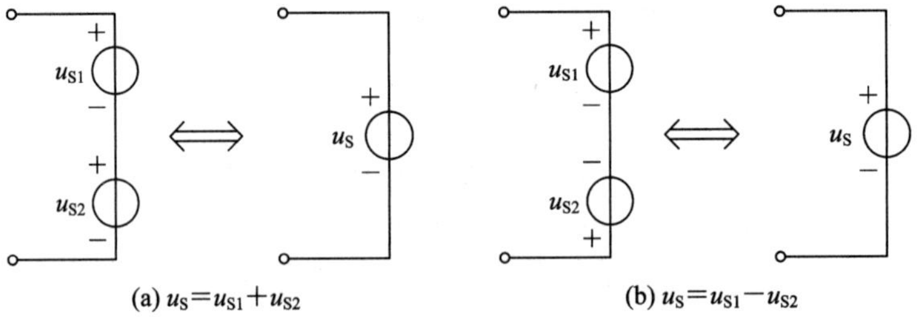

图 1.7-1 电压源的串联

按电压源的定义，电压源的电流可为任意值，而根据 KCL，两电压源串联时，二者的电流应为同一电流。这个电流仍然可以是任意值。这样，等效电压源也符合电压源的定义。

图 1.7-2 所示是两个电流源相并联的情形。根据电流源的定义和 KCL，两个电流源 i_{S1} 和 i_{S2} 相并联可等效为一个电流源 i_S。按参考方向规定的不同，图 1.7-2(a)和(b)的等效电流源的电流分别为

$$i_S(t)=i_{S1}(t)+i_{S2}(t) \qquad \forall t \tag{1.7-2(a)}$$

$$i_S(t)=i_{S1}(t)-i_{S2}(t) \qquad \forall t \tag{1.7-2(b)}$$

按电流源的定义，电流源的端电压可为任意值，而根据 KVL，两电流源并联时，二者的端电压应为同一电压。这个电压仍然可以是任意值。所以，等效电流源也符合电流源的定义。

图中双向箭头⟺表示二者互为等效，即两个(或多个)电源可等效为一个电源；反之，如果需要，一个电源也可分解为两个(或多个)电源。

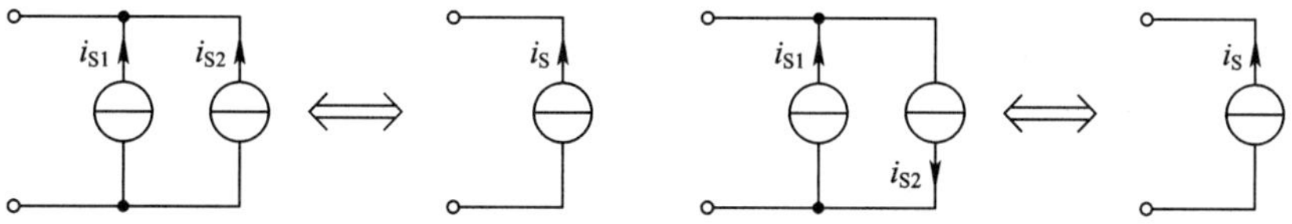

(a) $i_S=i_{S1}+i_{S2}$　　　　(b) $i_S=i_{S1}-i_{S2}$

图 1.7-2　电流源的并联

只有电压值相等极性一致的电压源才允许并联，否则违背 KVL。其等效电路为其中的任一个电压源，如图 1.7-3 所示。

只有电流值相等且方向一致的电流源才允许串联，否则违背 KCL。其等效电路为其中的任一个电流源，如图 1.7-4 所示。

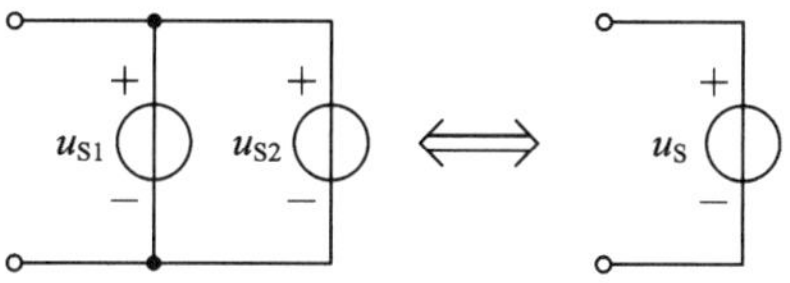

条件：$u_S=u_{S1}=u_{S2}$

图 1.7-3　电压源的并联

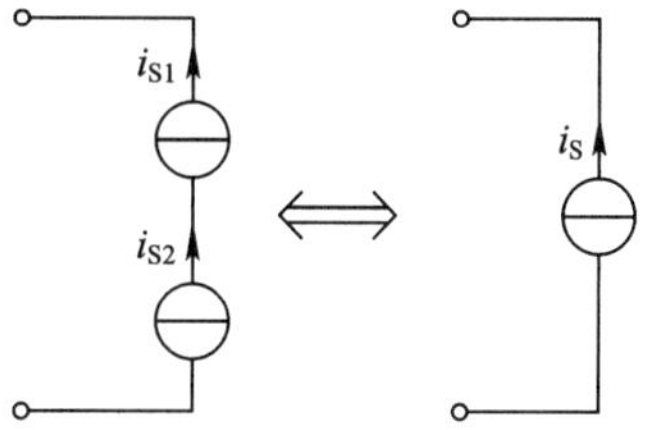

条件：$i_S=i_{S1}=i_{S2}$

图 1.7-4　电流源的串联

另外，由于电流源所在支路的电流有确定的值，并等于 i_S，因此，电流源 i_S 与其他元件(电压源或电阻等)相串联，总可等效为电流源，其电流为 i_S，如图 1.7-5 所示。原电路中电流源端电压 u_1 可为任意值，因而其等效电流源端口的电压 u 也可为任意值，这符合电流源的定义。需特别注意，端口电压 u 不等于原电路中电流源的端电压 u_1。

根据电压源的定义，电压源两端的电压有确定的值，并等于 u_S，因此，电压源 u_S 与其他元件(电流源或电阻等)相并联，总可等效为电压源，其电压为 u_S，如图 1.7-6 所示。原电路中电压源电流 i_1 可为任意值，因而其等效电压源端口的电流 i 也可为任意值，这符合电压源的定义。需特别注意，等效电压源端口电流 i 不等于原电路中电压源的电流 i_1。

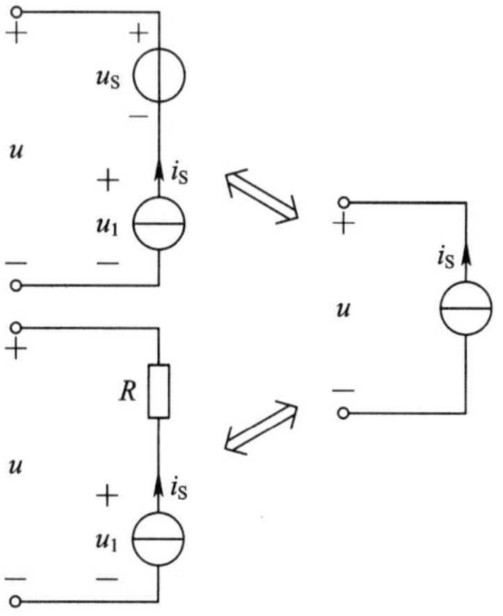

图 1.7-5　电流源与电压源或电阻串联

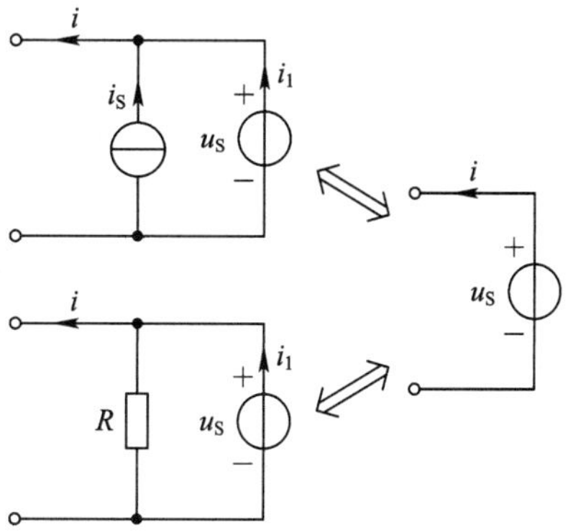

图 1.7-6　电压源与电流源或电阻并联

1.7.2 实际电源的两种模型及其等效变换

图 1.7-7(a)所示是一个实际的直流电源(譬如电池)，外接一个可变电阻，测量出其端口的伏安特性如图 1.7-7(b)中的实线所示，可见其端电压随着输出电流的增大而略有降低。在正常的工作范围内(其端口电流不超过额定值，否则会损坏电池)，其端口伏安特性可近似为一条直线，如图 1.7-7(b)中虚线所示。

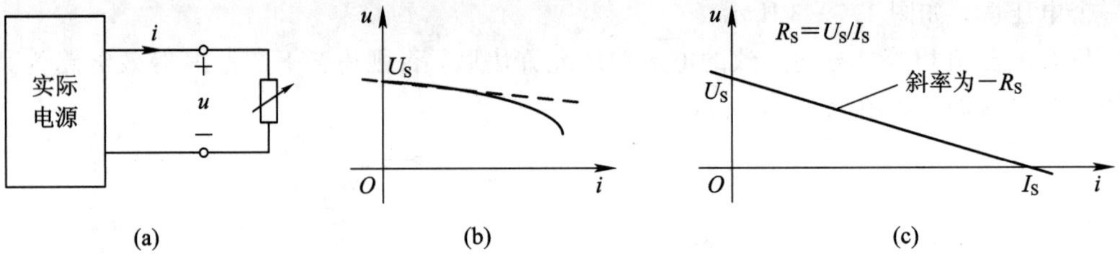

图 1.7-7 实际电源及其伏安特性曲线

如果将图 1.7-7(b)中的直线加以延长而作为实际电源的端口伏安特性，如图 1.7-7(c)所示，可以看出，其在电压轴的截距为 U_S($i=0$ 时的电压，即开路电压。)，在电流轴的截距为 I_S($u=0$ 时的电流，即短路电流。)，则该直线的斜率为 $-R_S$($R_S=U_S/I_S$)。于是可写出该直线方程为

$$u=U_S-R_Si \tag{1.7-3}$$

根据 KVL，可画出式(1.7-3)的等效电路，如图 1.7-8(a)所示。式(1.7-3)表明，在一定条件下，一个实际电源可以用理想电压源 U_S 与线性电阻 R_S 相串联的组合作为它的等效模型。

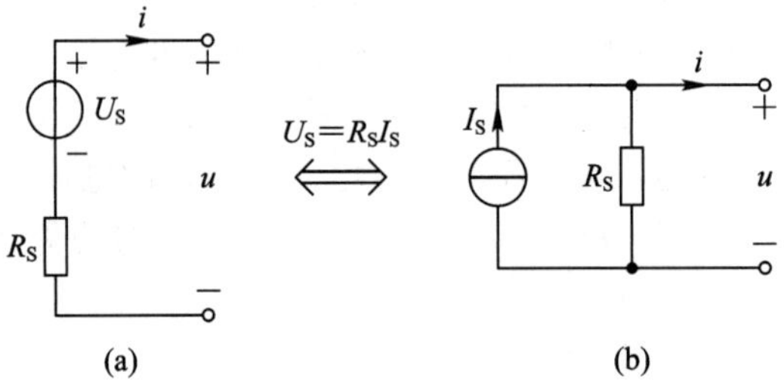

图 1.7-8 实际电源的等效电路模型及互换

式(1.7-3)可改写为

$$i=\frac{U_S}{R_S}-\frac{1}{R_S}u$$

由于 $R_S=U_S/I_S$，即 $U_S/R_S=I_S$，上式可改写为

$$i=I_S-\frac{1}{R_S}u \tag{1.7-4}$$

根据 KCL，可画出式(1.7-4)的等效电路，如图 1.7-8(b)所示。式(1.7-4)表明，在一定条件下，一个实际电源可以用理想电流源 I_S 与线性电阻 R_S 的并联组合作为它的等效模型。

可见，一个实际电源可以有两种不同结构的电路等效模型。

由以上讨论还可以看出，由于式(1.7-3)和式(1.7-4)是同一伏安特性的不同表示，

因此图 1.7－8(a)的电路与图 1.7－8(b)的电路的端口伏安特性完全相同，所以二者是互相等效的，其条件是 $R_S=U_S/I_S$。也就是说，一条电压源 U_S 与电阻 R_S 的串联支路可以等效为一电流源 I_S 与电阻 R_S 相并联的电路；反之亦然。它们之间的关系是

$$\begin{cases} I_S = \dfrac{U_S}{R_S} \\ U_S = R_S I_S \end{cases} \tag{1.7-5}$$

受控电压源与电阻的串联组合和受控电流源与电阻的并联组合也可用上述方法进行等效变换。不过要特别注意，在变换过程中，控制量必须保留。

例 1.7－1　电路如图 1.7－9 所示，求电流 I。

解　按电源模型互换的规则，将支路 ab′、bc、b′c 的电压源与电阻串联的组合等效为电流源与电阻并联的组合，如图 1.7－10(a)所示；按电流源并联和电阻并联的规则，将图 1.7－10(a)变换为图 1.7－10(b)。将图 1.7－10(b)中电流源与电阻并联的组合等效变换为电压源与电阻的串联组合，如图 1.7－10(c)所示。这是一个单回路电路，不难求得电流

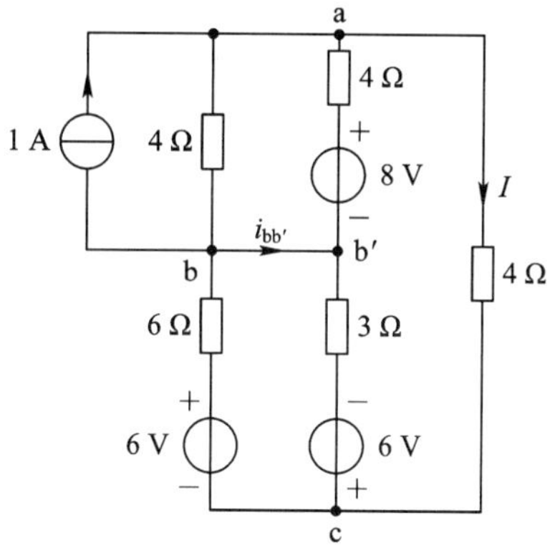

图 1.7－9　例 1.7－1 题图

$$I=\frac{6-2}{2+2+4}=0.5\ \text{A}$$

需要特别注意的是，在电路变换过程中，电路结构将发生变化，因此，应随时留意电路中哪些部分(支路、节点等)已经改变，哪些部分没有发生变化。

譬如，若想求图 1.7－9 中的 $I_{bb'}$，显然，从变换后的电路图 1.7－10(b)或(c)无法求得，不过，由图 1.7－10(c)可以求出电压 U_{ab} 和 U_{bc}，再返回原电路图 1.7－9(或图 1.7－10(a))，可求出 $I_{bb'}$。

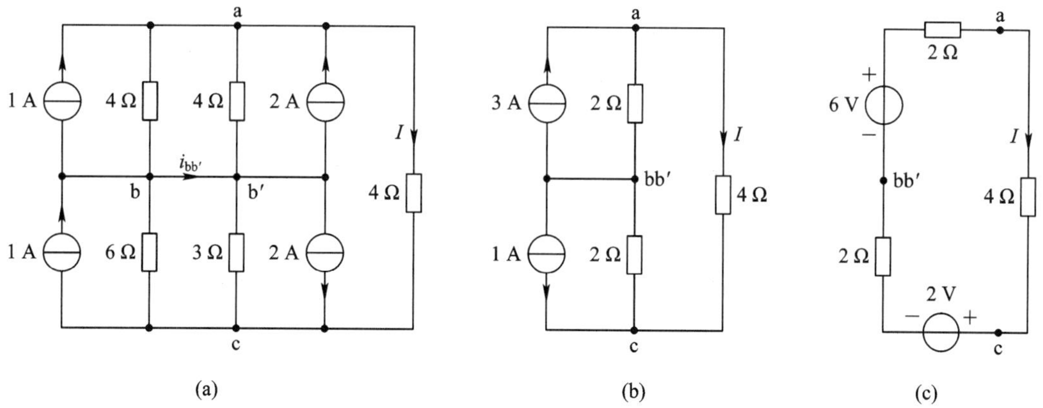

图 1.7－10　例 1.7－1 解图

由图 1.7－10(c)可求得

$$U_{ab}=-2I+6=5\ \text{V}$$
$$U_{bc}=-2I-2=-3\ \text{V}$$

返回原电路图 1.7-9，其有关部分重画于图 1.7-11。

由图 1.7-11，可求得

$$I_1=\frac{U_{ab}}{4}=1.25\ \text{A}$$

$$I_2=\frac{6-U_{bc}}{6}=\frac{6-(-3)}{6}=1.5\ \text{A}$$

对于节点 b，根据 KCL 得

$$I_{bb'}=I_1+I_2-1=1.75\ \text{A}$$

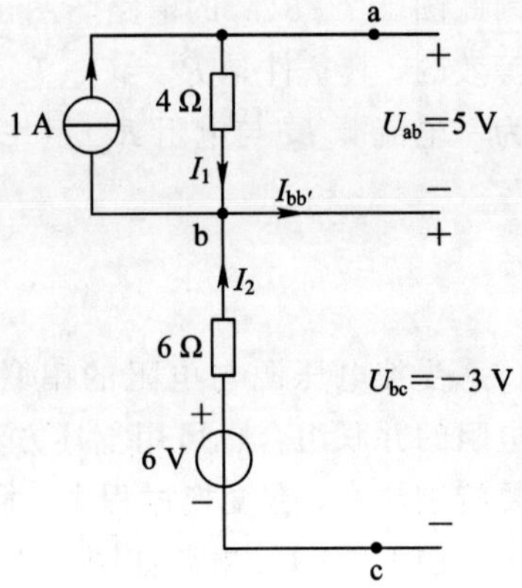

图 1.7-11 例 1.7-1 部分重画图

例 1.7-2 电路如图 1.7-12(a)所示，求电流 i_1。

解 将受控电流源与 2 Ω 电阻的并联组合等效为受控电压源与电阻的串联组合，如图 1.7-12(b)所示。由图 1.7-12(b)所示，根据 KVL 可得

$$(3+2)\ i_1+i_1=12$$

由上式可解得 $i_1=2$ A。

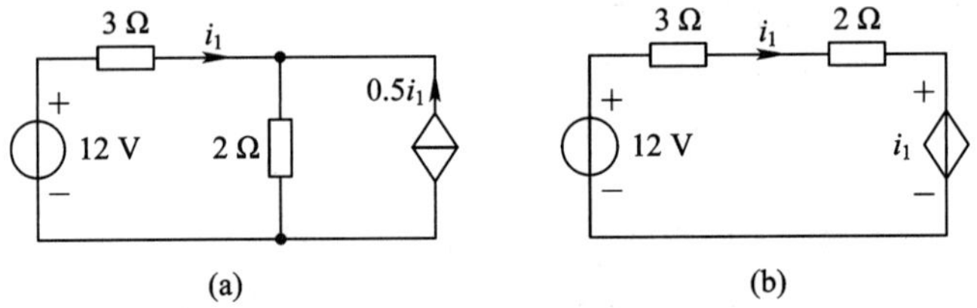

图 1.7-12 例 1.7-2 图

1.7.3 电源的等效转移

图 1.7-13(a)所示是某一电路的一个部分，在节点 e 与 d 之间有电压源 u_S，则在连接到节点 e 的各支路中，靠近 e 的节点(如图中 a、b、c)与节点 d 之间的电压均为 u_S(即 $u_{ad}=u_{bd}=u_{cd}=u_S$)，各支路电流也是确定的。

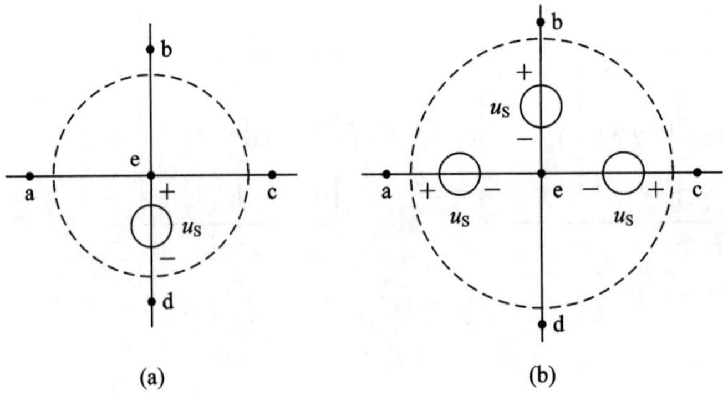

图 1.7-13 电压源转移

如果将图 1.7-13(a)电路中的 u_S 由 ed 支路转移到原来与 e 相连的所有支路，如图

1.7－13(b)所示(这时 e 与 d 成为同一节点)，则由图 1.7－13(b)可见，a、b、c 各节点与 d 之间的电压仍保持为 u_S；而由于电压源的电流可为任意值，因而各支路电流也可保持原来的值。由此可见，对于节点 a、b、c、d 而言，图 1.7－13(a)可等效为图 1.7－13(b)。

另外，图 1.7－13(b)电路中 a、b、c 三点的电位相等(即 $u_{ab}=u_{bc}=0$)，因而可以短接，根据电压源并联的规则，它可等效为图 1.7－13(a)所示的电路。

因此，图 1.7－13(a)和(b)所示电路是相互等效的，可以互相变换。

图 1.7－14(a)所示也是某一电路的一个部分，在节点 a、d 之间有电流源 i_S。在电路中 ad 路径上各支路(如 ab、bc、cd 支路)的端电压与电流有确定的关系。

将图 1.7－14(a)的电流源 i_S 看作是由几个电流相同的电流源串联组成的，并把它们分别连接到 ad 路径中的一些节点上。它们的参考方向可以这样确定，如果原来的电流源由节点 a 流出，流入节点 d，那么用以替代的电流源电流由节点 a 流出；如果流入节点 b，则同时有第二个电流源电流由节点 b 流出；如果流入节点 c，则同时有第三个电流源电流由节点 c 流出；……，如此继续，最后一个电流源电流流入节点 d，如图 1.7－14(b)所示。

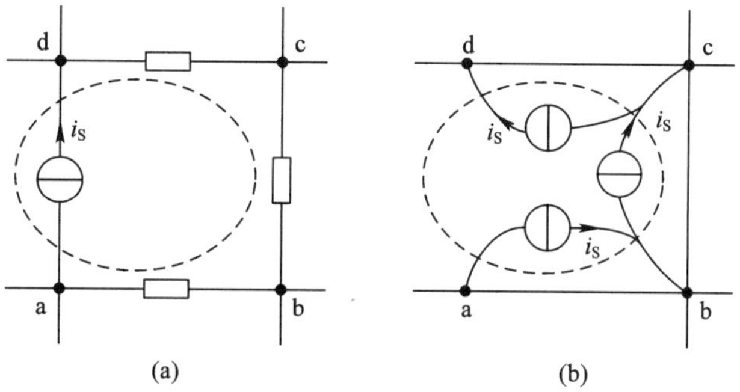

图 1.7－14　电流源的等效转移

由图 1.7－14(b)可见，节点 b 和 c 新增加的电流为零，因而各支路电流仍然保持原来的值；而由于电流源的端电压可为任意值，因而各支路电压也保持原来的值。由此可见，对于图 1.7－14(a)和(b)虚线框内的部分，二者是互相等效的。

例 1.7－3　电路如图 1.7－15 所示，求电流 I。

解　根据电流源转移的方法，将 ad 间的电流源等效转移为接于 db 和 ba 间的两个电流源，如图 1.7－16(a)所示。再将电流源(及与其相并联的电阻)等效变换为电压源，如图 1.7－16(b)所示。图 1.7－16(b)中节点 f 和 f′点的电位相等，即 $u_{ff'}=0$，故可将节点 f 和 f′短接(或逆用电压源等效转移)，得到图 1.7－16(c)，进而变换为图 1.7－16(d)。

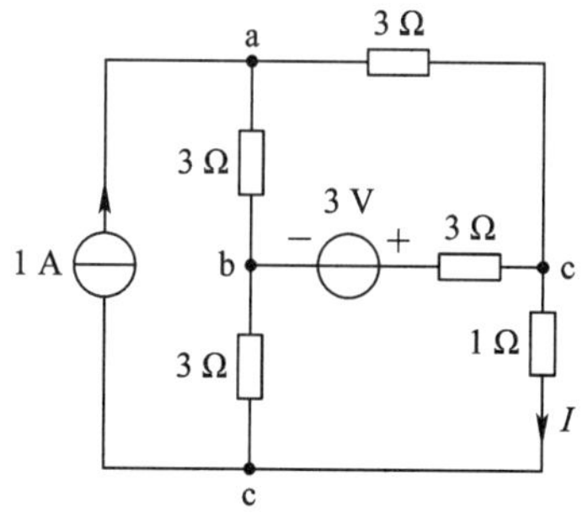

图 1.7－15　例 1.7－3 题图

由图 1.7－16(d)可求得电流 $I=1$ A。

由前述几个例题可以看到，一个较复杂的含源线性电路，经过等效变换，都可简化为一个电压源与电阻的串联组合，或者电流源与电阻的并联组合。这正是戴维南定理和诺顿定理的内容，将在第 2 章中进一步讨论。

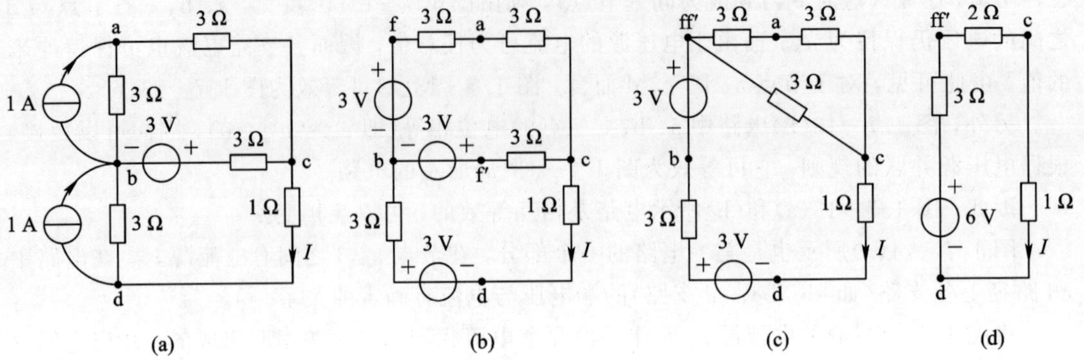

图 1.7-16　例 1.7-3 解图

1.8 动态元件

许多实际电路除了包含电源和电阻外，还常包含电容和电感元件。这类元件的 VCR 是微分或积分关系，故称其为动态元件。含有动态元件的电路称为动态电路，描述动态电路的方程是微分方程。

1.8.1 电容元件

电容元件(capacitor)是一种储存电能的元件，它是实际电容器的理想化模型。电容上电荷与电压的关系反映了这种元件的储能特性。其电路符号如图 1.8-1(a)所示。

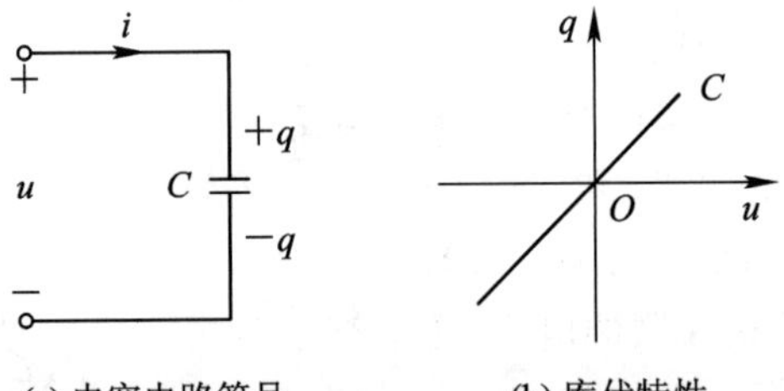

(a) 电容电路符号　　(b) 库伏特性

图 1.8-1　线性非时变电容电路符号及库伏特性

电容的一般定义：一个二端元件，若在任一时刻 t，其储存的电荷 $q(t)$ 与其端电压 $u(t)$ 之间的关系能用 q-u 平面上通过原点的一条曲线表征，则称该元件为电容元件，简称电容。

电容也分为时变的和非时变的、线性的和非线性的，本书主要涉及线性非时变电容元件。

线性非时变电容的外特性(也称为库伏特性)是 q-u 平面上一条过原点的直线，且其斜率 C 不随时间变化，如图 1.8-1(b)所示。其表达式可写为

$$q(t)=Cu(t)\qquad \forall t \tag{1.8-1}$$

式中，C 是电容元件的电容值，单位为法（F）。对于线性非时变电容，C 为正实常数。“电容”一词及其符号 C 既表示电容元件，也表示元件的参数。

电路理论关心的是元件端电压与电流的关系。如果电容两端的电压变化时，聚集在电容上的电荷也相应发生变化，则表明连接电容的导线上有电荷移动，即有电流流过；若电容上电压不变化，电荷也不变化，则电流为零。这与电阻不同。

若电容上电压与电流参考方向关联，如图 1.8-1(a)所示，且考虑到 $i=\dfrac{dq}{dt}$，$q=Cu(t)$，则有

$$i(t)=\frac{dq(t)}{dt}=C\frac{du(t)}{dt}\qquad \forall t \tag{1.8-2}$$

式(1.8-2)称为电容伏安关系(VAR)的微分形式。它表明，任何时刻，电容元件的电流与该时刻的电压变化率成正比。如果电压不随时间变化，则 $i=0$，电容相当于开路，故电容有隔直流的作用。

将式(1.8-2)写为

$$du(t)=\frac{1}{C}i(t)dt$$

对上式从 $-\infty$ 到 t 进行积分(为了避免积分上限 t 与积分变量相混，将积分变量换为 ξ)，得

$$\int_{u(-\infty)}^{u(t)}du(\xi)=\frac{1}{C}\int_{-\infty}^{t}i(\xi)d\xi$$

即

$$u(t)-u(-\infty)=\frac{1}{C}\int_{-\infty}^{t}i(\xi)d\xi$$

一般可认为 $u(-\infty)=0$，亦即 $q(-\infty)=0$，于是可得

$$u(t)=\frac{1}{C}\int_{-\infty}^{t}i(\xi)d\xi \tag{1.8-3}$$

式(1.8-3)称为电容元件伏安关系(VAR)的积分形式。它表明，在任一时刻，电容电压 u 是此时刻以前电流作用的结果，“记载”了电流 i 以往的全部历史，所以称电容为记忆元件。相应地，称电阻为无记忆元件。

如果设 $t=t_0$ 为初始观察时刻，则式(1.8-3)可进一步改写为

$$\begin{aligned}u(t)&=\frac{1}{C}\int_{-\infty}^{t_0}i(\xi)d\xi+\frac{1}{C}\int_{t_0}^{t}i(\xi)d\xi\\&=u(t_0)+\frac{1}{C}\int_{t_0}^{t}i(\xi)d\xi\qquad t\geqslant t_0\end{aligned} \tag{1.8-4}$$

式中

$$u(t_0)=\frac{1}{C}\int_{-\infty}^{t_0}i(\xi)d\xi \tag{1.8-5}$$

式(1.8-5)称为电容电压在 t_0 时刻的初始值(initial value)或初始状态(initial state)，它包含了在 t_0 以前电流的“全部历史”信息。为了简便，常取 $t_0=0$。则式(1.8-4)可改写为

$$u(t)=u(0)+\frac{1}{C}\int_{0}^{t}i(\xi)d\xi\qquad t\geqslant 0$$

电容电压 $u(t)$除具有上述的记忆性质外，还具有连续性。为了详细研究电容的连续性，对于任意给定的时刻 t_0，将其前一瞬间记为 t_{0-}，后一瞬间记为 t_{0+}，则由式(1.8-4)可得电容在 $t=t_{0+}$ 时的电容电压

$$u(t_{0+})=u(t_{0-})+\frac{1}{C}\int_{t_{0-}}^{t_{0+}} i(\xi)\mathrm{d}\xi$$

如果电容电流 $i(t)$在无穷小区间$[t_{0-}, t_{0+}]$为有限值，或者说在 $t=t_0$ 处为有限值，则上式等号右端的第二项积分为零，从而有

$$u(t_{0+})=u(t_{0-}) \tag{1.8-6}$$

这表明，若电容电流 $i(t)$在 $t=t_0$ 处为有限值，则电容电压 $u_C(t)$在该处是连续的，它不能跃变。

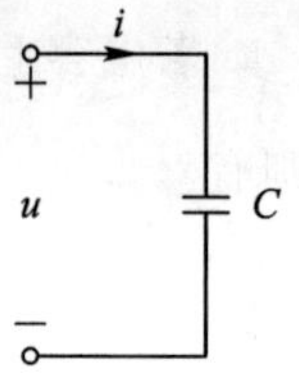

图 1.8-2 非关联参考方向下的电容元件

若电容电压、电流的参考方向为非关联，如图 1.8-2 所示，则电容 VAR 表达式(1.8-2)和式(1.8-4)可分别改为如下形式：

$$i(t)=-C\frac{\mathrm{d}u(t)}{\mathrm{d}t}$$

$$u(t)=-\frac{1}{C}\int_{-\infty}^{t} i(\xi)\mathrm{d}\xi=u(t_0)-\frac{1}{C}\int_{t_0}^{t} i(\xi)\mathrm{d}\xi \qquad t\geqslant t_0$$

下面讨论电容的功率和能量。在电压、电流参考方向关联的条件下，在任一时刻，电容元件吸收的瞬时功率为

$$p(t)=u(t)i(t)=Cu(t)\frac{\mathrm{d}u(t)}{\mathrm{d}t} \tag{1.8-7}$$

对式(1.8-7)从$-\infty$到 t 进行积分，即得到 t 时刻电容上的储能为

$$w_C(t)=\int_{-\infty}^{t} p(\xi)\mathrm{d}\xi=\int_{u(-\infty)}^{u(t)} Cu(\xi)\mathrm{d}u(\xi)$$
$$=\frac{1}{2}Cu^2(t)-\frac{1}{2}Cu^2(-\infty)$$

设 $u(-\infty)=0$，于是，电容在时刻 t 的储能可简化为

$$w_C(t)=\frac{1}{2}Cu^2(t) \tag{1.8-8}$$

式(1.8-8)表明，电容的能量仅与电压有关，电压为 0 时吸收的能量也为 0，它不消耗能量。

由式(1.8-7)和式(1.8-8)可得出：当 $p(t)>0$ 时，说明电容是在吸收能量，处于充电状态；当 $p(t)<0$ 时，说明电容是在释放能量，处于放电状态。电容释放的能量总也不会超过吸收的能量。电容不能产生额外的能量，因此电容为无源元件。

可见，电容在某一时刻 t 的储能仅取决于此时刻的电压，而与电流无关，且储能大于等于 0。

关于电容元件，可以总结如下：

(1) 电容的伏安关系是微积分关系，因此电容元件是动态元件。而电阻元件的伏安关系是代数关系，因此电阻是一个即时(瞬时)元件。

(2) 由电容 VAR 的微分形式可知：① 任意时刻，通过电容的电流与该时刻电压的变

化率成正比，当电容电流 i 为有限值时，其 du/dt 也为有限值，则电压 u 必定是连续函数，此时电容电压是不会跃变的，称为电容的连续性；② 当电容电压为直流电压时，则电流 $i=0$，此时电容相当于开路，故电容具有隔直流的作用。

(3) 由电容 VAR 的积分形式可知：在任意时刻 t，电容电压 u 是此时刻以前的电流作用的结果，它"记载"了以前电流的"全部历史"。即电容电压具有"记忆"电流的作用，故电容是一个记忆元件，而电阻是无记忆元件。

(4) 电容是一个储能元件，它从外部电路吸收的能量以电场能量的形式储存于自身的电场中。电容 C 在某一时刻的储能只与该时刻 t 的电容电压有关。

例 1.8-1 如图 1.8-3(a)所示电路，电源电压 $u_S(t)$的波形如图 1.8-3(b)所示。试求电容上电流 $i(t)$、瞬时功率 $p(t)$及在 t 时刻的储能 $w_C(t)$，并画出曲线图。

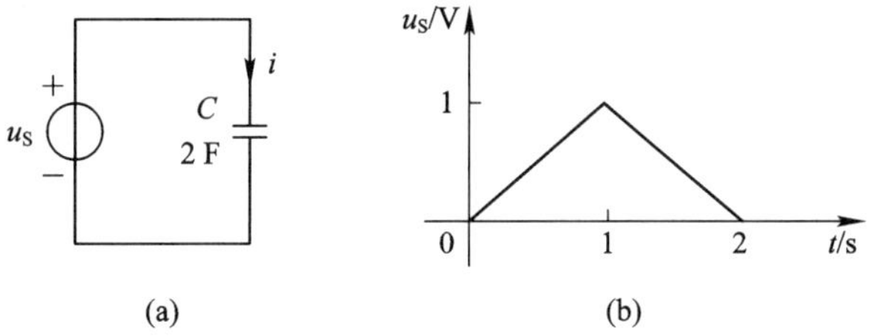

图 1.8-3 例 1.8-1

解 写出 $u_S(t)$的表达式为

$$u_S(t)=\begin{cases}0 & t<0\\ t & 0<t<1\\ -(t-2) & 1<t<2\\ 0 & t>2\end{cases}$$

根据电容 VAR 得

$$i(t)=2\frac{du_S}{dt}=\begin{cases}0 & t<0\\ 2 & 0<t<1\\ -2 & 1<t<2\\ 0 & t>2\end{cases}$$

电流的曲线图如图 1.8-4(a)所示。

$$p(t)=u_S(t)i(t)=\begin{cases}0 & t<0\\ 2t & 0<t<1\\ 2(t-2) & 1<t<2\\ 0 & t>2\end{cases}$$

功率的曲线图如图 1.8-4(b)所示。

$$w_C(t)=\frac{1}{2}Cu_C^2(t)=\begin{cases}0 & t<0\\ t^2 & 0<t<1\\ (t-2)^2 & 1<t<2\\ 0 & t>2\end{cases}$$

电容储能的曲线图如图 1.8-4(c)所示。

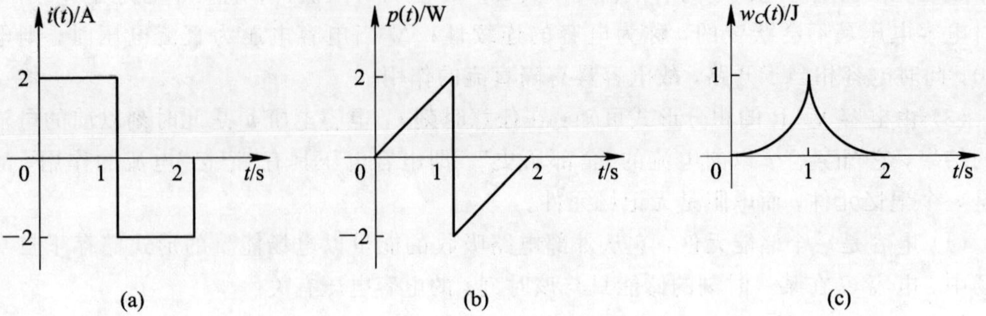

图 1.8-4 例 1.8-1 的曲线图

例 1.8-2 如图 1.8-5 所示，某电容 $C=2$ F，其电流 i 的波形如图中所示。

(1) 若 $u(0)=0$，求当 $t\geqslant 0$ 时电容电压 $u(t)$，并画出曲线图。

(2) 计算 $t=2$ s 时电容的储能 $w_C(2)$。

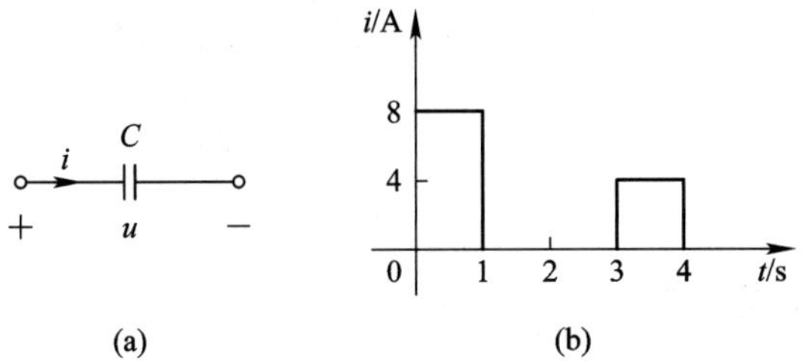

图 1.8-5 例 1.8-2

解 电容电流的表达式为

$$i(t)=\begin{cases}0 & t<0\\ 8 & 0<t<1\\ 0 & 1<t<3\\ 4 & 3<t<4\\ 0 & t>4\end{cases}$$

(1) 根据电容 VAR 得

$$u(t)=u(0)+\frac{1}{C}\int_0^t i(\tau)\mathrm{d}\tau$$

$$=\begin{cases}0 & t\leqslant 0\\ \dfrac{1}{2}\displaystyle\int_0^t 8\mathrm{d}\tau=4t & 0<t\leqslant 1\\ \dfrac{1}{2}\displaystyle\int_0^1 8\mathrm{d}\tau+\dfrac{1}{2}\int_1^t 0\mathrm{d}\tau=u(1)+0=4 & 1<t\leqslant 3\\ u(3)+\dfrac{1}{2}\displaystyle\int_3^t 4\mathrm{d}\tau=4+2(t-3)=2(t-1) & 3<t\leqslant 4\\ u(4)+\dfrac{1}{2}\displaystyle\int_4^t 0\mathrm{d}\tau=u(4)=6 & t>4\end{cases}$$

电容电压的曲线图如图 1.8-6 所示。

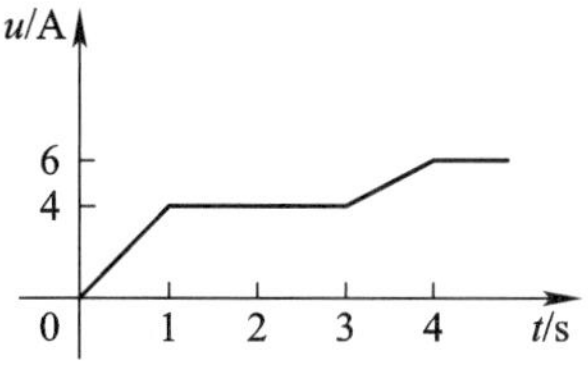

图 1.8－6　例 1.8－2 电容电压曲线图

(2) $t=2$ s 时电容的储能 $w_C(2)$ 为

$$w_C(2)=\frac{1}{2}Cu^2(2)=16\ \text{J}$$

1.8.2 电感元件

电感元件(inductor)是一种储存磁能的元件。它是实际电感线圈的理想化模型，其电路符号如图 1.8－7(a)所示。

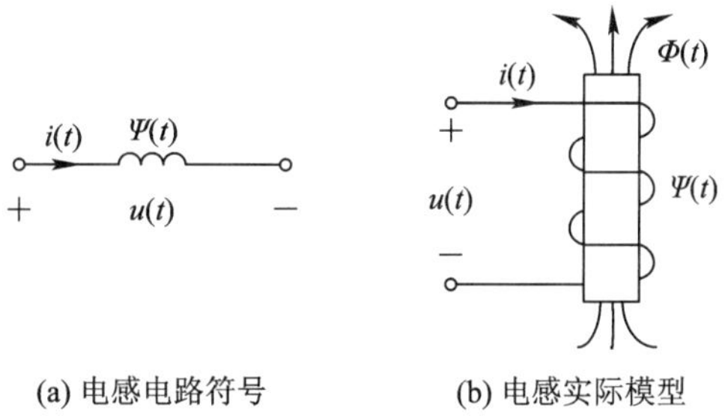

图 1.8－7　电感元件电路符号及其实际模型

将导线绕在骨架上就构成一个实际电感线圈(也称电感器)，如图 1.8－7(b)所示。当电流 $i(t)$通过线圈时，将产生磁通 $\Phi(t)$，其中储存有磁场能量。与线圈交链的总磁通称为磁链 $\Psi(t)$。若线圈密绕，且有 N 匝，则磁链 $\Psi(t)=N\Phi(t)$。电感上磁链与电流的关系反映了这种元件的储能特性。

电感元件的一般定义：一个二端元件，若在任一时刻 t，通过它的电流 $i(t)$与其磁链 $\Psi(t)$之间的关系能用 Ψ-i 平面(或 i-Ψ 平面)上通过原点的曲线表征，则称该元件为电感元件，简称电感。

电感元件也分为时变的和非时变的、线性的和非线性的。本书只讨论线性非时变的电感元件。

线性非时变电感元件的外特性(也称为韦安特性)是 Ψ-i 平面上一条过原点的直线，且其斜率 L 不随时间变化，如图 1.8－8 所示。当规定磁通和磁链的参考方向与电流 i 的参考方向之间符合右手螺旋关系时，在任一时刻，磁链与电流的关系为

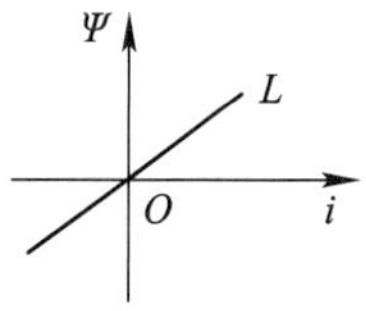

图 1.8－8　线性非时变电感元件的韦安特性

$$\Psi(t)=Li(t) \qquad \forall t \tag{1.8-9}$$

式中，L 是电感元件的电感值，单位为亨（H）。磁通和磁链的单位为韦(Wb)。对于线性非时变电感，L 是正实常数。电感及其符号 L 既表示电感元件，也表示元件参数。

当电感中电流变化时，磁链也发生变化，从而产生感应电压。在电流与电压参考方向关联时，如图 1.8-7(a)所示，根据法拉第电磁感应定律，感应电压 $u(t)$与磁链的变化率成正比，即

$$u(t)=\frac{\mathrm{d}\Psi(t)}{\mathrm{d}t}=L\frac{\mathrm{d}i(t)}{\mathrm{d}t} \qquad \forall t \tag{1.8-10}$$

式(1.8-10)称为电感元件伏安关系的微分形式。它表明，在任一时刻，电感元件上的电压与该时刻的电流变化率成正比。如果电流不随时间变化，则 $u=0$，电感元件相当于短路。

对电感伏安关系的微分形式从$-\infty$到 t 进行积分可得

$$i(t)-i(-\infty)=\frac{1}{L}\int_{-\infty}^{t}u(\xi)\mathrm{d}\xi$$

若设 $i(-\infty)=0$，可得

$$i(t)=\frac{1}{L}\int_{-\infty}^{t}u(\xi)\mathrm{d}\xi \tag{1.8-11}$$

式(1.8-11)即为电感伏安关系的积分形式。它表明，在任一时刻，电感元件电流 i 是此时刻以前的电压作用的结果，它“记载”了电压 u 以往的历史。电感也属于记忆元件，有记忆性质。

设 $t=t_0$ 为初始观察时刻，则式(1.8-11)可改写为

$$\begin{aligned}i(t)&=\frac{1}{L}\int_{-\infty}^{t_0}u(\xi)\mathrm{d}\xi+\frac{1}{L}\int_{t_0}^{t}u(\xi)\mathrm{d}\xi\\&=i(t_0)+\frac{1}{L}\int_{t_0}^{t}u(\xi)\mathrm{d}\xi \qquad t\geqslant t_0\end{aligned} \tag{1.8-12}$$

式中

$$i(t_0)=\frac{1}{L}\int_{-\infty}^{t_0}u(\xi)\mathrm{d}\xi$$

称为电感电流在 t_0 时刻的初始值或初始状态，它包含了在 t_0 以前电压的“全部历史”信息。一般取 $t_0=0$。

电感电流也具有连续性，即，若电感电压 $u(t)$在 $t=t_0$ 处为有限值，则电感电流在该处是连续的，它不能发生跃变，即有

$$i(t_{0+})=i(t_{0-}) \tag{1.8-13}$$

若电感电压、电流的参考方向为非关联，如图 1.8-9 所示，则电感 VAR 表达式可改为

$$u(t)=-L\frac{\mathrm{d}i}{\mathrm{d}t}$$

$$i(t)=-\frac{1}{L}\int_{-\infty}^{t}u(\xi)\mathrm{d}\xi=i(t_0)-\frac{1}{L}\int_{t_0}^{t}u(\xi)\mathrm{d}\xi \qquad t\geqslant t_0$$

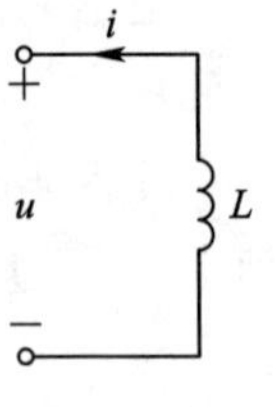

图 1.8-9 非关联参考方向下的电感元件

下面讨论电感的功率和储能。

当电感电压和电流为关联方向时，电感吸收的瞬时功率为

$$p(t)=u(t)i(t)=L\frac{\mathrm{d}i(t)}{\mathrm{d}t}i(t) \tag{1.8-14}$$

对上式从 $-\infty$ 到 t 进行积分，即得 t 时刻电感上的储能为

$$\begin{aligned}w_L(t)&=\int_{-\infty}^{t}p(\xi)\mathrm{d}\xi=\int_{i(-\infty)}^{i(t)}Li(\xi)\mathrm{d}i\xi\\&=\frac{1}{2}Li^2(t)-\frac{1}{2}Li^2(-\infty)\end{aligned}$$

设 $i(-\infty)=0$，则电感在时刻 t 的储能可简化为

$$w_L(t)=\frac{1}{2}Li^2(t) \tag{1.8-15}$$

由式(1.8-14)和式(1.8-15)得出，电感的能量仅与电流有关，电流为 0 时吸收的能量也为 0。电感是储能元件，它不消耗能量。当 $p(t)>0$ 时，说明电感是在吸收能量，处于充磁状态；当 $p(t)<0$ 时，说明电感是在释放能量，处于放磁状态。电感释放的能量总也不会超过吸收的能量。电感不能产生额外能量，因此电感为无源元件。

可见，电感在某一时刻 t 的储能仅取决于此时刻的电流，而与电压无关，且储能 $w\geqslant 0$。

关于电感元件，可以总结如下：

(1) 电感元件是动态元件。

(2) 由电感 VAR 的微分形式可知：① 任意时刻，通过电感的电压与该时刻电流的变化率成正比，当电感电压 u 为有限值时，其 $\mathrm{d}i/\mathrm{d}t$ 也为有限值，则电流 i 必定是连续函数，此时电感电流是不会跃变的，称为电感的连续性；② 当电感电流为直流电流时，则电压 $u=0$，即电感对直流相当于短路。

(3) 由电感 VAR 的积分形式可知：在任意时刻 t，电感电流 i 是此时刻以前的电压作用的结果，它“记载”了以前电压的“全部历史”。即电感电流具有“记忆”电压的作用，故电感也是一个记忆元件。

(4) 电感是一个储能元件，它从外部电路吸收的能量以磁场能量的形式储存于自身的磁场中。电感 L 在某一时刻的储能只与该时刻 t 的电感电流有关。

例 1.8-3　已知电感电压 $u(t)$ 如图 1.8-10(a)所示，$L=0.5$ H，$i(0)=0$，电感上的电流电压参考方向如图 1.8-10(b)所示。试求电感上电流 $i(t)$ 及在 $t=1$ s 时的储能 $w_L(1)$，并画出 $i(t)$ 的曲线图。

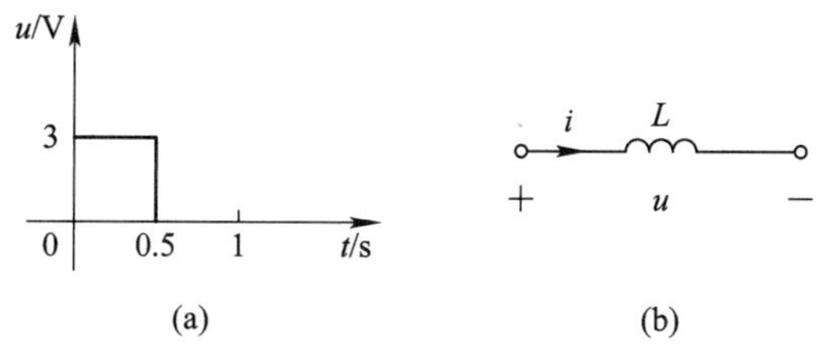

图 1.8-10　例 1.8-3 图

解　由图 1.8-10(a)写出 $u(t)$ 的表达式为

$$u(t)=\begin{cases}3 & 0<t<0.5\\0 & t\leqslant 0.5\end{cases}$$

当 $0<t\leqslant 0.5$ 时，

$$i(t)=\frac{1}{L}\int_{-\infty}^{t}u(\tau)\mathrm{d}\tau=\frac{1}{L}\int_{-\infty}^{0}u(\tau)\mathrm{d}\tau+\frac{1}{L}\int_{0}^{t}u(\tau)\mathrm{d}\tau$$
$$=i(0)+2\int_{0}^{t}3\mathrm{d}\tau=6t$$

当 $t>0.5$ 时，

$$i(t)=\frac{1}{L}\int_{-\infty}^{t}u(\tau)\mathrm{d}\tau$$
$$=\frac{1}{L}\int_{-\infty}^{0.5}u(\tau)\mathrm{d}\tau+\frac{1}{L}\int_{0.5}^{t}u(\tau)\mathrm{d}\tau$$
$$=i(0.5)+2\int_{0.5}^{t}0\mathrm{d}\tau=3$$

由此可画出电感电流 $i(t)$ 的曲线如图 1.8-11 所示。

根据电感储能的定义，有

$$w_L(1)=\frac{1}{2}Li^2(1)=0.5\times 0.5\times 9=2.25\ \mathrm{J}$$

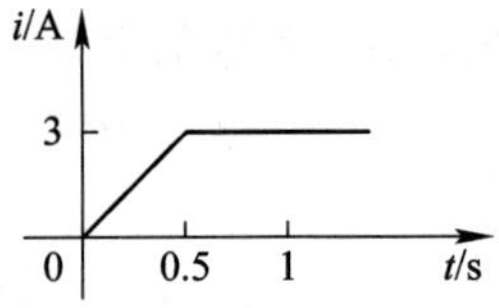

图 1.8-11　例 1.8-3 电感电流曲线

1.8.3 电感、电容的串联和并联

图 1.8-12(a)所示为 n 个电容相串联的电路，各电容的电流为同一个电流 i，根据电容 VAR 积分形式，有

$$u_1=\frac{1}{C_1}\int_{-\infty}^{t}i(\tau)\mathrm{d}\tau,\ u_2=\frac{1}{C_2}\int_{-\infty}^{t}i(\tau)\mathrm{d}\tau,\ \cdots,\ u_n=\frac{1}{C_1}\int_{-\infty}^{t}i(\tau)\mathrm{d}\tau$$

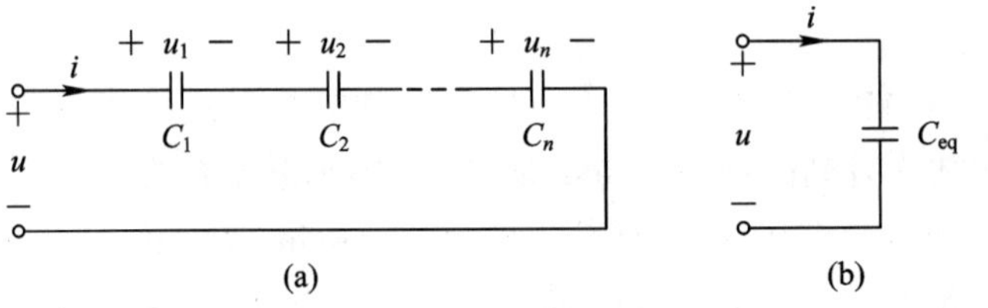

图 1.8-12　电容串联电路

由 KVL 可得端口电压为

$$u=u_1+u_2+\cdots+u_n$$
$$=\frac{1}{C_1}\int_{-\infty}^{t}i(\tau)\mathrm{d}\tau+\frac{1}{C_2}\int_{-\infty}^{t}i(\tau)\mathrm{d}\tau+\cdots+\frac{1}{C_n}\int_{-\infty}^{t}i(\tau)\mathrm{d}\tau$$
$$=\left(\frac{1}{C_1}+\frac{1}{C_2}+\cdots+\frac{1}{C_n}\right)\int_{-\infty}^{t}i(\tau)\mathrm{d}\tau$$
$$=\frac{1}{C_{\mathrm{eq}}}\int_{-\infty}^{t}i(\tau)\mathrm{d}\tau$$

其中

$$\frac{1}{C_{eq}}=\frac{1}{C_1}+\frac{1}{C_2}+\cdots+\frac{1}{C_n}=\sum_{k=1}^{n}\frac{1}{C_k} \tag{1.8-16}$$

式中 C_{eq} 称为 n 个电容串联的等效电容，如图 1.8-12(b)所示。

电容串联可分压，则 n 个电容串联的分压公式为

$$u_k=\frac{C_{eq}}{C_k}u \tag{1.8-17}$$

对两个电容串联的情况：

$$C_{eq}=\frac{C_1C_2}{C_1+C_2}$$

$$u_1=\frac{C_2}{C_1+C_2}u,\quad u_2=\frac{C_1}{C_1+C_2}u$$

图 1.8-13(a)所示为 n 个电容相并联的电路，各电容的端电压为同一个电压 u，根据电容 VAR 微分形式，有

$$i_1=C_1\frac{du}{dt},\ i_2=C_2\frac{du}{dt},\ \cdots,\ i_n=C_n\frac{du}{dt}$$

由 KCL 可得端口电流为

$$\begin{aligned}i&=i_1+i_2+\cdots+i_n\\&=C_1\frac{du}{dt}+C_2\frac{du}{dt}+\cdots+C_n\frac{du}{dt}\\&=(C_1+C_2+\cdots+C_n)\frac{du}{dt}\\&=C_{eq}\frac{du}{dt}\end{aligned}$$

其中

$$C_{eq}=C_1+C_2+\cdots+C_n=\sum_{k=1}^{n}C_k \tag{1.8-18}$$

式中，C_{eq} 称为 n 个电容并联的等效电容，如图 1.8-13(b)所示。

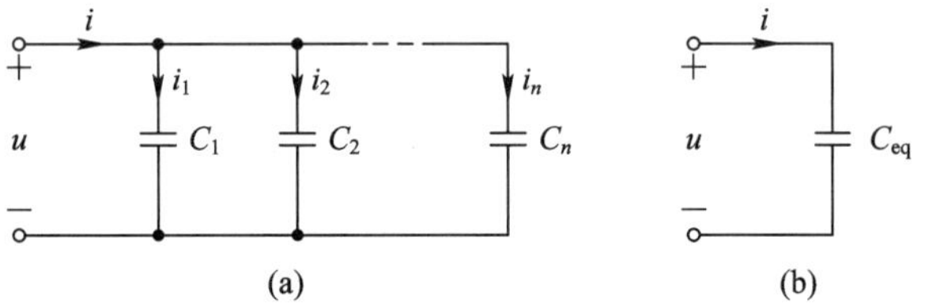

图 1.8-13　电容并联电路

电容并联可分流，则 n 个电容并联的分流公式为

$$i_k=\frac{C_k}{C_{eq}}i \tag{1.8-19}$$

图 1.8-14(a)所示为 n 个电感相串联的电路，各电感的端电流为同一个电流 i，根据电感 VAR 微分形式，有

$$u_1=L_1\frac{di}{dt},\quad u_2=L_2\frac{di}{dt},\quad \cdots,\quad u_n=L_n\frac{di}{dt}$$

由 KVL 可得端口电压为

$$\begin{aligned} u &= u_1 + u_2 + \cdots + u_n \\ &= L_1 \frac{di}{dt} + L_2 \frac{di}{dt} + \cdots + L_n \frac{di}{dt} \\ &= (L_1 + L_2 + \cdots + L_n) \frac{di}{dt} = L_{eq} \frac{di}{dt} \end{aligned}$$

其中

$$L_{eq} = L_1 + L_2 + \cdots + L_n = \sum_{k=1}^{n} L_k \tag{1.8-20}$$

式中，L_{eq} 称为 n 个电感串联的等效电感，如图 1.8-14(b)所示。

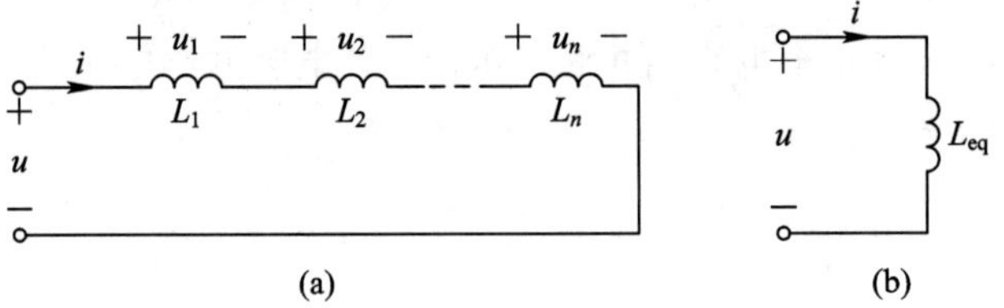

图 1.8-14 电感串联电路

电感串联可分压，则 n 个电感串联的分压公式为

$$u_k = \frac{L_k}{L_{eq}} u \tag{1.8-21}$$

图 1.8-15(a)所示为 n 个电感相并联的电路，各电感的端电压为同一个电压 u，根据电感 VAR 积分形式，有

$$i_1 = \frac{1}{L_1}\int_{-\infty}^{t} u(\tau)d\tau,\ i_2 = \frac{1}{L_2}\int_{-\infty}^{t} u(\tau)d\tau,\ \cdots,\ i_n = \frac{1}{L_n}\int_{-\infty}^{t} u(\tau)d\tau$$

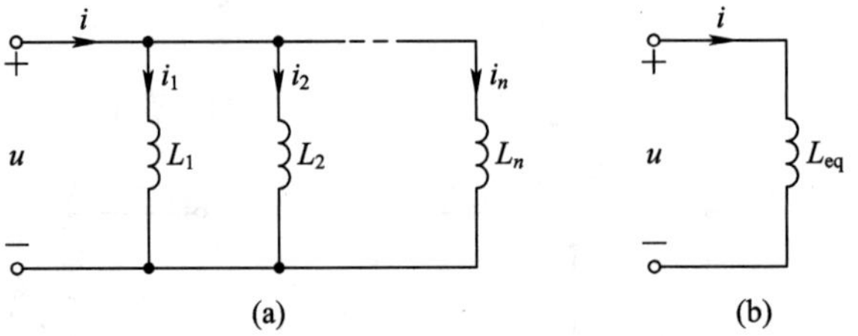

图 1.8-15 电感并联电路

由 KCL 可得端口电流为

$$\begin{aligned} i &= i_1 + i_2 + \cdots + i_n \\ &= \frac{1}{L_1}\int_{-\infty}^{t} u(\tau)d\tau + \frac{1}{L_2}\int_{-\infty}^{t} u(\tau)d\tau + \cdots + \frac{1}{L_n}\int_{-\infty}^{t} u(\tau)d\tau \\ &= \left(\frac{1}{L_1} + \frac{1}{L_2} + \cdots + \frac{1}{L_n}\right)\int_{-\infty}^{t} u(\tau)d\tau \\ &= \frac{1}{L_{eq}}\int_{-\infty}^{t} u(\tau)d\tau \end{aligned}$$

其中

$$\frac{1}{L_{eq}}=\frac{1}{L_1}+\frac{1}{L_2}+\cdots+\frac{1}{L_n}=\sum_{k=1}^{n}\frac{1}{L_k} \tag{1.8-22}$$

式中，L_{eq} 称为 n 个电感并联的等效电感，如图 1.8-15(b)所示。

电感并联可分流，则 n 个电感并联的分流公式为

$$i_k=\frac{L_{eq}}{L_k}i \tag{1.8-23}$$

对两个电感并联的情况：

$$L_{eq}=\frac{L_1L_2}{L_1+L_2}$$

$$i_1=\frac{L_2}{L_1+L_2}i,\quad i_2=\frac{L_1}{L_1+L_2}i$$

1.9 应用实例

1.9.1 用电安全与人体电路模型

“危险—高压”这种常见的警告容易被误解。在干燥的天气，摸到一个门把手时就可能遭到静电火花电击，虽然令人不快，但却没有什么伤害。然而，产生这些火花的电压往往比能够引起伤害的电压大几百或几千倍。

电能能否造成实际伤害取决于电流大小以及电流如何通过人体，也就是说，通过人体的电流(而不是电压)是产生电击的原因。当然，电阻两边有电压才会产生电流。当人体的某部位接触到一个电压，而另一个部位接触到一个不同的电压或地，则会有电流从身体的一个部位流到另一个部位。电流路径与人体上接触电压的部位有关，而电击的严重性与电压大小、电流流过人体的路径及时间有关。

人体电阻一般在 10～50 kΩ 之间，并与测量部位、皮肤潮湿程度、体重等有关。人体简化电路模型如图 1.9-1 所示，其中 R_1～R_4 分别表示人体的头颈、臂、胸腹和腿的电阻，它们各有典型的值。电流的大小取决于电压和电阻的大小。电流会对人体产生综合性的影响，例如电流通过人体后，会产生麻木或不自觉的肌肉收缩。电流产生的生物化学效应将引起一系列的病理反应和变化。尤其严重的是，当电流流经心脏时，微小的电流即可引起心室颤动，甚至导致死亡。表 1.9-1 给出了电流的大小对人体的生理反应，其数据是科学家通过事故原因分析获得的近似结果。很显然，对人体进行电击实验是非法和违反伦理的。目前，大多数国家将交流有效值 50 V 作为安全电压值，10 mA 作为安全电流值。

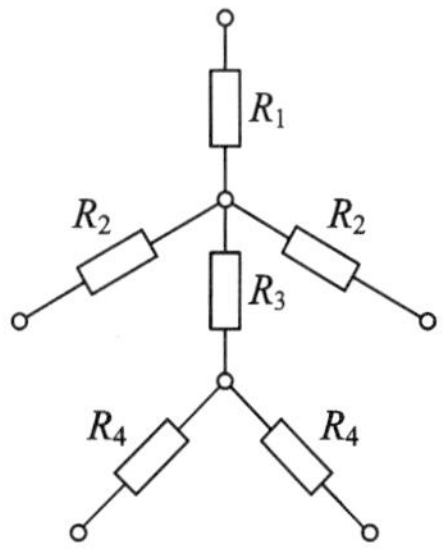

图 1.9-1　人体简化电路模型

表 1.9-1 电流大小对人体的生理反应

电流大小	生 理 反 应
1～5 mA	能感觉到，但无害
10 mA	有害电击，但没有失去肌肉控制
23 mA	严重有害电击，肌肉收缩，呼吸困难
35～50 mA	极端痛苦
50～70 mA	肌肉麻痹
235 mA	心脏纤维性颤动，通常在几秒内死亡
500 mA	心脏停止跳动

1.9.2 热电导率气体分析器电路——电桥电路

图 1.9-2 给出了热电导率气体分析器的基本电路，由四个电阻构成一个电桥电路。该电路可用于测量空气污染物或烟雾。图 1.9-2 中电桥两臂有两个气敏电阻，一个气敏电阻 R_a 被所要分析的气体所包围，另一个气敏电阻 R_r 放在参考气体(如氧气或纯净大气等)之中。测量时两种气体维持相同的压强及容量等。开始测量时首先将两个气敏电阻都置于参考气体中，调节电阻 R_2(R_2 称为调平衡(调零)电阻)使电压 U_o 为零，然后将两个气敏电阻置于上述不同的气体中。

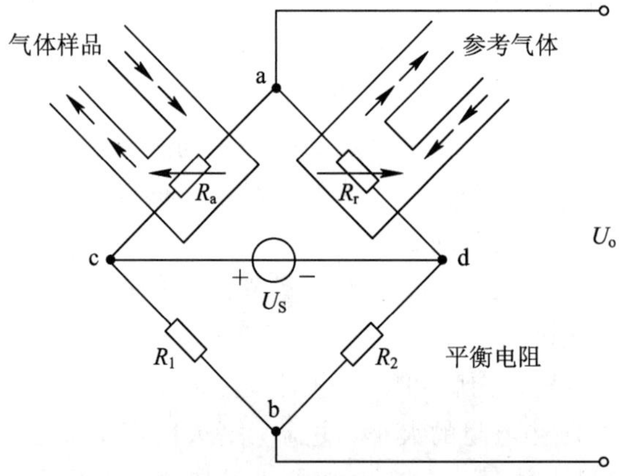

图 1.9-2 热电导率气体分析器基本电路

如果所要分析的气体样品中含有不同于参考气体的热电导率气体，则电桥失去平衡。输出电压 U_o 的值能反映出气体样品的热电导率。电路分析如下：

从图 1.9-2 可以看出，U_o 为 a、b 两端的电压，即

$$U_o = U_{ab} = U_{ad} + U_{db}$$

根据串联电阻的分压关系，有

$$U_{ad} = \frac{R_r}{R_r + R_a} U_S$$

$$U_{db}=-\frac{R_2}{R_1+R_2}U_S$$

所以

$$U_o=\left(\frac{R_r}{R_r+R_a}-\frac{R_2}{R_1+R_2}\right)U_S=\frac{R_rR_1-R_aR_2}{(R_r+R_a)(R_1+R_2)}U_S$$

R_2 调零后，$R_rR_1=R_aR_2$，此时 $U_o=0$，电桥平衡。这时，由于 $R_r=R_a$，因此取 $R_1=R_2$。当将两个气敏电阻置于两种不同的气体中时，$R_a=R_r+\Delta R_r$，则

$$U_o=\frac{-\Delta R_r}{2(2R_r+\Delta R_r)}U_S\approx\frac{-\Delta R_r}{4R_r}U_S$$

U_o 的值能反映出气体样品的热电导率。通常 ΔR_r 比较小，因而实际测量时需要测出输出电压 U_o，还要对该电压进行放大。

1.9.3 电压表、电流表量程扩展

实际中用于测量电压和电流的多量程电压表、电流表是由称作微安计的基本电流表头与一些电阻串联和并联组成的。微安计所能测量的最大电流称为该微安计的量程。例如，一个微安计，它能测量的最大电流为 50 μA，就说该微安计的量程为 50 μA。测量时通过该微安计的电流不能超过 50 μA，否则微安计将被损坏。实际中需要测量更大的电流、电压该怎么办呢？下面通过两个例题来说明多量程电压表、电流表的组成原理。

例 1.9－1　图 1.9－3 所示电路为微安计与电阻串联组成的多量程电压表，已知微安计内阻 $R_1=1$ kΩ，各挡分压电阻分别为 $R_2=9$ kΩ、$R_3=90$ kΩ、$R_4=900$ kΩ，这个电压表的最大量程(用端钮“0”“4”测量，端钮“1”“2”“3”均断开)为 500 V，试计算微安计的量程及电压表各量程的电压值。

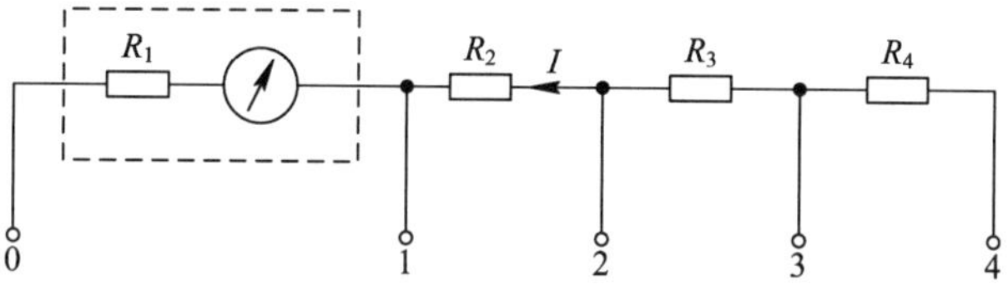

图 1.9－3　多量程电压表电路

解　当用“0”“4”端(其对应电压用 U_{40} 表示)测量时，电压表的总电阻

$$R=R_1+R_2+R_3+R_4=1+9+90+900=1000\ \text{k}\Omega$$

若这时所测的电压恰为 500 V(这时微安计也达到满量程)，则通过微安计的最大电流即微安计的量程

$$I=\frac{U_{40}}{1000\times10^3}=\frac{500}{1000\times10^3}=0.5\ \text{mA}$$

当电压表量程开关置“1”挡时(“2”“3”“4”端钮断开，对应电压分别用 U_{10}、U_{20}、U_{30} 表示)，则有

$$U_{10}=R_1I=1\times0.5=0.5\ \text{V}$$

当开关置“2”挡时(“1”“3”“4”端钮断开)，则有

$$U_{20}=(R_1+R_2)I=(1+9)\times 0.5=5\ \text{V}$$

当开关置“3”挡时(“1”“2”“4”端钮断开)，则有

$$U_{30}=(R_1+R_2+R_3)I=(1+9+90)\times 0.5=50\ \text{V}$$

由此例可见，直接利用该微安计测量电压，它只能测量 0.5 V 以下的电压，而串联了分压电阻 R_2、R_3、R_4 以后，作为电压表，它就有 0.5 V、5 V、50 V、500 V 四个量程，实现了电压表的量程扩展。

例 1.9-2 多量程电流表电路如图 1.9-4 所示，已知微安计内阻 $R_A=2.3\ \text{k}\Omega$，量程为 50 μA，各分流电阻分别为 $R_1=1\ \Omega$、$R_2=9\ \Omega$，$R_3=90\ \Omega$。求扩展后电流表各量程的电流。

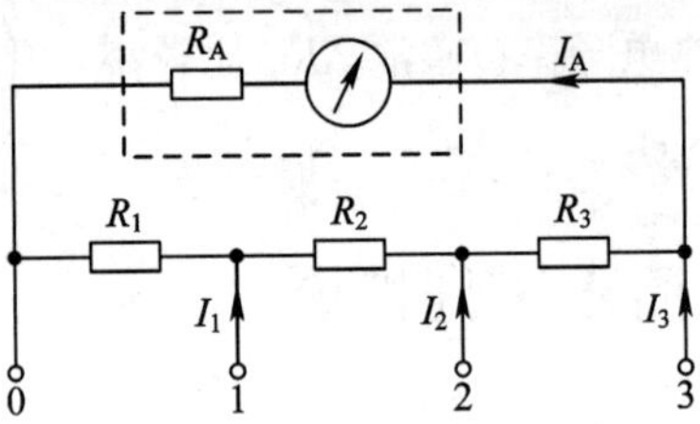

图 1.9-4 多量程电流表电路

解 微安计偏转满刻度为 $I_A=50\ \mu\text{A}$。当用“0”“1”端钮测量时，“2”“3”端钮开路，这时 R_A、R_2、R_3 是相串联的，而 R_1 与它们相并联，根据分流公式，得

$$I_A=\frac{R_1}{R_1+R_2+R_3+R_A}I_1$$

所以

$$I_1=\frac{R_1+R_2+R_3+R_A}{R_1}I_A=120\ \text{mA}$$

同理，用“0”“2”端测量时“1”“3”端开路，这时流经微安计的电流仍应为 50 μA，这时 R_1 与 R_2 串联，R_3 与 R_A 串联，二者再相并联，根据分流公式，得

$$I_A=\frac{R_1+R_2}{R_1+R_2+R_3+R_A}I_2$$

所以

$$I_2=\frac{R_1+R_2+R_3+R_A}{R_1+R_2}I_A=12\ \text{mA}$$

当用“0”“3”端测量时，“1”“2”端开路，这时流经微安计的满刻度电流还是 50 μA，此时 R_1、R_2、R_3 串联再与 R_A 并联，由分流公式，得

$$I_A=\frac{R_1+R_2+R_3}{R_1+R_2+R_3+R_A}I_3$$

则有

$$I_3=\frac{R_1+R_2+R_3+R_A}{R_1+R_2+R_3}I_A=1.2\ \text{mA}$$

由此例可以看出，直接利用该微安计测量电流，它只能测量 0.05 mA 以下的电流且内阻大(本例表头内阻达 2.3 kΩ!)，而并联电阻 R_1、R_2、R_3 以后，作为电流表，它就有了 120 mA、12 mA、1.2 mA 三个量程，实现了电流表的量程扩展，且用扩展量程后的电流表

测量电流，电流表的内阻比微安计的内阻小得多。如用 120 mA 量程测量电流，电流表的内阻小于 1 Ω。

例 1.9－3　图 1.9－5 所示为常用的简单分压器电路，电阻分压器的固定端 a、b 接到直流电压源上，固定端 b 与活动端 c 接到负载上，利用分压器上滑动触头 c 的滑动可以在负载电阻上输出 $0\sim U_1$ 的可变电压。已知理想电压源电压 $U_1=18$ V，滑动触头 c 的位置使 $R_1=600$ Ω，$R_2=400$ Ω(见图 1.9－5 (a))。

(1) 未接电压表时，求输出电压 U_2。

(2) 若用内阻为 1200 Ω 的实际电压表去测量此电压，求电压表的读数。

(3) 若用内阻为 3600 Ω 的实际电压表再去测量此电压，求电压表的读数。

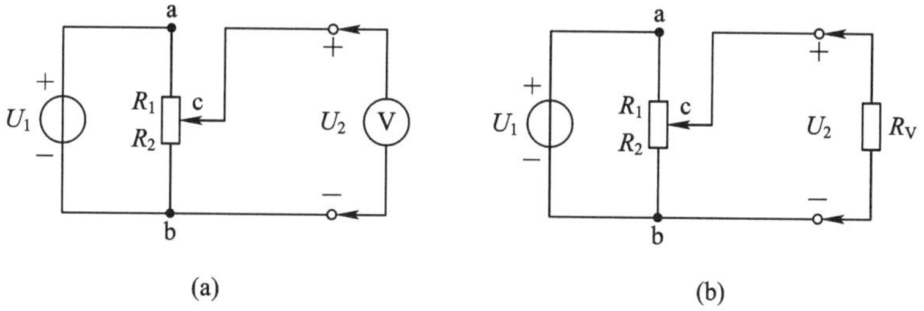

图 1.9－5　电阻分压器电路

解　(1) 未接电压表时，应用分压公式得

$$U_2=\frac{R_2}{R_1+R_2}U_1=\frac{400}{600+400}\times 18=7.2\ \text{V}$$

(2) 当接上电压表后，将图 1.9－5(a)改画成图 1.9－5(b)，图中 R_V 表示实际电压表的内阻。当用内阻为 1200 Ω(为了区别；用 R_{V1} 表示)的电压表测量 U_2 时，$R_V=R_{V1}=1200$ Ω。参见图 1.9－5(b)，cb 端为 R_2 与 R_{V1} 相并联的两端，所以等效电阻

$$R_{eq1}=\frac{R_2R_{V1}}{R_2+R_{V1}}=\frac{400\times 1200}{400+1200}=300\ \Omega$$

应用分压公式得

$$U_{V1}=\frac{R_{eq1}}{R_1+R_{eq1}}U_1=\frac{300}{600+300}\times 18=6\ \text{V}$$

这时电压表的读数为 6 V。

(3) 当用内阻为 3600 Ω(用 R_{V2} 表示)电压表测量 U_2 时，图 1.9－5(b)中 $R_V=R_{V2}=3600$ Ω。这时 cb 端等效电阻

$$R_{eq2}=\frac{R_2R_{V2}}{R_2+R_{V2}}=\frac{400\times 3600}{400+3600}=360\ \Omega$$

由分压公式得

$$U_{V2}=\frac{R_{eq2}}{R_1+R_{eq2}}U_1=\frac{360}{600+360}\times 18=6.75\ \text{V}$$

这时电压表的读数为 6.75 V。

实际电压表都有一定的内阻，将电压表并到电路上测量电压时，对测试电路都有一定的影响。由此例具体的计算可以看出：电压表内阻越大，对测试电路的影响越小。理论上

讲，若用内阻为无穷大的理想电压表测量电压，则对测试电路无影响，它的读数应是该例题(1)问中算的U_2数值7.2 V。由此例还可联想到，测量电流时将电流表串联接入电路，实际电流表的内阻越小，对测试电路的影响越小。若用内阻为零的理想电流表测量电流，则其对测试电路无影响。

1.9.4 安培计和伏特计

对电气系统的电流和电压进行实际测量是很重要的，能够检查系统的运行状况，查找和排除故障，并能研究在理论上无法预测的现象。安培计与伏特计就像名称中隐含的那样，安培计用于测量电流，伏特计用于测量电压。如果电流是毫安量级，则所用的测量仪器通常是毫安计；如果电流是微安量级，则用微安计。类似的情况也适用于对电压的测量。就整个电气和电子工业而言，测量电压的情况多于测量电流的情况，这主要是因为测量电压不需要改动被测系统的电路连接。

将伏特计表笔分别与两点接触，就可测量这两点之间的电压，为了获得正的读数，应该把正表笔(红色)连接在较高电位，公共表笔或负表笔(黑色)连接在较低电位，如图1.9－6所示。相反的连接将导致负的读数。

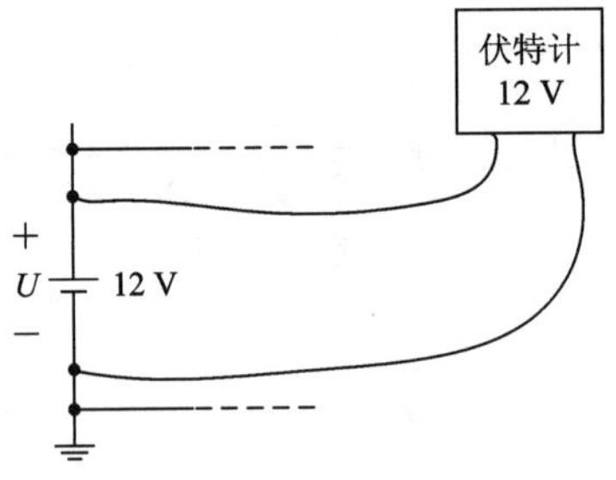

图1.9－6　用于读出正数的伏特计连接

安培计的连接如图1.9－7所示。因为安培计用于测量电流，所以它必须被串联在待测量的电路中。为此必须打开待测电流的支路，将安培计连接在两个断开的端子之间。对图1.9－7所示的电路，电压源的端子必须从系统中断开，然后将安培计串联接入其中。为了获得正的读数，被测电流必须从正表笔流入安培计。

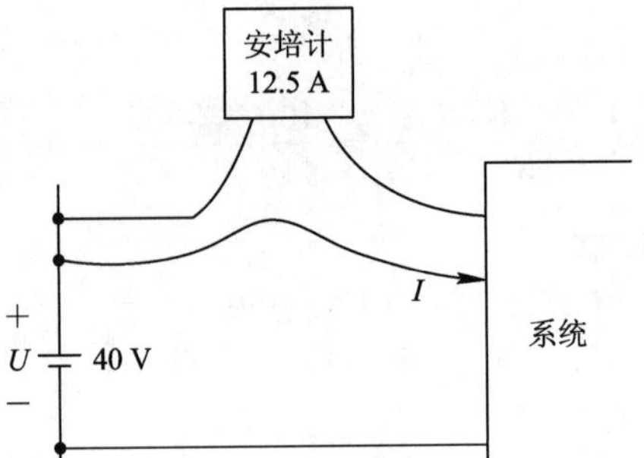

图1.9－7　用于读出正数的安培计连接

将任何测量仪表引入电气或电子系统时，都面临着测量仪表影响被测系统的问题。例如，假设伏特计和安培计内部没有电源，当用它们进行测量时，为了产生读数，它们必须从被测系统中吸收一定的能量，因而会对被测系统产生影响。因而，在实际设计和使用时，都力图将这种影响减到最小。

在工程上，有一些仪表专门用于测量电流或电压。不过实验室常用的伏特-欧姆-毫安表和数字万用表，既能测量电压、电流，也能测量电阻，分别如图 1.9－8 和图 1.9－9 所示，下一章将介绍它们的使用方法。伏特-欧姆-毫安表使用模拟刻度，测量时需要根据指针在刻度盘上的位置和量程的选择读出被测量的大小。而数字万用表采用了数字显示方式，小数点的位置(相当于精确度)由选择的量程来决定，结果的读取一目了然。对测量仪表的深入研究将留在实验课中进行。

图 1.9－8　伏特-欧姆-毫安表(VOM)(图片由辛普森电气公司提供)

图 1.9－9　数字万用表(图片由福禄克公司提供)

1.9.5　电池充电器

电池充电器属于常见的电器设备。从小型的手电筒电池到重型的航海舰船上的铅酸电池，都需要电池充电器为其充电。因为充电器都要连接到交流电源上，所以每一种充电器的基本结构都非常相似：包含一个变压器(在第 4 章详细介绍)，用于将输入的交流电压降低到产生直流电所需要的交流电压；包含二极管(整流器)，用于将交流电压变换成方向不变的直流电压(二极管或整流器将在电子学课程中详细讨论)。另外，一些好的直流充电器还包括稳压电路，使得充电器的输出电压不会明显地随着时间和负载的变化而变化。由于汽车电池充电器的使用十分普遍，因此下面主要介绍这种充电器。

图 1.9－10 所示充电器电路结构包括了充电器的所有基本组件。根据该图可知，来自插座的交流电压(以 220 V 为例)直接施加在变压器初级。变压器初级的匝数是可变的，可根据所选择的充电电流来选择初级的匝数。如果选择 2 A 的充电电流，则初级线圈的全部线匝都将接于电路中，初级与次级的匝数比最大；如果选择 6 A 的充电电流，则只将初级的部分线匝接于电路中，因而匝数比减小。学习变压器时就会明白，初级与次级的电压之比等于它们的匝数之比。如果次级匝数少于初级匝数，那么输出电压就小于输入电压；反过来，如果次级匝数超过初级匝数，那么输出电压就会高于输入电压。应注意的是，变压器初级和次级的匝数，除了满足电压的要求外，还必须满足磁通的要求。这里不再详细阐述。

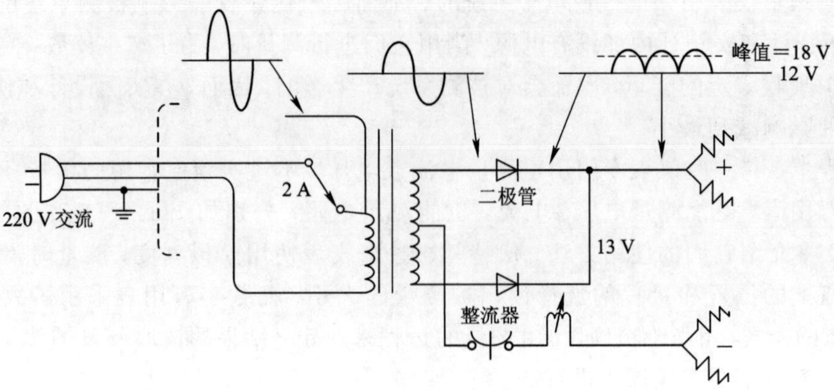

图 1.9-10 电池充电器的电路结构

习 题 1

1-1 电路中的一段电路 N，其电流、电压参考方向如图题 1-1 所示。

(1) 若 $i=2$ A，$u=4$ V，求元件吸收功率。

(2) 若 $i=2$ mA，$u=-5$ mV，求元件吸收功率。

(3) 若 $i=2.5$ mA，元件吸收功率 $P=10$ mW，求电压 u。

(4) 若 $u=-200$ V，元件吸收功率 $P=12$ kW，求电流 i。

1-2 题 1-2 图所示是电路中的一段直流电路 N，其电流的参考方向如图中所示，电压表内阻对测试电路的影响忽略不计。已知直流电压表的读数为 5 V，N 吸收的功率为 10 W，求电流 I。

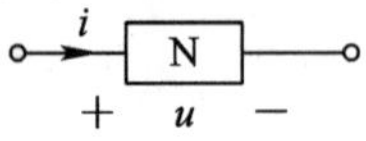

题 1-1 图

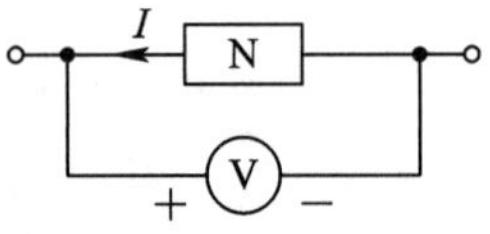

题 1-2 图

1-3 电路如题 1-3 图所示，若已知元件 C 发出功率为 20 W，求元件 A 和 B 吸收的功率。

1-4 电路如题 1-4 图所示，若已知元件 A 吸收功率为 20 W，求元件 B 和 C 吸收的功率。

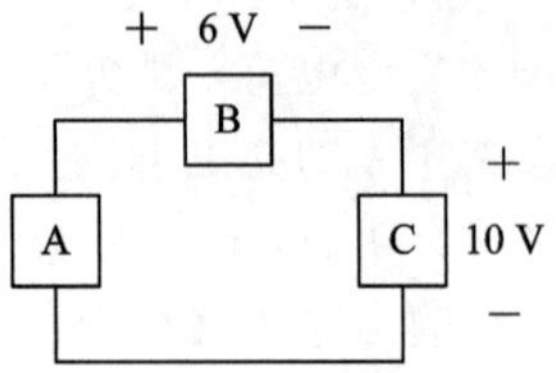

题 1-3 图

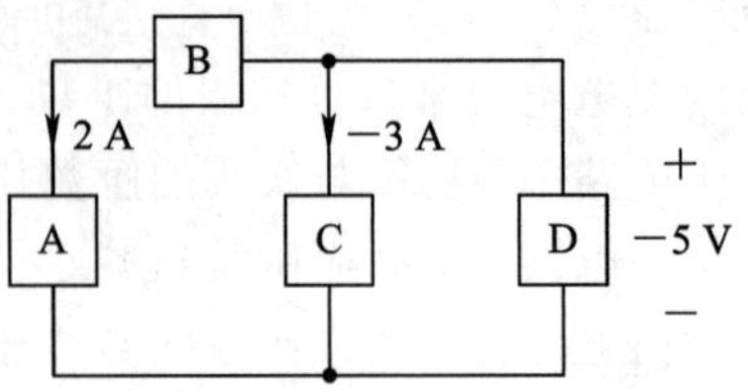

题 1-4 图

1－5　电路如题 1－5 图所示，求电流 i_1 和 i_2。

1－6　电路如题 1－6 图所示，求电压 u_1 和 u_{ab}。

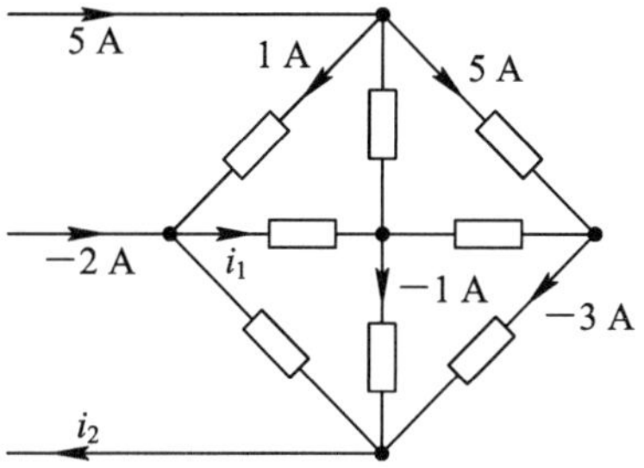

题 1－5 图

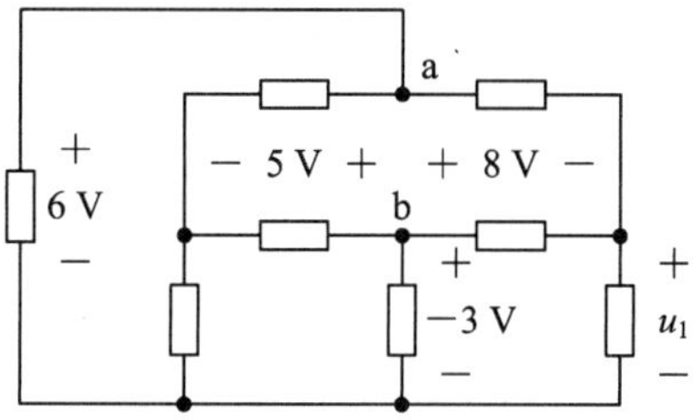

题 1－6 图

1－7　一电阻 $R=5\ \mathrm{k\Omega}$，其电流 i 如题 1－7 图所示。

(1) 写出电阻端电压表达式。

(2) 求电阻吸收的功率，并画出波形。

(3) 求该电阻吸收的总能量。

1－8　电路如题 1－8 图所示，求电流 i。

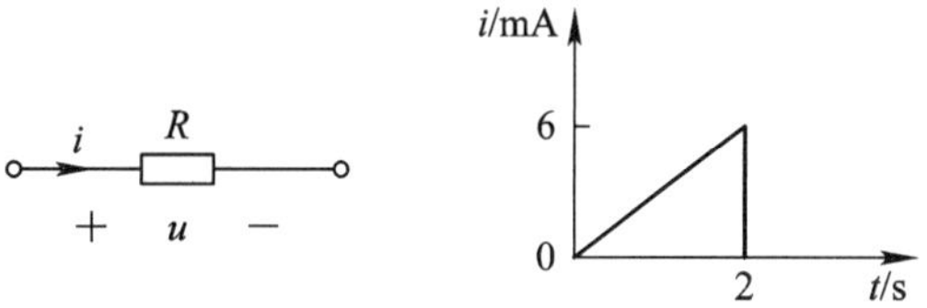

题 1－7 图

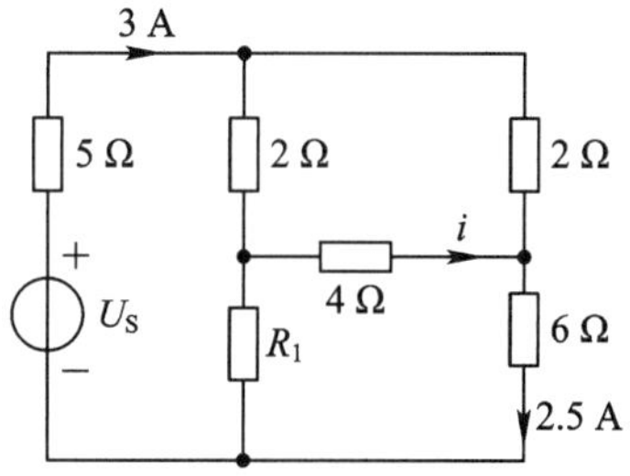

题 1－8 图

1－9　电路如题 1－9 图所示。

(1) 求图(a)中的电流 i。

(2) 求图(b)中电流源的端电压 u。

(3) 求图(c)中的电流 i。

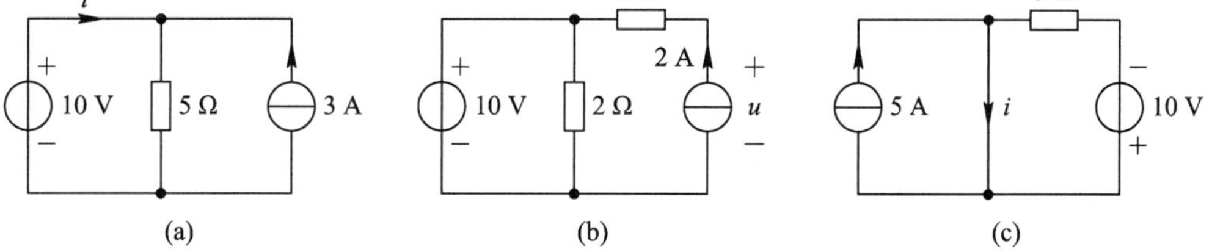

题 1－9 图

1－10　求题 1－10 图示各电路中电流源 I_{S1} 产生的功率。

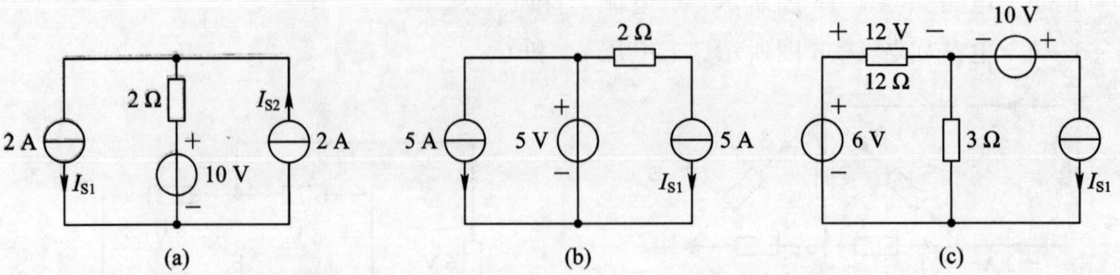

题 1 - 10 图

1 - 11　含受控源的电路如题 1 - 11 图所示。

(1) 求图(a)中的电流 i。

(2) 求图(b)中的电流 i。

(3) 求图(c)中的电压 u。

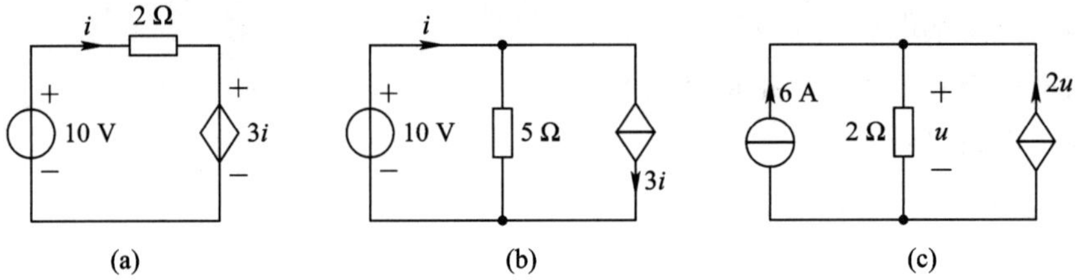

题 1 - 11 图

1 - 12　电路如题 1 - 12 图所示，分别求图(a)和图(b)中的未知电阻 R。

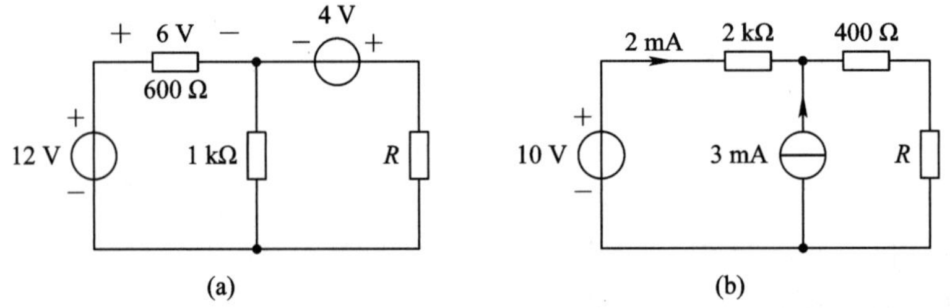

题 1 - 12 图

1 - 13　电路如题 1 - 13 图所示。

(1) 求图(a)中的电压 u_1 和 u_2。

(2) 求图(b)中的电压 u_S 和电流 i。

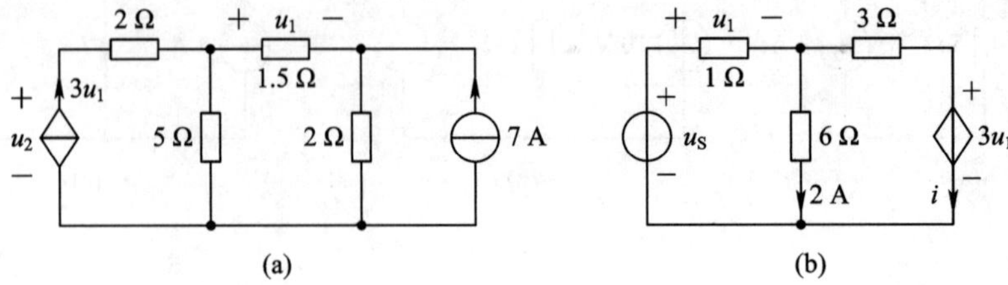

题 1 - 13 图

1－14 求题 1－14 图所示电路中 ab 端的等效电阻。

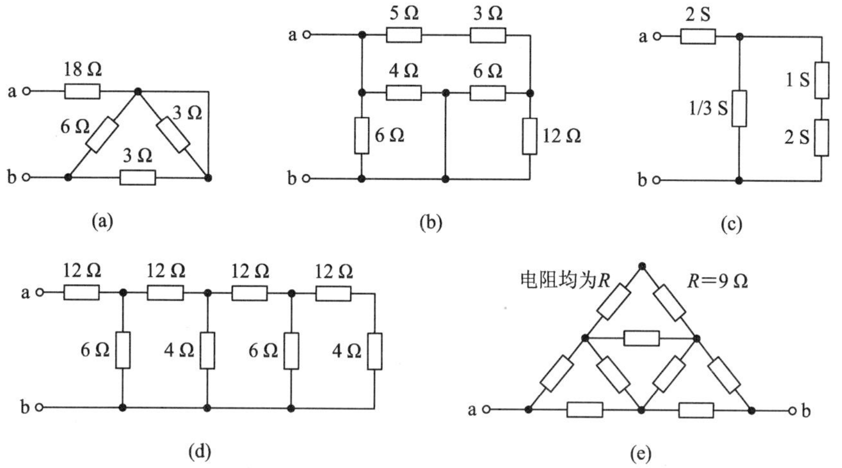

题 1－14 图

1－15 电路如题 1－15 图所示。

(1) 求图(a)中的电阻 R。

(2) 求图(b)中 A 点的电位 U_A。

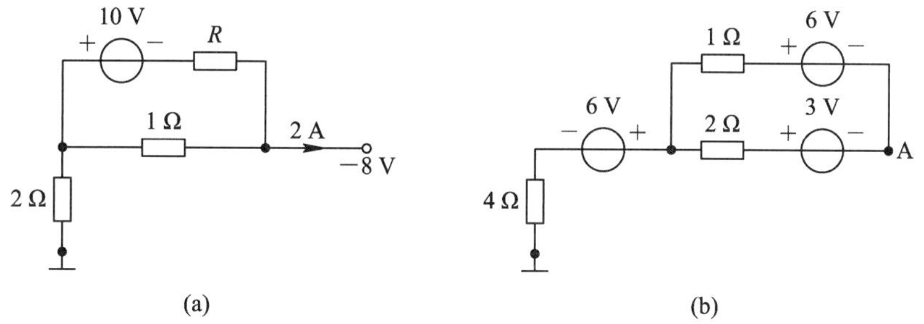

题 1－15 图

1－16 含受控源的电路如题 1－16 图所示，已知受控系数 β、r、α，求各图中 ab 端的等效电阻。

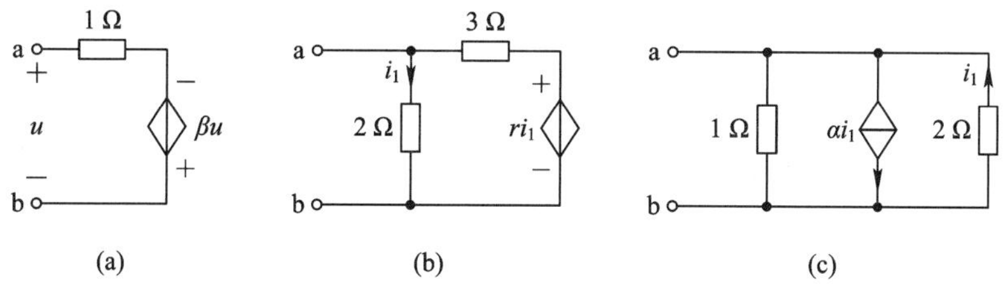

题 1－16 图

1－17 电路如题 1－17 图所示。

(1) 求 ab 端的电压 u_{ab}。

(2) 如 ab 间用理想导线短接，求短路电流 i_{ab}。

1-18 求题1-18图所示电路中的电压 u。

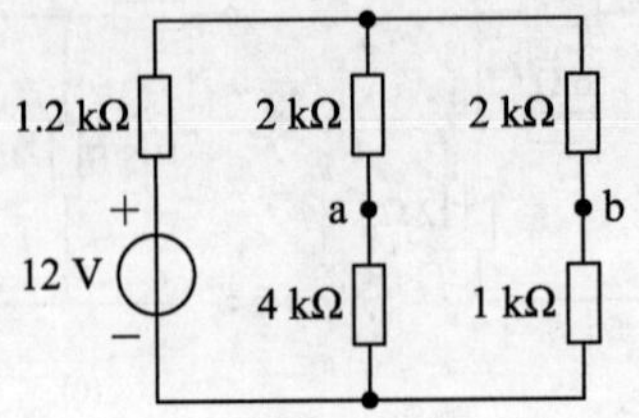

题1-17图

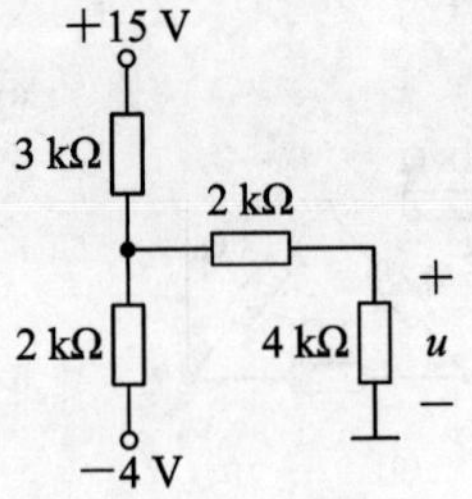

题1-18图

1-19 电路如题1-19图所示，求图(a)中的电压 u 和图(b)中的电流 i。

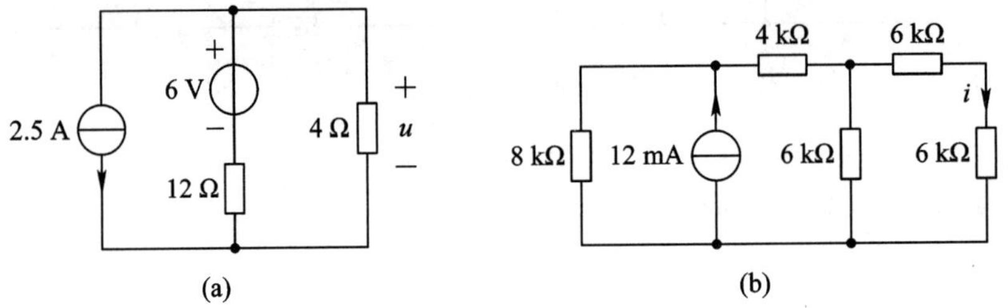

题1-19图

1-20 电路如题1-20图所示，求未知电阻 R。

1-21 求题1-21图所示电路中的电流 i。

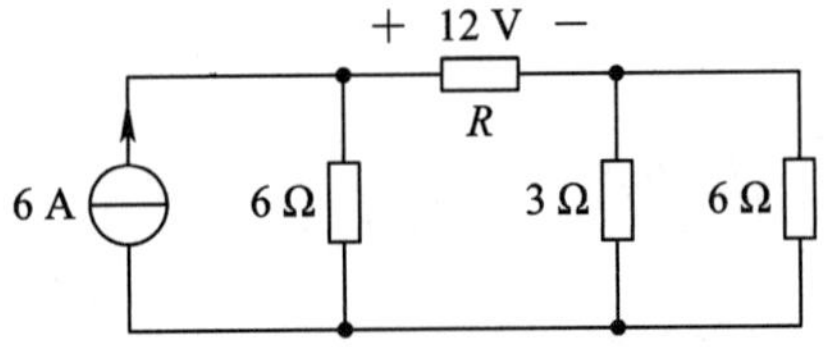

题1-20图

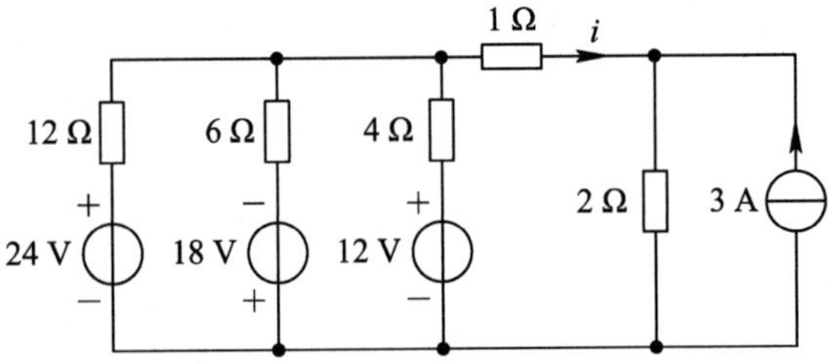

题1-21图

1-22 求题1-22图所示电路中的电流 i_1 和电压 u。

1-23 调压电路如题1-23图所示，端子a处为开路，若以地为参考点，当调变 R_2 ($R_2=2R_1$)的活动点时，求 u_a 的变化范围。

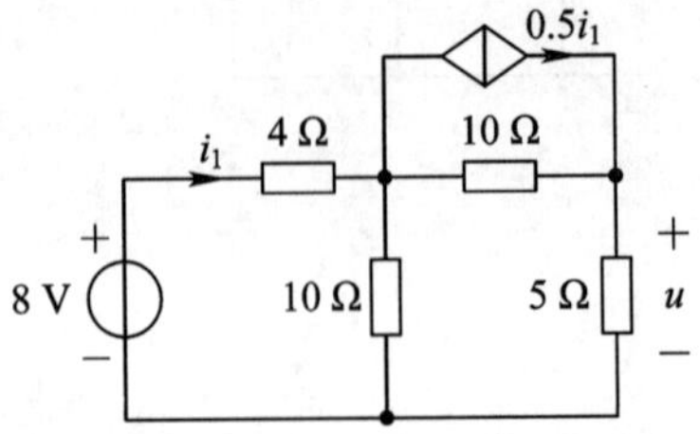

题1-22图

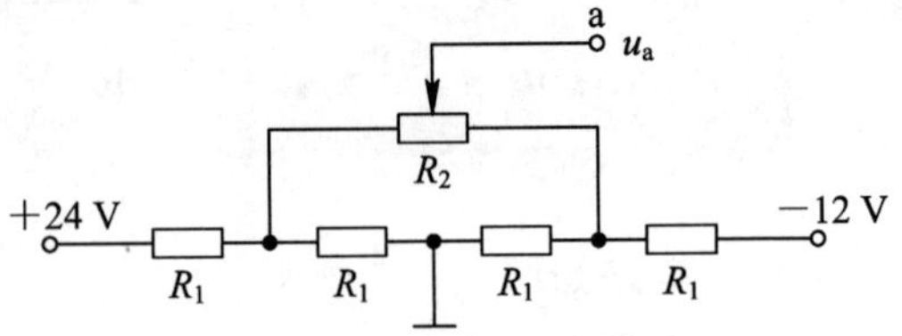

题1-23图

1－24　某 MF-30 型万用表测量直流电流的电路如题 1－24 图所示，已知表头内阻 $R_A=2\ k\Omega$，量程为 37.5 μA，它用波段开关改变电流的量程，图中给出了各波段的量程。现发现绕线电阻 R_1 和 R_2 损坏，问换上多大阻值的 R_1 和 R_2 才能使该万用表恢复正常工作？

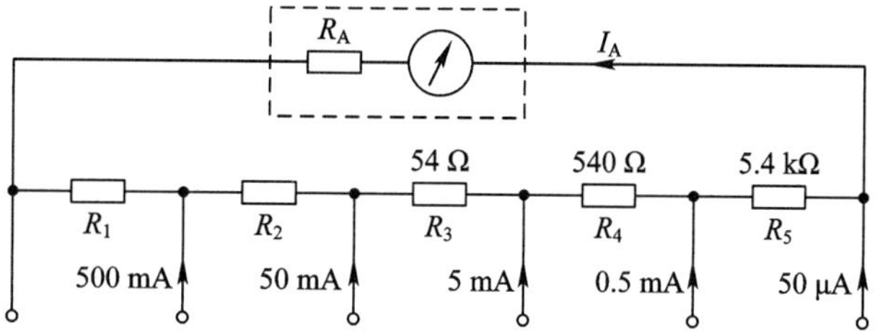

题 1－24 图

1－25　一电容 $C=0.5$ F，其电流电压为关联参考方向。若其端电压 $u=4(1-e^{-t})$ V，$t\geqslant 0$。

(1) 求 $t\geqslant 0$ 时的电流 i，粗略画出其电压和电流的波形。

(2) 电容的最大储能是多少？

1－26　一电容 $C=0.2$ F，其电流如题 1－26 图所示，若已知在 $t=0$ 时，电容电压 $u(0)=0$，求其端电压，并画波形。

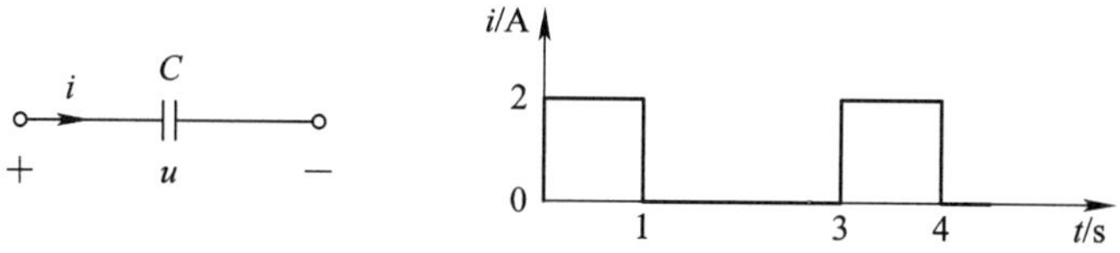

题 1－26 图

1－27　一电感 $L=0.2$ H，其电流电压为关联参考方向。如通过它的电流 $i=5(1-e^{-2t})$ A，$t\geqslant 0$。

(1) 求 $t\geqslant 0$ 时的端电压，并粗略画出其波形。

(2) 电感的最大储能是多少？

1－28　一电感 $L=4$ H，其端电压的波形如题 1－28 图所示，已知 $i(0)=0$，求其电流，并画出其波形。

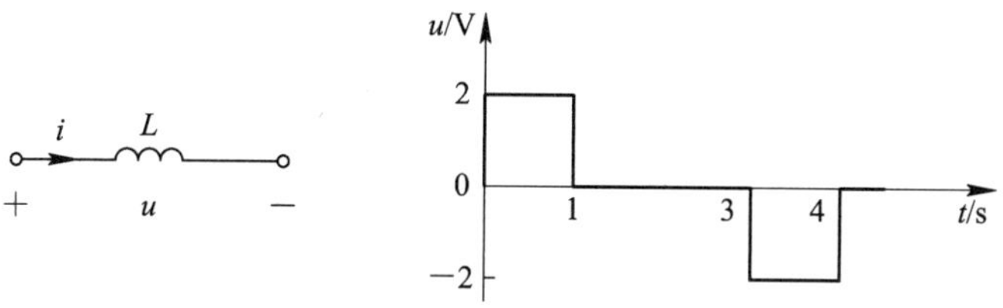

题 1－28 图

1－29　电路如题 1－29 图所示，已知电阻端电压 $u_R=5(1-e^{-10t})$ V，$t\geqslant 0$，求 $t\geqslant 0$ 时的电压 u。

1－30　电路如题 1－30 图(a)所示，已知电阻中电流 i_R 的波形如题 1－30 图(b)所示，

求总电流 i。

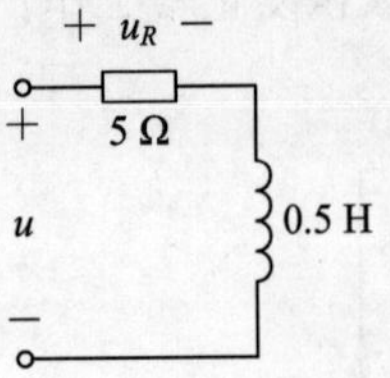

题 1-29 图

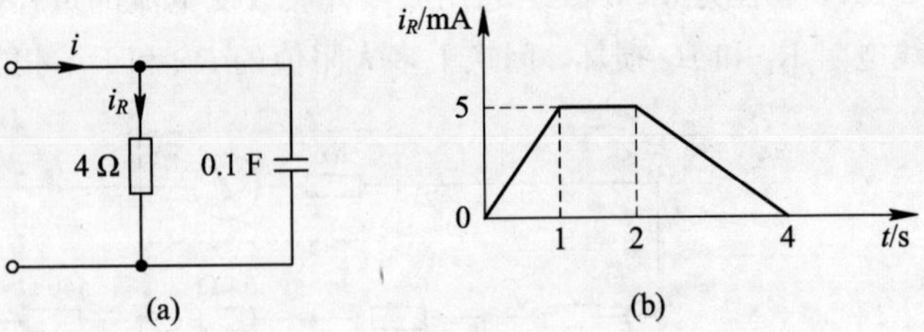

题 1-30 图

1-31 电路如题 1-31 图所示。

(1) 求图(a)中 ab 端的等效电感。

(2) 图(b)中各电容 $C=10\ \mu F$，求 ab 端的等效电容。

(3) 图(c)中各电容 $C=200\ pF$，求 ab 端的等效电容。

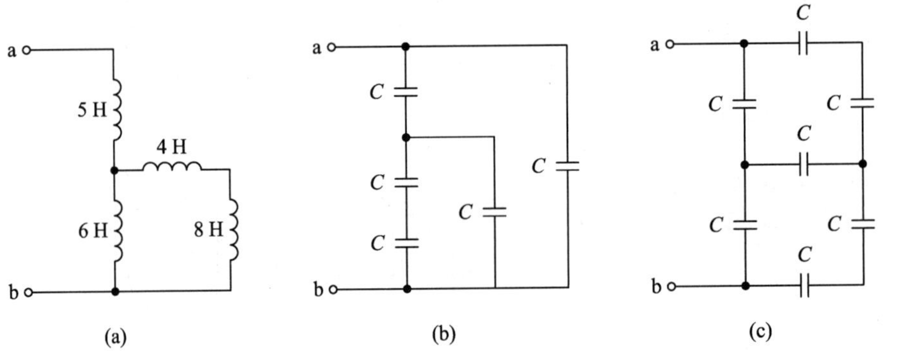

题 1-31 图

02 第 2 章　电阻电路的分析

前一章介绍了电路的基本概念和电路定律，讨论了用等效变换分析简单电路的方法。在此基础上，本章讨论求解电路的一般方法和常用的电路定理。

分析电路的一般方法是首先选择一组合适的电路基本变量(电流或/和电压)，根据KCL 和 KVL 及元件的伏安关系(VAR)建立该组变量的独立方程组，即电路方程，然后从方程中解出电路变量。除含有独立源外，仅含有线性电阻和线性受控源的线性电阻电路简称电阻电路，其电路方程是一组线性代数方程。许多实际电路都可看作是线性电阻电路，电阻电路是研究动态电路、非线性电路以及电路的计算机辅助分析和设计的基础。本章以电阻电路为讨论对象。

2.1　2b 法与支路法

当研究电路中各元件的连接关系时，一个二端元件可以用一条线段来表示，称为支路。各支路的连接点画为黑点，称为节点(或结点)。如果将电路中每一条支路画成抽象的线段所形成的一个节点和支路集合则称其为拓扑图。能够画在平面上，并且除端点外所有支路都没有交叉的图称为平面图，否则称为非平面图。图中任何一个闭合路径，即始节点和终节点为同一节点的路径称为回路。在平面电路中，内部不含节点和支路的回路称为网孔。

2.1.1　KCL 和 KVL 的独立方程

设某电路拓扑图如图 2.1－1(a)所示，对图中每个节点和支路分别编号，支路的参考方向(即支路电流方向，支路电压取关联参考方向)如图所示。

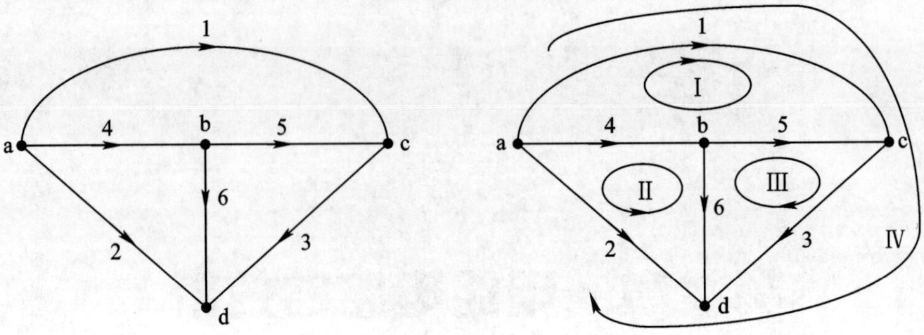

(a) KCL独立方程　　(b) KVL独立方程

图 2.1-1　KCL 与 KVL 的独立方程

对于图 2.1-1(a)节点 a、b、c、d 列出 KCL 方程(设流出电流取"＋"号，流入取"－"号)，则有

$$\begin{cases} i_1 + i_2 + i_4 = 0 \\ -i_4 + i_5 + i_6 = 0 \\ -i_1 + i_3 - i_5 = 0 \\ -i_2 - i_3 - i_6 = 0 \end{cases} \tag{2.1-1}$$

在式(2.1-1)方程组中，每个支路电流都出现两次，其前面的符号一次为"＋"，另一次为"－"，这是因为每一支路都连接两个节点，支路电流必从一个节点流出而流入另一个节点。因此，将式(2.1-1)中任意 3 个方程相加，就得到另一个方程。也就是说，式(2.1-1)中 4 个方程中，最多 3 个是独立的。

由上述内容可得出以下两个结论：

结论 1：对 n 个节点的电路，有且仅有 $n-1$ 个独立的 KCL 方程。

结论 2：① 任取 $n-1$ 个节点列写的 KCL 方程相互独立；② 取 $n-1$ 个基本割集列写的 KCL 方程相互独立。

对于图 2.1-1(b)所示的电路，选回路列出 KVL 方程(支路电压与回路方向一致取"＋"；支路电压与回路方向相反取"－")为

$$\begin{cases} u_1 - u_5 - u_4 = 0 \\ u_4 + u_6 - u_2 = 0 \\ u_4 + u_6 - u_2 = 0 \\ u_1 + u_3 - u_2 = 0 \end{cases} \tag{2.1-2}$$

将式(2.1-2)中任意 3 个方程相加，就得到另一个方程。也就是说，式(2.1-2)中 4 个方程中，最多 3 个是独立的。即每一个回路至少包含一条其他回路所不包含的支路，这样的一组回路即为独立回路组或基本回路组。利用独立回路组列写的方程组是一组独立的方程。将能列出独立 KVL 方程的回路称为独立回路。

由上述内容可得出以下两个结论。

结论 1：对具有 n 个节点、b 条支路的电路图，有且仅有 $b-n+1$ 个独立的 KVL 方程。

结论 2：① 有 $b-n+1$ 个基本回路；② 利用平面电路的 $b-n+1$ 个网孔可列出独立的 KVL 方程。

2.1.2 2b 法

对于给定的电路，电路分析的任务就是计算出各个支路电流和支路电压，这样也就对电路有了一个全面的了解。

对于一个具有 b 条支路和 n 个节点的电路，当以支路电压和支路电流为变量列写电路方程时，共有 $2b$ 个未知变量，所以需要列写 $2b$ 个相互独立的电路方程并求解，进而完成对该电路的分析任务。那么，如何列写分析电路所需要的 $2b$ 个相互独立的电路方程呢？分析如下：

(1) 对于具有 n 个节点的电路而言，其 $n-1$ 个节点是独立的，因此，根据 KCL 可列出 $(n-1)$ 个相互独立的节点方程。

(2) 对于一个具有 b 条支路和 n 个节点的电路而言，其具有 $b-n+1$ 个独立的回路，因此根据 KVL 可以列写 $b-n+1$ 个独立回路方程。

(3) 根据元件伏安关系，每条支路可以列写出 b 个相互独立支路电压和电流关系的方程。

这样，就列写出总数为 $2b$ 个相互独立(即方程之间是线性无关的)的方程，求解该方程组，就可以求得电路中 b 个支路的电压和电流，进而全面分析该电路。由于求解电路的方程个数为 $2b$ 个，因此也将这种方法称为 $2b$ 分析法。

$2b$ 分析法是电路分析中最基本的方法，其中包含许多电路分析的基本思想和基本概念，是其他电路分析方法的基础，因此，具有重要的理论价值。虽然 $2b$ 分析法方程数目较多，所能直接求出的未知量也较多，但使用起来比较灵活，能适应各种情况。这种方法由于方程个数较多，手工计算计算量大且烦琐，因此，其并不适合手工理论分析。但是，因为 $2b$ 分析法分析思想直接，方程列写规律简单实用，所以这种方法是各种电路分析方法的基础，特别是计算机辅助电路分析。

根据上述分析可知，电路分析的基本方法就是应用 KCL、KVL、OL(欧姆定律，Ohm's Law)对电路列写方程并进行求解。下面所讨论的各种分析方法都是基于 $2b$ 法分析推导而得的。

2.1.3 支路法

利用 $2b$ 法列写出可以求解电路的 $2b$ 个方程，根据数学知识可以得知，要求解电路，必须化简方程组并进行求解，即减少方程数目。因此人们提出了利用支路法求解电路。

以支路电流(或电压)为未知变量列出方程，求解支路电流(或电压)的方法称为支路电流(或电压)法，简称支路法。

支路法是在 $2b$ 法的基础上，利用支路的伏安关系，用支路电流表示支路电压(或支路电压表示支路电流)，即以支路电流(或电压)作为电路变量，这样，只要列写 b 个电路方程就可以求解电路了。b 个方程分别是 $n-1$ 个独立的 KCL 节点电流方程和 $b-n+1$ 个独立的 KVL 回路方程。求出这 b 个支路电流(或电压)后，再利用各个支路的伏安关系求出 b 个电压(或电流)，进而计算出电路的其他变量(如电功率或能量)。相对于 $2b$ 法，支路法的方程数减少了一半，其计算量同样也减小了很多。

综上所述，以支路电流法为例，支路分析法求解电路的步骤如下：

(1) 选定支路电流的参考方向。

(2) 对 $n-1$ 个独立节点列出独立 KCL 方程。

(3) 选定 $b-n+1$ 个独立回路，指定回路绕行方向，根据 KVL 和 OL 列出回路电压方程，列写过程中将支路电压用支路电流表示。

(4) 联立求解上述 b 个支路电流方程。

(5) 求出所要求的支路电压或功率等。

支路电流法共有 b 个方程，能直接解得 b 个支路电流，这比 $2b$ 法方便了许多。不过支路电流法要求每一条支路电压都能用支路电流来表示，否则就难写成以支路电流为变量的电路方程。譬如，若某一支路仅有电流源(或受控电流源)(把这种电流源称为无伴电流源)，则该支路电压为未知量，而且不能用该支路电流表示。在这种情况下，就需要另行处理，而 $2b$ 法不受这种限制。

例 2.1-1 电路如图 2.1-2 所示，求各支路的电流。

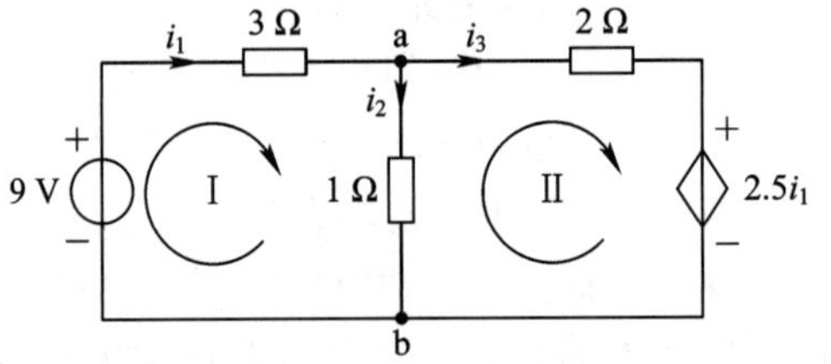

图 2.1-2 例 2.1-1 图

解 在图 2.1-2 所示的电路中，如将电压源(受控电压源)与电阻的串联组合看作是一条支路，则该电路共有 2 个节点，3 条支路。用支路电流法可以列出 2 个 KCL 方程，2 个 KVL 方程。

选 a 点为独立节点，可列出 KCL 方程为

$$-i_1+i_2+i_3=0$$

选网孔为独立回路，如图 2.1-2 所示，列写 KVL 方程为

$$3i_1+i_2=9$$

$$-i_2+2i_3=-2.5i_1(\text{或 } 2.5i_1-i_2+2i_3=0)$$

联立 3 个方程解得

$$i_1=2\ \text{A},\quad i_2=3\ \text{A},\quad i_3=-1\ \text{A}$$

例 2.1-2 电路如图 2.1-3 所示，用支路法求解电路中各支路电流及各电阻吸收的功率。

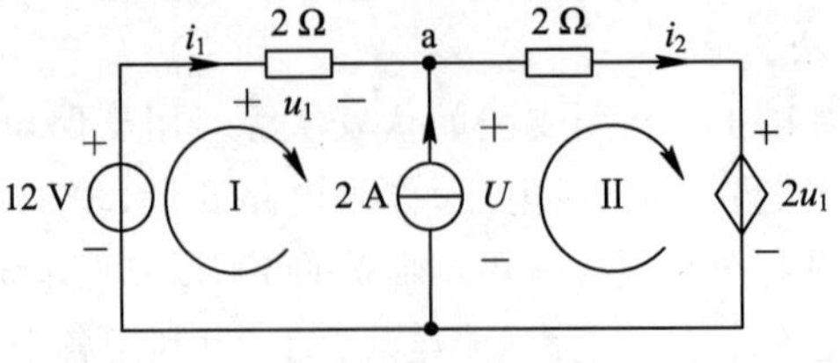

图 2.1-3 例 2.1-2 图

解 （1）标出支路电流的参考方向，如图所示。

（2）选定独立回路，这里选网孔，如图所示。

（3）对无伴电流源进行处理的方法是给其设定一电压 U，如图所示。

（4）对独立节点 a，列 KCL 方程为

$$i_2 - i_1 - 2 = 0$$

（5）对Ⅰ、Ⅱ两个网孔，利用 KVL 和 OL 列回路方程为

$$2i_1 + U - 12 = 0$$

$$2i_2 + 2u_1 - U = 0$$

（6）上面 3 个方程，4 个未知量，需补 1 个方程，即将受控源控制量 u_1 用支路电流表示，则有

$$u_1 = 2i_1$$

（7）解以上方程得支路电流为

$$i_1 = 1\ \text{A},\quad i_2 = 3\ \text{A}$$

（8）电阻吸收的功率为

$$P_1 = i_1^2 \times 2 = 2\ \text{W},\quad P_2 = i_2^2 \times 2 = 18\ \text{W}$$

以上两个例子是以支路电流作为变量，即用支路电流法分析求解电路。同理，支路电压法是以支路电压为变量，支路中各电流用支路电压表示，再根据电路列写具体的 KCL 和 KVL 方程，然后联立求解，即可求得各支路电压，进而求出其他电路变量。具体过程不再详述。

2.2 回路法与网孔法

与 $2b$ 法相比，虽然支路法已经减少了一半的方程数，但手工解算仍然比较麻烦，不能满足人们的需求。能否使方程数进一步减少呢？回路法与网孔法就是基于这种想法而提出的改进方法。

2.2.1 回路法与网孔法分析

回路法是以平面电路或非平面电路的一组独立回路电流为电路变量，并对独立回路应用 KVL 列出用回路电流表达有关支路电压的方程的求解方法。对于平面电路，其网孔就是一组独立回路，所以在分析平面电路时，常选择网孔作为该电路的独立回路组，以网孔电流作为变量列写方程并求解电路，因此，也常把这种方法称为网孔法(注：网孔法仅适用于平面电路)。

对于具有 n 个节点，b 条支路的电路，以回路电流为变量，则能够列写出 $b-n+1$ 个独立的回路电流方程进行电路分析。

如图 2.2-1 所示的平面电路，共有 $n=4$ 个节点，$b=6$ 条支路(把电压源与电阻串联

的电路看成一条支路)，显然，独立回路数=网孔数$=b-n+1=3$个。

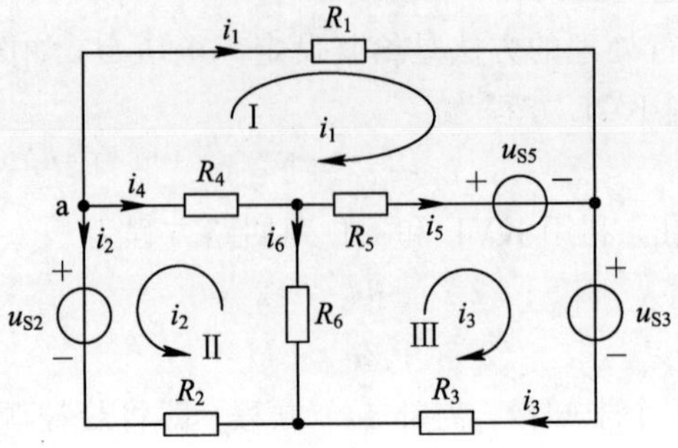

图 2.2-1

列写回路电流方程，首先要选择一组独立回路，并确定回路电流的参考方向。即在每个独立回路中假想有一个电流在回路中环流一周，而各支路电流看作是由独立回路电流合成的结果，回路的巡行方向也是回路电流的方向。如图 2.2-1 所示电路，选网孔作为独立回路，并设定回路的电流(i_1、i_2、i_3)方向如图 2.2-1 所示。各支路电流看成是由回路电流合成得到的，可表示为

回路 Ⅰ 电流 i_1；回路 Ⅱ 电流 i_2；回路 Ⅲ 电流 i_3

R_4 支路上有两个回路电流 i_1、i_2 流经，且两回路电流方向均与 i_4 相反，故

$$i_4=-i_1-i_2$$

R_5 支路上有两个回路电流 i_1、i_3 流经，故

$$i_5=-i_1+i_3$$

R_6 支路上有两个回路电流 i_2、i_3 流经，故

$$i_6=-i_2-i_3$$

(注：相邻两个网孔间的公共支路电流可以用两个网孔电流的代数和表示，方向与支路电流相同取正值，反之，取负值。)

对节点 a 列 KCL 方程，有

$$i_1+i_4+i_2=i_1+(-i_1-i_2)+i_2\equiv 0$$

可见，回路电流自动满足 KCL 方程。

利用 KVL 和 OL 列出 3 个独立回路的 KVL 方程为

$$\text{回路 Ⅰ}: R_1i_1-R_5i_5-u_{S5}-R_4i_4=0$$
$$\text{回路 Ⅱ}: u_{S2}+R_2i_2-R_6i_6-R_4i_4=0$$
$$\text{回路 Ⅲ}: u_{S5}+R_5i_5+u_{S3}+R_3i_3-R_6i_6=0$$

将支路电流用回路电流表示，并代入上式得

$$\begin{cases}\text{回路 Ⅰ}: R_1i_1-R_5(-i_1+i_3)-u_{S5}-R_4(-i_1-i_2)=0\\ \text{回路 Ⅱ}: u_{S2}+R_2i_2-R_6(-i_2-i_3)-R_4(-i_1-i_2)=0\\ \text{回路 Ⅲ}: u_{S5}+R_5(-i_1+i_3)+u_{S3}+R_3i_3-R_6(-i_2-i_3)=0\end{cases}$$

将上述方程整理得

$$\begin{cases}\text{回路(Ⅰ)}: (R_1+R_4+R_5)i_1+R_4i_2-R_5i_3=u_{S5}\\ \text{回路(Ⅱ)}: R_4i_1+(R_2+R_6+R_4)i_2+R_6i_3=-u_{S2}\\ \text{回路(Ⅲ)}: -R_5i_1+R_6i_2+(R_5+R_3+R_6)i_3=-u_{S5}-u_{S3}\end{cases} \tag{2.2-1}$$

显然，根据式(2.2－1)可以解出 3 个回路电流 i_1、i_2、i_3，再根据各个回路电流，可以进一步求出各个支路的电流。式(2.2－1)就是回路法的方程，常称为回路方程。为此，将式(2.2－1)整理写成如下形式，即

$$\begin{cases} R_{11}i_1+R_{12}i_2+R_{13}i_3=u_{S11} \\ R_{21}i_1+R_{22}i_2+R_{23}i_3=u_{S22} \\ R_{31}i_1+R_{32}i_2+R_{33}i_3=u_{S33} \end{cases} \tag{2.2-2}$$

式中，R_{kk} 称为回路 k 的自电阻，它是环绕该回路时包含的所有电阻之和，其前符号恒取“＋”，例如：

$$R_{11}=R_1+R_4+R_5,\quad R_{22}=R_2+R_6+R_4,\quad R_{33}=R_5+R_3+R_6$$

$R_{kj}(k\neq j)$称为回路 k 与回路 j 的互电阻，它是回路 k 与回路 j 公共支路上所有公共电阻之和。如果流过公共电阻上的两个回路电流方向相同，其前符号取“＋”号，方向相反，取“－”号，例如：

$$R_{12}=R_{21}=R_4,\quad R_{13}=R_{31}=-R_5,\quad R_{23}=R_{32}=R_6$$

如果两个回路间无公共支路，显然也无公共电阻，则对应的互电阻为零。

u_{Skk} 是回路 k 中所有电压源电压的代数和。取和时，与回路电流方向相反的电压源(即回路电流从电压源的“－”极流入，“＋”极流出)其前符号取“＋”号，否则取“－”号，例如：

$$u_{S11}=u_{S5},\quad u_{S22}=-u_{S2},\quad u_{S33}=-u_{S5}-u_{S3}$$

如果电路有电流源与电阻并联的组合，则可将其变换为电压源与电阻串联。

根据式(2.2－2)可以得到回路电流方程的一般形式为

自电阻×本回路电流＋ $\sum$ (互电阻×相邻回路电流)＝本回路电压源沿电位升方向的代数和

由上述可知，对于具有 n 个节点，b 条支路的电路，其方程组的独立回路方程有 $b-n+1$ 个。这可以根据式(2.2－2)推导得到。

需要指出，回路方程式(2.2－2)是各个独立回路的 KVL 方程，其等号左端是各个回路电流产生的电压(降)，而等号的右端是电压源的电压(升)。

由电路直接列写回路方程的规律总结如下：

R_{kk}(回路 k 的自电阻)＝绕过第 k 个回路所有电阻之和，其前符号恒取“＋”号；

R_{kj}(回路 k 与回路 j 的互电阻)＝回路 k 与回路 j 共有支路上所有公共电阻的代数和；若流过公共电阻上的两回路电流方向相同，则其前符号取“＋”号；方向相反，取“－”号。

u_{Skk}(回路 k 的等效电压源)＝回路 k 中所有电压源电压的代数和。即，当回路电流从电压源的“＋”端流出时，该电压源其前符号取“＋”号，否则取“－”号。

回路法步骤归纳如下：

(1) 选定一组 $b-n+1$ 个独立回路，并标出各回路电流的参考方向。

(2) 以回路电流的方向为回路的巡行方向，按照前面的规律列出各回路电流方程。自电阻始终取正值，互电阻前的符号由通过互电阻上的两个回路电流的流向而定，两个回路电流的流向相同，取正，否则取负。等效电压源是电压源电压升的代数和，且应注意电压源前面的符号。

(3) 联立求解，解出各回路电流。

(4) 根据回路电流求其他待求量。

例 2.2－1　电路如图 2.2－2 所示，求各支路电流。

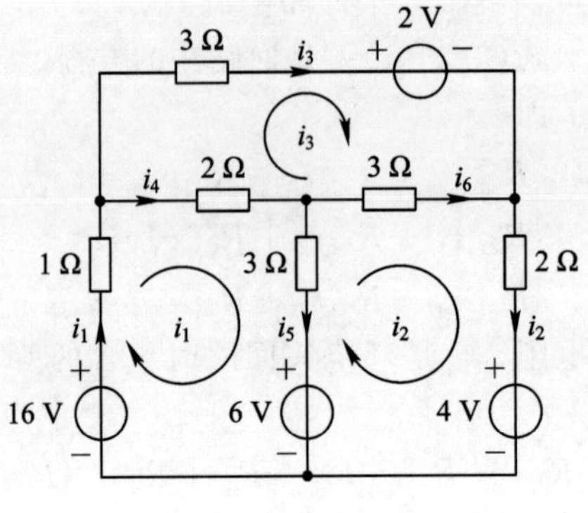

图 2.2-2 例 2.2-1 图

解 图 2.2-2 所示是平面电路，可用网孔法求解。所以选定三个网孔，其网孔电流分别为 i_1、i_2 和 i_3，如图所示。按图列出网孔方程为

$$(1+2+3)i_1 - 3i_2 - 2i_3 = 16 - 6$$
$$-3i_1 + (3+1+2)i_2 - 2i_3 = 6 - 4$$
$$-2i_1 - i_2 + (3+1+2)i_3 = -2$$

即

$$6i_1 - 3i_2 - 2i_3 = 10$$
$$-3i_1 + 6i_2 - 2i_3 = 2$$
$$-2i_1 - i_2 + 6i_3 = -2$$

由以上方程可解得

$$i_1 = 3\ \text{A}, \quad i_2 = 2\ \text{A}, \quad i_3 = 1\ \text{A}$$

由图 2.2-2 可求得其他各支路电流为

$$i_4 = i_1 - i_3 = 2\ \text{A}$$
$$i_5 = i_1 - i_2 = 1\ \text{A}$$
$$i_6 = i_2 - i_3 = 1\ \text{A}$$

2.2.2 特殊情况的处理

1. 电流源的处理方法

例 2.2-2 电路如图 2.2-3 所示，用回路法求电压 U_{ab}。

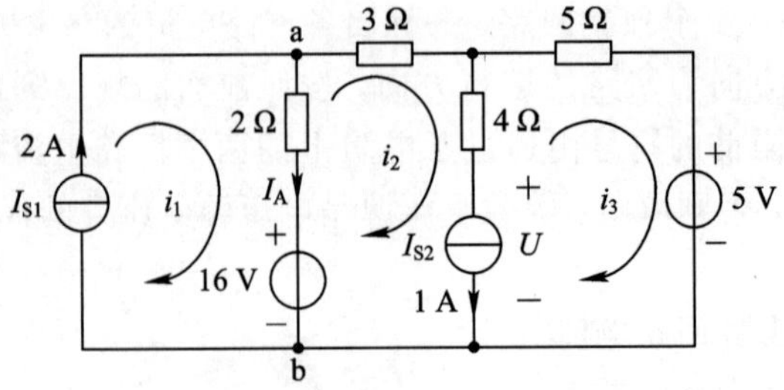

图 2.2-3 例 2.2-2 图

解法一　选网孔为独立回路，如图所示。对于两个网孔公共支路上的 1 A 电流源，处理方法是先假设该电流源两端的电压为 U，并把它看作是电压为 U 的电压源即可。由图得网孔方程为

$$9i_2 - 2I_{S1} - 4i_3 = 16 - U$$
$$-4i_2 + 9i_3 = U - 5$$

补一个方程 $i_2 - i_3 = 1$，解得 $i_2 = 2$ A，$i_3 = 1$ A 。

故 $I_A = I_{S1} - i_2 = 0$，$U_{ab} = 2I_A + 16 = 16$ V。

小结：① 如果流经电流源上的回路电流只有一个，则该回路电流就等于电流源电流，这样就不必再列该回路的方程；② 若多个回路电流流经电流源，则在该电流源上假设一电压，并把它看成电压源即可。

解法二　选择的独立回路及绕行方向如图 2.2－4 所示。这样 3 个回路电流分别是 I_{S1}、I_A 和 I_{S2}。因其中两个回路电流(I_{S1}、I_{S2})已知，故只需列出回路电流是 I_A 的回路方程即可。

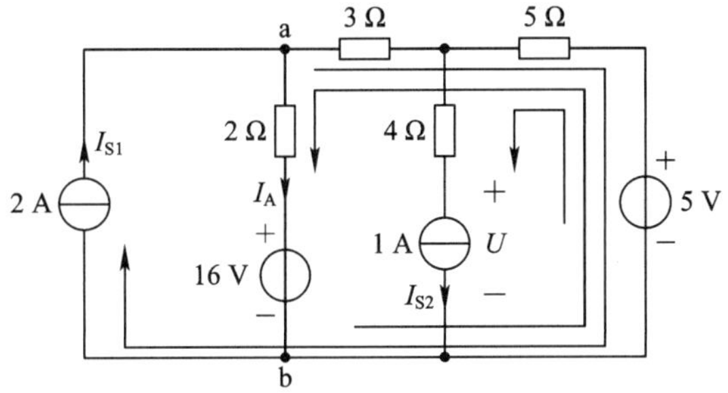

图 2.2－4　例 2.2－2 图

由图得该回路方程为

$$10I_A - 8I_{S1} + 5I_{S2} = 5 - 16$$
$$10I_A - 8\times 2 + 5\times 1 = 5 - 16$$

解得 $I_A = 0$ A。故

$$U_{ab} = 2I_A + 16 = 16\ \text{V}$$

说明：解法一选网孔作为独立回路，常称为网孔法，它只适用于平面电路；解法二选基本回路作为独立回路，常称为回路法，它更具有一般性和一定的灵活性，但列写方程不如网孔法直观。

2. 受控源的处理方法

例 2.2－3　电路如图 2.2－5 所示，用回路法求电压 u。

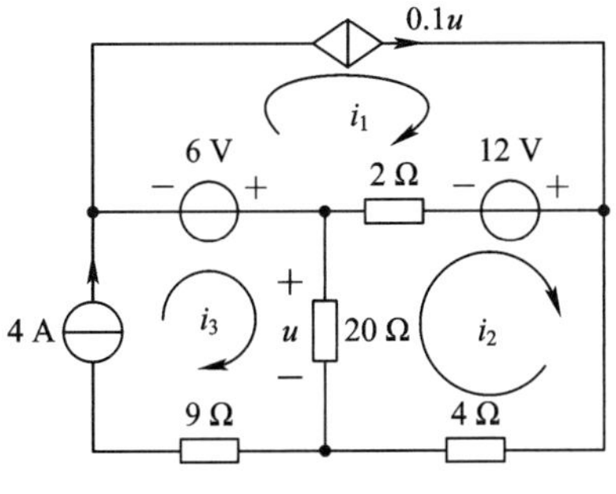

图 2.2－5　例 2.2－3 图

解 本例中含受控源(VCCS)，处理方法是先将受控源看成独立电源。这样，该电路就有两个电流源，并且流经它们的回路电流均各只有一个。因该电流源所在回路电流已知，故不必再列它们的回路方程。根据图中所标回路电流可知

$$i_1 = 0.1u, \quad i_3 = 4\ \text{A}$$

对回路 2 列方程为

$$26i_2 - 2i_1 - 20i_3 = 12$$

上述一些方程中会出现受控源的控制变量 u，用回路电流表示该控制变量，则有

$$u = 20(i_3 - i_2)$$

解得 $i_2 = 3.6\ \text{A}$，$u = 8\ \text{V}$。

小结：首先将受控源看成独立电源，然后列方程，最后补一个方程并将控制量用回路电流表示。

2.3 节点法

与 $2b$ 法相比，虽然支路法已经减少了一半的方程数，但手工解算仍然比较麻烦，不能满足人们的需求。能否使方程数进一步减少呢？节点法就是基于这种想法而提出的另一种改进方法。

2.3.1 节点法分析

在电路中任意选择一个节点作为参考节点，其余节点与参考节点之间的电压，称为节点电压或节点电位，各节点电压的极性均以参考节点为“－”极。

图 2.3－1 所示电路共有 4 个节点，若选节点 4 作为参考点，其余各节点的电压可以分别用 u_1、u_2 和 u_3 表示。实际上，它们分别是节点 1、2、3 与参考节点 4 之间的电压，即 $u_{14} = u_1$，$u_{24} = u_2$，$u_{34} = u_3$。节点法以节点电压为未知变量列出方程并求解的方法称为节点法，它也是对独立节点用 KCL 列出用节点电压表示有关支路电流方程求解方法。

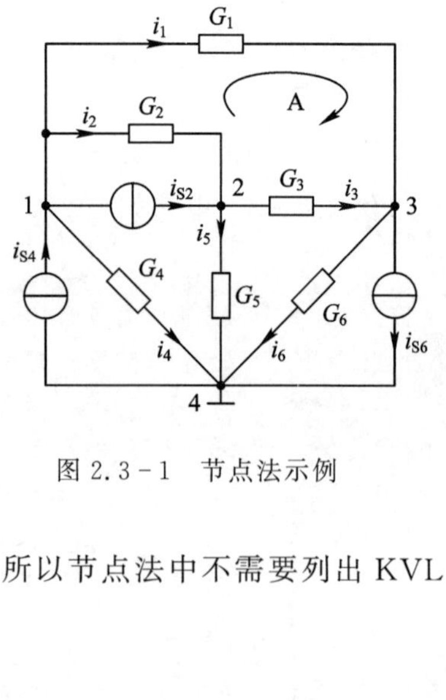

图 2.3－1 节点法示例

电路中任一节点都与两个节点相连，所以任一支路电压都等于该支路的两个节点的电位之差。例如图 2.3－1 中，$u_{12} = u_1 - u_2$，$u_{23} = u_2 - u_3$，$u_{13} = u_1 - u_3$，$u_{14} = u_1$，$u_{24} = u_2$，$u_{34} = u_3$。这样，全部支路电压都可用有关节点电压来表示，于是电路 KVL 方程数自动满足，所以节点法中不需要列出 KVL 方程。例如对图 2.3－1 中回路 A 列写 KVL 方程为

$$u_{13}-u_{23}-u_{12}=u_1-u_3-(u_2-u_3)-(u_1-u_2)\equiv 0$$

由于节点电压自动满足 KVL 方程，因而只需列出 KCL 方程。

如果电路具有 n 个节点，对除参考节点以外的独立节点列出 KCL 方程，并将式中的各个支路电流用有关节点电压表示，就可得到与节点电压数目相等的 $n-1$ 个独立方程。由所列方程解得节点电压后，不难求出各个支路的电流电压。

在图 2.3-1 所示电路中，对节点 1、2、3，根据 KCL(设流出节点的电流取“+”，流入节点的电流取“-”)分别列出方程，则有

$$\begin{cases} i_1+i_2+i_{S2}+i_4-i_{S4}=0 \\ i_3+i_5-i_2-i_{S2}=0 \\ i_6+i_{S6}-i_1-i_3=0 \end{cases} \tag{2.3-1}$$

利用 OL，各电阻上的电流可以用节点电压表示为

$$\begin{cases} i_1=G_1(u_1-u_3) \\ i_2=G_2(u_1-u_2) \\ i_3=G_3(u_2-u_3) \\ i_4=G_4u_1 \\ i_5=G_5u_2 \\ i_6=G_6u_3 \end{cases} \tag{2.3-2}$$

将式(2.3-2)代入 KCL 方程式(2.3-1)，得到

$$\begin{cases} G_1(u_1-u_3)+G_2(u_1-u_2)+G_4u_1=i_{S4}-i_{S2} \\ G_3(u_2-u_3)+G_5u_2-G_2(u_1-u_2)=i_{S2} \\ G_6u_3-G_1(u_1-u_3)-G_3(u_2-u_3)=-i_{S6} \end{cases} \tag{2.3-3}$$

合并整理后得

$$\begin{cases} (G_1+G_2+G_4)u_1-G_2u_2-G_1u_3=i_{S4}-i_{S2} \\ -G_2u_1+(G_2+G_3+G_5)u_2-G_3u_3=i_{S2} \\ -G_1u_1-G_3u_2+(G_1+G_3+G_6)u_3=-i_{S6} \end{cases} \tag{2.3-4}$$

显然，根据式(2.3-4)可以解出 3 个节点电压 u_1、u_2、u_3，然后根据各个节点电压，可以进一步求出各个支路的电压和电流。式(2.3-4)就是节点法的方程，常称为节点方程。为此，可将式(2.3-4)整理写成如下形式，即

$$\begin{cases} G_{11}u_1+G_{12}u_2+G_{13}u_3=i_{S11} \\ G_{21}u_1+G_{22}u_2+G_{23}u_3=i_{S22} \\ G_{31}u_1+G_{32}u_2+G_{33}u_3=i_{S33} \end{cases} \tag{2.3-5}$$

式中，G_{kk} 称为节点 k 的自电导，它是与该节点相连的所有电导之和，恒取“+”号。例如

$$G_{11}=G_1+G_2+G_4,\quad G_{22}=G_2+G_3+G_5,\quad G_{33}=G_1+G_3+G_6$$

$G_{kj}(k\neq j)$称为节点 k 与节点 j 互电导，它是节点 k 与节点 j 之间公共支路上所有公共电导之和，恒取“-”号。例如

$$G_{12}=G_{21}=-G_2,\quad G_{13}=G_{31}=-G_1,\quad G_{23}=G_{32}=-G_3$$

如果两个节点之间无公共支路，显然也无公共电导，则相应的互电导为零。

i_{Skk} 是注入节点 k 的所有电流源电流的代数和。例如

$$i_{S11}=i_{S4}-i_{S2},\quad i_{S22}=i_{S2},\quad i_{S33}=-i_{S6}$$

根据式(2.3-5)可以得到节点电压方程的一般形式为

自电导×本节点电压+ $\sum$ (互电导×相邻节点电压)=流入本节点所有电流源的代数和

由上述可知，对于具有 n 个节点的电路，其独立节点方程组包含 $n-1$ 个方程。这可以根据式(2.3-5)推导得到。

利用节点法列写方程时应注意以下事项：只要选定了参考节点，其余各独立节点也就确定了；以独立节点电压为变量，按式(2.3-5)的形式列出各节点方程；方程中自电导恒取正值，互电导恒取负值，这是因为任一节点电压都是其端节点电压之差的缘故；对于仅含独立源和线性电导的电路恒有 $G_{kj}=G_{jk}$。

另外还需要指出，节点电压方程(2.3-5)是各个独立节点的KCL方程，其等号左端是各个节点电压引起的流出该节点的电流，而等号的右端是电流源注入该节点的电流。

由电路直接列写节点方程的规律总结如下：

$G_{kk}(k=1, 2, 3)$(节点 k 的自电导)=与节点 k 相连的所有支路的电导之和，恒取“+”。

G_{kj}(节点 k 与节点 j 的互电导)=节点 k 与节点 j 之间共有支路电导之和；恒取“－”号。

I_{Skk}(节点 k 的等效电流源)=流入节点 k 的所有电流源电流的代数和。即，当电流源电流流入该节点时取“+”号；流出时取“－”号。

节点法步骤归纳如下：

(1) 指定电路中某一节点为参考点，并标出各独立节点的电压。

(2) 按照规律列出节点电压方程，自电导恒取“+”号，互电导恒取“－”号。

(3) 联立求解，解出各节点电压。

(4) 根据节点电压求其他待求量。

例 2.3-1 电路如图 2.3-2 所示，求各节点电压。

解 选节点 0 为参考节点，其余各节点电压分别设为 u_1、u_2、u_3。

图 2.3-2 电路中各支路给出的是电阻值，而节点方程中需采用电导，这应特别注意。

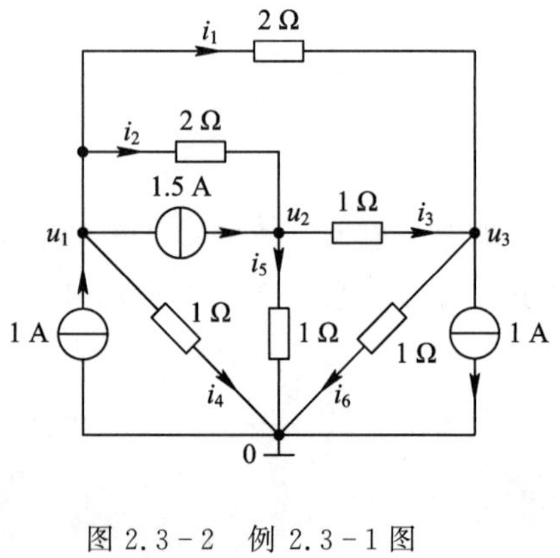

图 2.3-2 例 2.3-1 图

根据图 2.3-2 列出节点电压方程为

$$\begin{cases}(0.5+0.5+1)u_1-0.5u_2-0.5u_3=1-1.5\\ -0.5u_1+(0.5+1+1)u_2-1u_3=1.5\\ -0.5u_1-1u_2+(0.5+1+1)u_3=-1\end{cases}$$

整理后，得

$$\begin{cases}2u_1-0.5u_2-0.5u_3=-0.5\\ -0.5u_1+2.5u_2-u_3=1.5\\ -0.5u_1-u_2+2.5u_3=-1\end{cases}$$

由上式可解得 $u_1=-\dfrac{43}{35}$ V，$u_2=\dfrac{34}{35}$ V，$u_3=\dfrac{9}{35}$ V。

以上所讨论的电路中只含有独立电流源，对于含有独立电压源、受控源及有伴电流源等特殊情况在后续内容中将进一步讨论。

2.3.2 特殊情况的处理

1. 电压源的处理方法

例 2.3－2　列出图 2.3－3(a)所示电路的节点电压方程。

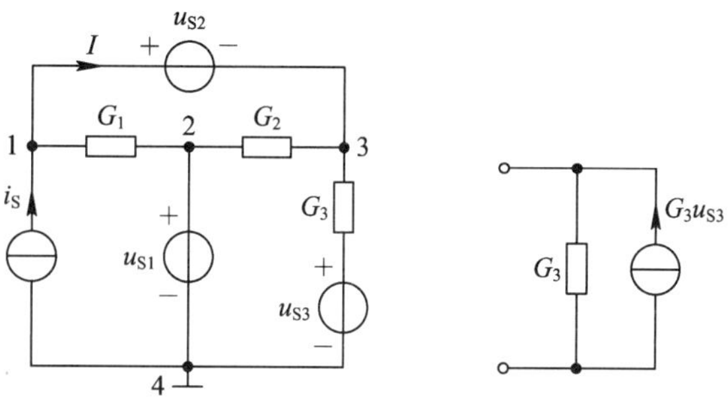

(a)　　　　(b)

图 2.3－3　例 2.3－2 图

解　图中有三个电压源，其中电压源 u_{S3} 有一电阻与其串联，称为有伴电压源，可将它转换为电流源与电阻并联的形式，如图 2.3－3(b)所示。选节点 4 为参考节点，其余节点电压依次为 u_1、u_2、u_3。

节点 1 和节点 3 之间的公共支路只含有电压源 u_{S2}(称为无伴电压源)，对电压源 u_{S2} 的处理办法是：先假设 u_{S2} 上的电流为 I，并把它看成是电流为 I 的电流源即可。节点 2 与参考节点的支路只含有一个电压源 u_{S1}，因此，节点 2 的电压 u_2 就等于该电压源的电压 u_{S2}，所以该节点的电压方程不必列写。列节点 1 和 3 的方程为

$$\begin{cases} G_1u_1 - G_1u_2 = i_S - I \\ (G_2 + G_3)u_3 - G_2u_2 = I + G_3u_3 \end{cases}$$

分析该方程组可知，方程组有两个方程，3 个变量，且增加的变量是 u_{S2} 上的电流为 I，因此需对 u_{S2} 补一方程，即

$$u_1 - u_3 = u_{S2}$$

此时，方程组有 3 个方程、3 个变量，则可以求解该电路。

小结：① 对有伴电压源将它等效为电流源与电阻并联的形式；② 对于无伴电压源，若其有一端接参考点，则另一端的节点电压已知，对此节点就不用列节点方程了，否则就需要在电压源上假设一电流，并把它看成电流源，这样就再增加了一个辅助方程。

2. 受控源的处理方法

例 2.3－3　电路如图 2.3－4(a)所示，用节点法求电流 i_1 和 i_2。

解　本例中含受控源(CCCS)，处理方法是：先将受控源看成独立电源，并将有伴电压源转换为电流源与电阻的并联形式，如图 2.3－4 (b)所示。

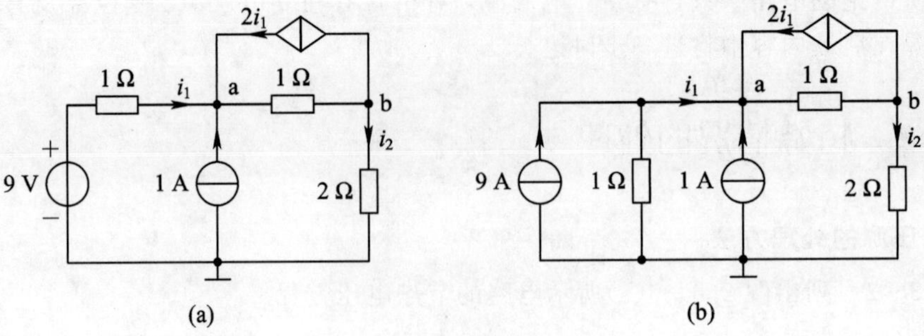

图 2.3-4　例 2.3-3 图

设独立节点电压为 u_a 和 u_b，则可列出节点方程组为

$$\begin{cases}(1+1)\,u_a-u_b=9+1+2i_1\\(1+0.5)u_b-u_a=-2i_1\end{cases}$$

将控制量用节点电压表示，即

$$i_1=9-\frac{u_a}{1}$$

解得

$$u_a=8\ \text{V},\quad u_b=4\ \text{V},\quad i_1=1\ \text{A}$$

$$i_2=\frac{u_b}{2}=2\ \text{A}$$

小结：对受控源首先将它看成独立电源；列方程后，对每个受控源再补一个方程将其控制量用节点电压表示。

3. 有伴电流源的处理方法

例 2.3-4　电路如图 2.3-5 所示，求各节点电压。

解　选节点 4 为参考节点，其余各节点电压分别设为 u_1、u_2 和 u_3。

首先，图 2.3-5 所示电路中各支路给出的是电阻值，而节点方程中采用电导，这应该特别注意。其次，图中 3 Ω 电阻和 1 A 电流源相串联，按电流源与电阻的等效规则仍等效为 1A 的电流源，该支路电导为零。

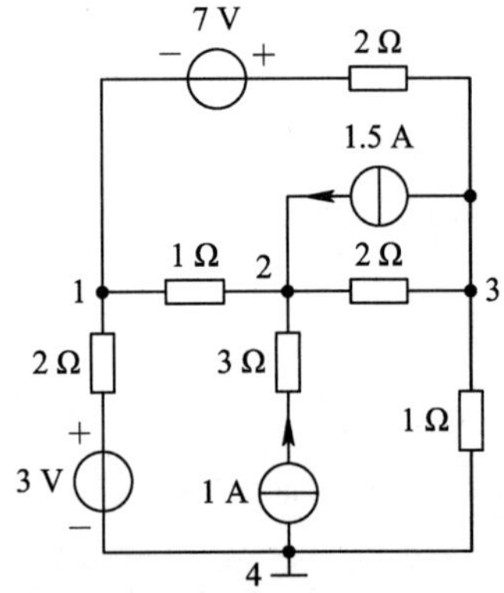

图 2.3-5　例 2.3-4 图

根据图 2.3-5 列出节点电压方程为

$$\begin{cases}(0.5+1+0.5)u_1-u_2-0.5u_3=1.5-3.5\\-u_1+(1+0.5)u_2-0.5u_3=1+1.5\\-0.5u_1-0.5u_2+(1+0.5+0.5)u_3=-1.5+3.5\end{cases}$$

整理后，得

$$\begin{cases}4u_1-2u_2-u_3=-4\\-2u_1+3u_2-u_3=5\\-u_1-u_2+4u_3=4\end{cases}$$

由上式可解得 $u_1=1$ V，$u_2=3$ V，$u_3=2$ V。

2.4 齐次定理和叠加定理

线性性质是线性电路的基本性质，包括齐次性(或比例性)和叠加性(或可加性)。它的重要性在于，它是分析线性电路的主要依据和方法，许多其他定理和方法要依靠线性性质导出。

所谓线性电路，是指由线性元件、线性受控源及独立源组成的电路。齐次定理和叠加定理是线性电路具有齐次性和叠加性的体现。

2.4.1 齐次定理

齐次定理描述了线性电路的齐次性(或比例性)。其基本内容是：对于具有唯一解的线性电路，当只有一个激励源(独立电压源或独立电流源)作用时，其响应(电路任意处的电压或电流)与激励成正比。譬如电路如图 2.4－1 和图 2.4－2 所示，则有

$i_o = K_1 u_S$　(常量 K_1 单位为 S)　　$i_o = K_3 i_S$　(常量 K_3 无单位)

$u_o = K_2 u_S$　(常量 K_2 无单位)　　$u_o = K_4 i_S$　(常量 K_4 单位为 Ω)

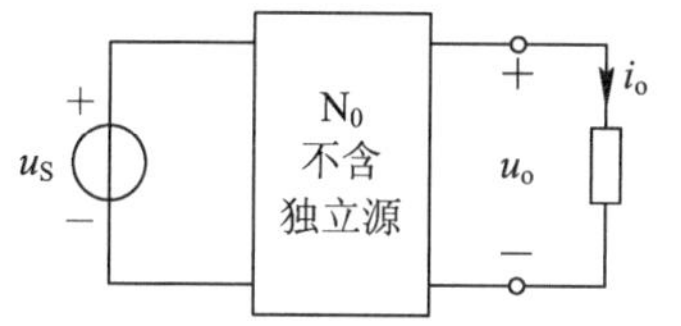

图 2.4－1

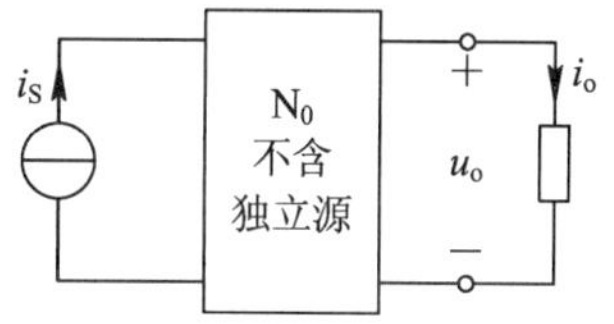

图 2.4－2

上述描述中 K_1、K_2、K_3 及 K_4 均为常数，它们只与电路结构和元件参数有关，与激励源 u_S 或 i_S 无关。

注意：

(1) 齐次定理只适用于具有唯一解的线性电路，不适用于非线性电路。

(2) 齐次定理适用于电路中只有一个激励源的情况。

(3) 线性电路的电压和电流具有线性关系，但由于功率不是电压或电流的线性函数，因此功率与激励源之间不具有线性关系。

(4) 激励源(excitation)也称为输入(input)，是指电路中的独立电压源或独立电流源；同时受控源不是激励源。

例 2.4－1　电路如图 2.4－3 所示，求 i_1、i_2 与激励源 u_S 的关系式。

解　图中电路共有 3 个网孔，选受控源的电流为网孔电流之一，其余网孔电流分别为 i_1 和 i_2，如图 2.4－3 所示。由图可列出回路方程为

$$\begin{cases}(R_1+R_2)i_1-R_2 i_2=u_S\\-aR_3 i_1-R_2 i_1+(R_2+R_3+R_4)i_2=0\end{cases}\tag{2.4-1}$$

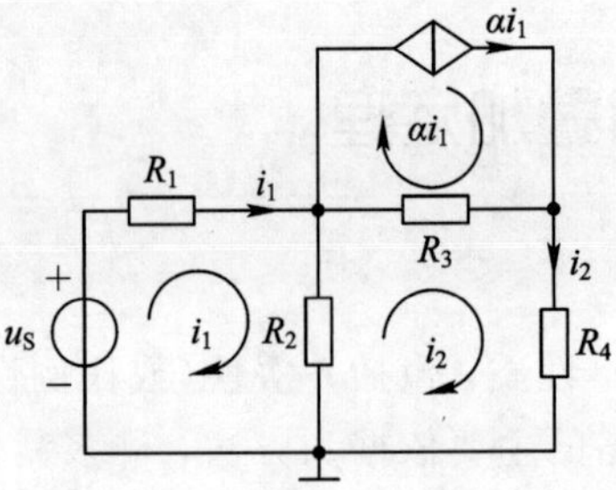

图 2.4－3 例 2.4－1 图

由上式可解得

$$\begin{cases} i_1 = \dfrac{R_2 + R_3 + R_4}{\Delta} \\ i_2 = \dfrac{R_2 + aR_3}{\Delta} u_S \end{cases} \tag{2.4-2}$$

式中

$$\begin{aligned} \Delta &= \begin{vmatrix} R_1 + R_2 & -R_2 \\ -(R_2 + aR_3) & R_2 + R_3 + R_4 \end{vmatrix} \\ &= R_1 R_2 + (R_1 + R_2)(R_3 + R_4) - aR_2 R_3 \end{aligned} \tag{2.4-3}$$

则根据线性代数理论，当 $\Delta \neq 0$ 时，式(2.4－1)有唯一解，即式(2.4－2)就是齐次定理表述中“具有唯一解的”线性电路含义。

式(2.4－2)表明，对于线性电路，由于电阻的值和线性受控源的系数 a 等均为常数，因而 i_1、i_2 均与激励源 u_S 成正比。显然，非线性电路一般不具有齐次性。

例 2.4－2 梯形电阻电路如图 2.4－4 所示，求电流 i_1。

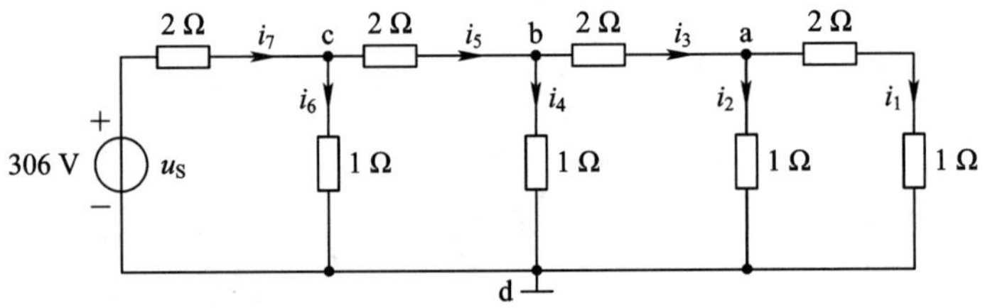

图 2.4－4 例 2.4－2 图

分析：该电路只有一个独立源，根据齐次定理，各处响应与该激励成正比。因此只要能找出激励源与响应 i_1 之间的比例关系即 $i_1 = ku_S$，确定系数 k，就可以求出任意激励源电压下的响应 i_1。对图中所示的梯形电路可采用逆推方法进行分析。

解 设 $i_1 = 1$ A，则利用 OL、KCL、KVL 逐次求得

$$u_a = (2+1)i_1 = 3\ \text{V}$$

$$i_2 = \frac{u_a}{1} = 3\ \text{A}$$

$$i_3 = i_1 + i_2 = 4\ \text{A}$$

$$u_b = 2i_3 + u_a = 2 \times 4 + 3 = 11\ \text{V}$$

$$i_4=\frac{u_b}{1}=11\ \text{A}$$

$$i_5=i_3+i_4=4+11=15\ \text{A}$$

$$u_c=2i_5+u_b=2\times15+11=41\ \text{V}$$

$$i_6=\frac{u_c}{1}=41\ \text{A}$$

$$i_7=i_5+i_6=15+41=56\ \text{A}$$

$$u_S=2i_7+u_c=2\times56+41=153\ \text{V}$$

因为

$$k=\frac{i_1}{u_S}=\frac{1}{153}\ \text{S}$$

所以，当 $u_S=306$ V 时，电流

$$i_1=ku_S=\frac{306}{153}=2\ \text{A}$$

例 2.4-3　电路如图 2.4-5 所示，N 是不含独立源的线性电路，当 $U_S=100$ V 时，$i_1=3$ A，$u_2=50$ V，R_3 的功率 $P_3=60$ W，现若 U_S 降为 90 V，试求相应的 i_1、u_2 和 P_3。

分析：该电路是只有一个独立源的线性电路，可用齐次定理求解。

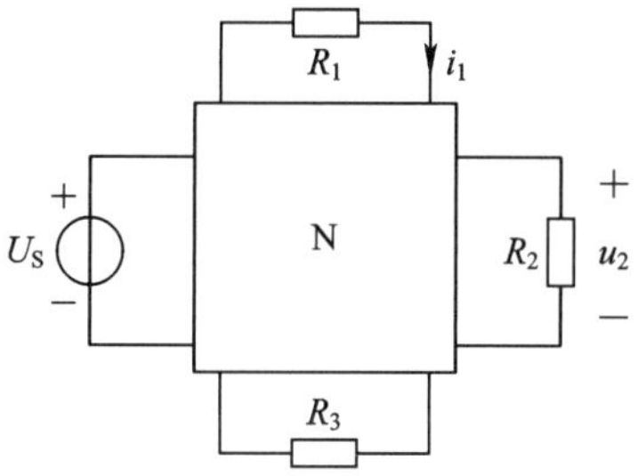

图 2.4-5　例 2.4-3 图

解　设 u_s 为 90 V 时电阻 R_1、R_2 和 R_3 的电流与电压分别为 i_1'、u_1'，i_2'、u_2'，i_3'、u_3'，R_3 的功率为 P_3'。根据齐次定理，若激励源降为原来的 90/100=90%，则

$$i_1'=0.9\,i_1=0.9\times3=2.7\ \text{A}$$

$$u_2'=0.9\,u_2=0.9\times50=45\ \text{V}$$

$$P_3'=u_3'\,i_3'=0.9\,u_3\times0.9i_3$$

$$=0.81u_3\,i_3=0.81P_3=48.6\ \text{W}$$

小结：本题目中由于功率与激励源不是线性关系，因此不能直接用齐次定理来求功率。

2.4.2　叠加定理

叠加定理描述了线性电路的可加性(或叠加性)。其基本内容是：对于具有唯一解的线性电路，多个激励源共同作用时引起的响应(电路中各处的电流、电压)等于各个激励源单独作用时(其他激励源的值置零)所引起的响应之和。

譬如图 2.4-6(a)所示是含有两个独立源的电路，求其支路电压 u 的方法如下：

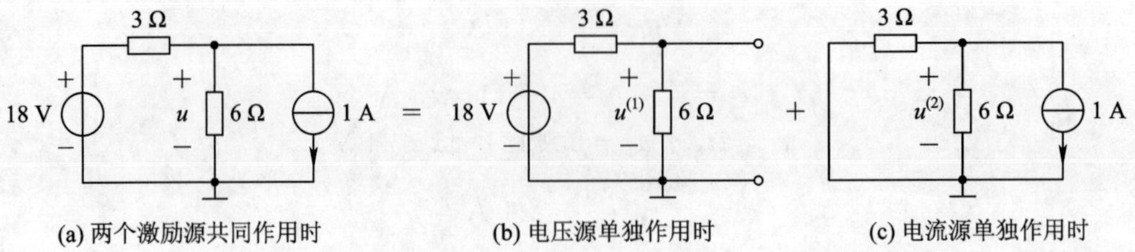

图 2.4-6　叠加定理的说明

根据图 2.4-6(a)所示电路，利用节点法列方程得

$$\left(\frac{1}{3}+\frac{1}{6}\right)u=\frac{18}{3}-1$$

解得 $u=10$ V。

图 2.4-6(b)所示是电压源 u_S 单独作用即电流源置为零(即电流源开路)时的电路。由分压公式可得

$$u^{(1)}=12\ \text{V}$$

图 2.4-6(c)所示是电流源 i_S 单独作用即电压源置为零(即电压源短路)时的电路。由分流公式可得

$$u^{(2)}=-2\text{V}$$

可见，$u=u^{(1)}+u^{(2)}$。

根据以上分析可证实 u_S 与 i_S 共同作用时产生的响应等于 u_S、i_S 单独作用时产生的响应之和。上述验证过程可推广到包含多个激励的一般电路。

叠加定理反映了线性电路的基本性质。

使用叠加定理时应注意以下几点：

(1) 叠加定理仅适用于线性电路(包括线性时变电路)，而不适用于非线性电路。

(2) 叠加定理仅适用于计算电路中电压和电流响应，而不能直接用来计算功率。

(3) 当一个或一组独立源作用时，其他独立源均置为零(即其他独立电压源短路，独立电流源开路)，而电路的结构、所有电阻和受控源均应保留原样，并注意受控源不是激励源。

(4) 叠加的方式是任意的，可以一次使一个独立源单独作用，也可以一次使几个独立源同时作用，即可以将独立源分成若干组分别单独作用，每组的独立源数目可以是一个或多个。

例 2.4-4　电路如图 2.4-7(a)所示，求 i_x 和 u_x。

解　这里用叠加定理求解。当电路电压源单独作用时，将独立电流源置为零，受控源保留，如图 2.4-7(b)所示。由于这时控制变量为 $i_x^{(1)}$，故受控电压源的端电压为 $2i_x^{(1)}$。由图 2.4-7(b)可得

$$i_x^{(1)}=\frac{10-2i_x^{(1)}}{2+1}$$

可解得

$$i_x^{(1)}=2\ \text{A};\quad u_x^{(1)}=10-2i_x^{(1)}=6\ \text{V}$$

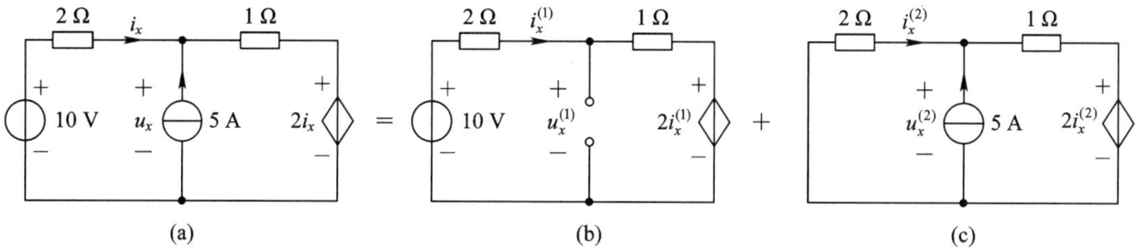

图 2.4-7　例 2.4-4 图

当独立电流源单独作用时，将独立电压源置为零，受控源保留，如图 2.4-7(c)所示。这时控制量为 $i_x^{(2)}$，故受控电压源的端电压为 $2i_x^{(2)}$。由图 2.4-7(c)所示，根据 KVL 有

$$2\times i_x^{(2)}+1\times(5+i_x^{(2)})+2i_x^{(2)}=0$$

可解得

$$i_x^{(2)}=-1\ \text{A}$$

$$u_x^{(2)}=-2\times i_x^{(2)}=2\ \text{V}$$

根据叠加定理，可得图 2.4-7(a)电路中

$$i_x=i_x^{(1)}+i_x^{(2)}=1\ \text{A}$$

$$u_x=u_x^{(1)}+u_x^{(2)}=8\ \text{V}$$

例 2.4-5　电路如图 2.4-8 所示，N 是含有独立源的线性电路，已知：

当 $u_S=6$ V，$i_S=0$ 时，开路电压 $u_o=4$ V；

当 $u_S=0$ V，$i_S=4$ A 时，$u_o=0$ V；

当 $u_S=-3$ V，$i_S=-2$ A 时，$u_o=2$ V。

求当 $u_S=3$ V，$i_S=3$ A 时的电压 u_o。

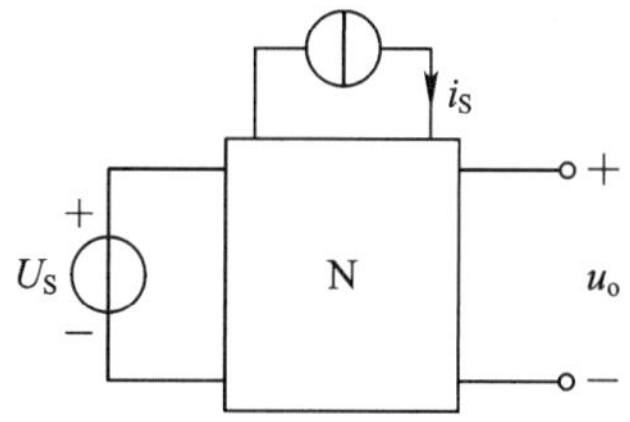

图 2.4-8　例 2.4-5 图

解　按线性电路的性质，将激励源分为 3 组：① 电压源 u_S；② 电流源 i_S；③ N 内的全部独立源。

设仅由电压源 u_S 单独作用时引起的响应为 $u_o^{(1)}$，根据齐次定理，令 $u_o^{(1)}=K_1u_S$；仅由电流源 i_S 单独作用时引起的响应为 $u_o^{(2)}$，根据齐次定理，令 $u_o^{(2)}=K_2i_S$；仅由 N 内部所有独立源引起的响应记为 $u_o^{(3)}$。于是，根据叠加定理，有

$$u_o=K_1u_S+K_2i_S+u_o^{(3)} \tag{2.4-4}$$

将已知条件代入得

$$6K_1+u_o^{(3)}=4$$

$$4K_2+u_o^{(3)}=0$$

$$-3K_1-2K_2+u_o^{(3)}=2$$

解上式得

$$K_1=\frac{1}{3},\quad K_2=-\frac{1}{2},\quad u_o^{(3)}=2$$

将它们代入式(2.4-4)，得

$$u_o=\frac{u_S}{3}-\frac{i_S}{2}+2$$

因此，当 $u_S=3$ V，$i_S=3$ A 时

$$u_o=\frac{3}{3}-\frac{3}{2}+2=1.5\ \text{V}$$

小结：叠加定理对于一些黑盒子电路的分析十分有用。

2.5 替代定理

替代定理也称为置换定理，它对于简化电路非常有用。替代定理既可用于线性电路，也可用于非线性电路。

替代定理的内容是：对于具有唯一解的线性或非线性电路，若某支路的电压 u 或电流 i 已知(如图 2.5-1(a)所示)，则该支路可用 $u_S=u$ 的电压源替代(如图 2.5-1(b)所示)，或用 $i_S=i$ 相同的电流源替代(如图 2.5-1(c)所示)，替代后的电路其他各处的电流和电压均保持原来的值(例如支路 A 用电压源或电流源替代后，N 中的电流、电压保持不变)。

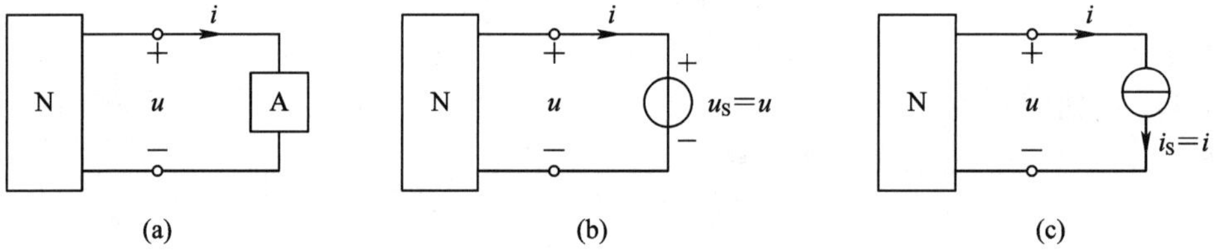

图 2.5-1 替代定理图示

替代定理所说的某支路可以是无源的支路，也可以是含有独立源的支路，甚至是一个二端电路，但是，被替代的支路与原电路的其他部分(例如图 2.5-1(a)中电路 N)间不能有耦合。也就是说，在被替代部分的电路中不应有控制量在 N 中的受控源中，而 N 中受控源的控制量也不应在被替代部分的电路中。

例如，电路如图 2.5-2(a)所示，求电压 u_a、i_1、i_2、i_3。

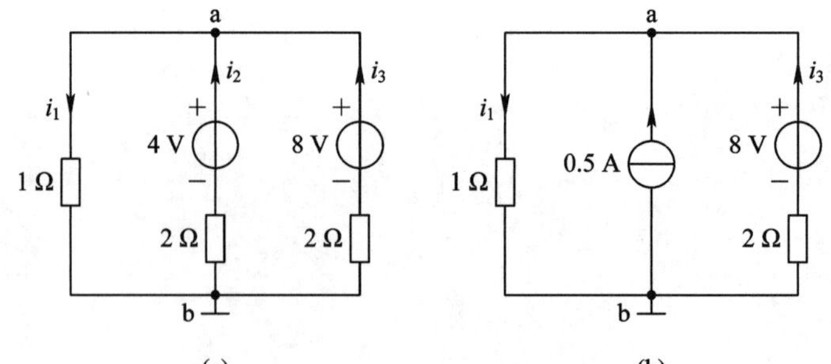

图 2.5-2 替代定理的举例电路 1

列图 2.5-2(a)所示电路节点方程得

$$(1+0.5+0.5)u_a=\frac{4}{2}+\frac{8}{2}=6$$

解得

$$u_a=3\ \text{V}$$

$$i_1=\frac{u_a}{1}=3\ \text{A}$$

$$i_2=\frac{4-u_a}{2}=0.5\ \text{A}$$

$$i_3=\frac{8-u_a}{2}=2.5\ \text{A}$$

根据替代定理，图 2.5－2(a)中 i_2 支路可用 $i_S=0.5$ A 替代，得图 2.5－2(b)，列节点方程为

$$(1+0.5)u_a=0.5+\frac{8}{2}=4.5$$

解得

$$u_a=3\ \text{V},\quad i_1=3\ \text{A},\quad i_3=2.5\ \text{A}$$

根据以上计算结果可得，电路替代前后，未被替代的部分中各电流、电压保持原来的值不变。

应用替代定理时，必须注意以下几点：

(1) 替代定理对线性和非线性电路均适用。

(2) 注意区别替代定理与等效变换的本质。替代定理针对某个具体电路，在替代前后，被替代支路以外电路的拓扑结构和元件参数不能改变，否则无法替代；而等效变换针对任意电路，与变换以外的电路无关。也就是说，替代只是在静态的情况下对电路的置换，当电路状态变化时替代也就发生了变换；而等效是对外电路来讲电路性质完全相同，外电路发生变化时等效部分能完全按原电路应有的响应发生变换。如图 2.5－3(a)中的 N_1 与图 2.5－3(b)中的 N_2 是替代关系，而不是等效关系。

(3) 应用替代定理时，注意不要把受控源的控制量替换掉。如图 2.5－4 所示电路，不能将虚框内的部分进行替代。

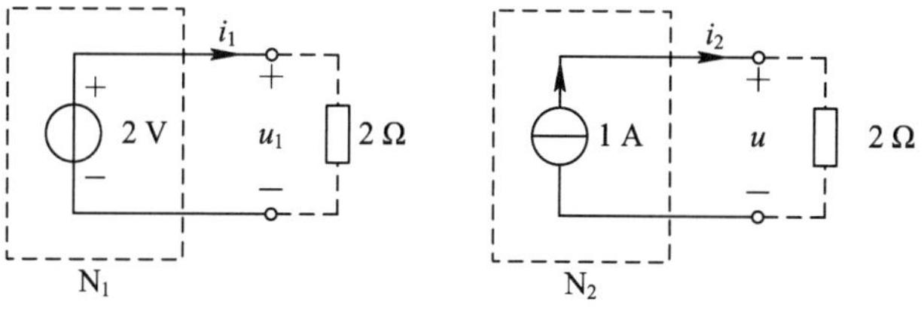

(a)　　(b)

图 2.5－3　替代定理的举例电路 2

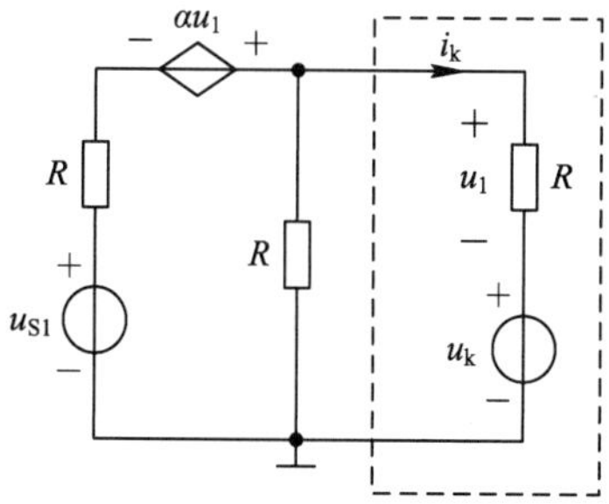

图 2.5－4　替代定理的举例电路 3

例 2.5－1　电路如图 2.5－5(a)所示，已知电压 $u=9$ V，求二端电路 N 吸收的功率 P_N。

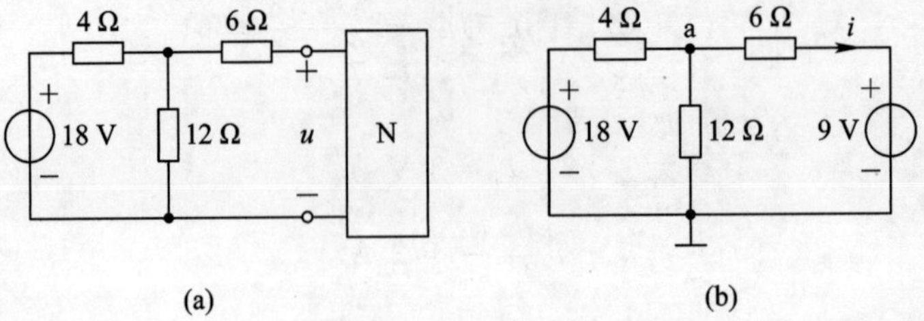

图 2.5－5　例 2.5－1 图

分析：利用替代定理将电路 N 用电压为 9 V 的电压源替代，得到图 2.5－5(b)；9 V 电压源吸收的功率就是电路 N 吸收的功率。

解　设节点 a 及参考点如图 2.5－5(b)所标，列节点电压方程

$$\left(\frac{1}{4}+\frac{1}{12}+\frac{1}{6}\right)u_{a}=\frac{18}{4}+\frac{9}{6}$$

解得 $u_{a}=12$ V，因此

$$i=\frac{u_{a}-9}{6}=\frac{12-9}{6}=0.5\ \text{A}$$

故

$$P_{N}=ui=9\times 0.5=4.5\ \text{W}$$

例 2.5－2　电路如图 2.5－6(a)所示，求电流 i。

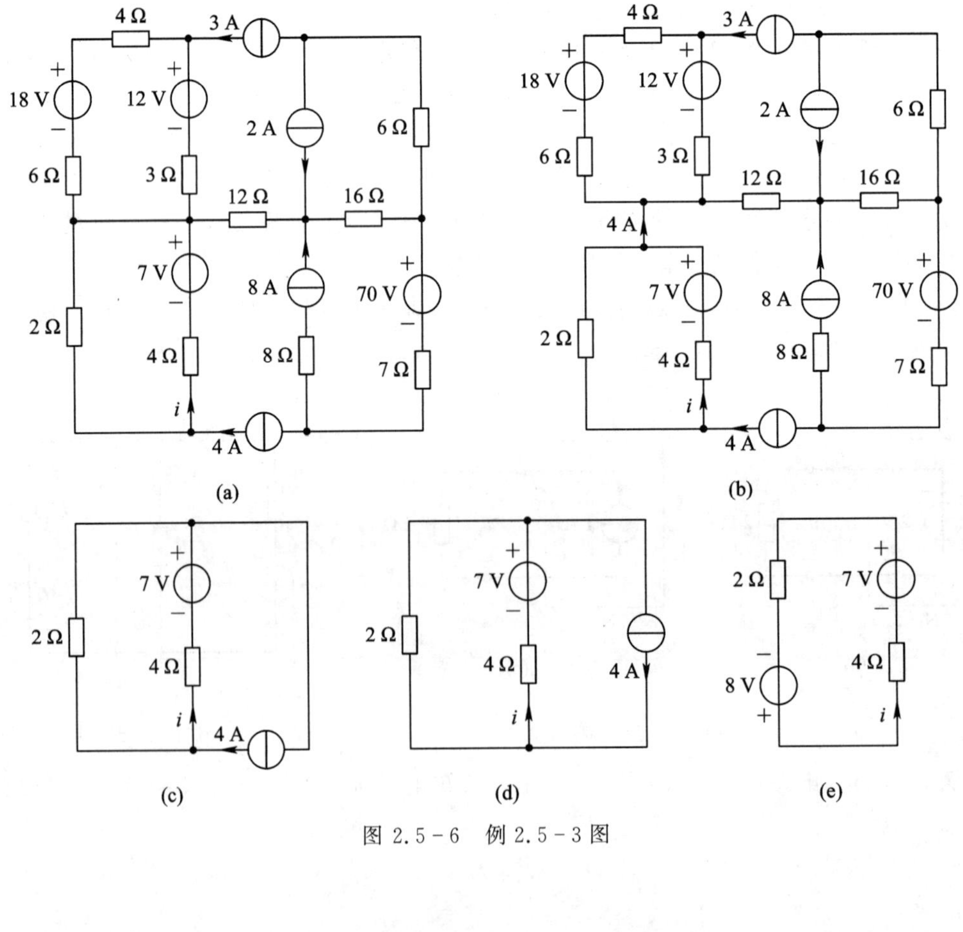

图 2.5－6　例 2.5－3 图

解　首先根据等电位节点可以分裂和合并的原则，将图 2.5-6(a)等效为图 2.5-6(b)，然后利用替代定理，将图 2.5-6(b)等效为图 2.5-6(c)，并将图 2.5-6(c)表示为大家熟悉的形状，如图 2.5-6(d)所示，最后利用等效变换将 4 A 电流源与 2 Ω 电阻并联等效为 2 Ω 电阻与 8 V 电压源串联形式，如图 2.5-6(e)所示。则由图 2.5-6(e)可得

$$i=\frac{7+8}{2+4}=2.5\ \text{A}$$

2.6　等效电源定理

等效电源定理是电路理论中非常重要的定理，它包括戴维南定理和诺顿定理，是分析和计算线性含源二端网络的有力工具。

2.6.1　戴维南定理

戴维南定理是法国电报工程师戴维南(Léon ChaRles Thévenin，1857—1926)于 1883 年提出的，是在直流电源和电阻的条件下提出的。然而，由于其证明所带有的普遍性，实际上它适用于当时电路未知的其他情况，如含电流源、受控源，以及正弦交流、复频域等电路。目前戴维南定理已成为一个重要的电路定理。

戴维南定理内容可表述为：任意一个线性二端含源电路 N(如图 2.6-1(a)所示)，对其外部而言，可以用一个电压源和电阻的串联组合来等效，如图 2.6-1(b)所示，且该电压源的电压值 u_{OC} 等于电路 N 二端子间的开路电压，其串联电阻值 R_0 等于电路 N 内部所有独立源为零时二端子间的等效电阻，如图 2.6-1(c)所示。

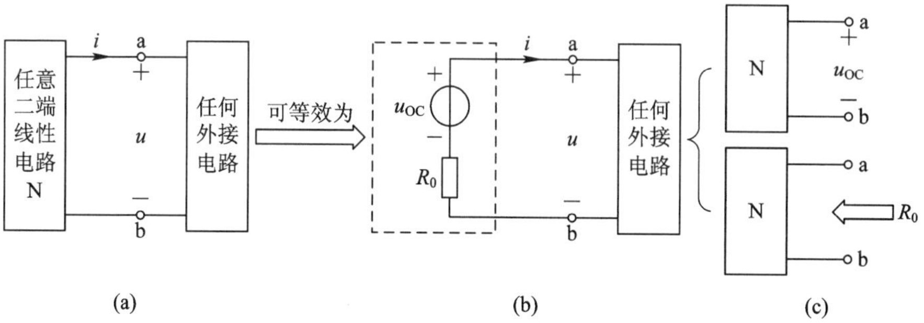

图 2.6-1　戴维南定理图示

图 2.6-1(b)所示电路，即电压源与电阻串联组合的电路称为戴维南等效电路，其中 R_0 称为戴维南等效电阻。

应用戴维南定理时应注意：

(1) 戴维南定理只适用于线性含源的二端电路(或一端口电路)，即其二端含源电路内

部可包含线性电阻、独立源和线性受控源。当二端电路接外电路时，电路必须有唯一解。至于外电路，没有限制，可以是线性，也可以是非线性的。

(2) 二端电路 N 和外电路之间必须无任何耦合联系(如二端电路中受控源不受外电路中电流或电压的控制，或者外电路中的受控源的控制量不在二端电路中，等等)如图 2.6-2 所示。例如：对图 2.6-2(a)和图 2.6-2(b)中电路 N 不能应用戴维南定理，但如果控制量位于端口上(图 2.6-2(c)所示)，则可以使用。

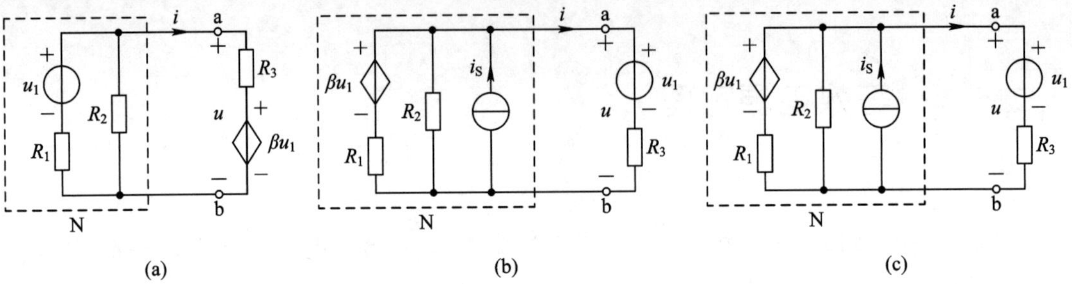

图 2.6-2 二端电路与外电路的耦合联系示意图

(3) 求戴维南等效电阻 R_0 时，受控源不能置零值，必须保留在原电路中一并计算。

(4) 应用戴维南定理的关键是求出二端电路 N 的开路电压 u_{OC} 和等效电阻 R_0。

开路电压 u_{OC} 的计算方法为：先将负载支路(或外接电路)断开，并设定开路电压 u_{OC} 的参考方向如图 2.6-3 所示，注意与戴维南等效电路相对应；然后计算该电路的开路电压 u_{OC}。其计算方法视具体电路而定，前面介绍的电路分析方法都可使用。

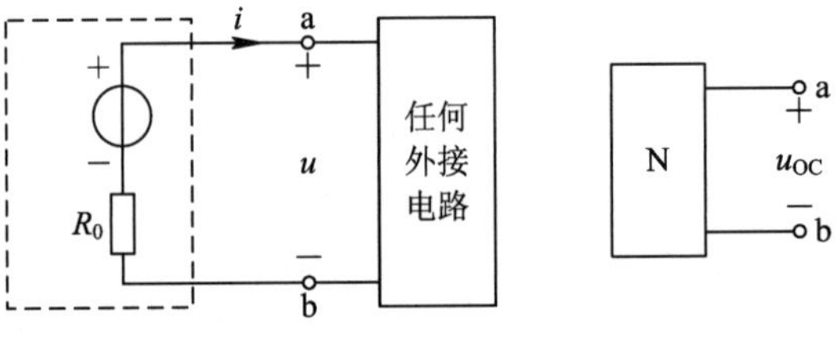

图 2.6-3 开路电压 u_{OC} 的计算示意图

等效电阻 R_0 的计算方法如下：

(1) 串并联方法。若二端电路 N 中无受控源，当令电路 N 中所有独立源的值为零(电压源短路，电流源开路)后，得到的电路 N_0 是一个纯电阻电路。此时，可利用电阻的串并联公式和 Y-△等效公式求 R_0。

(2) 外加电源(独立电压源或电流源)法。若二端电路 N 中含有受控源，令电路 N 中所有独立源的值为零(电压源短路，电流源开路)，应注意受控源要保留，此时得到的电路 N_0 内部含受控源，则根据电阻的定义，在电路 N_0 的二端子间外加电源，若外加电源为电压源 u，就求端子上的电流 i(如图 2.6-4(a)所示)。若外加电源为电流源 i，则求端子间电压 u(如图 2.6-4(b)所示)。另外应注意外加电源 u 与电路 N 对电路 N_0 来说，必须关联。则有

$$R_0=\frac{u}{i}$$

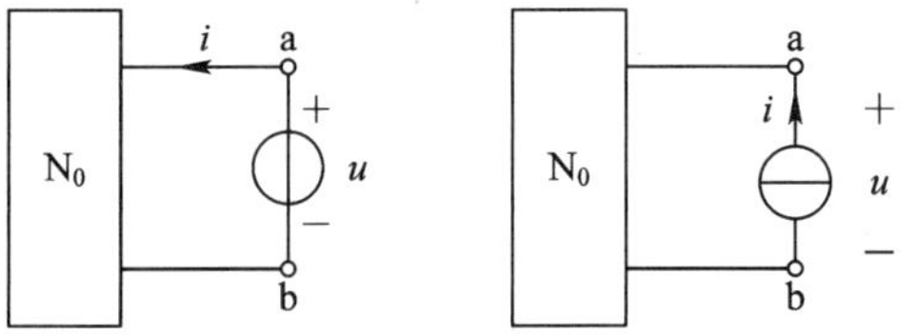

(a) 外加电压源法　　(b) 外加电流源法

图 2.6-4　外加电源法求 R_0

(3) 开路短路法，即根据开路电压 u_{OC}、短路电流 i_{SC} 和 R_0 三者之间的关系求 R_0。先求出 u_{OC}，再求出 i_{SC}，电流电压参考方向如图 2.6-5(a)、(b)所示(注意：若求 u_{OC} 时其参考方向 a 为"+"极，则求 i_{SC} 时其参考方向应设成在短路线上从 a 流向 b)，则

$$R_0=\frac{u_{OC}}{i_{SC}}$$

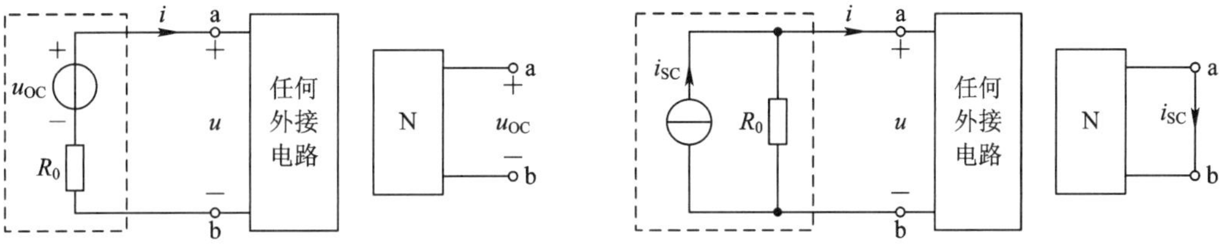

(a)　　(b)

图 2.6-5　开路电压 u_{OC} 及短路电流 i_{SC}

(4) 伏安关系法(或称为外特性法)。戴维南等效电路如图 2.6-6 所示，其端口上电压 u 与电流 i 取关联参考方向，则其端口的伏安关系(VAR)为

$$u=u_{OC}+R_0 i$$

所谓伏安关系法，就是直接推导出二端线性电路 N(N 内保持不变)的两个端子上的电压 u 和电流 i 之间的一次关系式(即 N 端子上的伏安关系式(VAR))，其常数项即为开路电压 u_{OC}，电流前面的系数即为等效内阻 R_0。

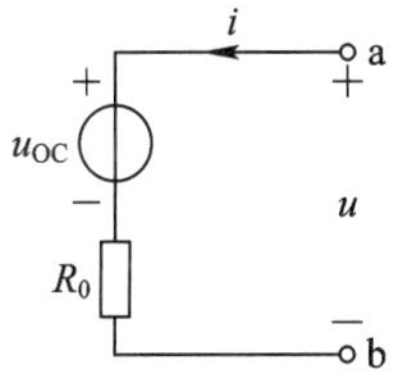

图 2.6-6　戴维南等效电路

例 2.6-1　图 2.6-7(a)所示为电路 N，利用不包含受控源的二端电路 N 串并联方法求其戴维南等效电阻 R_0。

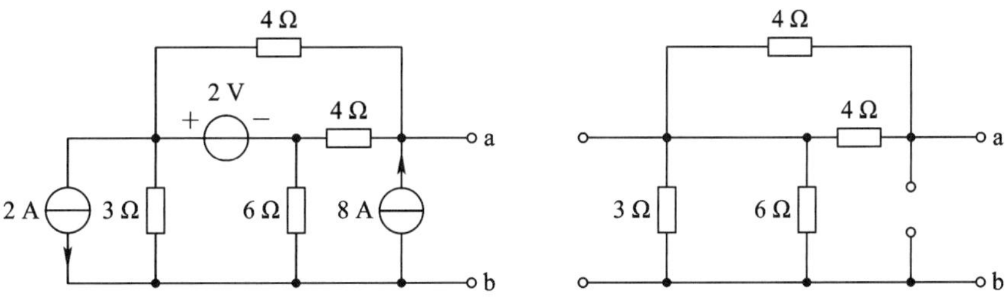

(a) 电路N　　(b) 电路N_0

图 2.6-7　例 2.6-1 图

解 根据电路 N_0 的定义，将电路 N 中的电压源短路，电流源开路便得到电路 N_0，如图 2.6－7(b)所示。由图 2.6－7 (b)很容易求出电路 N_0 的 ab 端等效电阻，该电阻就是戴维南等效电阻，即

$$R_0 = 3 \mathbin{/\!/} 6 + 4 \mathbin{/\!/} 4 = 2 + 2 = 4\ \Omega$$

例 2.6－2 电路如图 2.6－8(a)所示，利用含有受控源的二端电路 N 外加电源法求 R_0。

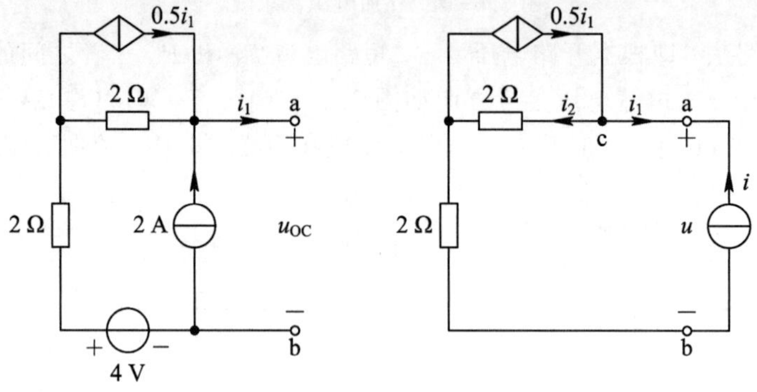

(a) 电路N　　(b) 电路N_0，并外加电流源 i

图 2.6－8　例 2.6－2 图

解 将电路 N 中电压源短路，电流源开路，受控源保留，得到电路 N_0，并外加电流源 i，如图 2.6－8 (b)所示。对于电路 N_0，已知 i(可以给定具体的值，也可以不给定)，求 u。

由图 2.6－8(b)可见 $i_1=-i$，对 c 点列 KCL 方程，有

$$i_2 + i_1 - 0.5\, i_1 = 0$$

故

$$i_2 = -0.5 i_1 = 0.5 i$$

$$u = 2 i_2 + 2 i = i + 2 i = 3 i$$

因此

$$R_0 = \frac{u}{i} = 3\ \Omega$$

例 2.6－3 电路如图 2.6－9(a)所示，利用开路短路法求戴维南等效电阻 R_0。

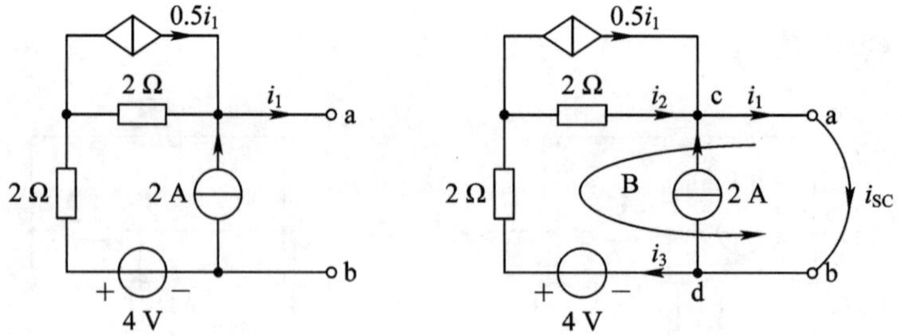

(a) 电路N　　(b) 对N求i_{SC}电路

图 2.6－9　例 2.6－3 图

解　对于图 2.6-9(a)所示电路，由于 ab 端开路，故有 $i_1=0$，此时，受控电流源相当于开路。因此

$$u_{OC}=2\times(2+2)+4=12\ \text{V}$$

将 N 的端口短路，并设定短路电流 i_{SC} 方向如图 2.6-9 (b)所示，可见

$$i_1=i_{SC}$$

在图 2.6-9(b)中设定支路电流 i_2 和 i_3，并设定回路 B 的巡行方向。

对节点 c、d 分别列 KCL 方程，有

$$i_2+0.5i_1+2=i_1$$
$$i_3+2=i_{SC}$$

故

$$i_2=-2+0.5i_1=-2+0.5i_{SC}$$
$$i_3=i_{SC}-2$$

对回路 B 利用 KVL 和 OL，有

$$2i_2-4+2i_3=0$$

代入 i_2 和 i_3 得

$$2(-2+0.5i_{SC})-4+2(i_{SC}-2)=0$$

解得 $i_{SC}=4$ A，故

$$R_0=\frac{u_{OC}}{i_{SC}}=\frac{12}{4}=3\ \Omega$$

例 2.6-4　电路 N 如图 2.6-10(a)所示，利用伏安关系法(或外特性法)求开路电压 u_{OC} 和戴维南等效电阻 R_0。

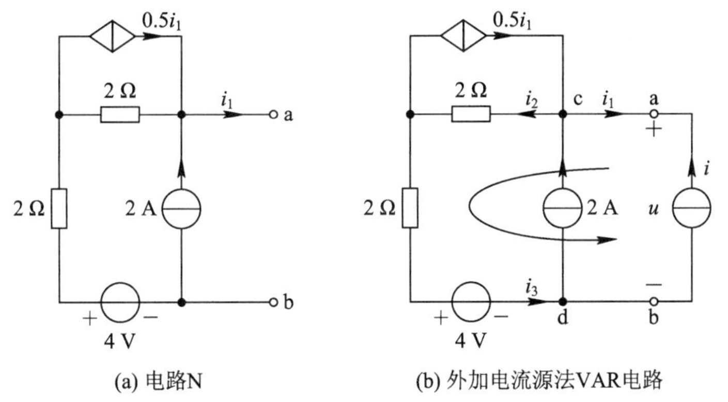

图 2.6-10　例 2.6-4 图

解　求该二端电路的 VAR，常用外加电源法。N 保持原样，在 N 端口处外加电流源 i，得到如图 2.6-10(b)。对 c、d 点列 KCL 方程得

$$i_2=2+0.5i_1-i_1=2-0.5i_1=2+0.5i$$
$$i_3=2+i$$

由 KVL 和 OL 定律有

$$u=2i_2+2i_3+4=12+3i$$

故 $u_{OC}=12$ V，$R_0=3\ \Omega$。

例 2.6-5 电路如图 2.6-11(a)所示，电路 N 为线性含源单口网络。已知：$u=2000i+10$ (V)；$i_S=2$ mA。求电路 N 的等效电路。

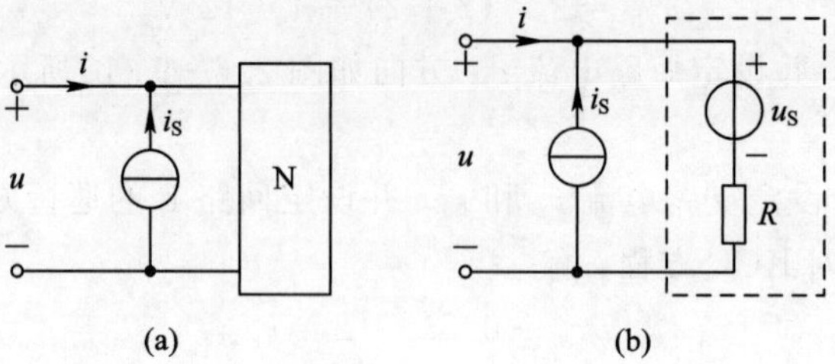

图 2.6-11 例 2.6-5 图

解 依据戴维南定理，原电路 N 可等效为戴维南等效电路，如图 2.6-11(b)所示。电路的 VAR 方程为

$$u=R(i+i_S)+u_S=Ri+2\times10^{-3}R+u_S$$

由于已知 $u=2000i+10$，因此

$$R=2000\ \Omega$$

$$2\times10^{-3}R+u_S=10$$

解得 $R=2000\ \Omega$，$u_S=6$ V。

2.6.2 诺顿定理

戴维南定理是将线性二端含源电路等效为一个独立电压源和一个电阻的串联形式，出于同样的目的，能否将该二端含源电路等效为一个独立电流源和一个电阻的并联形式呢？诺顿定理回答了这个问题。即诺顿定理是戴维南定理的对偶形式，是由美国贝尔电话实验室工程师诺顿(E. L. NoRton)在 1926 年提出的。其具体内容表述如下：

任意一个线性二端含源电路 N 如图 2.6-12(a)所示，对其外部而言，可以用一个电流源和电阻的并联组合来等效，如图 2.6-12(b)所示，且该电流源的电流值 i_{SC} 等于电路 N 两端短路时其上的短路电流，其串联电阻值 R_0 等于电路 N 内部所有独立源置零时该电路端间的等效电阻，如图 2.6-12(c)所示。

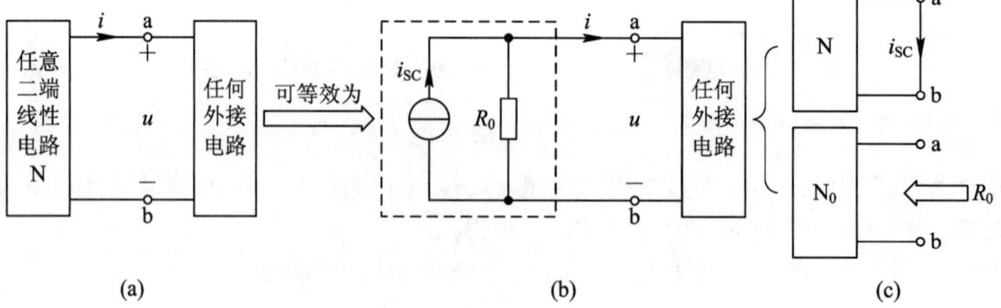

图 2.6-12 诺顿定理图示

戴维南定理和诺顿定理具有对偶性，可将诺顿定理看作是戴维南定理的另一种形式。

一般情况下，戴维南等效电路与诺顿等效电路本质上是相同的，两者互为等效，如图

2.6－13 所示。

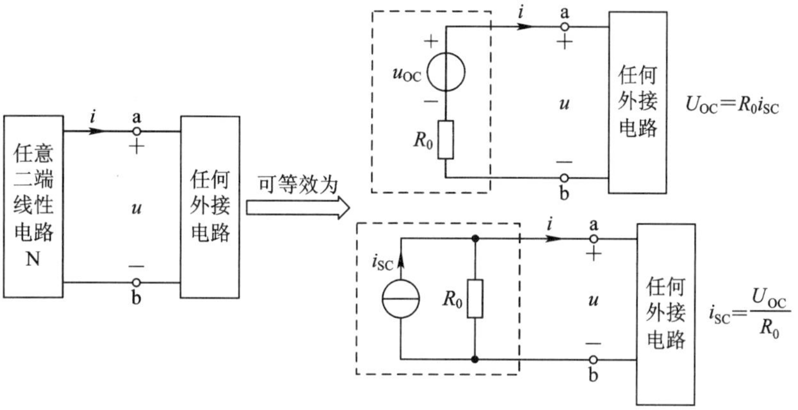

图 2.6－13　两种模型互为等效示意图

注意：若电路 N 的等效内阻为 0 时，则该网络等效为理想电压源，其诺顿等效源不存在；若电路 N 的等效内阻为∞时，则该网络等效为理想电流源，其戴维南等效源不存在。

例 2.6－6　电路如图 2.6－14(a)所示，利用诺顿定理求电流 i。

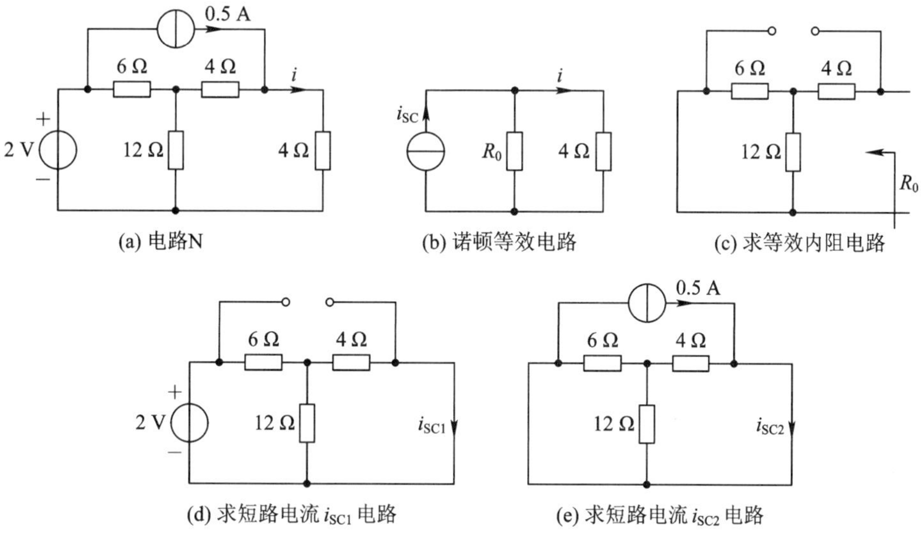

图 2.6－14　例 2.6－6

解　诺顿等效电路如图 2.6－14(b)所示。求解等效内阻 R_0 电路如图 2.6－14(c)所示，根据串并联关系可得 $R_0=8\ \Omega$。

求解短路电流 i_{SC} 电路如图 2.6－14(d)、2.6－14(e)所示，在图 2.6－14(d)中，根据串并联关系、分压公式和欧姆定理可得 4 Ω 电阻上的电流为

$$i_{SC1}=\frac{12}{6+(4\ //\ 12)}\times\frac{12}{12+4}=1\ \text{A}$$

由图 2.6－14(e)可得 $i_{SC2}=0.5$，故

$$i_{SC}=0.5+1=1.5\ \text{A}$$

在图 2.6-14(b)中，由分流公式可得

$$i=\frac{R_0}{4+R_0}\times i_{SC}=\frac{8}{4+8}\times 1.5=1\ \text{A}$$

当然，此题也可以用戴维南定理求解。

应用诺顿定理时应注意的问题可以参考前面应用戴维南定理时应注意的问题。

2.7 最大功率传输定理

在电子技术中，常要求负载从给定电源(或信号源)获得最大功率，这就是最大功率传输问题。

许多电子设备所用的电源或信号源内部都比较复杂，可将其视为一个有源的二端电路N(或一端口电路)，如图 2.7-1(a)所示。用戴维南定理可将该二端电路进行等效，如图 2.7-1(b)虚框所示。由于电源或信号源已给定，因而戴维南等效电路中独立电压源 u_{OC} 和电阻 R_0 为给定值，负载电阻 R_L 所吸收的功率 P_L 只随电阻 R_L 的变化而变化。

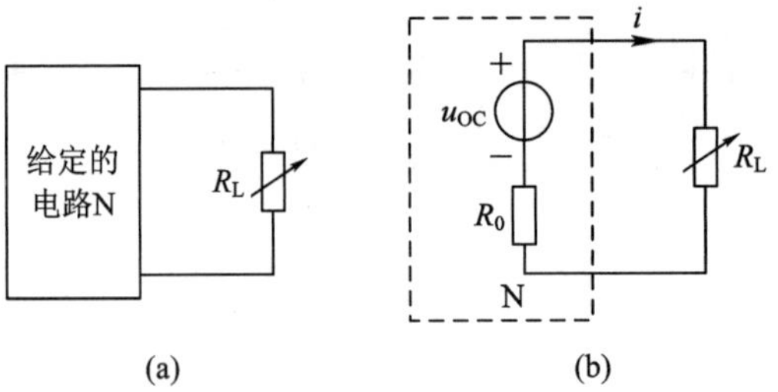

图 2.7-1 最大功率传输定理图示

在图 2.7-1(b)所示的电路中，流经负载 R_L 的电流

$$i=\frac{u_{OC}}{R_0+R_L}$$

则负载 R_L 消耗的功率为

$$P_L=i^2R_L=\left(\frac{u_{OC}}{R_0+R_L}\right)^2R_L \tag{2.7-1}$$

为求出功率最大的条件，需求 P_L 对 R_L 的导数，并令它等于零，即

$$\frac{dP_L}{dR_L}=\frac{u_{OC}^2[(R_0+R_L)^2-2R_L(R_0+R_L)]}{(R_0+R_L)^4}=\frac{u_{OC}^2(R_0-R_L)}{(R_0+R_L)^3}=0$$

得 $\left(\frac{d^2P_L}{dR_L^2}\Big|_{R_L=R_0}=-\frac{u_{OC}^2}{8R_0^3}<0\right)$ 负载 R_L 获得最大功率的条件为

$$R_L=R_0 \tag{2.7-2}$$

将以上条件代入式(2.7-1)，得负载 R_L 获得的最大功率

$$P_{L\max}=\frac{u_{OC}^2}{4R_0} \tag{2.7-3}$$

由上述分析可见，为能从给定电源（u_{OC} 和 R_0 已知）获得最大功率，应使负载电阻 R_L 等于电源内阻 R_0（即负载与电源间匹配），这常称为最大功率匹配条件，也称为最大功率传输定理。所以，求最大功率传输问题的关键是求一个二端电路的戴维南等效电路。

例 2.7－1　电路如图 2.7－2(a)所示，设负载 R_L 可变，问 R_L 为多大时它可获得最大功率？此时最大功率 P_{Lmax} 为多少？

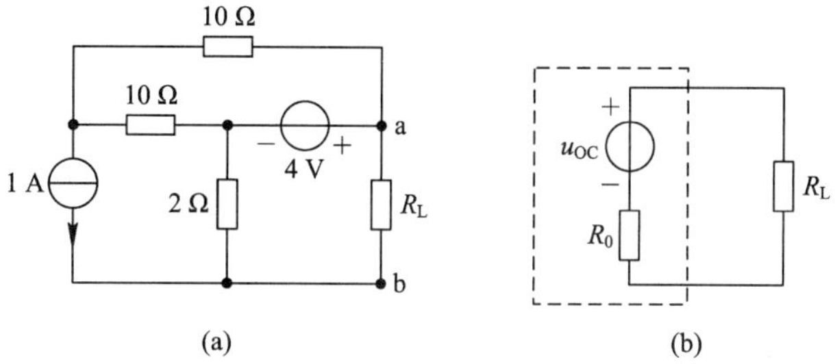

图 2.7－2　例 2.7.1 图

解　首先将 R_L 以外的电路等效为戴维南电路在图 2.7－2(a)中，当 R_L 断开时，a、b 处的开路电压

$$u_{OC}=4-1\times2=2\ \text{V}$$

然后令独立源为零，得到 ab 端的等效电阻 $R_0=2\ \Omega$，从而得图 2.7－2(b)电路，所以，$R_L=R_0=2\ \Omega$ 时负载与电源匹配。此时最大功率

$$P_{Lmax}=\frac{u_{OC}^2}{4R_0}=\frac{2^2}{4\times2}=0.5\ \text{W}$$

注意：由本例可看出：求解最大功率传输问题关键在于求戴维南等效电路。

2.8　电路的对偶性

通过以上的研究可以发现，电路中的许多变量、元件、结构及定律都是成对出现的，并且存在相类似的一一对应的特性，这种特性就称为电路的对偶性。如果将一个表达式中的 u 和 i 对换，R 与 G 对换，就得到另一个表达式。譬如，对于电阻元件，其元件约束关系是欧姆定律，即 $u=Ri$ 或 $i=Gu$。电路中的结构约束是基尔霍夫定律，在平面电路中，对于每一个节点可列写一个 KCL 方程

$$\sum i_k=0$$

而对于每一个回路可列写一个 KVL 方程

$$\sum u_k=0$$

这里节点与网孔对应，KCL 与 KVL 对应，电压与电流对应。

具有这样一一对应性质的一对元素（电路变量、元件参数、结构、定律等）可称为对偶元素。电路中的一切公式和定理都是根据电路的结构约束和元件约束推导出来的。既然这两种约束都具有对偶的特性，那么由它们推导出的关系显然也会有对偶特性。

从上述讨论中可以得知，如果电路中某一定理、公式或方程的表达式是成立的，则将其中的元素用其相应的对偶元素置换所得到的对偶表达式也是成立的。

电路的对偶特性是电路的一个普遍性质。电路中存在大量对偶元素，表 2.8-1 中列出了一些常用的互为对偶的元素。

表 2.8-1 互为对偶的元素

变量	电压	电流	定律与定理	KVL	KCL
	磁链	电荷		戴维南定理	诺顿定理
元件	电阻	电导	结构	串联	并联
	电感	电容		T 形	Y 形
	电压源	电流源		网孔	节点
	CCVS	VCCS		回路	割集
	VCVS	CCCS		开路	短路

对于图 2.8-1 所示电路，图 2.8-1(a)的网孔方程(网孔电流均为顺时针方向)、图 2.9-1(b)的节点方程分别为

$$\begin{cases}(R_1+R_2)i_1-R_2i_2=u_{S1}\\-R_2i_1+(R_2+R_3)i_2=-u_{S2}\end{cases}$$

$$\begin{cases}(G_1+G_2)u_1-G_2u_2=i_{S1}\\-G_2u_1+(G_2+G_3)u_2=-i_{S2}\end{cases}$$

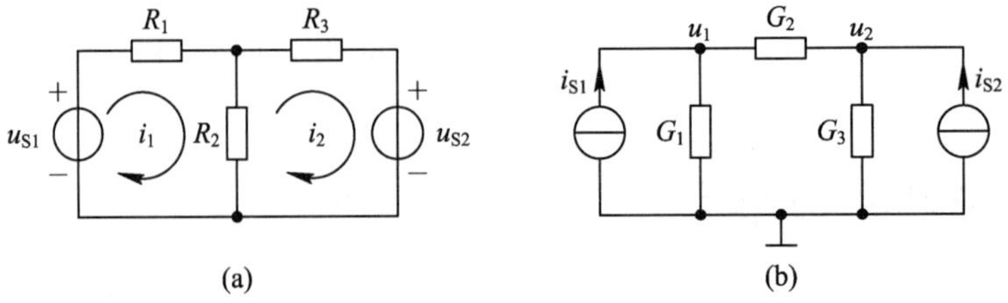

图 2.8-1 对偶电路

比较这两组方程可以看出，它们的形式相同，对应变量为对偶元素，所以通常把这两组方程称为对偶方程。电路中把像这样一个电路的节点方程与另一个电路的网孔方程对偶的两电路称为对偶电路。显然，图 2.8-1(a)所示电路和图 2.8-1(b)所示电路对偶。

2.9 应用实例

2.9.1 D/A 转换电路

在现代测控系统中，通常需要将计算机处理后的数字信号(二进制数码 0 和 1)转换为

模拟信号(连续变化的电压或电流)，以便直接输出或执行控制(如电动机)。将数字信号转换为模拟信号的电路称为数/模(D/A)转换电路。

设 4 位二进制数码为“$d_3d_2d_1d_0$”，则对应的十进制模拟量

$$A = d_3 \times 2^3 + d_2 \times 2^2 + d_1 \times 2^1 + d_0 \times 2^0 \tag{2.9-1}$$

如将二进制数码 1101 代入式(2.9-1)可得到相应的模拟量为 13。

例 2.9-1　图 2.9-1 给出了一实用的 T 形权电阻网络 D/A 转换电路，求其输出 U_o。

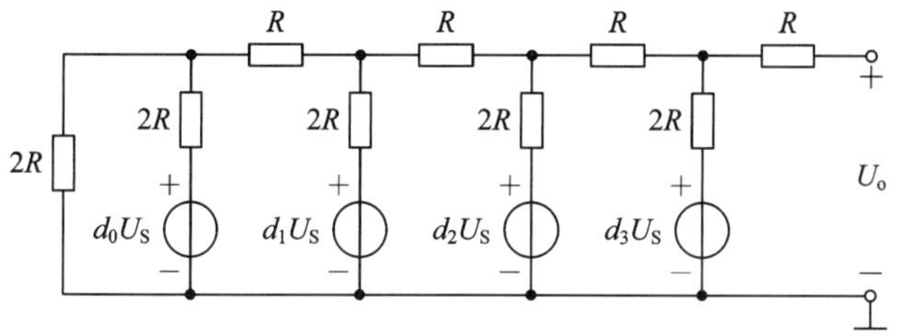

图 2.9-1　T 形权电阻网络 D/A 转换电路

解　下面利用叠加定理进行分析。

当电压源 d_3U_S 单独作用时，除 d_3U_S 支路外，其他部分根据电阻串并联关系等效为一个电阻 $2R$，如图 2.9-2(a)所示。利用分压公式解得

$$U_{o3} = \frac{2R}{2R + 2R} d_3 U_S = \frac{1}{2} d_3 U_S \tag{2.9-2}$$

当电压源 d_2U_S 单独作用时，将电阻进行串并联等效，得到其等效电路，如图 2.9-2(b)所示。列写节点电压方程，有

$$\left(\frac{1}{2R} + \frac{1}{2R} + \frac{1}{3R}\right) U_{n2} = \frac{d_2 U_S}{2R}$$

解得

$$U_{n2} = \frac{3}{8} d_2 U_S$$

再利用分压公式，得

$$U_{o2} = \frac{2R}{R + 2R} U_{n2} = \frac{1}{4} d_2 U_S \tag{2.9-3}$$

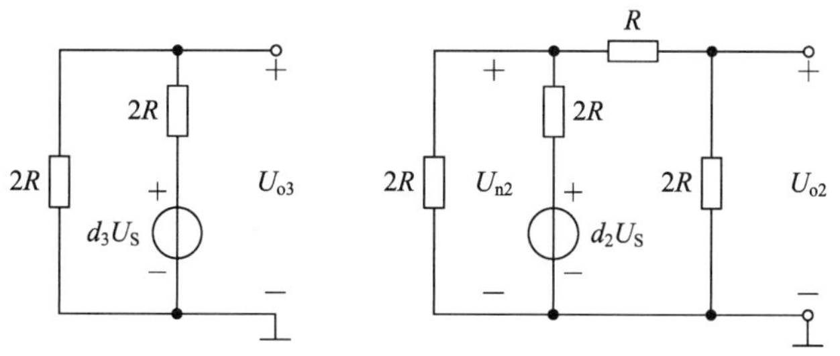

(a) d_3U_S单独作用时电路　　(b) d_2U_S单独作用时电路

图 2.9-2　等效电路

同样，可以求出电压源 d_1U_S 和 d_0U_S 分别单独作用时产生的输出电压

$$U_{o1}=\frac{1}{8}d_1U_S \tag{2.9-4}$$

$$U_{o0}=\frac{1}{16}d_0U_S \tag{2.9-5}$$

将式(2.9-2)～式(2.9-5)进行叠加，得出

$$\begin{aligned}U_o&=U_{o0}+U_{o1}+U_{o2}+U_{o3}\\&=\frac{U_S}{16}(d_0\times 2^0+d_1\times 2^1+d_2\times 2^2+d_3\times 2^3)\end{aligned}$$

取 $U_S=16$ V，上式与式(2.9-1)比较，两者在形式上相同。

2.9.2 非地理学的“地”

到目前为止，电路原理图都是以类似于图 2.9-3 所示电路的形式出现的，其中电压均定义在明确标出的两端之间。特别需要强调的是：电压不能定义在单个点上而是定义为两点之间的电位差。但是，许多电路原理图都采用将大地电压定义为零的约定，因此其他电压都是相对于大地电压而言的。大地电压这一概念也称为“接地”(earth ground)电压，它与防止火灾、致命的电击或者其他伤害而制定的安全规定有关，接地符号如图 2.9-4(a)所示。

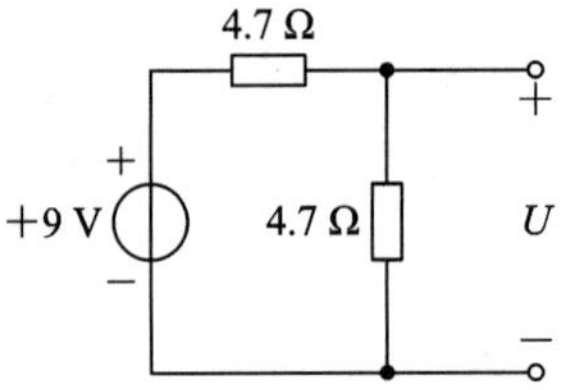

图 2.9-3　两端电压的定义图示

因为“地”为零电压，所以经常用它来表示电路图中的公共端。将图 2.9-3 所示的电路重画成图 2.9-5 所示电路，其中地符号表示了图 2.9-3 的一个公共节点。需要指出的是：对于电压 U 的数值而言，这两个电路是等效的(都为 4.5 V)，但实际上它们却不完全一样。图 2.9-3 所示的电路称为浮动电路，因为它可以根据实际应用需要安装到例如地球同步卫星(或者飞往冥王星的卫星)的一块电路板上，而图 2.9-5 所示的电路总是需要以某种方式通过导线在物理上与大地相连接。因为这个原因，有时候也用图 2.9-4 中的另外两个符号来表示公共端。其中图 2.9-4(b)所示的符号通常称为信号地，任何与信号地相连的端子可能(而且通常)与大地间存在一个大的电压；图 2.9-4(c)所示的符号通常称为外壳地。

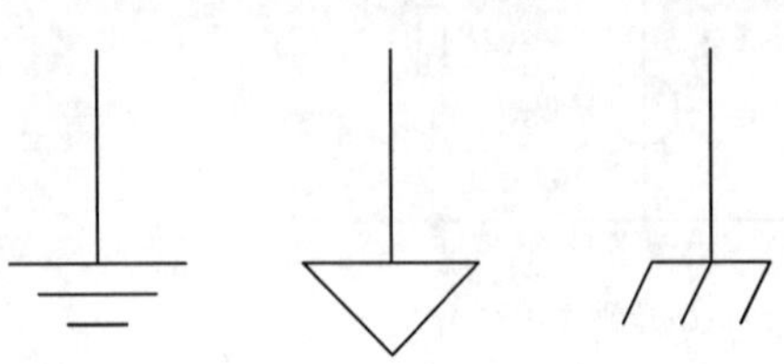

图 2.9-4　3 种表示接地或公共端的不同符号

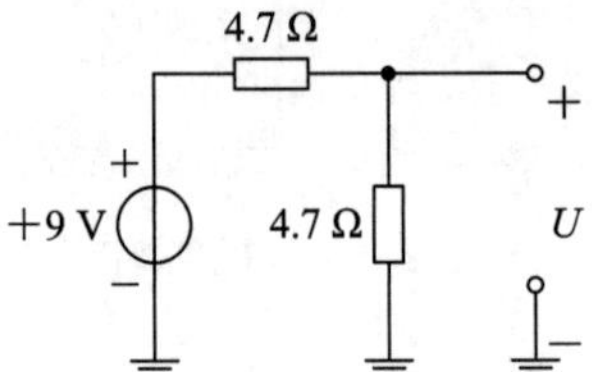

图 2.9-5　利用接地符号画的图 2.9-3 所示电路

如果电路的公共端没有通过某些低阻抗的路径与大地相接，则可能导致潜在的危险。图 2.9－6(a)所示电路描述的情况是一个人正准备触摸一个由交流电源供电的设备，电源插座为两孔，地线端是悬空的。该设备的所有电路的公共端都接在一起，并在电气上与设备的外壳相连。通常用外壳地(chassis ground)符号来表示这种公共端。遗憾的是，可能由于制造的差错或磨损的原因使该设备存在一个接线错误。不管怎样，该外壳地并不与大地相接，因此在外壳地和大地之间存在一个较大的电阻。图 2.9－6(b)给出了这种情况的一个等效电路图(有些文献上用人体的等效电阻符号表示)。在图 2.9－6(a)中，设备外壳和大地之间的电气路径为桌子，它具有数百兆欧姆的电阻，而人的电阻要低好几个数量级，因此一旦人接触设备，就会对人体产生危险。

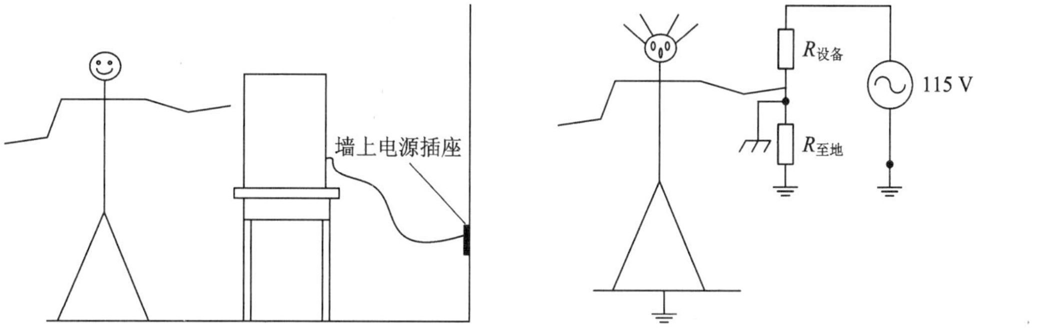

(a) 人体触摸带电设备示意图

(b) 等效电路图(这里将人用其等效电阻表示，设备也用其等效电阻表示，除了人以外的接地路径也用一个电阻表示)

图 2.9－6　人体触摸带电设备示意图及等效电路

并不是所有的“地”均为“大地”，这样一个事实会引起很多的安全和电噪声问题。比如，在老建筑物中有时会遇到这样的情况，那里的管道最初是由导电的铜管组成的，建筑物中的水管通常构成一条到大地的低阻抗路径，因此它们被用在许多电气连接中。但是，随着这些具有腐蚀性的管道被更现代和更低成本的非导电 PVC 管道系统所取代，这些到大地的低阻抗路径将不复存在，由此将产生一个问题，即在某个特定的地区，“地”的电压差很大，即两幢独立建筑物的“地”电压事实上可能并不相等，于是它们之间可能存在电流流动。

本书只使用大地符号。但是必须记住并不是所有的“地”电压在实际中都相等。

2.9.3 惠斯通电桥烟雾探测器

当需要探测一个小的变化量值时，惠斯通电桥是最常用的一种电路结构。图 2.9－7 所示为直流惠斯通电桥烟雾探测器电路，如果其检测到一定量的烟雾，则电桥失去平衡，输出 $U_{平衡}$ 使得感应继电器工作，并且发出报警声。电路分析如下：

从图 2.9－7 中可以得出

$$U_{平衡}=U_{参考值}-U_{R} \tag{2.9-6}$$

根据电阻串联的分压关系，有

$$U_{参考值}=\frac{R_{参考值}}{R_{参考值}+R_{平衡}}U_S,\ U_R=\frac{R}{R+R_{烟雾探测器}}U_S \tag{2.9-7}$$

其中 $R_{烟雾探测器}$ 为烟雾探测器电阻。所以

$$U_{平衡}=\left(\frac{R_{参考值}}{R_{参考值}+R_{平衡}}-\frac{R}{R+R_{烟雾探测器}}\right)U_S$$

$$=\frac{R_{参考值}R_{烟雾探测器}-RR_{平衡}}{(R_{参考值}+R_{平衡})(R+R_{烟雾探测器})}U_S \tag{2.9-8}$$

在图 2.9-7 中，两个传感器位于相对的电桥桥臂上。如果没有烟雾，使用可调电阻可以保证在 a 点和 b 点之间的电压 $U_{平衡}$ 是零，并且使流过感应继电器线圈的电流为零。因为 a 和 b 之间没有电压，所以继电器线圈处于未通电状态，并且开关处于 N/O 位置(继电器开关的位置通常是处于未通电的状态)。一个不平衡的条件就会使继电器线圈上有电压，并且使继电器动作，开关移到 N/C 位置，从而接通报警电路并完成报警。含有两个触点和一个可移动臂的继电器被称为单极双掷继电器。另外，该电路需要直流电源在不平衡条件发生时，给 a 和 b 之间提供一个输出电压，并给并联的灯泡提供电能，灯亮时，就可知道系统正在工作。

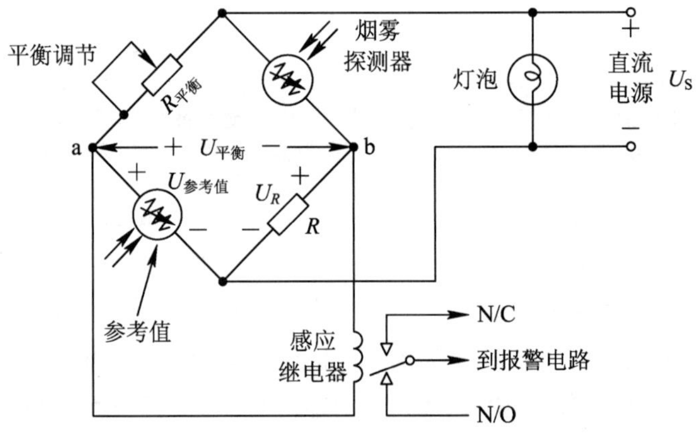

图 2.9-7 惠斯通直流电桥烟雾探测器电路

图 2.9-8(a)所示为一个光电烟雾探测器的外观，内部结构如图 2.9-8(b)所示。该光电烟雾探测器有一个通气孔使烟雾可以进入透明塑料下面的腔体中。透明塑料可以防止烟雾进入上面的密封腔体中，但允许上面腔体中的灯泡发出的光通过下面腔体中的反射器反射到腔体左侧上面的半导体光线传感器即光敏电阻(一个镉光电管)。透明塑料的分隔确保了照射到上面密封腔体中的半导体光线传感器上的光线，可以不受进入的烟雾的影响。上面的半导体光线传感器建立了一个参考电阻值，可以与有烟雾的下面腔体中的半导体光线传感器阻值进行比较。如果没有烟雾，则此时上下两个传感器单元之间电阻值响应的差别将会被视为正常情况。当然，如果两个单元是完全相同的，并且透明塑料没有削弱光线，两个半导体光线传感器将会有相同的参考电阻值。然而，这种情况很少出现，因此要用参考电阻值的差作为没有烟雾的标志。若房间一旦出现烟雾，则两个半导体光线传感器电阻值的响应与正常情况相比将会有明显的差别，则报警器会立即发出声音。

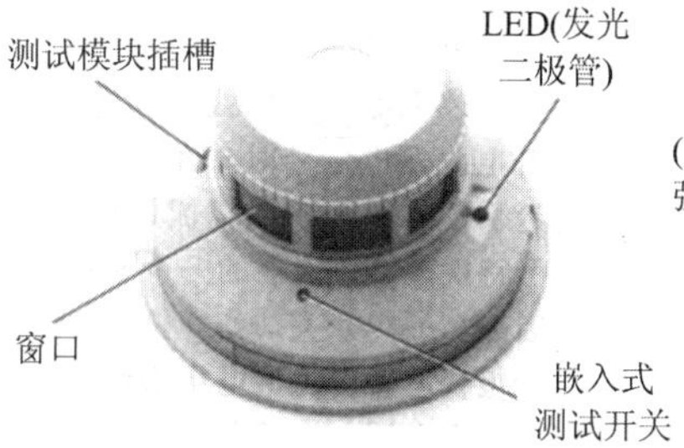

(a) 外观

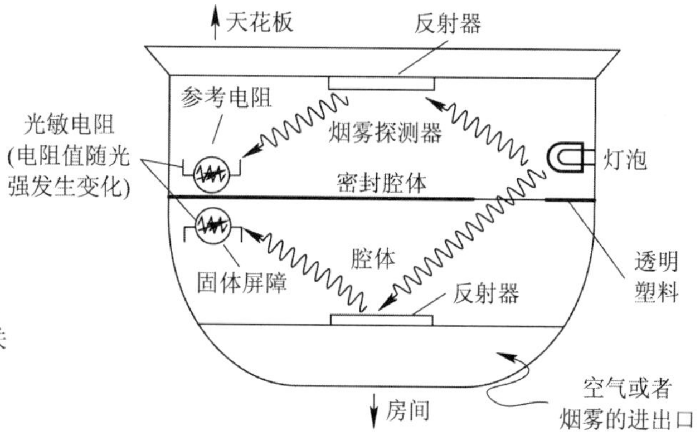

(b) 内部结构

图 2.9－8 惠斯通电桥烟雾探测器外观与内部结构

为什么该烟雾探测器没有使用一个传感器而使用了两个传感器呢？这是因为如果电源电压或者灯泡的亮度有变化，则烟雾探测器可能会产生一个错误的输出。上面所介绍的这种类型的烟雾探测器常用于加油站、厨房和牙医诊所等场所，因为那里发生的烟气可能会引爆电离型烟雾探测器。

2.9.4 光伏发电最大功率点跟踪

光伏电池是光伏发电系统的关键部件，它可以将太阳能直接转换为电能。但是，光伏电池在实际工作中，输出功率受外界环境的影响较大，产生电能的多少与太阳辐照度、环境温度等因素有较强的非线性关系。在短时间内光照强度和电池温度不变时，光伏电池会有一个最大功率输出值，称此最大输出功率值为光伏发电系统的最大功率点(Maximum Power Point，MPP)。让光伏电池输出一直处于最大功率点状态，可有效提高光伏电池能量转化效率。实现办法是通过调节影响光伏电池输出功率的变量找到光伏电池最大功率输出状态。这一过程就被称作光伏发电系统最大功率点跟踪(Maximum Power Point Tracking，MPPT)。

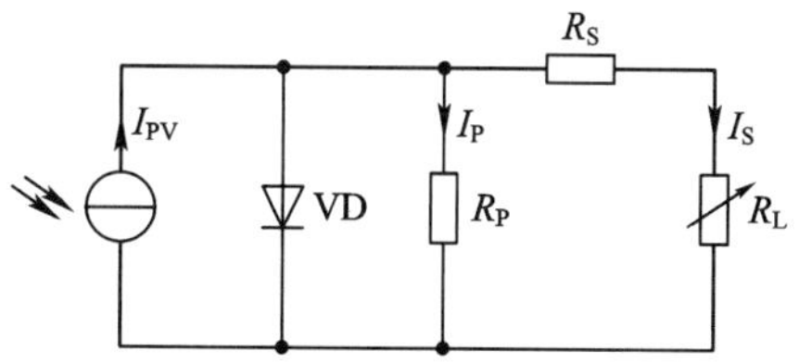

图 2.9－9 光伏电池的等效电路模型

光伏电池是光伏发电的能量转换器件，它是以半导体 P－N 结的光伏效应为基础的。光伏电池的等效电路模型如图 2.9－9 所示。光照强度、环境温度等外部因素都会对光伏电池的性能指标产生影响，其输出伏安($I-V$)特性如图 2.9－10 所示。其伏安特性表明：光伏电池既不是恒流源，也不是恒压源，不能为负载提供任意大的功率，具有非线性，但当光伏电池输出电压较小时，输出电流随电压增大的变化较小，可将光伏电池当成一个恒流源；当电压足够高，超过一定值后，输出电流就会急剧下降至零，此时可将光伏电池当成一个恒压源。也就是说，在此过程中，光伏电池的输出功率随着输出电压的增大先上升后下降，存在一个输出功率最大点。

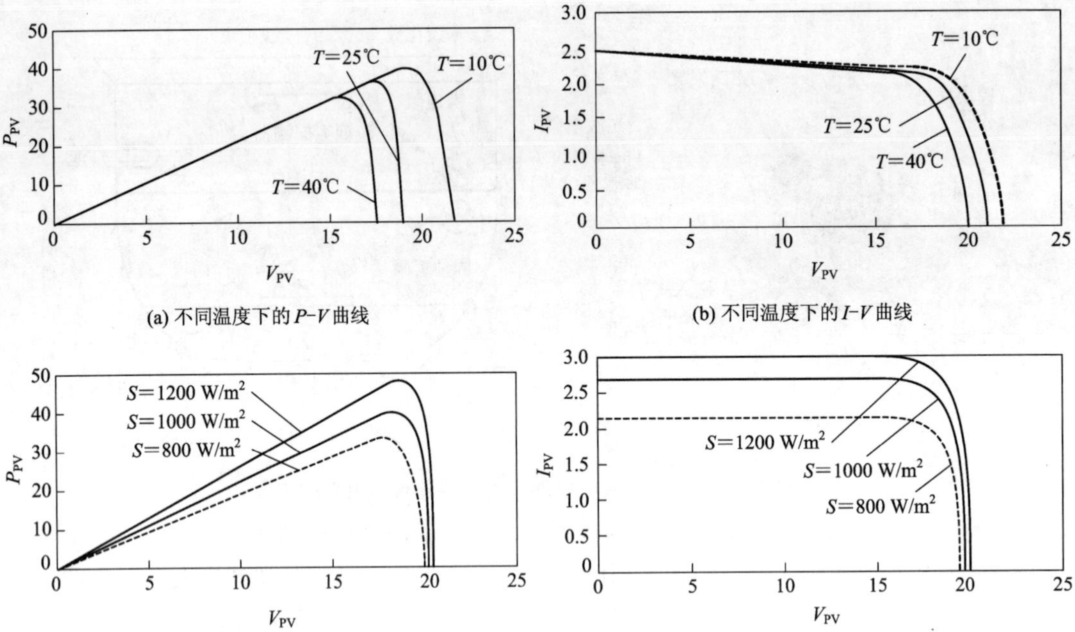

(a) 不同温度下的 P-V 曲线　(b) 不同温度下的 I-V 曲线

(c) 不同光强照度下的 P-V 曲线　(d) 不同光强照度下的 I-V 曲线

图 2.9－10　光伏电池输出伏安(I－V)特性

在光伏发电系统中，短时间内，可以将非线性的光伏电池看作是线性电路，可用戴维南电路来等效。根据最大功率传输定理，如图 2.9－11 所示，当光伏电池外接电路电阻与戴维南等效电阻相等时，可得到最大输出功率。但是由于光照强度、电池温度以及外接负载等因素的影响，会导致其内阻值发生变化，因此通过在光伏电池与负载间连接一个 DC/DC 变换器，通过调节 DC/DC 变换器的占空比来改变等效负载值，即等效外接负载值随 DC/DC 变换器调节而变化，当等效电阻等于光伏电池最大功率点处戴维南等效电阻时就实现了 MPPT 功能。

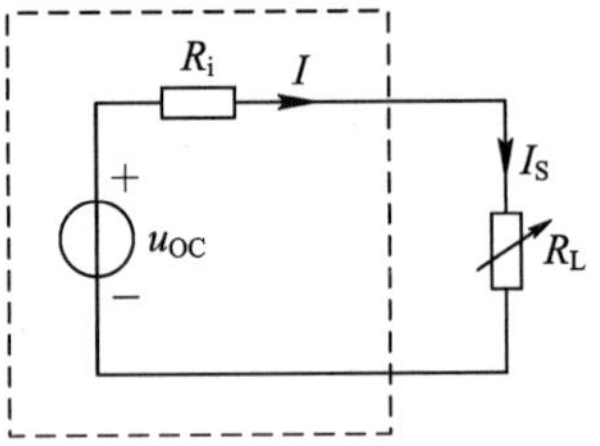

图 2.9－11　获得最大功率原理

2.9.5 串联报警电路

图 2.9－12 所示是一个简单的报警电路，其元件之间是串联的，因此也称为串联报警电路。其电源是 5 V 直流电源，也可以是电池。无论是哪种电源，应确保这个电源始终满电。如果电路中所有传感器都接通，因为电源两端的负载大约是 1 kΩ，那么产生的电流是 5 mA。这个电流可以激活继电器，断开报警电路。如果任何一个传感器开路，则电流被中断，继电器动作使报警电路通电。对连接导线相对较短且

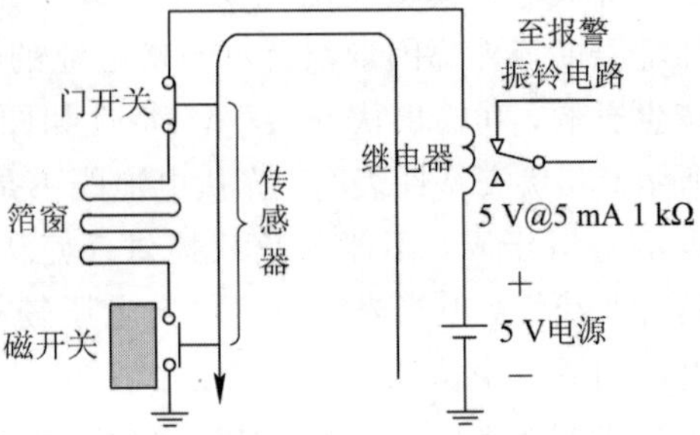

图 2.9－12　串联报警电路

传感器也不多的串联报警电路，它会正常工作，这是因为电压损耗相对较小。然而，如果连接导线又细又长，就会产生一个不能忽略的电阻，并产生较大的导线电压，使继电器上的电压不足，不能正常报警。因此使用串联报警电路时，必须考虑导线的长度。一个好的串联报警电路设计应该是不用关注导线的长度的。后续章节将讨论这种电路的一种改进设计。

2.9.6 数字万用表

最常用的电子测试设备是数字万用表(DMM)，如图 2.9-13 所示，用它可以来测量电压、电流和电阻值。

进行电压测量时，从数字万用表引出的两根导线连接在合适的电路元件两端，如图 2.9-14 所示。数字万用表正参考端标有"V/Ω"符号，而负参考端(通常指公共端)一般标有"COM"字样。习惯用法是红笔表示正参考端，而黑笔表示公共端。

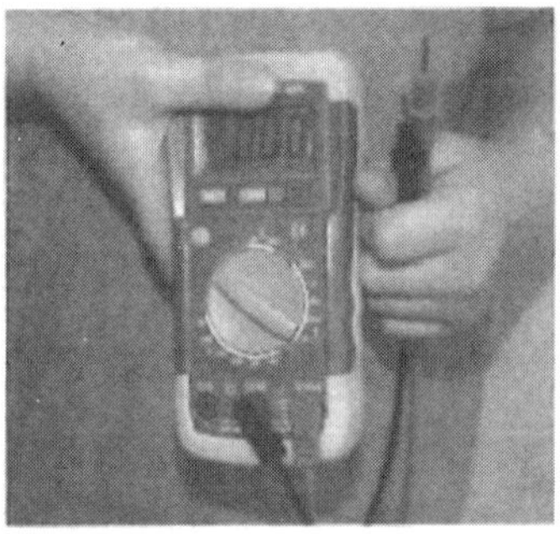

图 2.9-13　手持式数字万用表

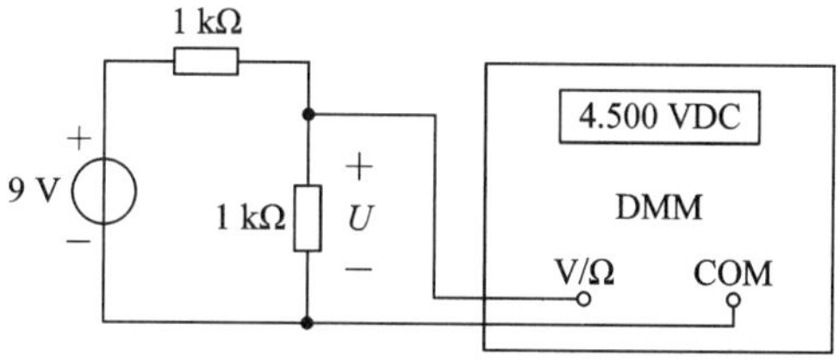

图 2.9-14　数字万用表测量电压时的连接方法

从戴维南和诺顿等效电路的讨论可知，很显然数字万用表有它自己的戴维南等效电阻。该等效电阻与被测电路并联(如图 2.9-15 所示)，并且其值会影响测量结果。在测量电压时，数字万用表不向被测电路提供功率，因此其戴维南等效电路只包含一个电阻，称为 R_{DMM}。

为了测量电压，数字万用表必须与电路元件并联，且要求内阻要大。一个高性能的数字万用表的输入电阻通常为 10 MΩ 或更高。因此测量图 2.9-14 中电压 U 时实际上是测量 1 kΩ//10MQ=999.9 Ω 两端的电压。根据分压原理可求得 U=4.4998 V，比预期的 4.5 V 略小。因此数字万用表的输入电阻在测量时引入了一个小误差。

为了测量电流，数字万用表必须与电路元件串联，且内阻要小，通常要求将导线断开(如图 2.9-16 所示)，即一端接到数字万用表的公共端，另一端接到通常标有"A"(表示电流测量)的一端。同样，在这种测量中，数字万用表不向电路提供功率。

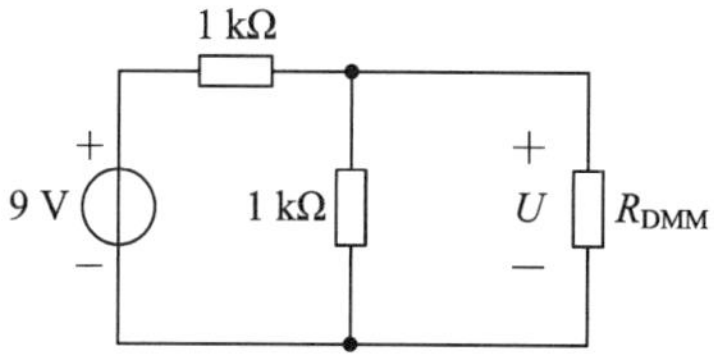

图 2.9-15　图 2.9-14 中的数字万用表的戴维南等效电阻 R_{PXM} 表示

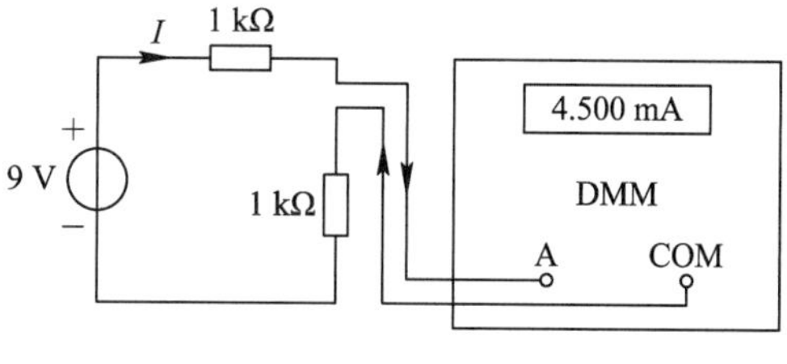

图 2.9-16　测量电流时数字万用表的连接

此时可以看到数字万用表的戴维南等效电阻(R_{DMM})与电路串联，因此它的值也会影响测量结果。写出该回路的简单基尔霍夫电压定律方程为

$$-9+1000I+R_{DMM}I+1000I=0 \tag{2.9-9}$$

注意：因为已经将万用表重新配置成电流测量方式，因此戴维南等效电阻与测量电压时的等效电阻不同。实际上，理想的 R_{DMM} 要求在电流测量时为 0，在电压测量时为无穷大。如果此时 R_{DMM} 为 0.1 Ω，可以看到测量的电流 I 为 4.4998 mA，与预期的 4.5 mA 只有微小的差别。根据万用表所能显示的位数，在测量电流时数字万用表的非零电阻的影响可能觉察不到。

用数字万用表测量电阻时，只要在测量过程中没有独立源参与测量工作即可。测量电阻时，在数字万用表内部，有一个已知电流流过被测电阻，用电压表电路即可测量产生的电压，从而可知被测电阻值。用诺顿等效电路替换数字万用表测量电阻电路如图 2.9-17 所示(现在包含一个工作的独立电流源以产生预定的电流)，可见 R_{DMM} 与未知电阻 R 并联。

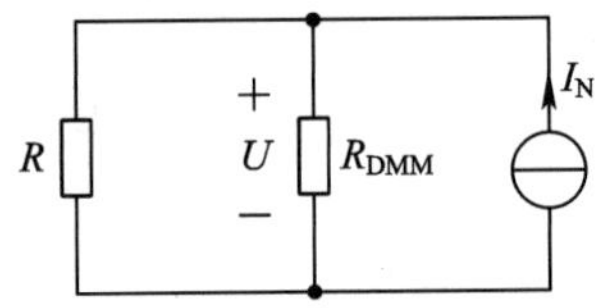

图 2.9-17　用诺顿等效电路取代数字万用表测量电阻电路

实际上，数字万用表测量的是 $R/\!/R_{DMM}$ 的值。如果 $R_{DMM}=10$ MΩ，$R=10$ Ω，那么 $R/\!/R_{DMM}=9.999\ 99$ Ω，在大多数情况下，这足够精确了。但是，如果 $R_{DMM}=10$ MQ，$R=5$ MΩ，则数字万用表的输入电阻实际上会限制所能测量的电阻值的上限，因此必须采用特殊的方法来测量比较大的电阻。需要注意的是，如果数字万用表是可编程的并且知道 R_{DMM} 的值，则可以对结果进行补偿，以测量较高阻值的电阻。

习　题　2

2-1　电路如题 2-1 图所示，试用支路电流法求各支路电流。

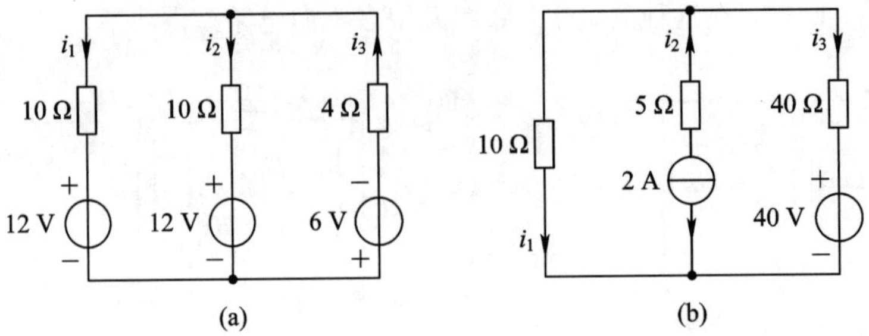

题 2-1 图

2－2　电路如题 2－2 图所示，试分别列出网孔方程。

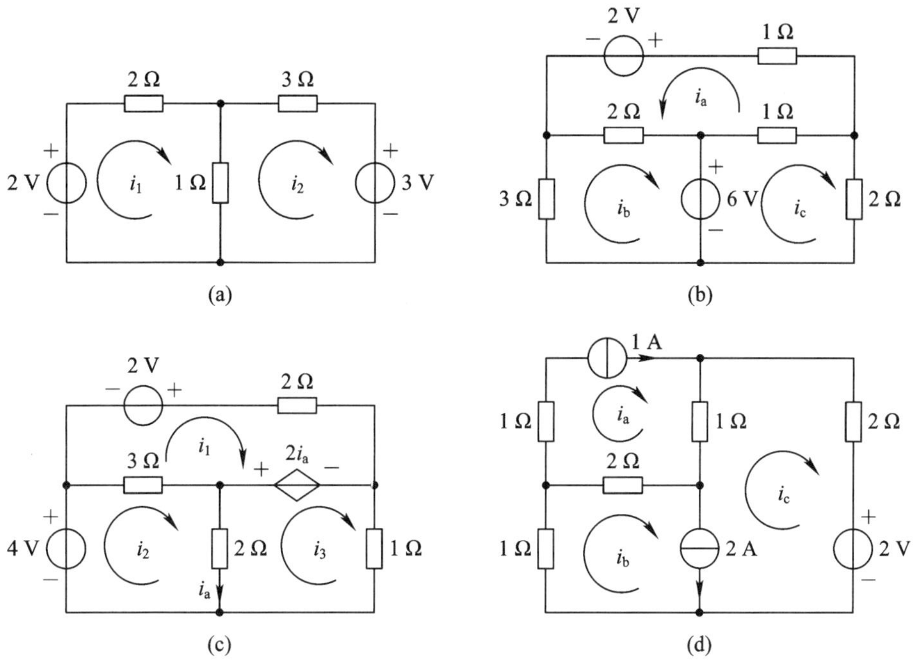

题 2－2 图

2－3　电路如题 2－3 图所示，试列出节点方程。

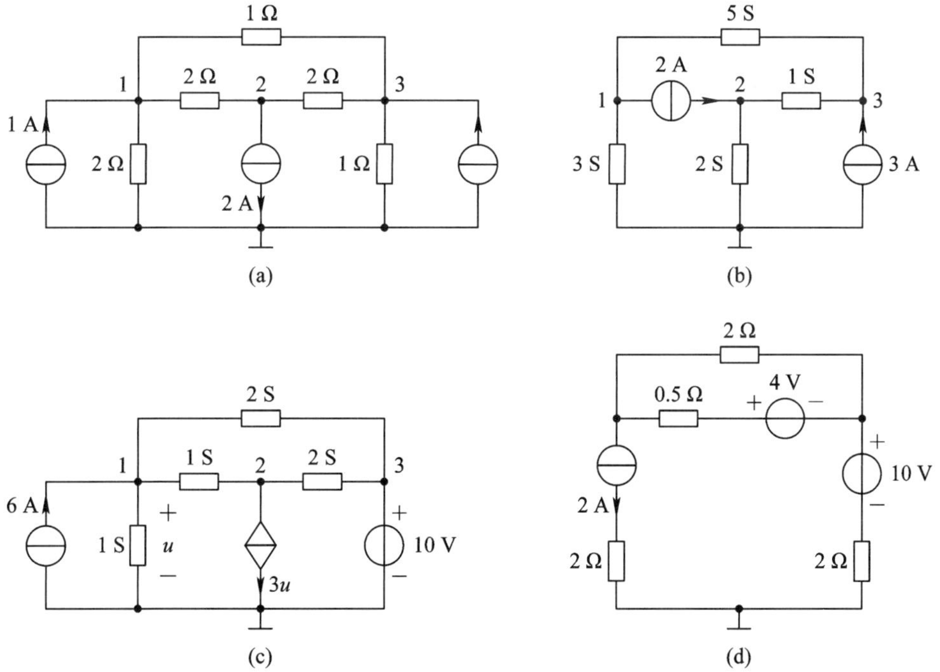

题 2－3 图

2-4 电路如题 2-4 图所示，求电压 u、电流 i 和电压源产生的功率。

2-5 电路如题 2-5 图所示，求电压 u、电流 i 和电流源产生的功率。

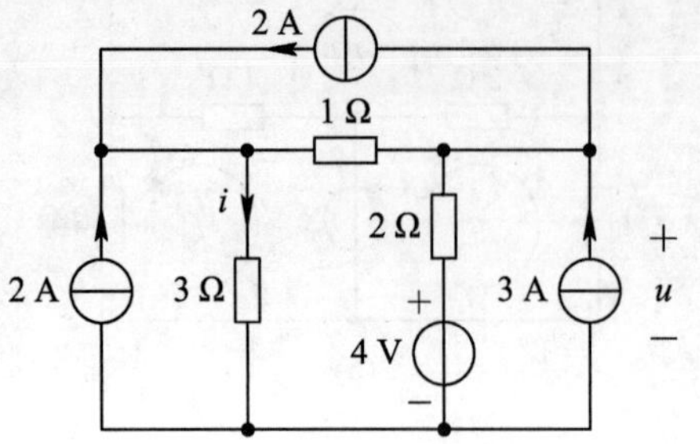

题 2-4 图

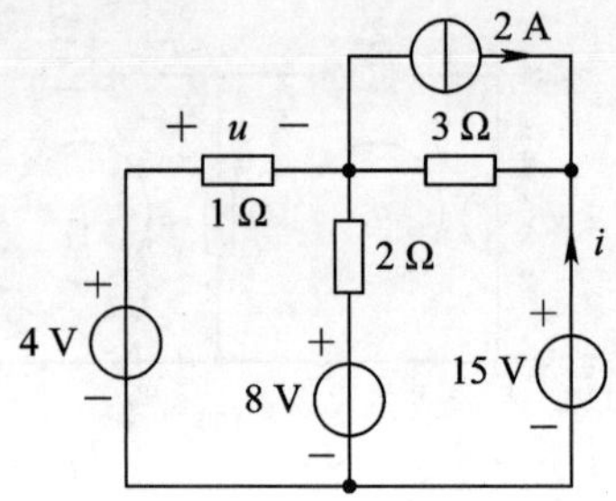

题 2-5 图

2-6 电路如题 2-6 图所示，求电压 u、电流 i 和独立电压源产生的功率。

2-7 电路如题 2-7 图所示，求电压 u、电流 i。

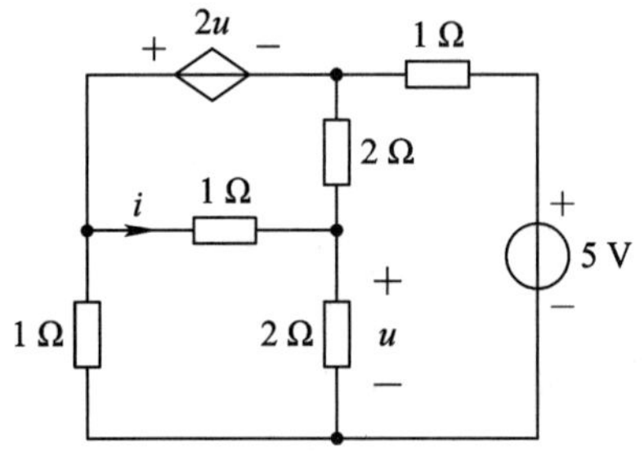

题 2-6 图

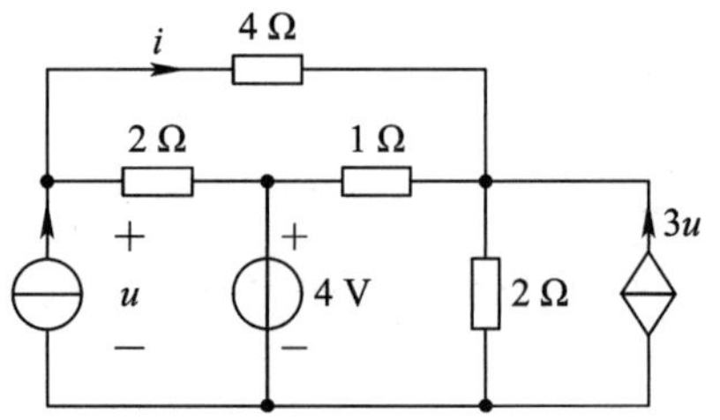

题 2-7 图

2-8 选择方程较少的方法，求题 2-8 图所示电路的 u_{ab}。

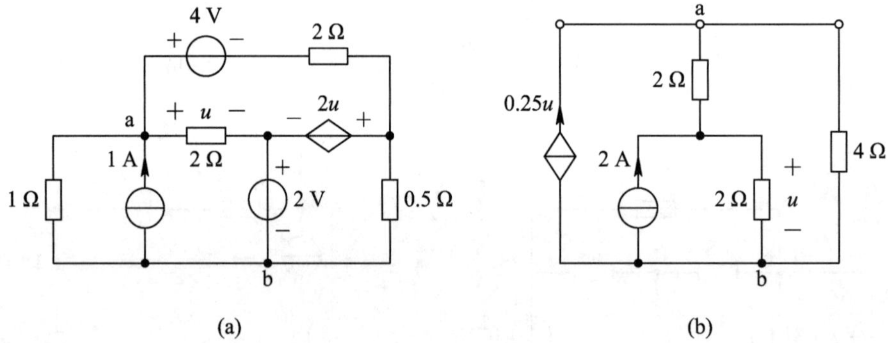

题 2-8 图

2-9 仅用一个方程，求题 2-9 图示电路中的电流 i。

2-10 仅用一个方程，求题 2-10 图示电路中的电压 u。

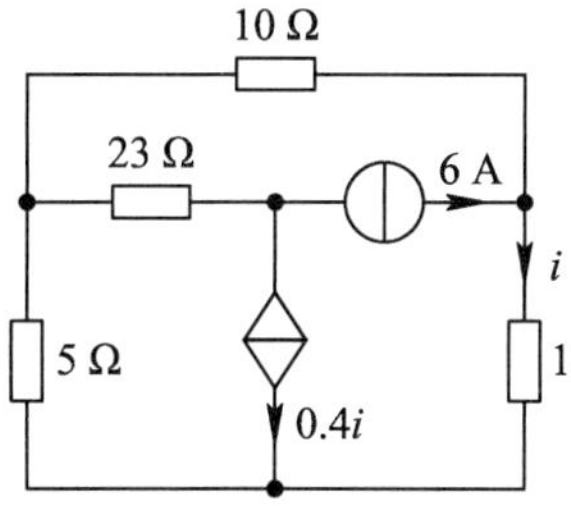

题 2-9 图

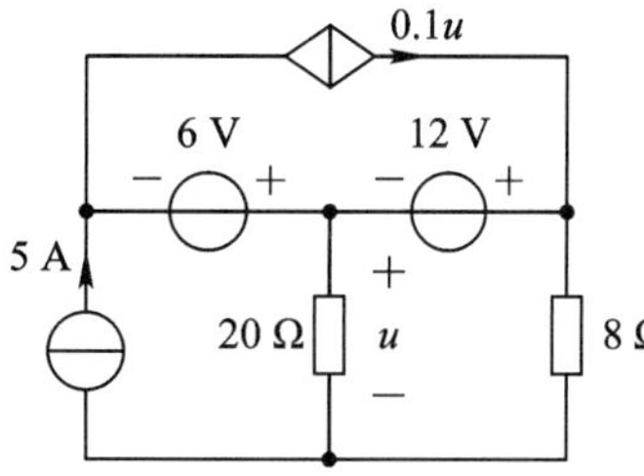

题 2-10 图

2-11　求题 2-11 图所示电路的 i_x。

2-12　求题 2-12 图所示电路的 i_x 和 u_x。

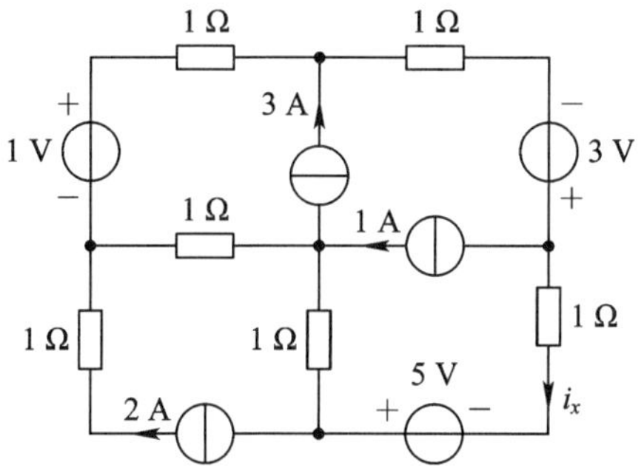

题 2-11 图

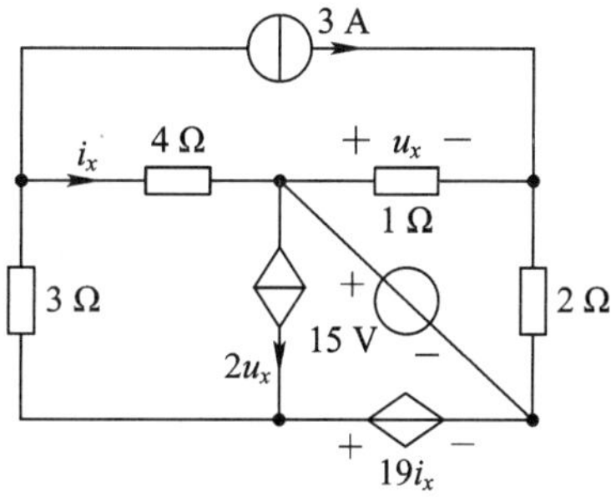

题 2-12 图

2-13　用最少的方程求解以下条件时题 2-13 图所示电路的 u_x。

(1) N 为 12 V 的独立电压源，正极在 a 端。

(2) N 为 0.5 A 的独立电流源，箭头指向 b 端。

(3) N 为 $0.6u_x$ 受控电压源，正极在 a 端。

2-14　电路如题 2-14 图示，求电流 i。

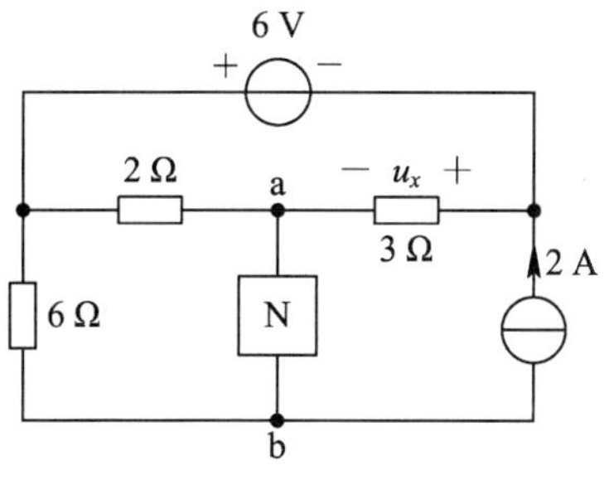

题 2-13 图

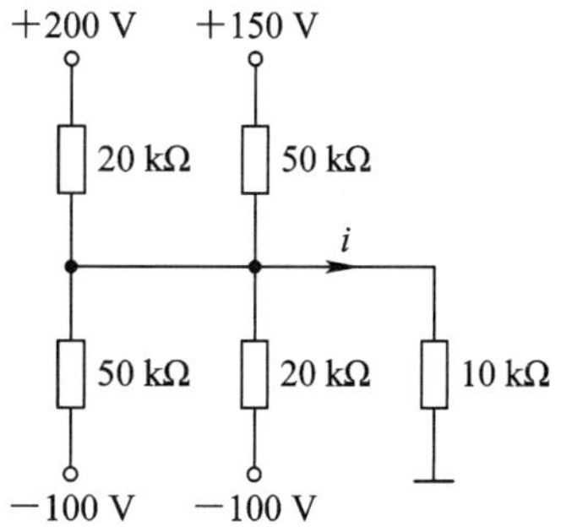

题 2-14 图

2-15　电路如题 2-15 图所示，已知 $u_S=9$ V，$i_S=3$ A，用叠加定理求电流源端电压 u 和电压源的电流 i。

2-16 电路如题 2-16 图所示，已知 $u_S(t)=6e^{-t}$ V，$i_S(t)=3-6\cos(2t)$ A，求电流 $i_x(t)$。

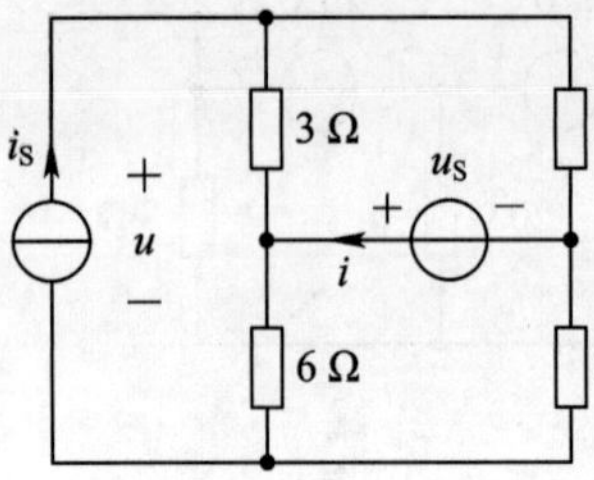

题 2-15 图

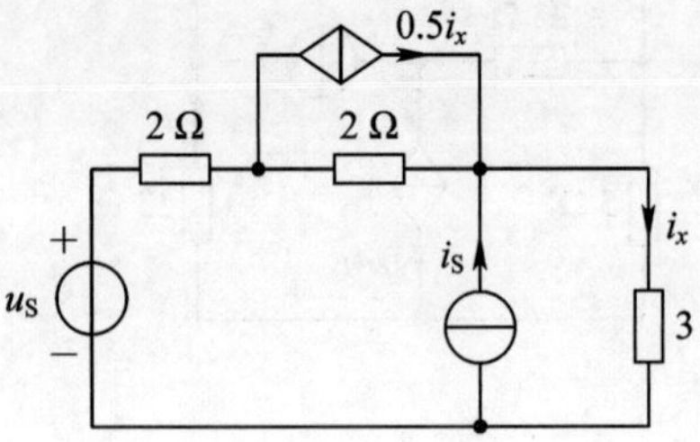

题 2-16 图

2-17 梯形电路如题 2-17 图所示。

(1) 若 $u_2=4$ V，求 u_1、i 和 u_S。

(2) 若 $u_S=10$ V，求 u_1、i 和 u_2。

(3) 若 $i=1.5$ A，求 u_1 和 u_2。

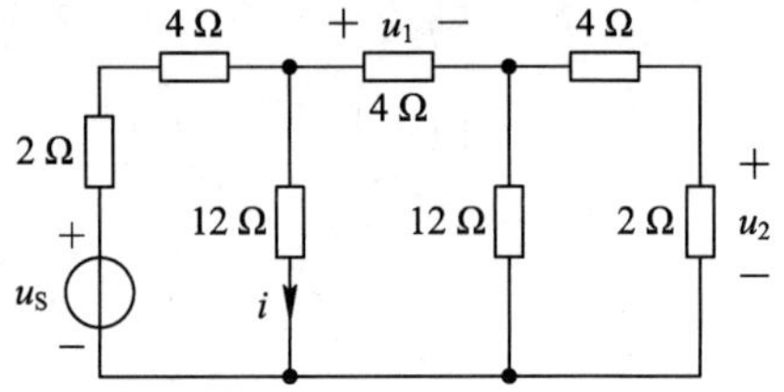

题 2-17 图

2-18 电路如题 2-18 图所示，N 为含独立源的线性电路。已知：当 $u_S=0$ 时，电流 $i=4$ mA；当 $u_S=10$ V 时，电流 $i=-2$ mA。求当 $u_S=-15$ V 时的电流。

2-19 电路如题 2-19 图所示，N 为不含独立源的线性电路。已知：当 $u_S=12$ V，$i_S=4$ A 时，$u=0$；当 $u_S=-12$ V，$i_S=-2$ A 时，$u=-1$ V。求当 $u_S=9$ V，$i_S=-1$ A 时的电压 u。

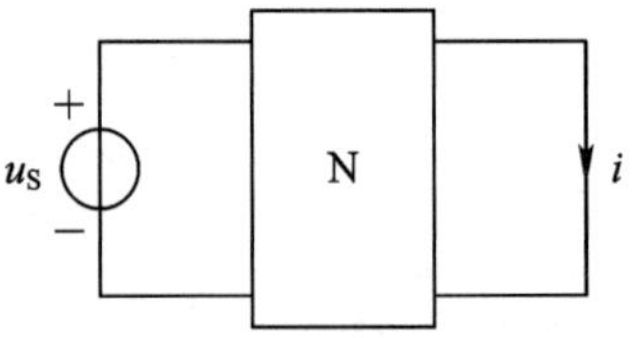

题 2-18 图

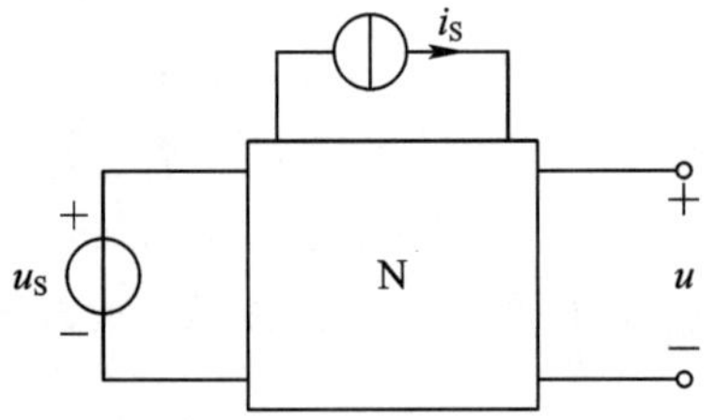

题 2-19 图

2-20 电路如题 2-20 图所示，N 中不含独立源。已知：电流源 u_S、i_{S1}、i_{S2} 的数值一定，当电压源 u_S 和电流源 i_{S1} 反向时(i_{S2} 不变)，电流 i 是原来的 0.5 倍；电压源 u_S 和电流源 i_{S2} 反向时(i_{S1} 不变)，电流 i 是原来的 0.3 倍。如果仅电压源 u_S 反向而电流源 i_{S1} 和 i_{S2} 均不变，则电流 i 是原来的多少倍？

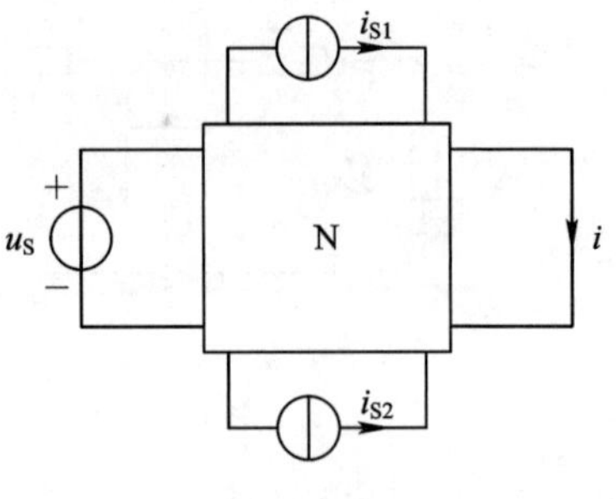

题 2-20 图

2-21 求题 2-21 图示各电路 ab 端的戴维南等效电路或诺顿等效电路。

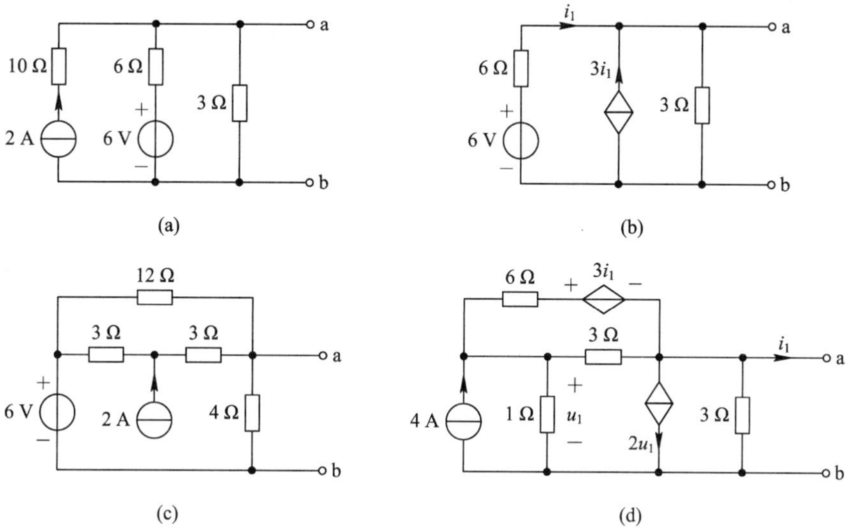

题 2 - 21 图

2 - 22　线性非时变电阻电路如题 2 - 22 图所示，已知当 $i_S = 2\cos(10t)$ A，$R_L = 2$ Ω 时，电流 $i_L = 4\cos(10t) + 2$ A；当 $i_S = 4$ A，$R_L = 4$ Ω 时，电流 $i_L = 8$ A。问当 $i_S = 5$ A，$R_L = 10$ Ω 时，电流 i_L 为多少？

2 - 23　电路如题 2 - 23 图所示，已知 $u = 8$ V，求电阻 R。

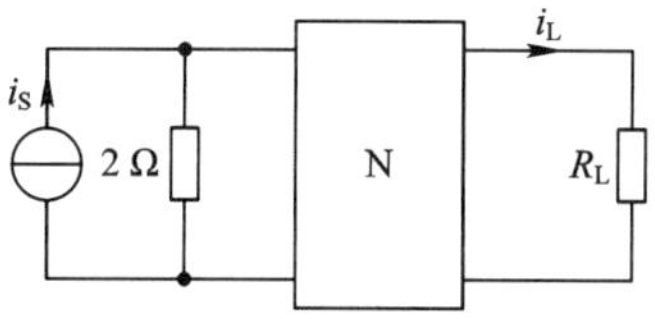

题 2 - 22 图

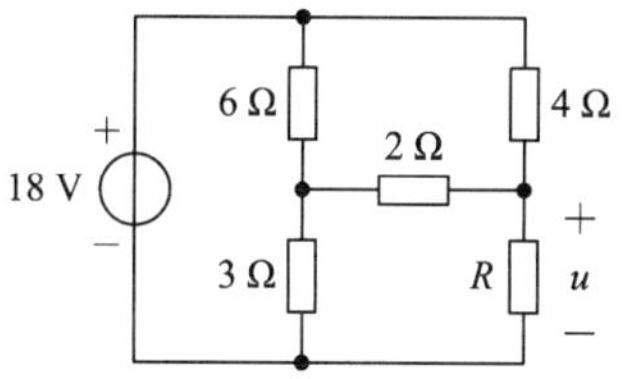

题 2 - 23 图

2 - 24　电路如题 2 - 24 图所示，负载 R_L 为何值时能获得最大功率，此时最大功率是多少？

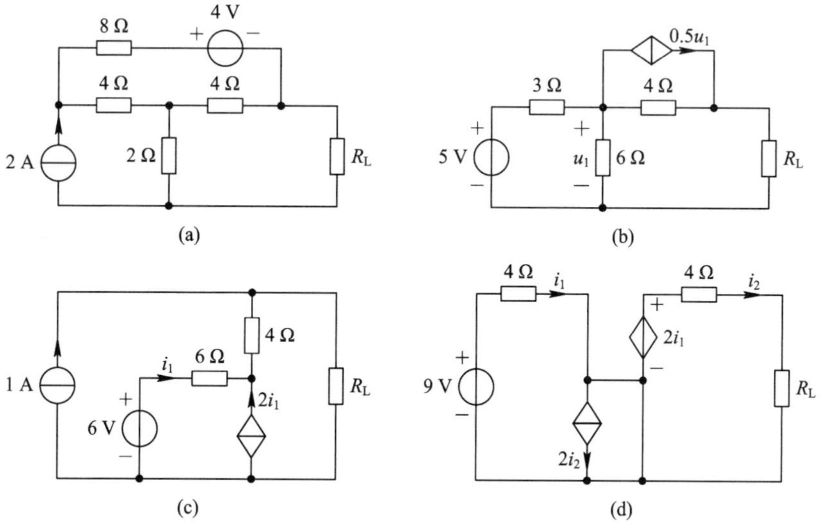

题 2 - 24 图

03 第3章 正弦稳态电路的分析

本章将研究线性非时变电路在正弦激励下的稳态响应，即正弦稳态电路的分析。在线性电路中，当激励是正弦电流(或电压)时，其稳态响应也是同频率的正弦电流(或电压)，因此这种电路也称为正弦电路。

目前电力系统中所用的电压、电流几乎都采用正弦函数形式，其中大多数问题都可以按正弦电流电路来分析。此外，各种复杂波形的电流、电压都可以分解为众多不同频率的正弦函数，因此正弦稳态电路的分析是研究复杂波形激励的电路问题的基础。

3.1 正弦电流与电压

3.1.1 正弦量的三要素

按正弦或余弦规律变化的电压和电流分别称为正弦电压、正弦电流，统称为正弦量(正弦波或正弦交流电)。正弦量可以用正弦函数表示，也可以用余弦函数表示，本书用余弦函数表示正弦量。

正弦电压、正弦电流的大小和方向是随时间变化的，其在任意时刻的值称为瞬时值，表达式为

$$\begin{cases} u(t) = U_m\cos(\omega t + \varphi_u) \\ i(t) = I_m\cos(\omega t + \varphi_i) \end{cases} \tag{3.1-1}$$

式中，$U_m(I_m)$、ω、$\varphi_u(\varphi_i)$是正弦量的三要素。以 ωt 为横坐标，$U_m(I_m)$正弦量的波形如图

3.1-1 所示。

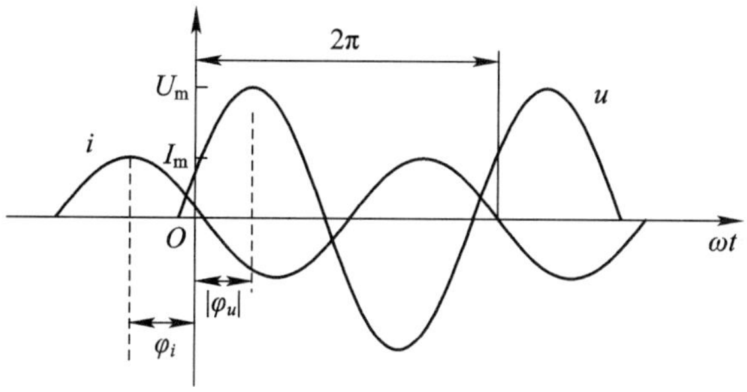

图 3.1-1　正弦电压与电流波形

$U_m(I_m)$：正弦电压 $u(t)$（电流 $i(t)$）的最大值，称为振幅，它是正弦电压（电流）在整个变化过程中所能达到的最大值。

$(\omega t+\varphi_u)$、$(\omega t+\varphi_i)$：正弦量的瞬时相位角，简称相位，反映正弦量变化的进程，单位为弧度(rad)或度(°)。

$\varphi_u(\varphi_i)$：正弦量的初相位，是 $t=0$ 时的相位，通常在 $-\pi\leqslant\varphi\leqslant\pi$ 主值内取值，反映了正弦量的计时起点。

ω：正弦量相位角随时间变化的速率，即

$$\omega=\frac{\mathrm{d}(\omega t+\varphi)}{\mathrm{d}t} \tag{3.1-2}$$

称为角频率，单位为 rad/s，它反映了正弦量变化的速度。ω 与周期 T、频率 f 的关系是

$$\omega=\frac{2\pi}{T}=2\pi f \text{ 或 } T=\frac{2\pi}{\omega} \tag{3.1-3}$$

其中频率的单位为赫[兹](Hz)，周期 T 的单位为秒(s)。我国电力系统的正弦交流电频率为 50 Hz，周期为 0.02 s。

振幅、初相、角频率称为正弦量的三要素。已知它们即可确定正弦量。

同一个正弦量，计时起点不同，其初相位也不同，如图 3.1-2 所示的 3 个虚线纵坐标就代表了 3 个不同的初相角。

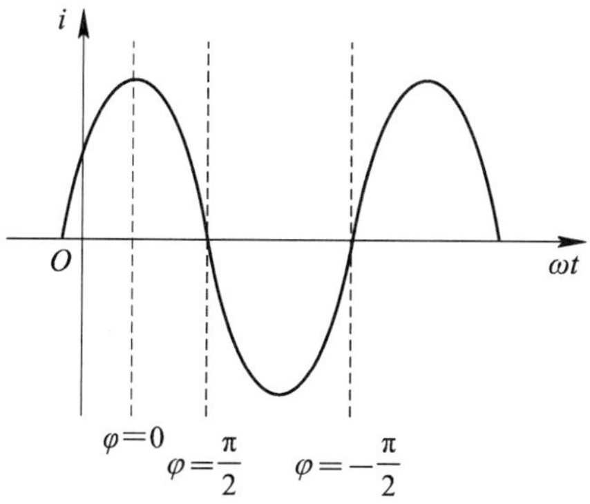

图 3.1-2　不同的初相角

3.1.2 相位差

任意两个同频率的正弦量之间的相位角之差称为相位差，记为 θ。相位差是区别同频率正弦量的重要标志之一。例如，设有相同频率的电压和电流分别为

$$\begin{cases} u(t)=U_{\mathrm{m}}\cos(\omega t+\varphi_u) \\ i(t)=I_{\mathrm{m}}\cos(\omega t+\varphi_i) \end{cases} \tag{3.1-4}$$

二者相角之差(用 θ 表示)为

$$\theta=(\omega t+\varphi_u)-(\omega t+\varphi_i)=\varphi_u-\varphi_i \tag{3.1-5}$$

可见，对于两个同频率的正弦量来说，其相位差在任何瞬间都是常数，并等于初相之差，且与时间 t 无关。相位差 θ 也在 $-\pi\leqslant\theta\leqslant\pi$ 主值范围内取值。

若 $\theta=\varphi_u-\varphi_i>0$，如图 3.1-3(a)所示，则称电压 $u(t)$ 超前电流 $i(t)$ θ 角，或 $i(t)$ 落后 $u(t)$ θ 角(即 u 比 i 先到达最大值)。

若 $\theta=\varphi_u-\varphi_i<0$，如图 3.1-3(b)所示，则称电压 $u(t)$ 落后电流 $i(t)$ $|\theta|$ 角，或 $i(t)$ 超前 $u(t)$ $|\theta|$ 角。

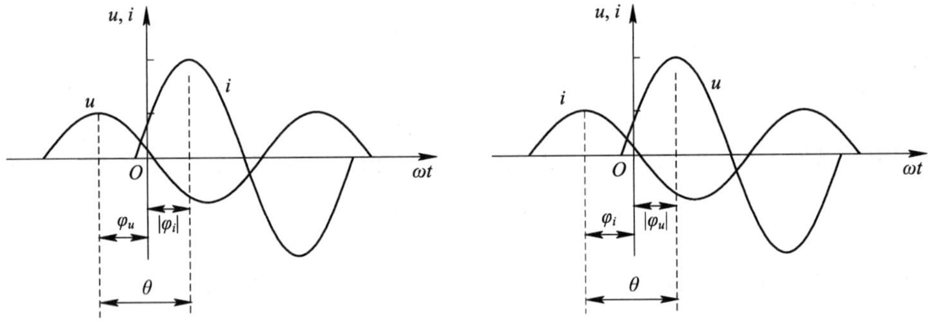

(a) 电压超前电流　　(b) 电压落后电流

图 3.1-3 相位差

另外正弦量还存在以下几种特殊相位关系：

若 $\theta=\varphi_u-\varphi_i=0$，即相位差为零，如图 3.1-4(a)所示，称电压 $u(t)$ 与电流 $i(t)$ 同相。

若 $\theta=\varphi_u-\varphi_i=\pm\pi/2$，如图 3.1-4(b)所示，称电压 $u(t)$ 与电流 $i(t)$ 正交。

若 $\theta=\varphi_u-\varphi_i=\pm\pi$，如图 3.1-4(c)所示，称电压 $u(t)$ 与电流 $i(t)$ 反相。

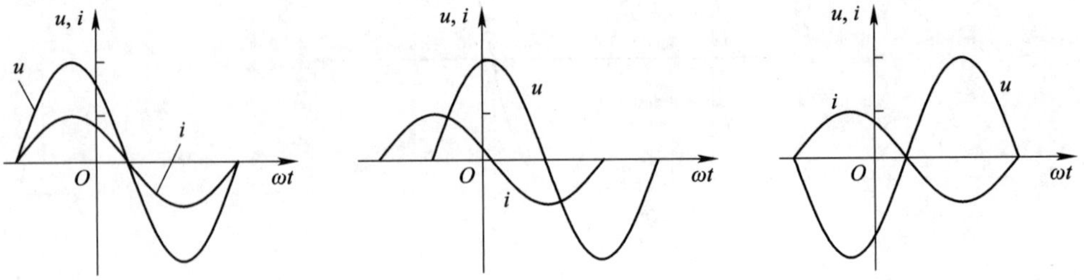

(a) 同相　　(b) 正交　　(c) 反相

图 3.1-4 同相、正交与反相

注意： $\theta=\pi/2$，只说 $u(t)$ 超前 $i(t)$ $\pi/2$，不说 $u(t)$ 落后 $i(t)$ $3\pi/2$；$\theta=-\pi/2$，只说 $i(t)$ 落后 $u(t)$ $\pi/2$，不说 $i(t)$ 超前 $u(t)3\pi/2$，且 θ 主值范围为 $|\theta|\leqslant\pi$。

3.1.3 有效值

周期电压、电流的瞬时值随时间变化，为了简明地衡量其大小，常采用有效值表示。

当一交流电和直流电分别通过两个相等的电阻时，如图 3.1-5 所示，若在交流电的一个周期 T 内，两个电阻消耗的能量相等，则称该直流电的数值为交流电的有效值。

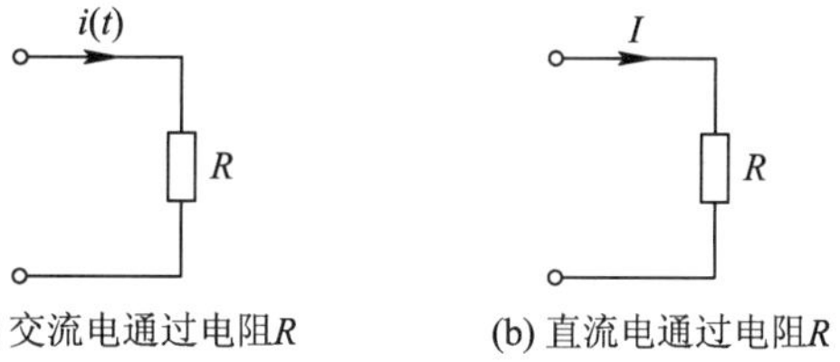

图 3.1-5　交流电和直流电分别通过相同电阻 R

周期为 T 的正弦交流电 $i(t)$ 通过电阻 R 如图 3.1-5(a)所示，在一个周期内消耗的能量为

$$W_{AC}=\int_0^T i^2(t)R\,dt \tag{3.1-6}$$

直流电流 I 通过电阻 R 如图 3.1-5(b)所示，在一段时间 T 内电阻消耗的能量为

$$W_{DC}=I^2RT \tag{3.1-7}$$

由上述有效值概念可得

$$I^2RT=\int_0^T i^2(t)R\,dt \tag{3.1-8}$$

故得交流电流 $i(t)$ 的有效值

$$I\overset{\text{def}}{=}\sqrt{\frac{1}{T}\int_0^T i^2(t)\,dt} \tag{3.1-9(a)}$$

上式表明，周期量的有效值等于瞬时值的平方在一个周期内的平均值的平方根，因此有效值又称方均根值。

同样地，交流电压 $u(t)$ 的有效值

$$U\overset{\text{def}}{=}\sqrt{\frac{1}{T}\int_0^T u^2(t)\,dt} \tag{3.1-9(b)}$$

正弦交流电的有效值与最大值的关系推导过程如下：

对于正弦交流电，将正弦电流 $i(t)=I_m\cos(\omega t+\varphi_i)$ 代入式(3.1.9(a))得

$$\begin{aligned}I&=\sqrt{\frac{1}{T}\int_0^T I_m^2\cos^2(\omega t+\varphi_i)\,dt}\\&=\sqrt{\frac{I_m^2}{2T}\int_0^T[1+\cos2(\omega t+\varphi_i)]\,dt}\end{aligned}$$

因积分区间为一个周期，故上式中第二项积分为零，于是可得正弦电流 i 的有效值

$$I=\sqrt{\frac{I_m^2}{2}}=\frac{I_m}{\sqrt{2}}=0.707I_m \tag{3.1-10(a)}$$

同理，正弦电压 u 的有效值

$$U=\frac{1}{\sqrt{2}}U_m=0.707U_m \tag{3.1-10(b)}$$

可见，对于正弦量，其最大值(U_m 或 I_m)与有效值之间有确定关系，因此，有效值可以代替最大值作为正弦量的要素之一。

引入有效值后，正弦电压、正弦电流可写为

$$\begin{cases} u(t)=\sqrt{2}U\cos(\omega t+\varphi_u) \\ i(t)=\sqrt{2}I\cos(\omega t+\varphi_i) \end{cases} \tag{3.1-11}$$

注意区分瞬时值、振幅值、有效值的符号：u、i 为瞬时值，U_m、I_m 为振幅值、U、I 为有效值。

通常所说的正弦交流电的大小一般都是指有效值，如民用交流电压 220 V、工业用电电压 380 V、交流仪表所指示的读数、电气设备的额定值等都是指有效值，但绝缘水平、耐压值指的是振幅(即最大值)。

3.2 正弦量的相量表示

为求电路的正弦稳态响应，1893 年斯台麦兹首先提出把复数理论用于电路，从而为分析电路的正弦稳态响应提供了有力的工具。运用复数分析电路的方法称为相量法(phasor method)。

3.2.1 复数及其运算

1. 复数的表示

“复数”，顾名思义，可以理解为“复合之数”，即由一个实数和一个虚数复合而成。

设一个复数 A，其实数部分为 a，虚数部分为 b，则该复数可以表示为

$$A=a+\mathrm{j}b \tag{3.2-1}$$

式(3.2-1)称为复数的代数形式，式中 $\mathrm{j}=\sqrt{-1}$ 称为虚数单位，与数学中的 i 同义。由于电路中常用 i 代表电流，所以电路中的虚数单位就用 j 表示。a 表示该复数的实部，记为 $a=\mathrm{Re}[A]$；b 表示该复数的虚部，记为 $b=\mathrm{Im}[A]$。

复数也可以表示为指数形式

$$A=|A|\mathrm{e}^{\mathrm{j}\theta} \tag{3.2-2}$$

为了书写方便，工程上也写为

$$A=|A|\angle\theta \tag{3.2-3}$$

式中，$|A|$ 称为复数的模，θ 称为辐角。

利用欧拉公式

$$\mathrm{e}^{\mathrm{j}x}=\cos x+\mathrm{j}\sin x$$

可得复数 A 的代数形式与指数形式之间的关系为

$$\begin{cases}|A|=\sqrt{a^2+b^2}\\ \theta=\arctan\dfrac{b}{a}\end{cases} \tag{3.2-4}$$

和

$$\begin{cases}a=|A|\cos\theta\\ b=|A|\sin\theta\end{cases} \tag{3.2-5}$$

将复数 A 画在复平面上，如图 3.2-1 所示。由图可以直观地得到式(3.2-4)和式(3.2-5)的关系。

复数也可以看作是坐标原点指向 A 的矢量，矢量的长度为复数 A 的模值 $|A|$，矢量的辐角 θ 为从正实轴开始逆时针方向旋转到该矢量所在位置的角度，并常常略去横、纵坐标，如图 3.2-2 所示。

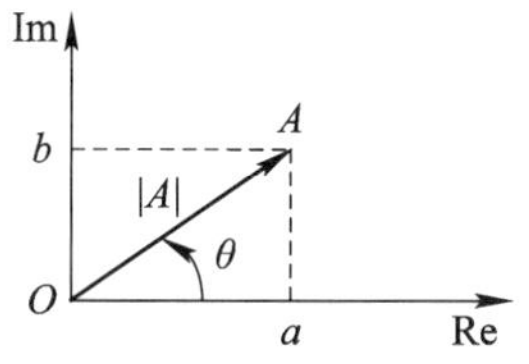

图 3.2-1 复平面表示的复数

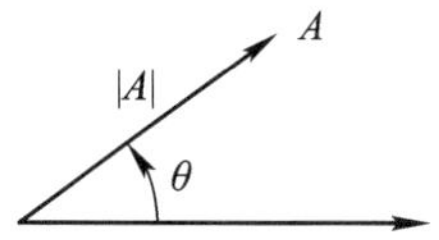

图 3.2-2 复数的简化表示法

2. 复数的运算

已知有两个复数

$$\begin{cases}A_1=a_1+\mathrm{j}b_1=|A_1|\mathrm{e}^{\mathrm{j}\theta_1}=|A_1|\angle\theta_1\\ A_2=a_2+\mathrm{j}b_2=|A_2|\mathrm{e}^{\mathrm{j}\theta_2}=|A_2|\angle\theta_2\end{cases} \tag{3.2-6}$$

它们有如下的运算规则：

(1) 相等。

设两个复数 $A_1=a_1+\mathrm{j}b_1$，$A_2=a_2+\mathrm{j}b_2$，则当且仅当 $a_1=a_2$，$b_1=b_2$，或者 $|A_1|=|A_2|$，$\theta_1=\theta_2$ 时，两个复数才相等，即 $A_1=A_2$。

(2) 加减运算。

两复数相加(减)等于实部加(减)实部、虚部加(减)虚部。

若 $A_1=a_1+\mathrm{j}b_1$，$A_2=a_2+\mathrm{j}b_2$，则

$$A_1\pm A_2=(a_1\pm a_2)+\mathrm{j}(b_1\pm b_2) \tag{3.2-7}$$

其矢量图(符合平行四边形法则)如图 3.2-3 所示。

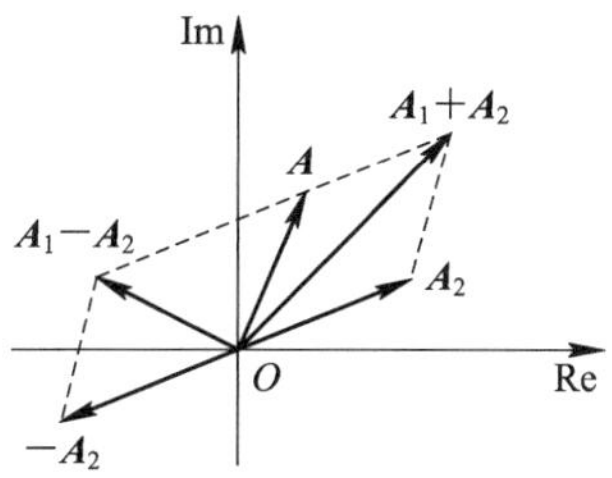

图 3.2-3 复数的加减运算

(3) 乘除运算。

复数的乘(除)运算用指数型比较方便。两复数相乘(除)，等于其模与模相乘(除)，辐角与辐角相加(减)，即若 $A_1=|A_1|\angle\theta_1$，$A_2=|A_2|\angle\theta_2$，则

$$A_1\cdot A_2=|A_1|e^{j\theta_1}\cdot|A_2|e^{j\theta_2}=|A_1||A_2|e^{j(\theta_1+\theta_2)}=|A_1||A_2|\angle\theta_1+\theta_2 \tag{3.2-8}$$

$$\frac{A_1}{A_2}=\frac{|A_1|\angle\theta_1}{|A_2|\angle\theta_2}=\frac{|A_1|e^{j\theta_1}}{|A_2|e^{j\theta_2}}=\frac{|A_1|}{|A_2|}e^{j(\theta_1-\theta_2)}=\frac{|A_1|}{|A_2|}\angle\theta_1-\theta_2 \tag{3.2-9}$$

(4) 共轭复数。

两个实部等值同号、虚部等值异号的复数称为共轭复数，A 的共轭复数用 A^* 表示。例如，若

$$A=a+jb=|A|e^{j\theta}=|A|\angle\theta$$

则其共轭复数

$$A^*=a-jb=|A|e^{-j\theta}=|A|\angle-\theta \tag{3.2-10}$$

另外复数运算有以下几种常用关系：

$$j^2=-1,\quad j^3=-j,\quad j^4=1,\quad \frac{1}{j}=-j$$

$$e^{j90^\circ}=j,\quad e^{-j90^\circ}=-j,\quad e^{\pm j180^\circ}=-1$$

$$1+j=\sqrt{2}\angle45^\circ,\quad 1-j=\sqrt{2}\angle-45^\circ$$

$$-1+j=\sqrt{2}\angle135^\circ,\quad -1-j=\sqrt{2}\angle-135^\circ$$

$$1+j2=\sqrt{5}\angle63.4^\circ,\quad 2+j1=\sqrt{5}\angle26^\circ$$

3.2.2 正弦量的相量表示

1. 相量的引入

已知两个正弦量 $i_1(t)=\sqrt{2}I_1\cos(\omega t+\varphi_1)$，$i_2(t)=\sqrt{2}I_2\cos(\omega t+\varphi_2)$，求 $i_3=i_1+i_2$。

分析：无论是用波形图逐点相加(如图 3.2-4 所示)，还是用三角函数求 $i_3=i_1+i_2$，都很烦琐。为了寻求相对简捷的计算方法，现在将这两个正弦量的参数进行类比如下：

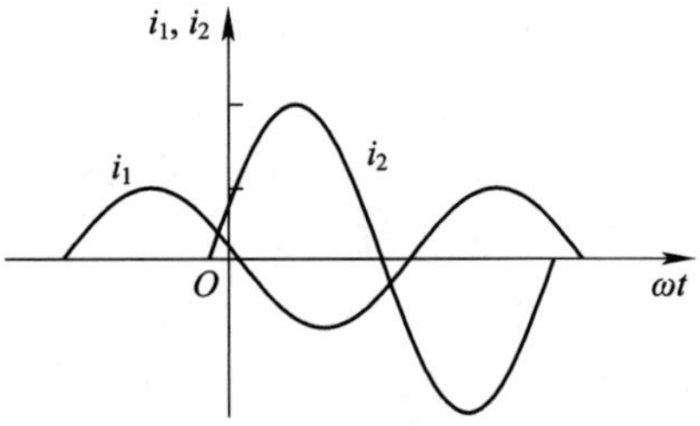

图 3.2-4 i_1、i_2 的波形

	i_1	i_1	i_3
角频率：	ω	ω	ω
有效值：	I_1	I_2	I_3
初相位：	φ_1	φ_2	φ_3

由以上类比可知，同频的正弦量相加仍得到同频的正弦量，所以，只要确定初相和有效值(或振幅)就行了。于是可想到复数也包含一个模和一个幅角，因此，我们可以把正弦量与复数对应起来，以复数计算来代替正弦量的计算，使计算变得较简单。下面分析如何建立复数和正弦量的对应关系。

2. 正弦量与相量

根据欧拉公式，正弦电流可写为

$$i(t)=I_m\cos(\omega_t+\varphi_i)=\mathrm{Re}[I_m e^{j(\omega t+\varphi_i)}]$$
$$=\mathrm{Re}[I_m e^{j\varphi_i}e^{j\omega t}]=\mathrm{Re}[\dot{I}_m e^{j\omega t}] \tag{3.2-11}$$

这样，一个余弦时间函数(它是实函数)可以用一个复指数函数表示，式中复常数

$$\dot{I}_m=|I_m|e^{j\varphi_i}=I_m e^{j\varphi_i}=I_m\angle\varphi_i \tag{3.2-12}$$

其中，$\dot{I}_m$ 的模是正弦电流的振幅 I_m，辐角是正弦电流的初相角 φ_i，我们称其为电流 i 的振幅相量。为了将此振幅相量(它也是复数)与一般的复数相区别，在 I_m 上加"·"以做区别。同理，$\dot{U}_m$ 的模是正弦电压的振幅 U_m，辐角是正弦电压的初相角 φ_u，我们称其为电压 u 的振幅相量。

由图 3.2-4 可以发现，正弦量角频率 ω 始终不变，故不同的交流电流只在有效值和初相上存在差别。这就意味着在分析和计算过程中可以暂时地隐去 ω，用一个只含有有效值和初相的表达式来表示正弦量，因此可以用相量来表示正弦量。正弦交流电所对应的振幅相量记为

$$\begin{cases}i(t)=I_m\cos(\omega t+\varphi_i)=\mathrm{Re}[\dot{I}_m e^{j\omega t}]\leftrightarrow\dot{I}_m=I_m\angle\varphi_i\\ u(t)=U_m\cos(\omega t+\varphi_u)=\mathrm{Re}[\dot{U}_m e^{j\omega t}]\leftrightarrow\dot{U}_m=U_m\angle\varphi_u\end{cases} \tag{3.2-13}$$

同理，正弦交流电所对应的有效值相量记为

$$\begin{cases}i(t)=\sqrt{2}I\cos(\omega t+\varphi_i)=\mathrm{Re}[\sqrt{2}\dot{I}e^{j\omega t}]\leftrightarrow\dot{I}=I\angle\varphi_i\\ u(t)=\sqrt{2}U\cos(\omega t+\varphi_u)=\mathrm{Re}[\sqrt{2}\dot{U}e^{j\omega t}]\leftrightarrow\dot{U}=U\angle\varphi_u\end{cases} \tag{3.2-14}$$

其中，$\dot{I}$ 的模是正弦电流的有效值 I，辐角是正弦电流的初相角 φ_i，我们称其为电流 i 的有效值相量；$\dot{U}$ 的模是正弦电压的有效值 U，辐角是正弦电压的初相角 φ_u，我们称其为电压 u 的有效值相量。

由式(3.2-13)和式(3.2-14)可得出振幅相量和有效值相量的关系为

$$\begin{cases}\dot{I}_m=I_m e^{j\varphi_i}=I_m\angle\varphi_i=\sqrt{2}\dot{I}=\sqrt{2}Ie^{j\varphi_i}=\sqrt{2}I\angle\varphi_i\\ \dot{U}_m=U_m e^{j\varphi_u}=U_m\angle\varphi_u=\sqrt{2}\dot{U}=\sqrt{2}Ue^{j\varphi_u}=\sqrt{2}U\angle\varphi_u\end{cases} \tag{3.2-15}$$

相量和复数一样，它可以在复平面上用矢量表示，如图 3.2-5(a)所示。有时为了简洁、醒目，常省去坐标轴，如图 3.2-5(b)所示。

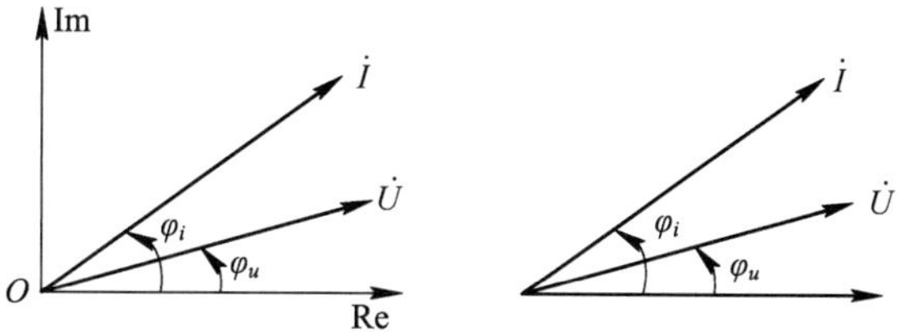

(a) 复平面表示的相量　　(b) 相量的简化表示法

图 3.2-5　正弦量相量图

例 3.2-1　已知 $i(t)=100\sqrt{2}\cos(314t+30°)$A，$u(t)=220\sqrt{2}\cos(314t-60°)$V，试用

相量表示 i、u。

解

$$\dot{I}=100\angle 30^\circ \text{A}$$

$$\dot{U}=220\angle -60^\circ\ \text{V}$$

例 3.2-2 已知 $\dot{I}=50\angle 15^\circ\text{A}$，$f=50\ \text{Hz}$，试写出电流的瞬时值表达式。

解

$$i(t)=50\sqrt{2}\cos(314t+15^\circ)\text{A}$$

3.2.3 正弦量的相量运算

在电路分析过程中，常常遇到正弦量的加、减运算，以及微分、积分运算，如果用正弦量相对应的相量进行运算将比较简单。

1. 同频率正弦量的加(减)运算

已知

$$u_1(t)=\sqrt{2}U_1\cos(\omega t+\varphi_1)=\text{Re}(\sqrt{2}\dot{U}_1\text{e}^{\text{j}\omega t})$$

$$u_2(t)=\sqrt{2}U_2\cos(\omega t+\varphi_2)=\text{Re}(\sqrt{2}\dot{U}_2\text{e}^{\text{j}\omega t})$$

则有

$$u(t)=u_1(t)+u_2(t)=\text{Re}(\sqrt{2}\dot{U}_1\text{e}^{\text{j}\omega t})+\text{Re}(\sqrt{2}\dot{U}_2\text{e}^{\text{j}\omega t})$$

$$\text{Re}[\sqrt{2}\dot{U}\text{e}^{\text{j}\omega t}]=\text{Re}(\sqrt{2}\dot{U}_1\text{e}^{\text{j}\omega t}+\sqrt{2}\dot{U}_2\text{e}^{\text{j}\omega t})=\text{Re}(\sqrt{2}\underbrace{(\dot{U}_1+\dot{U}_2)}_{\dot{U}}\text{e}^{\text{j}\omega t})$$

可得其相量关系为

$$\dot{U}=\dot{U}_1+\dot{U}_2$$

故同频率正弦量的加减运算就变成对应的相量相加减运算，即有

$$\dot{U}_1\pm\dot{U}_2=\dot{U} \tag{3.2-16}$$

$$\downarrow\quad\ \downarrow\quad\ \downarrow$$

$$u_1\pm u_2=u \tag{3.2-17}$$

这实际上是一种变换思想。

例 3.2-3 已知 $u_1(t)=6\sqrt{2}\cos(314t+30^\circ)\text{V}$，$u_2(t)=4\sqrt{2}\cos(314t+60^\circ)\text{V}$，求 $u(t)=u_1(t)+u_2(t)$。

解

$$\begin{matrix} u_1(t)=6\sqrt{2}\cos(314t+30^\circ)\text{V} \\ u_2(t)=4\sqrt{2}\cos(314t+60^\circ)\text{V} \end{matrix}\quad\Rightarrow\quad\begin{matrix}\dot{U}_1=6\angle 30^\circ\ \text{V} \\ \dot{U}_2=4\angle 60^\circ\ \text{V}\end{matrix}$$

则有

$$\begin{aligned}\dot{U}=\dot{U}_1+\dot{U}_2&=6\angle 30^\circ+4\angle 60^\circ \\ &=5.19+\text{j}3+2+\text{j}3.46 \\ &=7.19+\text{j}6.46\approx 9.64\angle 41.9^\circ\ \text{V}\end{aligned}$$

所以

$$u(t)=u_1(t)+u_2(t)=9.64\sqrt{2}\cos(314t+41.9^\circ)\text{V}$$

同频频正弦量的加、减运算也可借助相量图进行，如图 3.2－6 所示。相量图在正弦稳态分析中有重要作用，尤其适用于定性分析。

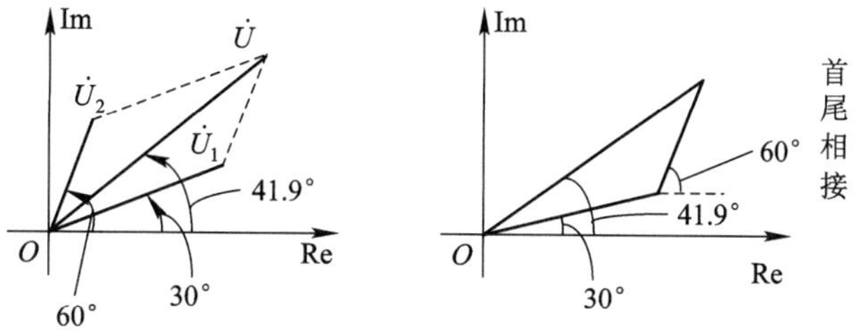

图 3.2－6　例 3.2－3 相量图解法

2. 同频正弦量的微分、积分运算

已知 $i=\sqrt{2}I\cos(\omega t+\varphi_i)\leftrightarrow\dot{I}=I\angle\varphi_i$，则有

微分运算：

$$\frac{\mathrm{d}i}{\mathrm{d}t}=\frac{\mathrm{d}}{\mathrm{d}t}\left[\sqrt{2}I\cos(\omega t+\varphi_i)\right]$$
$$=-\sqrt{2}I\sin(\omega t+\varphi_i)\omega$$
$$=\sqrt{2}\omega I\cos\left(\omega t+\varphi_i+\frac{\pi}{2}\right)$$

$$\frac{\mathrm{d}i}{\mathrm{d}t}\rightarrow\omega I\mathrm{e}^{\mathrm{j}\left(\varphi_i+\frac{\pi}{2}\right)}=\mathrm{e}^{\mathrm{j}\frac{\pi}{2}}\omega I\mathrm{e}^{\mathrm{j}\varphi_i}=\mathrm{j}\omega\dot{I}$$

时域微分：$\dfrac{\mathrm{d}i(t)}{\mathrm{d}t}\longleftrightarrow\mathrm{j}\omega\dot{I}$

积分运算：

$$\int i\,\mathrm{d}t=\int\sqrt{2}I\cos(\omega t+\varphi_i)\mathrm{d}t$$
$$=\sqrt{2}\,\frac{I}{\omega}\sin(\omega t+\varphi_i)$$
$$=\frac{\sqrt{2}I}{\omega}\cos\left(\omega t+\varphi_i-\frac{\pi}{2}\right)$$

$$\int i\,\mathrm{d}t\rightarrow\frac{I}{\omega}\mathrm{e}^{\mathrm{j}\left(\varphi_i-\frac{\pi}{2}\right)}=\frac{I\mathrm{e}^{\mathrm{j}\varphi_i}}{\mathrm{e}^{\mathrm{j}\frac{\pi}{2}}\omega}=\frac{\dot{I}}{\mathrm{j}\omega}$$

时域积分：$\displaystyle\int i(t)\mathrm{d}t\longleftrightarrow\frac{\dot{I}}{\mathrm{j}\omega}$

例 3.2－4　电路如图 3.2－7 所示，端口电压 $u(t)=U_\mathrm{m}\cos(\omega t+\varphi_u)$，求正弦稳态电路的稳态解(微分方程的特解)$i(t)$。

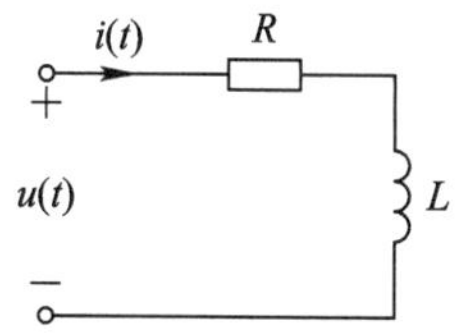

图 3.2－7　例 3.2－4 图

解　按图 3.2－7 所示电路，列出其电路方程为

$$u(t)=Ri(t)+L\frac{\mathrm{d}i(t)}{\mathrm{d}t}$$

根据同频频正弦量的相量运算关系，取相量，得

$$\dot{U}=R\dot{I}+\mathrm{j}\omega L\dot{I}$$

故

$$\dot{I}=\frac{\dot{U}}{R+\mathrm{j}\omega L}=\frac{U\angle\varphi_u}{\sqrt{R^2+\omega^2L^2}\angle\arctan\dfrac{\omega L}{R}}$$

根据其相量形式写出对应的时域解析形式(即瞬时解析式)为

$$i=\frac{\sqrt{2}U}{\sqrt{R^2+\omega^2L^2}}\cos\left(\omega t+\varphi_u-\arctan\frac{\omega L}{R}\right)$$

3.3 电路定律的相量形式

基尔霍夫定律和各种元件的伏安关系是分析电路的基础，为了用相量法分析正弦稳态电路，下面研究基尔霍夫定律和元件伏安关系的相量形式。

3.3.1 KCL、KVL 的相量形式

KCL 的时域形式为

$$\sum i(t)=0 \quad \forall t \tag{3.3-1}$$

如果各支路电流均是同频率的正弦量，将它们都用对应的相量表示，则式(3.3-1)可写为

$$\sum \mathrm{Re}[\sqrt{2}\dot{I}\mathrm{e}^{\mathrm{j}\omega t}]=0 \qquad \forall t$$

由复数运算可得

$$\sum \dot{I}=0 \tag{3.3-2}$$

式(3.3-2)称为 KCL 的相量形式。它表明，正弦稳态情况下，对任意节点，各支路电流相量的代数和为零。

同样地，KVL 的时域形式为

$$\sum u(t)=0 \quad \forall t \tag{3.3-3}$$

如果各支路电压均是同频率的正弦量，将它们都用对应的相量表示，则式(3.3-3)可写为

$$\sum \mathrm{Re}[\sqrt{2}\dot{U}\mathrm{e}^{\mathrm{j}\omega t}]=0 \quad \forall t$$

由复数运算可得

$$\sum \dot{U}=0 \tag{3.3-4}$$

式(3.3-4)称为 KVL 的相量形式。它表明，正弦稳态情况下，对任意回路，各支路电压相量的代数和为零。

由于振幅相量是有效值相量的 $\sqrt{2}$ 倍，故有

$$\begin{cases}\sum \dot{I}_{\mathrm{m}}=0\\ \sum \dot{U}_{\mathrm{m}}=0\end{cases} \tag{3.3-5}$$

3.3.2 基本元件 VAR 的相量形式

设电阻、电感和电容元件的端电压 u 和电流 i(u 和 i 取关联参考方向)分别为

$$\begin{aligned}u(t)&=\sqrt{2}U\cos(\omega t+\varphi_u)=\mathrm{Re}(\sqrt{2}\dot{U}\mathrm{e}^{\mathrm{j}\omega t})\\ i(t)&=\sqrt{2}I\cos(\omega t+\varphi_i)=\mathrm{Re}(\sqrt{2}\dot{I}\mathrm{e}^{\mathrm{j}\omega t})\end{aligned} \tag{3.3-6}$$

式中，$\dot{U}(\dot{U}=Ue^{j\varphi_u}=U\angle\varphi_u)$、$\dot{I}(\dot{I}=Ie^{j\varphi_i}=I\angle\varphi_i)$分别是电压与电流的有效值相量。

1. 电阻元件

电阻元件 R（见图 3.3－1(a)）的伏安关系的时域形式（即欧姆定律）为

$$u(t)=Ri(t)\quad \forall t \tag{3.3-7}$$

当正弦激励作用时，有

$$u(t)=\sqrt{2}U\cos(\omega t+\varphi_u)=Ri(t)=R\sqrt{2}I\cos(\omega t+\varphi_i)$$

其波形如图 3.3－1(b)中所示。根据复数运算关系得

$$\dot{U}_R=RI\angle\varphi_i=R\dot{I} \tag{3.3-8}$$

式(3.3－8)是电阻元件伏安关系的相量形式，根据它可画出电阻元件的相量模型，如图 3.3－1(c)所示。

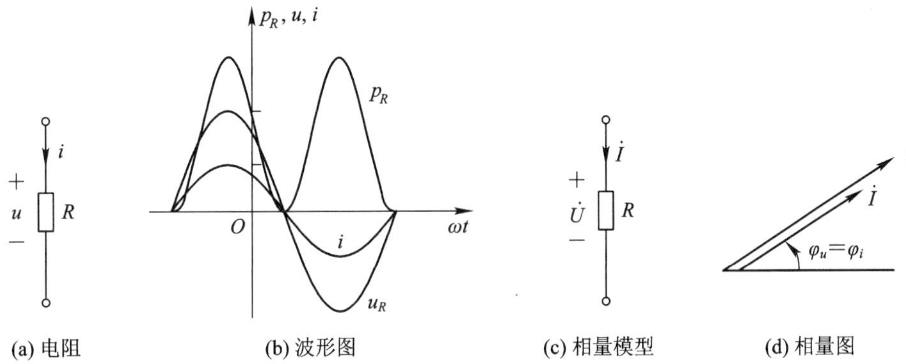

图 3.3－1　电阻元件

式(3.3－8)是复数方程，考虑到 $\dot{U}=Ue^{j\varphi_u}=U\angle\varphi_u$，$\dot{I}=Ie^{j\varphi_i}=I\angle_i$，上式可分解为

$$\begin{cases}U=RI\\ \varphi_u=\varphi_i\end{cases} \tag{3.3-9}$$

式(3.3－9)表明，电阻端电压的有效值等于电阻 R 与电流有效值的乘积，且电流与电压同相。电阻元件的相量图如图 3.3－1(d)所示。

电阻元件的瞬时功率为

$$\begin{aligned}p_R&=u_Ri=\sqrt{2}U_R\cos(\omega t+\varphi_i)\sqrt{2}I\cos(\omega t+\varphi_i)\\&=2U_RI\cos^2(\omega t+\varphi_i)\\&=U_RI[1+\cos2(\omega t+\varphi_i)]\end{aligned}$$

由上式可知电阻元件的瞬时功率以 2ω 频率进行交变，且始终大于零，表明电阻始终是吸收（消耗）功率，其波形曲线如图 3.3－1(b)中所示。

2. 电感元件

电感元件 L（见图 3.3－2(a)）的伏安关系的时域形式为

$$u(t)=L\frac{\mathrm{d}i(t)}{\mathrm{d}t}\quad \forall t \tag{3.3-10}$$

当正弦激励作用时，有

$$u(t)=\sqrt{2}U\cos(\omega t+\varphi_u)=L\frac{\mathrm{d}i(t)}{\mathrm{d}t}=L\frac{\mathrm{d}}{\mathrm{d}t}[\sqrt{2}I\cos(\omega t+\varphi_i)]$$
$$=-\sqrt{2}\omega LI\sin(\omega t+\varphi_i)=\sqrt{2}\omega LI\cos\left(\omega t+\varphi_i+\frac{\pi}{2}\right)$$

其波形如图 3.3-2(b)所示。根据复数运算关系得

$$\dot{U}=\omega LI\angle\varphi_i+\frac{\pi}{2}=\mathrm{j}\omega L\dot{I} \tag{3.3-11}$$

式(3.3-11)是电感元件伏安关系的相量形式，根据它可画出电感元件的相量模型，如图 3.3-2(c)所示。

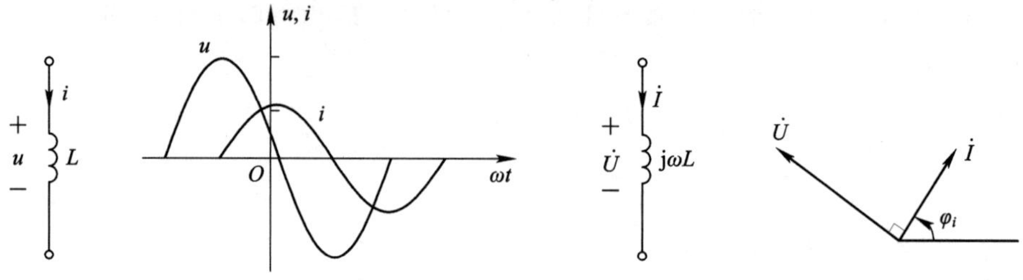

(a) 电感　(b) 波形图　(c) 相量模型　(d) 相量图

图 3.3-2　电感元件

考虑到 $\dot{U}=U\mathrm{e}^{\mathrm{j}\varphi_u}=U\angle\varphi_u$，$\dot{I}=I\mathrm{e}^{\mathrm{j}\varphi_i}=I\angle\varphi_i$，则式(3.3-11)可写为

$$U\mathrm{e}^{\mathrm{j}\varphi_u}=\mathrm{j}\omega LI\mathrm{e}^{\mathrm{j}\varphi_i}=\omega LI\mathrm{e}^{\mathrm{j}\left(\varphi_i+\frac{\pi}{2}\right)}$$

即有

$$\begin{cases}U=\omega LI\\ \varphi_u=\varphi_i+\dfrac{\pi}{2}\end{cases} \tag{3.3-12}$$

式(3.3-12)表明，电感端电压的有效值等于 ωL 与电流有效值的乘积，且电流滞后于电压$\frac{\pi}{2}$。电感元件的相量图如图 3.3-2(d)所示。

式(3.3-11)和式(3.3-12)中的 ωL 具有电阻的量纲，称其为感抗，单位为Ω(欧姆)，用 X_L 表示，即

$$X_L=\omega L \tag{3.3-13}$$

感抗的物理意义如下：

(1) 表示限制电流的能力，且 $U_L=X_LI=\omega LI$。

(2) 感抗和频率成正比，如图 3.3-3 所示，即 $\omega=0$(直流)；$X_L=0$，短路；$\omega\to\infty$，$X_L\to\infty$，开路。

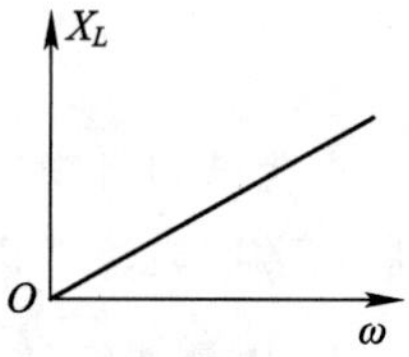

图 3.3-3　感抗与频率的关系

3. 电容元件

电容元件 C(见图 3.3-4(a))的伏安关系的时域形式为

$$i(t)=C\frac{\mathrm{d}u(t)}{\mathrm{d}t}\quad\forall t \tag{3.3-14}$$

当正弦激励作用时，有

$$i(t)=\sqrt{2}I\cos(\omega t+\varphi_i)=C\frac{\mathrm{d}u(t)}{\mathrm{d}t}=C\frac{\mathrm{d}}{\mathrm{d}t}[\sqrt{2}U\cos(\omega t+\varphi_u)]$$

$$=-\sqrt{2}\omega CU\sin(\omega t+\varphi_u)=\sqrt{2}\omega CU\cos\left(\omega t+\varphi_u+\frac{\pi}{2}\right)$$

其波形如图 3.3－4(b)所示。根据复数运算关系得

$$\dot{I}=\omega CU\angle\varphi_u+\frac{\pi}{2}=\mathrm{j}\omega C\dot{U} \tag{3.3-15}$$

式(3.3－15)是电容元件伏安关系的相量形式，根据它可画出电容元件的相量模型，如图 3.3－4(c)所示。

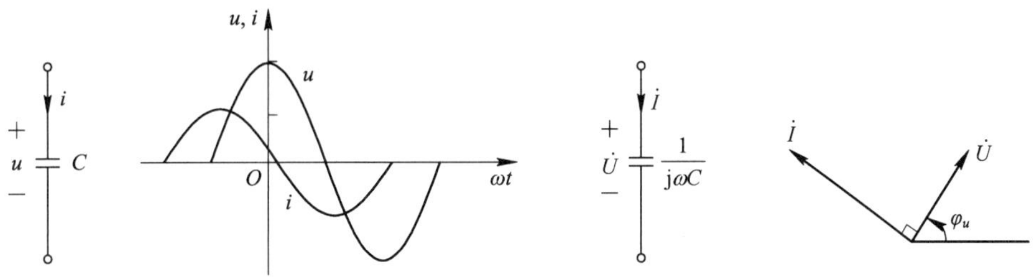

(a) 电容　(b) 波形图　(c) 相量模型　(d) 相量图

图 3.3－4　电容元件

考虑到 $\dot{U}=U\mathrm{e}^{\mathrm{j}\varphi_u}=U\angle\varphi_u$，$\dot{I}=I\mathrm{e}^{\mathrm{j}\varphi_i}=I\angle\varphi_i$，则式(3.3－15)可写为

$$U\mathrm{e}^{\mathrm{j}\varphi_u}=\frac{1}{\mathrm{j}\omega C}I\mathrm{e}^{\mathrm{j}\varphi_i}=\frac{1}{\omega C}I\mathrm{e}^{\mathrm{j}\left(\varphi_i-\frac{\pi}{2}\right)}$$

即有

$$\begin{cases}U=\dfrac{1}{\omega C}I\\ \varphi_u=\varphi_i-\dfrac{\pi}{2}\end{cases} \tag{3.3-16}$$

式(3.3－16)表明，电容端电压的有效值等于$\frac{1}{\omega C}$与电流有效值的乘积，且电流超前于电压$\frac{\pi}{2}$。电容元件的相量图如图 3.3－4(d)所示。

式(3.3－15)和式(3.3－16)中的$\frac{1}{\omega C}$具有电阻的量纲，称其为容抗，单位为Ω(欧姆)，用 X_C 表示，即

$$X_C=\frac{1}{\omega C} \tag{3.3-17}$$

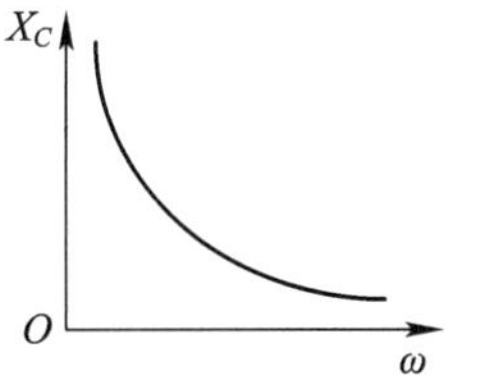

图 3.3－5　容抗与频率的关系

由式(3.3－17)可知，容抗与频率成反比，如图 3.3－5 所示。即 $\omega\to0$，$X_C\to\infty$直流开路(隔直)；$\omega\to\infty$，$X_C\to0$ 高频短路(旁路作用)。

根据上述内容，归纳电阻、电感、电容伏安关系的相量形式如表 3.3－1 所示。

表 3.3-1 电阻、电感、电容伏安关系的相量形式

名称	VAR 相量形式	相量模型	相量图
电阻	$\dot{U}=R\dot{I}$ $\dot{I}=G\dot{U}=\frac{1}{R}\dot{U}$	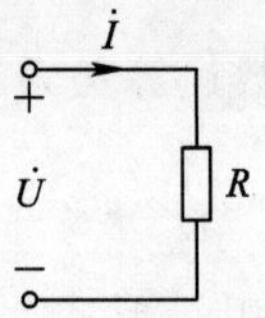	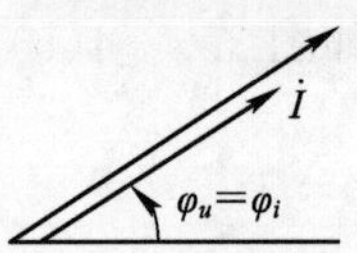
电感	$\begin{cases}\dot{U}=\mathrm{j}\omega L\dot{I}\\ \dot{I}=\frac{1}{\mathrm{j}\omega L}\dot{U}\end{cases}$	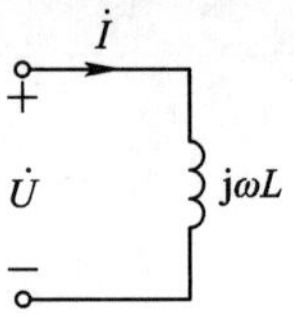	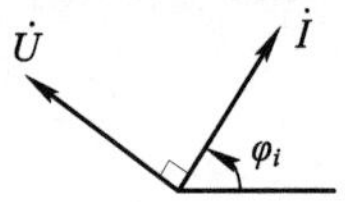
电容	$\begin{cases}\dot{I}=\mathrm{j}\omega C\dot{U}\\ \dot{U}=\frac{1}{\mathrm{j}\omega C}\dot{I}\end{cases}$	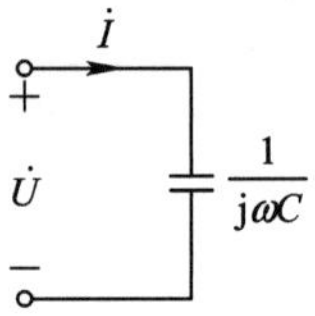	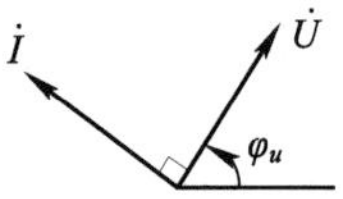

由上述分析可见，KCL 和 KVL 方程的相量形式、电路元件伏安关系的相量形式都是代数方程。这样，在分析正弦稳态电路时，各元件用相量模型表示，各激励用相量表示，就可以得到原电路的相量模型，进而根据 KCL、KVL 以及元件的 VAR 就可以列出电路方程，并用代数法求得所需的电流、电压。

例 3.3-1 电路如图 3.3-6(a)所示，已知 $i=2\sqrt{2}\cos 5t$ A，求电压 u。

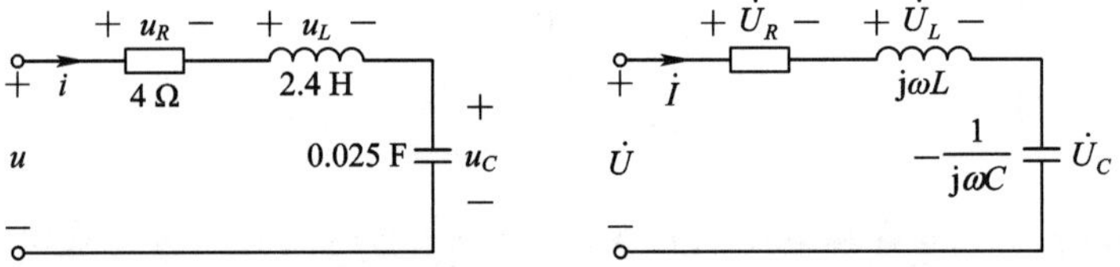

(a) 电路　　(b) 相量模型

图 3.3-6 例 3.3-1 图

解 取电流 i 的相量(有效值相量)为

$$\dot{I}=2\angle 0^\circ \mathrm{A}$$

并令未知相量为 $\dot{U}$。由于 $\omega=5$ rad/s，根据各元件的值可得

$$\mathrm{j}\omega L=\mathrm{j}5\times 2.4=\mathrm{j}12\ \Omega$$

$$\frac{-\mathrm{j}}{\omega C}=\frac{-\mathrm{j}}{5\times 0.025}=-\mathrm{j}8\ \Omega$$

于是可画出图 3.3-6(a)电路的相量模型，如图 3.3-6(b)所示。由图 3.3-6(b)可得出各元件端电压分别为

$$\dot{U}_R=R\dot{I}=4\times 2\dot{I}=8\angle 0^\circ\ \mathrm{V}$$

$$\dot{U}_L = \mathrm{j}\omega L\dot{I} = \mathrm{j}12\times 2\dot{I} = \mathrm{j}24\ \mathrm{V}$$

$$\dot{U}_C = -\mathrm{j}\,\frac{1}{\omega C}\dot{I} = -\mathrm{j}8\times 2\dot{I} = -\mathrm{j}16\ \mathrm{V}$$

由 KVL 可得

$$\dot{U} = \dot{U}_R + \dot{U}_L + \dot{U}_C = 8 + \mathrm{j}24 - \mathrm{j}16 = 8 + \mathrm{j}8 = 8\sqrt{2}\angle 45°\ \mathrm{V}$$

将电压相量变换为对应的瞬时解析形式，得

$$u(t) = \sqrt{2}\times 8\sqrt{2}\cos(5t + 45°) = 16\cos(5t + 45°)\mathrm{V}$$

例 3.3-2　电路如图 3.3-7(a)所示，已知：$I_1 = 4$ A，$I_2 = 3$ A，求总电流 I。

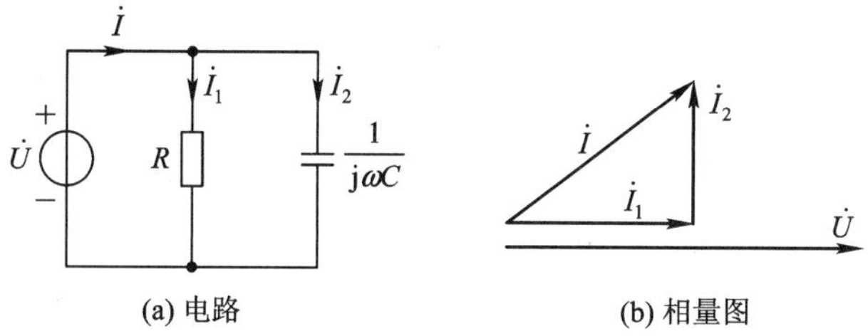

图 3.3-7　例 3.3-2 图

解法一　由于图 3.3-7(a)是并联电路，因此假设电压 $\dot{U}$ 的初相为零，即令 $\dot{U} = U\angle 0°$ V，根据电阻和电容的伏安关系可知

$$\dot{I}_1 = \frac{1}{R}\dot{U} = \frac{U}{R}\angle 0° = I_1\angle 0° = 4\angle 0°$$

$$\dot{I}_2 = \mathrm{j}\omega C\dot{U} = \mathrm{j}\omega CU = \mathrm{j}I_2 = \mathrm{j}3\ \mathrm{V}$$

根据 KCL，得

$$\dot{I} = \dot{I}_1 + \dot{I}_2 = 4 + \mathrm{j}3 = 5\angle 36.9°\ \mathrm{A}$$

则其相量图如图 3.3-7(b)所示。于是得总电流

$$I = 5\ \mathrm{A}$$

解法二　假设电压 $\dot{U}$ 的初相为零，即令

$$\dot{U} = U\angle 0°\ \mathrm{V}$$

由于电阻上的电流、电压同频同相，则得

$$\dot{I}_1 = I_1\angle 0°$$

由于电容上的电流超前电压 90°，则得

$$\dot{I}_2 = I_2\angle 90°$$

根据 KCL，得

$$\dot{I} = \dot{I}_1 + \dot{I}_2$$

根据以上结果画其相量图如图 3.3-7(b)所示。于是得总电流

$$I = \sqrt{I_1^2 + I_2^2} = 5\ \mathrm{A}$$

3.4 阻抗与导纳

3.4.1 阻抗

1. 无源一端口电路的阻抗

设有一不含独立源的一端口电路 N 如图 3.4－1(a)所示，在正弦稳态情况下，其端口电压、电流将是同频率的正弦量。设其端口电压、电流(按关联参考方向)分别为

$$u(t)=\sqrt{2}U\cos(\omega t+\varphi_u)$$

$$i(t)=\sqrt{2}I\cos(\omega t+\varphi_i)$$

则所对应的相量分别为

$$\begin{cases}\dot{U}=U\mathrm{e}^{\mathrm{j}\varphi_u}=U\angle\varphi_u\\ \dot{I}=I\mathrm{e}^{\mathrm{j}\varphi_i}=I\angle\varphi_i\end{cases} \tag{3.4-1}$$

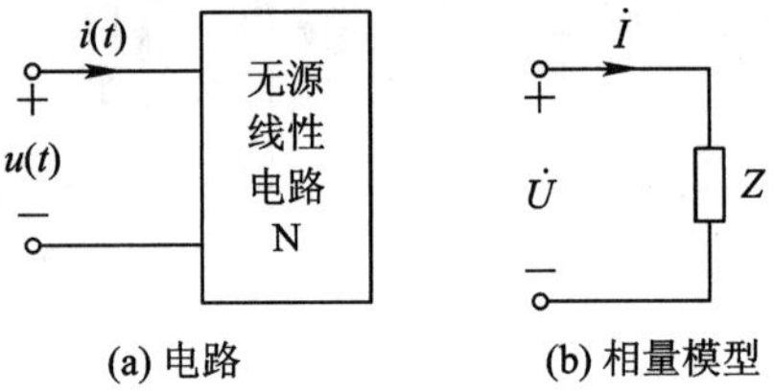

图 3.4－1 端口电路

把有效值相量 $\dot{U}$ 和 $\dot{I}$ 的比值定义为阻抗，用 Z 表示，单位为 Ω(欧姆)，即

$$Z\overset{\text{def}}{=}\frac{\dot{U}}{\dot{I}} \tag{3.4-2}$$

则其相量模型如图 3.4－1(b)所示。显然，Z 也是电压与电流的振幅相量的比值，即 $Z=\frac{\dot{U}_\mathrm{m}}{\dot{I}_\mathrm{m}}$。阻抗 Z 是复数，不是相量，因而不加“·”。则 式(3.4－2)可改写为

$$\dot{U}=Z\dot{I} \tag{3.4-3}$$

式(3.4－3)与电阻元件的伏安关系(欧姆定律)有相似的形式。

阻抗是一个复数量，它可写成代数形式或指数形式，即

$$Z=R+\mathrm{j}X=|Z|\mathrm{e}^{\mathrm{j}\theta_Z}=|Z|\angle\theta_Z \tag{3.4-4}$$

式中 R 是阻抗的实部，称为电阻；X 是阻抗的虚部，称为电抗；$|Z|$称为阻抗的模；θ_Z 称为阻抗角。它们之间的关系是

$$\begin{cases}R=|Z|\cos\theta_Z\\ X=|Z|\sin\theta_Z\end{cases} \tag{3.4-5}$$

$$\begin{cases}|Z|=\sqrt{R^2+X^2}\\ \theta_Z=\arctan\dfrac{X}{R}\end{cases} \tag{3.4-6}$$

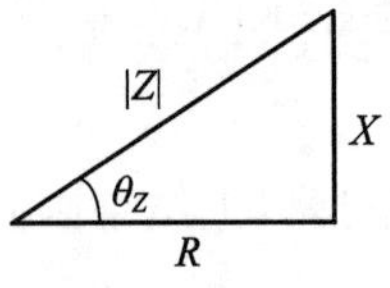

图 3.4－2 阻抗三角形

以上关系可以表示为阻抗三角形，如图 3.4－2 所示。

考虑到式(3.4-1)，阻抗还可表示为

$$Z=\frac{\dot{U}}{\dot{I}}=\frac{U\angle\varphi_u}{I\angle\varphi_i}=|Z|\angle e^{j\theta_Z}=|Z|\angle\theta_z=R+jX \tag{3.4-7}$$

式中

$$\begin{cases}|Z|=\dfrac{U}{I} & \text{阻抗模，单位为 }\Omega\\ \theta_Z=\varphi_u-\varphi_i & \text{阻抗角}\end{cases}$$

即阻抗的模等于电压与电流的有效值(或振幅)之比，阻抗角等于电压超前于电流的相位差或电流滞后于电压的相位差。

2. R、L、C 的阻抗

根据阻抗的定义，单个元件 R、L、C 的阻抗分别为

$$\begin{cases}Z_R=R\\ Z_L=j\omega L=jX_L=X_L\angle\dfrac{\pi}{2}\\ Z_C=\dfrac{1}{j\omega C}=-j\dfrac{1}{\omega C}=-jX_C=X_C\angle-\dfrac{\pi}{2}\end{cases} \tag{3.4-8}$$

对于仅包含有 R、L、C 的电路，其阻抗角范围为 $-\frac{\pi}{2}<\theta_Z<\frac{\pi}{2}$。当 $-\frac{\pi}{2}<\theta_Z<0$ 时，$X<0$，电流 $\dot{I}$ 超前于电压 $\dot{U}$，电路呈电容性；当 $\theta_Z=0$ 时，$X=0$，电流、电压同相，电路呈电阻性；当 $0<\theta_Z<\frac{\pi}{2}$ 时，$X>0$，电流 $\dot{I}$ 滞后于电压 $\dot{U}$，电路呈电感性。

引入阻抗的概念后，多个阻抗相串联电路的计算与电阻串联的形式相同。图 3.4-3(a)所示为 n 个阻抗串联电路，其等效阻抗如图 3.4-3(b)所示，即有

$$Z_{eq}=\sum_{k=1}^{n}Z_k \tag{3.4-9}$$

各阻抗上的电压为

$$\dot{U}_k=\frac{Z_k}{Z_{eq}}\dot{U}=\frac{Z_k}{\sum\limits_{k=1}^{n}Z_k}\dot{U} \tag{3.4-10}$$

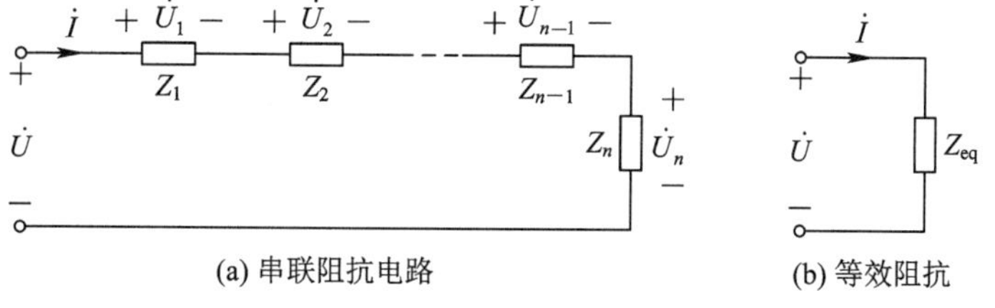

图 3.4-3　串联阻抗电路及等效阻抗

3. RLC 串联电路

下面用相量法分析 RLC 串联电路的阻抗。RLC 串联电路的时域电路图如图 3.4-4(a)

所示，根据正弦交流电与相量的对应关系，将对应的电压、电流用相量表示，元件用阻抗表示，得到电路的相量模型如图 3.4-4(b)所示。

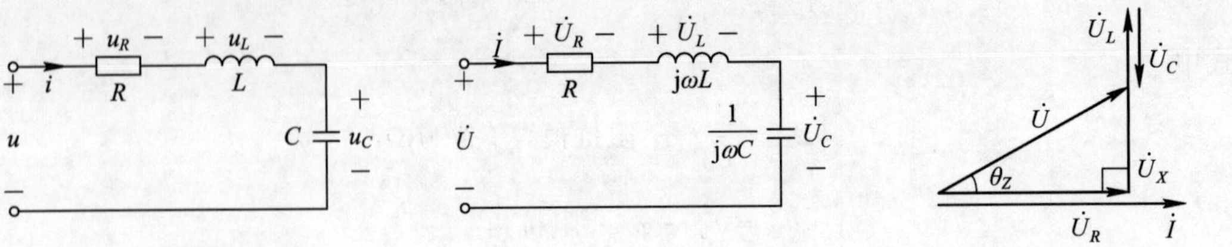

(a) *RLC*串联的时域电路　(b) *RLC*串联电路的相量模型　(c) *RLC*串联电路的相量图

图 3.4-4　*RLC* 串联电路

根据图 3.4-4(b)，由 KVL 的相量形式，得

$$\dot{U}=\dot{U}_R+\dot{U}_L+\dot{U}_C=R\dot{I}+\mathrm{j}\omega L\dot{I}-\mathrm{j}\frac{1}{\omega C}\dot{I}$$

$$=R\dot{I}+\mathrm{j}\left(\omega L-\frac{1}{\omega C}\right)\dot{I}=[R+\mathrm{j}(X_L-X_C)]\dot{I}$$

$$=(R+\mathrm{j}X)\dot{I}$$

所以，*RLC* 串联电路的阻抗为

$$Z=R+\mathrm{j}\omega L-\mathrm{j}\frac{1}{\omega C}=R+\mathrm{j}X$$

根据相量法，*RLC* 串联电路阻抗又可表示为

$$Z=R+\mathrm{j}\left(\omega L-\frac{1}{\omega C}\right)=|Z|\angle\theta_Z$$

根据以上分析可知：

(1) $\omega L>\frac{1}{\omega C}$，$X>0$，$\theta_Z>0$，电路为感性，电压超前电流。

(2) $\omega L<\frac{1}{\omega C}$，$X<0$，$\theta_Z<0$，电路为容性，电压滞后电流。

(3) $\omega L=\frac{1}{\omega C}$，$X=0$，$\theta_Z=0$，电路为阻性，电压和电流同相。

选电流为参考相量，即 $\dot{I}=I\angle 0°\mathrm{A}$(假设 $\omega L>\frac{1}{\omega C}$)，画出 *RLC* 串联电路的相量图，如图 3.4-4(c)所示。图 3.4-4(c)中三角形称为电压三角形，其中 $U_X=U_L-U_C$，它和阻抗三角形相似。即

$$\dot{U}=\dot{U}_R+\dot{U}_L-\dot{U}_C$$
$$U=\sqrt{U_R^2+(U_L-U_C)^2}$$

例 3.4-1　电路如图 3.4-5(a)所示，$R=15\ \Omega$，$L=0.3\ \mathrm{mH}$，$C=0.2\mu\mathrm{F}$，$u=5\sqrt{2}\cos(\omega t+60°)$，$f=3\times10^4\ \mathrm{Hz}$。求电压 u_R、u_L、u_C 和电流 i。

解　根据时域电路图画出其对应的相量模型如图 3.4-5(b)所示，电压 u 对应的有效

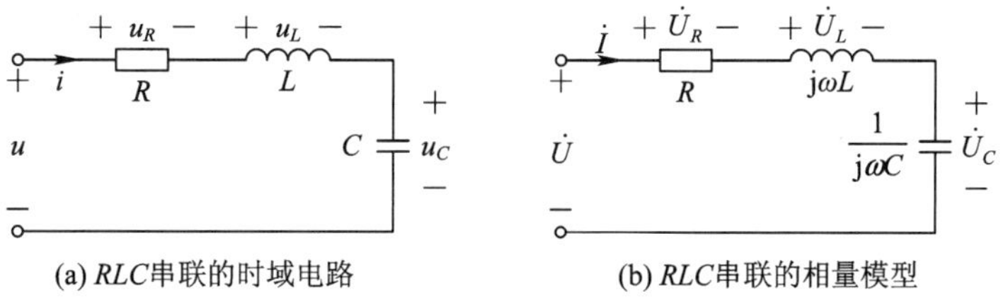

图 3.4-5　RLC 串联电路

值相量为

$$\dot{U}=5\angle 60^\circ\ \text{V}$$

给定电源频率 $f=3\times 10^4$ Hz，则其角频率 $\omega=2\pi f=2\pi\times 3\times 10^4$ rad/s，计算各元件对应的阻抗，其分别为

$$\text{j}\omega L=\text{j}2\pi\times 3\times 10^4\times 0.3\times 10^{-3}\approx \text{j}56.5\ \Omega$$

$$-\text{j}\frac{1}{\omega C}=-\text{j}\frac{1}{2\pi\times 3\times 10^4\times 0.2\times 10^{-6}}\approx -\text{j}26.5\ \Omega$$

$$Z=R+\text{j}\omega L-\text{j}\frac{1}{\omega C}=15+\text{j}56.5-\text{j}26.5\approx 33.54\angle 63.4^\circ\ \Omega$$

所以，其对应的有效值相量分别为

$$\dot{I}=\frac{\dot{U}}{Z}=\frac{5\angle 60^\circ}{33.54\angle 63.4^\circ}\approx 0.149\angle -3.4^\circ\ \text{A}$$

$$\dot{U}_R=R\dot{I}=15\times 0.149\angle -3.4^\circ=2.235\angle -3.4^\circ\ \text{V}$$

$$\dot{U}_L=\text{j}\omega L\dot{I}=56.5\angle 90^\circ\times 0.149\angle -3.4^\circ\approx 8.42\angle 86.4^\circ\ \text{V}$$

$$\dot{U}_C=-\text{j}\frac{1}{\omega C}\dot{I}=26.5\angle -90^\circ\times 0.149\angle -3.4^\circ\approx 3.95\angle -93.4^\circ\ \text{V}$$

依据上面求出的有效值相量，写出其对应的瞬时解析式，分别为

$$i=0.149\sqrt{2}\cos(\omega t-3.4^\circ)\ \text{A}$$

$$u_R=2.235\sqrt{2}\cos(\omega t-3.4^\circ)\ \text{V}$$

$$u_L=8.42\sqrt{2}\cos(\omega t+86.6^\circ)\ \text{V}$$

$$u_C=3.95\sqrt{2}\cos(\omega t-93.4^\circ)\ \text{V}$$

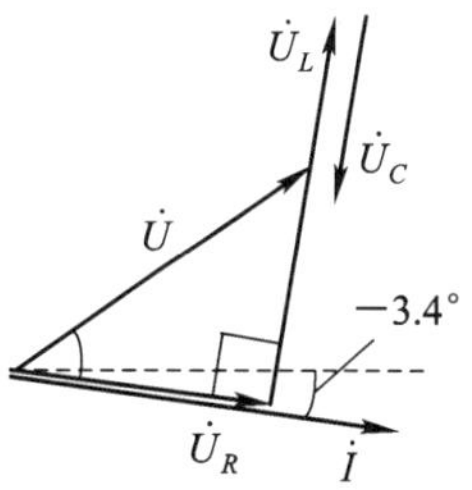

图 3.4-6　例 3.4-1 的相量图

注：$(U_L=8.42)>(U=5)$，分电压大于总电压。

依据上面的有效值相量，画出其相应的相量图如图 3.4-6 所示。

3.4.2 导纳

1. 无源一端口电路的导纳

设有一不含独立源的一端口电路 N，如图 3.4-7(a)所示，在正弦稳态情况下，其端口电压相量和电流相量如式(3.4-1)所示。

把端口电流 $\dot{I}$ 与端口电压 $\dot{U}$ 的比值定义为导纳，用 Y 表示，单位为 S(西门子)，即

$$Y \overset{\text{def}}{=} \frac{\dot{I}}{\dot{U}} \tag{3.4-11}$$

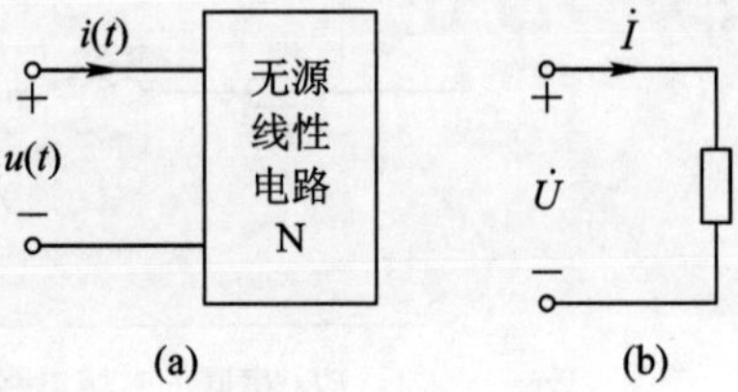

图 3.4-7 导纳

则其相量模型如图 3.4-7(b)所示。显然，Y 也是电流与电压的振幅相量的比值，即 $Y=\dfrac{\dot{I}_{\rm m}}{\dot{U}_{\rm m}}$。导纳是复数，不是相量，因而不加“·”。则式(3.4-11)可改写为

$$\dot{I}=Y\dot{U} \tag{3.4-12}$$

这是导纳伏安关系的另一种形式。

导纳是一个复数量，它可写成代数形式或指数形式，即

$$Y=G+{\rm j}B=|Y|{\rm e}^{{\rm j}\theta_Y}=|Y|\angle\theta_Y \tag{3.4-13}$$

式中 G 是导纳的实部，称为电导；B 是导纳的虚部，称为电纳；$|Y|$ 称为导纳的模；θ_Y 称为导纳角。它们之间的关系是

$$\begin{cases} G=|Y|\cos\theta_Y \\ B=|Y|\sin\theta_Y \end{cases} \tag{3.4-14}$$

$$\begin{cases} |Y|=\sqrt{G^2+B^2} \\ \theta_Y=\arctan\dfrac{B}{G} \end{cases} \tag{3.4-15}$$

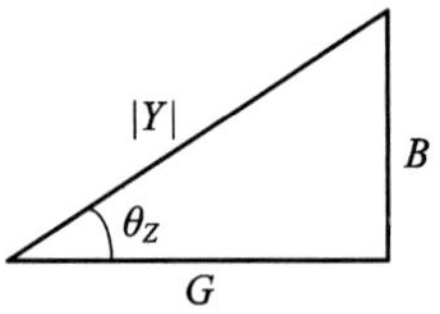

图 3.4-8 导纳三角形

以上关系可以表示为导纳三角形，如图 3.4-8 所示。

考虑到式(3.4-11)，则导纳又可表示为

$$Y=\frac{\dot{I}}{\dot{U}}=\frac{I{\rm e}^{\varphi_i}}{U{\rm e}^{\varphi_u}}=\frac{I}{U}{\rm e}^{{\rm j}(\varphi_i-\varphi_u)}=|Y|{\rm e}^{{\rm j}\theta_Y}=|Y|\angle\theta_Y$$

式中

$$\begin{cases} |Y|=\dfrac{I}{U} & \text{导纳的模} \\ \theta_Y=\varphi_i-\varphi_u & \text{导纳角} \end{cases} \tag{3.4-16}$$

即导纳的模等于电流与电压的有效值(或振幅)之比，导纳角等于电流超前于电压的相位差或电压滞后于电流的相位差。

2. R、L、C 的导纳

根据以上定义，单个元件 R、L、C 的导纳分别为

$$\begin{cases} Y_R=\dfrac{1}{R}=G \\ Y_L=\dfrac{1}{\mathrm{j}\omega L}=-\mathrm{j}\,\dfrac{1}{\omega L}=-\mathrm{j}B_L=B_L\angle-\dfrac{\pi}{2} \\ Y_C=\mathrm{j}\omega C=\mathrm{j}B_C=B_C\angle\dfrac{\pi}{2} \end{cases} \tag{3.4-17}$$

式中，G 为电导，B_L（为$\dfrac{1}{\omega L}$）和 B_C（为 ωC）分别称为感纳和容纳，单位是西门子(S)。

对于 n 个导纳并联电路的计算与电导并联的形式相同。图 3.4－9(a)所示为 n 个导纳并联电路，其等效导纳如图 3.4－9(b)，即有

$$Y_{\mathrm{eq}}=\sum_{k=1}^{n}Y_k \tag{3.4-18}$$

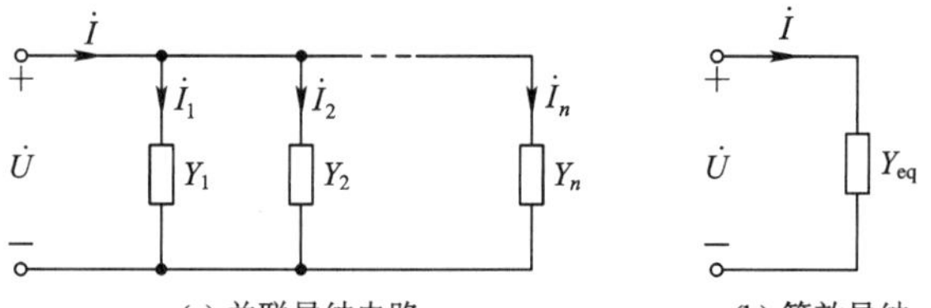

(a) 并联导纳电路　(b) 等效导纳

图 3.4－9　并联导纳电路及等效导纳

各导纳上的电流为

$$\dot{I}_k=\frac{Y_k}{Y_{\mathrm{eq}}}\dot{I}=\frac{Y_k}{\sum\limits_{k=1}^{n}Y_k}\dot{I} \tag{3.4-19}$$

3. *RLC* 并联电路的导纳

下面用相量法分析 *RLC* 并联电路的导纳。*RLC* 并联的时域电路图如图 3.4－10(a)所示，根据正弦交流电与相量的对应关系，将对应的电压、电流用相量表示，元件用阻抗表示，得到 RLC 并联电路的相量模型如图 3.4－10(b)所示。

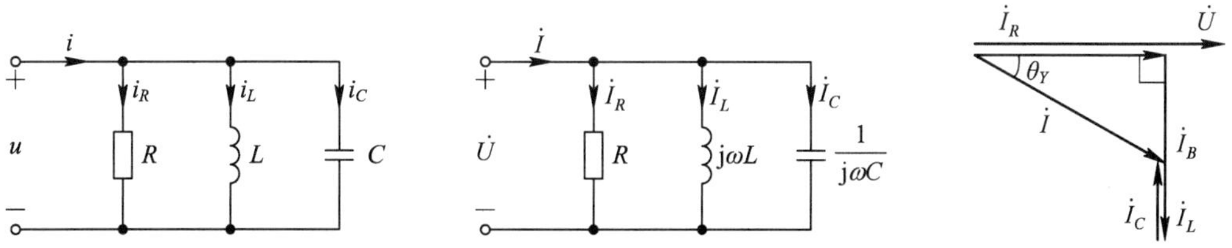

(a) *RLC*并联的时域电路　(b) *RLC*并联电路的相量模型　(c) *RLC*并联电路的相量图

图 3.4－10　*RLC* 并联电路

根据图 3.4－10(b)，由 KCL 的相量形式，得

$$\dot{I}=\dot{I}_R+\dot{I}_L+\dot{I}_C=\frac{1}{R}\dot{U}-\mathrm{j}\,\frac{1}{\omega L}\dot{U}+\mathrm{j}\omega C\dot{U}=\left(\frac{1}{R}-\mathrm{j}\,\frac{1}{\omega L}+\mathrm{j}\omega C\right)\dot{U}$$

$$=G+\mathrm{j}(-B_L+B_C)\dot{U}=(G+\mathrm{j}B)\dot{U}$$

其中，$B=-B_L+B_C$。所以，*RLC* 并联电路的导纳为

$$Y = G + \mathrm{j}\left(\omega C - \frac{1}{\omega L}\right) = G + \mathrm{j}B$$

根据相量法，RLC 并联电路阻抗又可表示为

$$Y = G + \mathrm{j}\left(\omega C - \frac{1}{\omega L}\right) = |Y| \angle \theta_Y$$

根据以上分析可知：

(1) $\omega C > \dfrac{1}{\omega L}$，$B>0$，$\theta_Y>0$，电路为容性，电流超前电压。

(2) $\omega C < \dfrac{1}{\omega L}$，$B<0$，$\theta_Y<0$，电路为感性，电流滞后电压。

(3) $\omega C = \dfrac{1}{\omega L}$，$B=0$，$\theta_Y=0$，电路为阻性，电流和电压同相。

选电压为参考相量，即 $\dot{U}=U\angle 0°$ V(假设 $\omega C<1/(\omega L)$，$\theta_Y<0$)，画出 RLC 并联电路的相量图，如图 3.4-10(c)所示。图 3.4-10(c)中三角形称为电流三角形，其中，$I_B=I_L-I_C$，它和导纳三角形相似。即

$$\dot{I} = \dot{I}_R + \dot{I}_L - \dot{I}_C$$

$$I = \sqrt{I_R^2 + I_B^2} = \sqrt{I_R^2 + (I_L - I_C)^2}$$

注：RLC 并联电路同样会出现分电流大于总电流的现象。

例 3.4-2 电路如图 3.4-11 所示，已知 $I_S=5$ A，理想电流表 A_1、A_2 的读数分别为 3 A 和 8 A，求电流表 A_3 的读数。

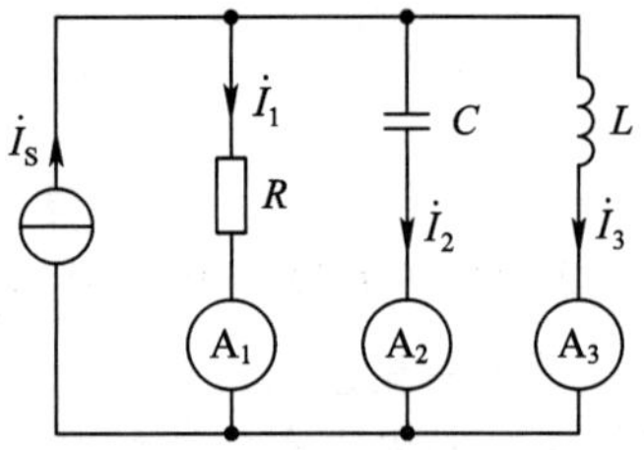

图 3.4-11 例 3.4-2 图

解 根据前面推导的关系得

$$I_S = \sqrt{I_1^2 + (I_2 - I_3)^2}$$

即

$$5 = \sqrt{3^2 + (8 - I_3)^2}$$

故可解得

$$I_3 = 4 \text{ A 或 } 12 \text{ A}$$

3.4.3 阻抗和导纳的关系

如前所述，一个无源一端口电路 N 如图 3.4-12(a)所示，在正弦稳态情况下，用相量分析计算时，可等效为阻抗或导纳，即

$$\begin{cases} Z = \dfrac{\dot{I}}{\dot{U}} = |Z| \angle e^{\mathrm{j}\theta_z} - R + \mathrm{j}X \\ Y = \dfrac{\dot{I}}{\dot{U}} = |Y| e^{\theta_Y} = G + \mathrm{j}B \end{cases} \tag{3.4-20}$$

显然，对于同一电路，阻抗或导纳互为倒数，即有

$$Y=\frac{1}{Z}\text{ 或 }Z=\frac{1}{Y} \tag{3.4-21}$$

由式(3.4-20)可知，阻抗 Z 与导纳 Y 的模和相位的关系是

$$\begin{cases}|Y|=\dfrac{1}{|Z|}\\ \theta_Y=-\theta_Z\end{cases} \tag{3.4-22}$$

即它们的模互为倒数，且导纳角是阻抗角的负值。若用代数形式表示，阻抗 Z 可以由电阻和电抗串联组成，如图 3.4-12(b)所示，而导纳 Y 可以由电导和电纳并联组成，如图 3.4-12(c)所示。

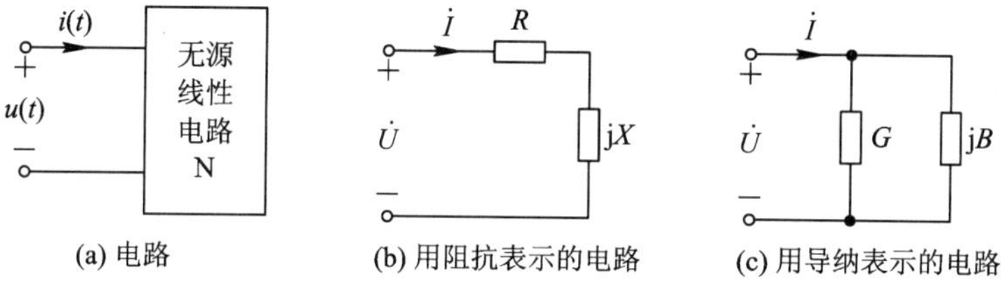

图 3.4-12　一端口电路阻抗与导纳的关系示意图

阻抗和导纳可以互为等效，由式(3.4-20)可得

$$Y=\frac{1}{Z}=\frac{1}{R+\mathrm{j}X}=\frac{R}{R^2+X^2}+\mathrm{j}\frac{-X}{R^2+X^2}=G+\mathrm{j}B \tag{3.4-23}$$

式中

$$G=\frac{R}{R^2+X^2},\quad B=\frac{-X}{R^2+X^2}$$

同样地，

$$Z=\frac{1}{Y}=\frac{1}{G+\mathrm{j}B}=\frac{G}{G^2+B^2}+\mathrm{j}\frac{-B}{G^2+B^2}=R+\mathrm{j}X \tag{3.4-24}$$

式中

$$R=\frac{G}{G^2+B^2},\quad X=\frac{-B}{G^2+B^2}$$

例 3.4-3　已知电路如图 3.4-13 所示，$Z_1=10+\mathrm{j}6.28\ \Omega$，$Z_2=20-\mathrm{j}31.9\ \Omega$，$Z_3=15+\mathrm{j}15.7\ \Omega$。求 Z_{ab}。

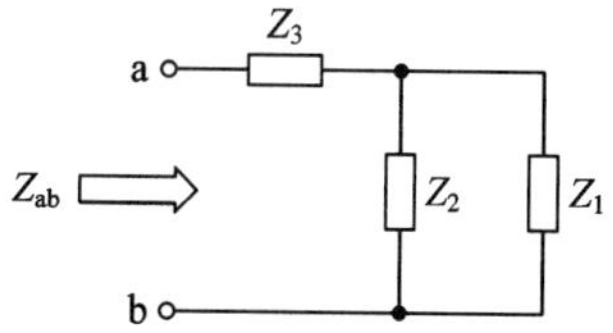

图 3.4-13　例 3.4-3 图

解　由阻抗的串联、并联可知

$$Z_{ab}=Z_3+\frac{Z_1Z_2}{Z_1+Z_2}=Z_3+Z$$

其中

$$Z=\frac{Z_1Z_2}{Z_1+Z_2}=\frac{(10+\mathrm{j}6.28)(20-\mathrm{j}31.9)}{10+\mathrm{j}6.28+20-\mathrm{j}31.9}$$

$$=\frac{11.81\angle 32.13^\circ\times 37.65\angle -57.61^\circ}{39.45\angle -40.5^\circ}\approx 10.89+\mathrm{j}2.86$$

于是

$$
\begin{aligned}
Z_{ab} &= Z_3 + Z = 15 + \mathrm{j}15.7 + 10.89 + \mathrm{j}2.86 \\
&= 25.89 + \mathrm{j}18.56 \approx 31.9\angle 35.6^\circ \Omega
\end{aligned}
$$

3.4.4 正弦稳态电路的相量模型

进行电路分析、计算的基本依据是KCL、KVL和元件电压与电流的关系(即伏安关系(VAR))。对于线性电路，电阻电路与正弦稳态电路相量法分析比较如下：

电阻电路分析	正弦稳态电路相量分析
KCL：$\sum i = 0$	KCL：$\sum \dot{I} = 0$
KVL：$\sum u = 0$	KVL：$\sum \dot{U} = 0$
元件约束关系：$u = Ri$ 或 $i = Gu$	元件约束关系：$\dot{U} = Z\dot{I}$ 或 $\dot{I} = Y\dot{U}$

可见，二者依据的电路定律是相似的。只要作出正弦稳态电路的相量模型，便可将电阻电路的分析方法推广应用于正弦稳态电路的相量分析方法中。在分析正弦稳态电路时，若电流、电压用相量表示，R、L、C 元件用阻抗或导纳表示，即可得到正弦稳态电路的相量模型，那么分析直流电路网孔法、节点法、等效电源定理等都适用于分析正弦稳态电路的相量模型，差别仅在于所得电路方程为相量形式的代数方程以及用相量形式描述的电路定理，而计算则为复数运算。

例 3.4-4 电路如图 3.4-14(a)所示，已知：$R_1 = 100\ \Omega$，$R_2 = 10\ \Omega$，$L = 500\ \mathrm{mH}$，$C = 10\ \mu\mathrm{F}$，$U = 100\ \mathrm{V}$，$\varphi_u = 0^\circ$，$\omega = 314\ \mathrm{rad/s}$，求各支路电流。

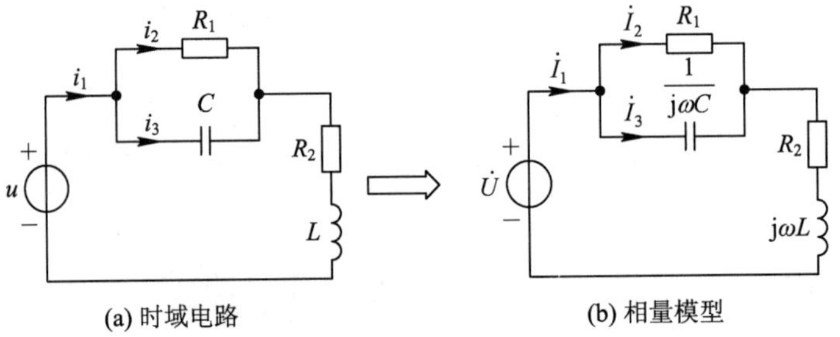

图 3.4-14 例 3.4-4 图

解 依据时域电路图 3.4-14(a)画出电路对应的相量模型如图 3.4-14(b)所示。因 R_1 和 C 是并联的，故其等效阻抗为

$$
Z_1 = \frac{R_1\left(-\mathrm{j}\dfrac{1}{\omega C}\right)}{R_1 - \mathrm{j}\dfrac{1}{\omega C}} = \frac{1000 \times (-\mathrm{j}318.47)}{1000 - \mathrm{j}318.47} = \frac{318.47 \times 10^3 \angle -90^\circ}{1049.5\angle -17.7^\circ}
$$

$$
\approx 303.45\angle -72.3^\circ \approx 92.11 - \mathrm{j}289.13\ \Omega
$$

因 R_2 和 L 是串联的，故其等效阻抗为

$$
Z_2 = R_2 + \mathrm{j}\omega L = 10 + \mathrm{j}157\ \Omega
$$

又因 Z_1 与 Z_2 是串联的，故总的阻抗为

$$Z = Z_1 + Z_2 = 92.11 - j289.13 + 10 + j157 = 102.11 - j132.13 \approx 166.99\angle -52.3°\ \Omega$$

由已知得电压 $\dot{U}=100\angle 0°$ V，则电路总电流

$$\dot{I}_1 = \frac{\dot{U}}{Z} = \frac{100\angle 0°}{166.99\angle -52.3°} \approx 0.6\angle 52.3° \text{A}$$

则电阻 R_1 和电容 C 上的电流分别为

$$\dot{I}_2 = \frac{-j\dfrac{1}{\omega C}}{R_1 - j\dfrac{1}{\omega C}}\dot{I}_1 = \frac{-j318.47}{1049.5\angle -17.7°} \times 0.6\angle 52.3° \approx 0.181\angle -20°\ \text{A}$$

$$\dot{I}_3 = \frac{R_1}{R_1 - j\dfrac{1}{\omega C}}\dot{I}_1 = \frac{1000}{1049.5\angle -17.7°} \times 0.6\angle 52.3° \approx 0.57\angle 70°\ \text{A}$$

瞬时值表达式为

$$\begin{cases} i_1 = 0.6\sqrt{2}\cos(314t + 52.3°)\ \text{A} \\ i_2 = 0.181\sqrt{2}\cos(314t - 20°)\ \text{A} \\ i_3 = 0.57\sqrt{2}\cos(314t + 70°)\ \text{A} \end{cases}$$

3.5 正弦稳态电路的相量分析法

正弦稳态电路的相量分析法分为方程分析法和等效分析法。

3.5.1 方程分析法

例 3.5-1　电路如图 3.5-1(a)所示，列写电路相量形式的回路电流方程和节点电压方程。

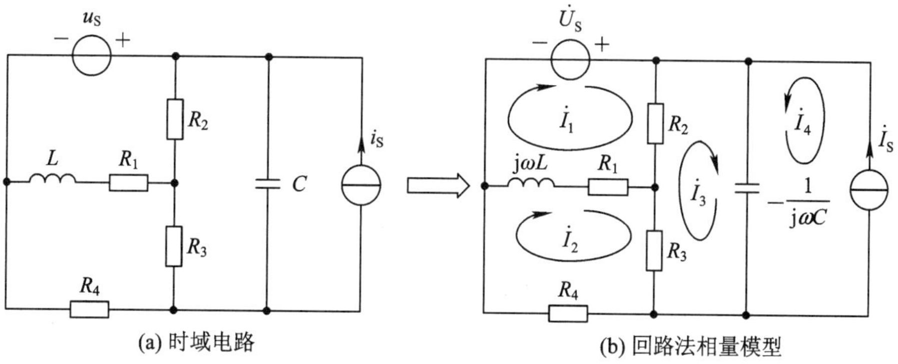

图 3.5-1　例 3.5-1 图

解 根据时域电路画出对应的相量模型，如图 3.5-1(b)所示。

回路电流方程列写：依据回路法，选择网孔作为基本回路并依次编号，确定各个回路的绕向如图 3.5-1(b)所示，可列出回路电流方程为

$$\begin{cases}(R_1+R_2+\mathrm{j}\omega L)\dot{I}_1-(R_1+\mathrm{j}\omega L)\dot{I}_2-R_2\dot{I}_3=\dot{U}_S\\(R_1+R_3+R_4+\mathrm{j}\omega L)\dot{I}_2-(R_1+\mathrm{j}\omega L)\dot{I}_1-R_3\dot{I}_3=0\\\left(R_2+R_3-\mathrm{j}\dfrac{1}{\omega C}\right)\dot{I}_3-R_2\dot{I}_1-R_3\dot{I}_2-\mathrm{j}\dfrac{1}{\omega C}\dot{I}_4=0\\\dot{I}_4=\dot{I}_S\end{cases}$$

节点电压方程列写：依据节点法，选择 a 点作为参考节点，其他节点依次编号，如图 3.5-2 所示。可列出节点电压方程为

$$\begin{cases}\dot{U}_{n1}=\dot{U}_S\\\left(\dfrac{1}{R_1+\mathrm{j}\omega L}+\dfrac{1}{R_2}+\dfrac{1}{R_3}\right)\dot{U}_{n2}-\dfrac{1}{R_2}\dot{U}_{n1}-\dfrac{1}{R_3}\dot{U}_{n3}=0\\\left(\dfrac{1}{R_3}+\dfrac{1}{R_4}+\mathrm{j}\omega C\right)\dot{U}_{n3}-\dfrac{1}{R_3}\dot{U}_{n2}-\mathrm{j}\omega C\dot{U}_{n1}=-\dot{I}_S\end{cases}$$

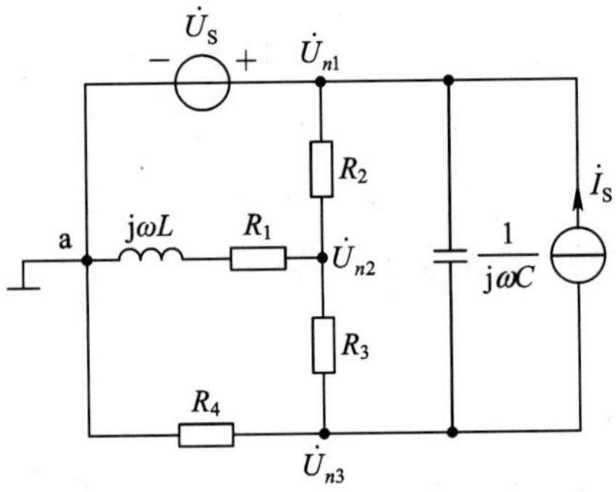

图 3.5-2 节点法相量模型

由以上例题可以得出，直流电路的回路法、节点法等都适用于分析正弦稳态电路的相量模型，差别仅在于所得电路方程是以相量形式表示的复数代数方程以及用相量形式描述的电路定理，而计算则为复数运算。

3.5.2 等效分析法

例 3.5-2 电路如图 3.5-3(a)所示，已知：$\dot{I}_S=4\angle 90°\text{A}$，$Z_3=30\ \Omega$，$Z_1=Z_2=-\mathrm{j}30\ \Omega$，$Z=45\ \Omega$，求 $\dot{I}$。

解法一 利用电源的等效变换，将图 3.5-3(a)中电流源与阻抗的并联等效为电压源与阻抗的串联，如图 3.5-3(b)所示。根据图 3.5-3 可得

$$Z_{13}=Z_1\ /\!/\ Z_3=\frac{30(-\mathrm{j}30)}{30-\mathrm{j}30}=15-\mathrm{j}15\Omega$$

$$\dot{U}=Z_{13}\dot{I}_S$$

$$\dot{I}=\frac{\dot{U}Z_{13}}{Z_{13}+Z_2+Z}=\frac{j4(15-j15)}{15-j15-j30+45}\approx\frac{5.657\angle 45^\circ}{5\angle -36.9^\circ}\approx 1.13\angle 81.9^\circ\text{A}$$

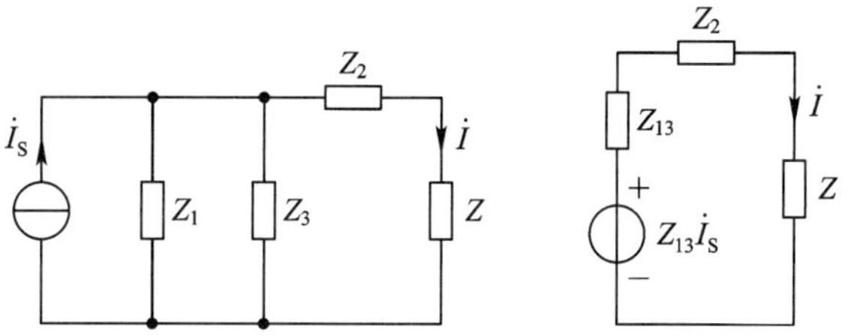

(a) 原电路　　(b) 等效电路

图 3.5-3　例 3.5-2 图(一)

解法二　利用等效电源定理，将图 3.5-3(a)中除阻抗 Z 以外的部分看作是一个一端口电路，如图 3.5-4(a)所示。求 3.5-4(a)的戴维南等效电路，实际上就是求该一端口电路的端口伏安关系。

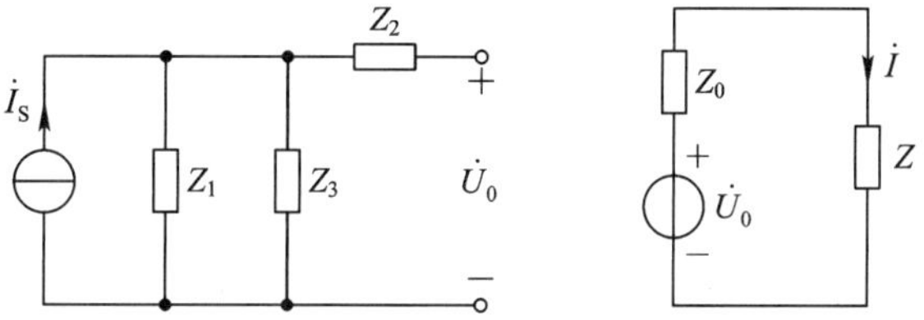

(a) 等效前一端口电路　　(b) 戴维南等效电路

图 3.5-4　例 3.5-2 图(二)

戴维南开路电压为

$$\dot{U}_0=\dot{I}_S(Z_1 /\!/ Z_3)\approx 84.86\angle 45^\circ\ \text{V}$$

戴维南等效阻抗为

$$Z_0=Z_1 /\!/ Z_3+Z_2=15-j45\ \Omega$$

根据以上求得的开路电压 $\dot{U}_0$ 和戴维南等效电阻 Z_0，于是得其戴维南等效电路，如图 3.5-4(b)所示。根据图 3.5-4(b)可得

$$\dot{I}=\frac{\dot{U}_0}{Z_0+Z}=\frac{84.86\angle 45^\circ}{15-j45+45}\approx 1.13\angle 81.9^\circ\text{A}$$

例 3.5-3　电路如图 3.5-5(a)所示，已知 $\dot{U}_S=100\angle 45^\circ$ V，$\dot{I}_S=4\angle 0^\circ$ A，$Z_3=50\angle -30^\circ\ \Omega$，$Z_1=Z_3=50\angle 30^\circ\ \Omega$，求电流 $\dot{I}_2$。

解　(1) $\dot{I}_S$ 单独作用，$\dot{U}_S$ 置零(即 $\dot{U}_S$ 短路)，所得电路如图 3.5-5(b)所示，依据并联电路分流，得

$$\begin{aligned}\dot{I}'_2&=\dot{I}_S\frac{Z_3}{Z_2+Z_3}\\&=4\angle 0^\circ\times\frac{50\angle 30^\circ}{50\angle -30^\circ+50\angle 30^\circ}\\&=\frac{200\angle 30^\circ}{50\sqrt{3}}\approx 2.31\angle 30^\circ\text{A}\end{aligned}$$

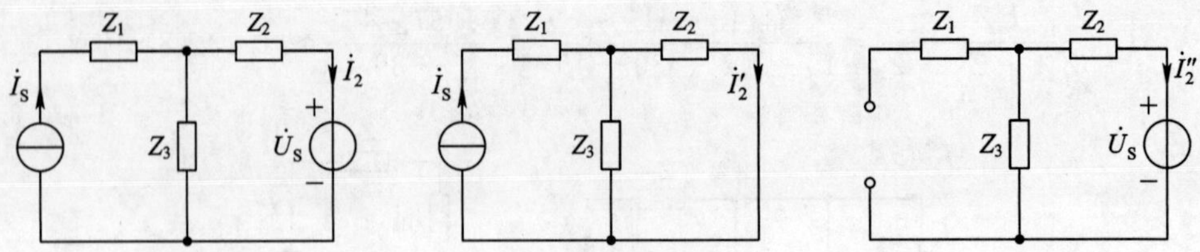

(a) 原电路 (b) $\dot{U}_S$短路时电路 (c) $\dot{I}_S$开路时电路

图 3.5-5 例 3.5-3 图

(2) $\dot{U}_S$ 单独作用，$\dot{I}_S$ 置零($\dot{I}_S$ 开路)，所得电路如图 3.5-5(c)所示，得

$$\dot{I}''_2=-\frac{\dot{U}_S}{Z_2+Z_3}=\frac{-100\angle 45^\circ}{50\sqrt{3}}=1.155\angle -135^\circ \text{ A}$$

由叠加定理，得

$$\begin{aligned}\dot{I}_2&=\dot{I}'_2+\dot{I}''_2=2.31\angle 30^\circ+1.155\angle -135^\circ\\&\approx(2+\mathrm{j}1.155)+(-0.817-\mathrm{j}0.817)\\&=1.183-\mathrm{j}0.338\\&\approx 1.23\angle -15.9^\circ \text{ A}\end{aligned}$$

注：在正弦稳态电路的相量分析法中，叠加定理仅仅适用于所有独立源频率相同的情况。如例 3.5-3 所描述的电路就是各独立源频率相同的电路。(如果频率不同，则电感和电容的电抗和电纳也不相同，其对应的相量模型中电感和电容的参数也不相同)

例 3.5-4 已知电路如图 3.5-6 所示，$Z=10+\mathrm{j}50\ \Omega$，$Z_1=400+\mathrm{j}1000\ \Omega$。问：$\beta$ 等于多少时，$\dot{I}_1$ 和 $\dot{U}_S$ 相位差为 90°。

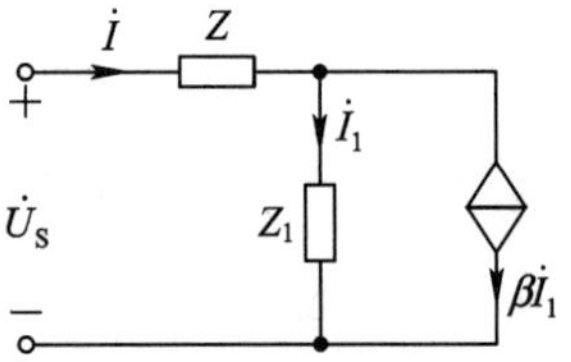

图 3.5-6 例 3.5-4 图

分析：只要找出 $\dot{I}_1$ 和 $\dot{U}_S$ 的关系，即 $\dot{U}_S=Z_{eq}\dot{I}_1$，当 Z_{eq}(等效阻抗)的实部为零时，两者的相位差为零。

解 根据图 3.5-6 列写端口的电压方程，有

$$\dot{U}_S=Z\dot{I}+Z_1\dot{I}_1=Z(1+\beta)\dot{I}_1+Z_1\dot{I}_1$$

整理上式，得

$$\frac{\dot{U}_S}{\dot{I}_1}=(1+\beta)Z+Z_1=410+10\beta+\mathrm{j}(50+50\beta+1000)$$

依据 $\dot{I}_1$ 和 $\dot{U}_S$ 相位差为 90°，得

$$410+10\beta=0$$

$$\beta=-41$$

例 3.5-5　已知电路如图 3.5-7(a)所示，$U_1=55.4$ V，$U_2=80$ V，$R_1=32$ Ω，$U=115$ V，$f=50$ Hz。求线圈的电阻 R_2 和电感 L。

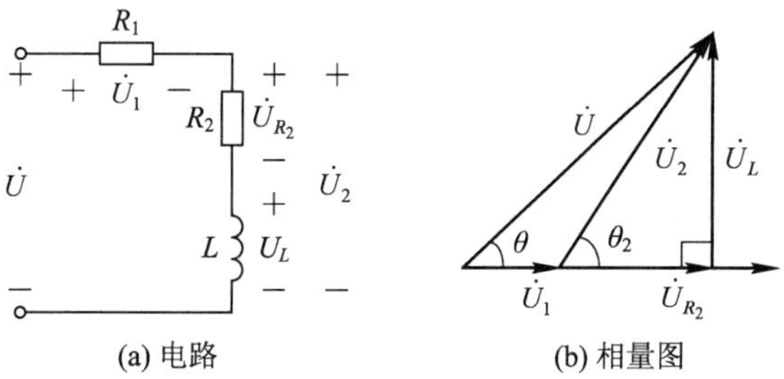

图 3.5-7　例 3.5-5 图

解　这里仅已知电压的有效值，而其相位未知，可设 $\dot{U}_1$ 的初相为零，则

$$\dot{U}_1=U_1\angle 0^\circ\ \text{V}$$

依据题设和参考相量，该例题所对应的相量图如图 3.5-7(b)所示。

在图 3.5-7(a)中，根据 KVL，得

$$\dot{U}=\dot{U}_1+\dot{U}_2=\dot{U}_1+\dot{U}_{R_2}+\dot{U}_L$$

在图 3.5-7(b)中，根据各个电压的相位关系，得

$$\begin{cases}U^2=U_L^2+(U_1+U_{R_2})^2\\U_2^2=U_L^2+U_{R_2}^2\end{cases}$$

以上方程组中两式相减，得

$$U^2-U_2^2=(U_1+U_{R_2})^2-U_{R_2}^2=U_1(U_1+2U_{R_2})$$

解得

$$U_{R_2}\approx 33.9\ \text{V},\quad U_L\approx 72.45\ \text{V},\quad I=\frac{U_1}{R_1}\approx 1.73\ \text{A}$$

所以

$$R_2\approx\frac{U_{R_2}}{I}\approx\frac{33.9}{1.73}\approx 19.6\ \Omega$$

$$\omega L=\frac{U_L}{I}=\frac{72.45}{1.73}\approx 41.88\ \Omega$$

$$L=\frac{41.88}{314}\approx 0.133\ \text{H}$$

例 3.5-6　电路如图 3.5-8 所示，$I_R=5$ A，$I_C=5$ A，电压 $U=70.7$ V，并且 $\dot{U}$ 和 $\dot{I}_L$ 同相，求 R、X_L 和 X_C。

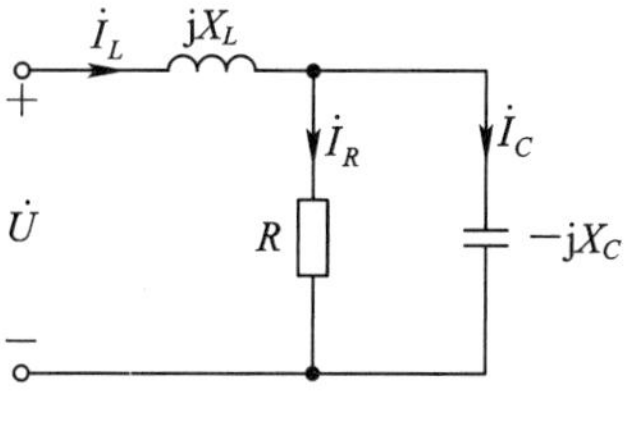

图 3.5-8　例 3.5-6 图

解　这里仅已知电压、电流的有效值，而其相位未知，可以设电阻电流 $\dot{I}_R$ 的初相为零，则

$$\dot{I}_R=5\angle 0^\circ\text{A}$$

由于电容和电阻相并联，二者电压为同一电压，电阻端电压与其电流 $\dot{I}_R$ 同相，且电容

电流超前于其电压$\frac{\pi}{2}$，因此

$$\dot{I}_C=5\angle 90^\circ=j5\ A$$

根据 KVL，有

$$\dot{I}_L=\dot{I}_R+\dot{I}_C=5+j5\approx 7.07\angle 45^\circ\ A$$

由于电压$\dot{U}$与$\dot{I}_L$同相，因此

$$\dot{U}=70.7\angle 45^\circ\approx 50+j50\ V$$

另一方面，由 KVL 有

$$\dot{U}=jX_L\dot{I}_L+R\dot{I}_R=jX_L(5+5j)+5R=5(R-X_L)+j5X_L$$

故得

$$5(R-X_L)+5jX_L=50+j50$$

这是一个复数方程，按复数相等的定义可得

$$5(R-X_L)=50$$

$$5X_L=50$$

于是可得 $X_L=10\ \Omega$，$R=20\ \Omega$。由于 R 和 X_C 的端电压相同，且 $I_C=I_R$，故 $X_C=20\ \Omega$。

3.6 正弦稳态电路的功率

3.6.1 一端口电路的功率

图 3.6-1(a)所示为无源一端口正弦稳态电路 N，在正弦稳态情况下，其端口电压、电流是同频率的正弦量。设其端口电压、电流(按关联参考方向)分别为

$$u(t)=\sqrt{2}U\cos(\omega t+\varphi_u) \tag{3.6-1}$$

$$i(t)=\sqrt{2}I\cos(\omega t+\varphi_i)=\sqrt{2}I\cos(\omega t+\varphi_u-\theta) \tag{3.6-2}$$

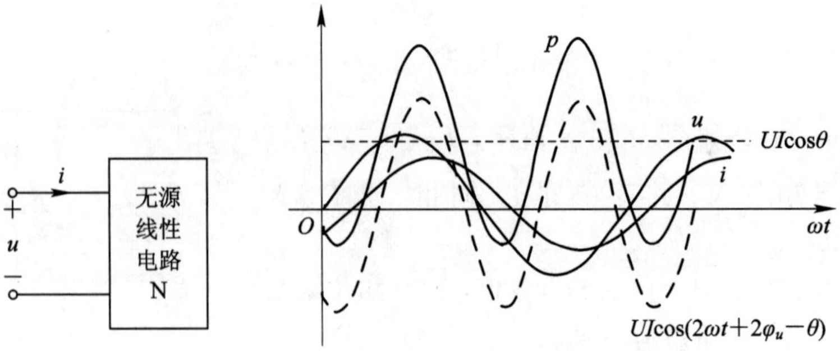

(a) 正弦稳态电路　　(b) 电压、电流和瞬时功率波形

图 3.6-1　正弦稳态电路及其波形

式(3.6－2)中，$\theta=\varphi_u-\varphi_i$，是电压 U 超前于电流 i 的相位差。如果一端口电路 N 不含有电流源，则 θ 就是阻抗角。

在任一瞬间，一端口电路 N 吸收的功率

$$\begin{aligned}p(t)&=u(t)i(t)=\sqrt{2}U\cos(\omega t+\varphi_u)\times\sqrt{2}I\cos(\omega t+\varphi_u-\theta)\\&=UI[\cos\theta+\cos(2\omega t+2\varphi_u-\theta)]\\&=UI\cos\theta+UI\cos(2\omega t+2\varphi_u-\theta)\end{aligned}\tag{3.6-3}$$

由上式可见，瞬时功率有两个分量：第一个为恒定分量；第二个为正弦分量，其频率为电压或电流频率的 2 倍。图 3.6－1(b)画出了电压 u、电流 i 和瞬时功率 p 的波形。p 有时为正，有时为负，当 $p>0$ 时，电路吸收功率，$p<0$ 时，电路发出功率。

瞬时功率也可以改写为

$$\begin{aligned}p(t)&=u(t)i(t)=\sqrt{2}U\cos(\omega t+\varphi_u)\times\sqrt{2}I\cos(\omega t+\varphi_u-\theta)\\&=UI\cos\theta[1+\cos2(\omega t+\varphi_u)]+UI\sin\theta\sin2(\omega t+\varphi_u)\end{aligned}\tag{3.6-4}$$

如果 $\theta\leqslant\pm\left|\frac{\pi}{2}\right|$，则式(3.6－4)的第一项大于或等于零，电路 N 吸收功率。式(3.6－4)中第二项时角频率为 2ω 的正弦量，它在一个周期内正负交替变化两次，这表明，电路 N 内部与外部之间周期性地能量交换。式(3.6－4)两项所表示的功率如图 3.6－2 所示。

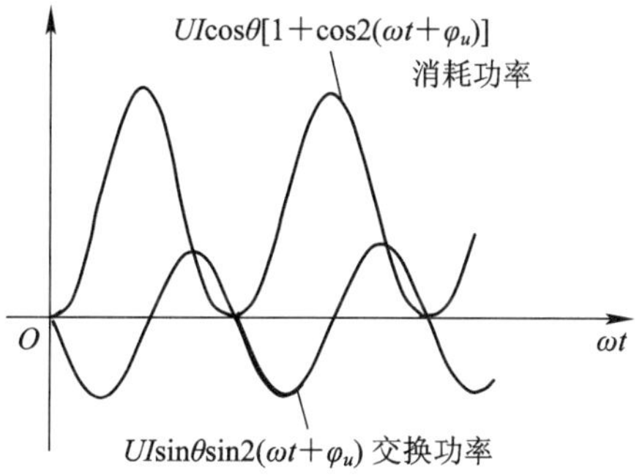

图 3.6－2　式(3.6－4)所示瞬时功率

3.6.2　平均功率、无功功率和视在功率

瞬时功率是时间的正弦函数，使用不便，不能简明地反映正弦稳态电路中能量消耗与交换的情况，因此常用平均功率、无功功率和视在功率 3 种功率概念来反映正弦稳态电路中能量消耗与交换的情况。

1. 平均功率(有功功率)P

平均功率又称为有功功率，是瞬时功率在一个周期内的平均值，即

$$P\xlongequal{\text{def}}\frac{1}{T}\int_0^T p(t)\,\mathrm{d}t\tag{3.6-5}$$

式中 T 为电压(或电流)的周期。对于正弦量而言，将式(3.6－3)代入上式，得

$$P=\frac{1}{T}\int_0^T UI\cos\theta\mathrm{d}t+\frac{1}{T}\int_0^T UI\cos(2\omega t+2\varphi_u-\theta)\mathrm{d}t$$

由于是在一个周期内积分，故上式第二项积分为零，于是得平均功率

$$P=UI\cos\theta=\frac{1}{2}U_{\mathrm{m}}I_{\mathrm{m}}\cos\theta \tag{3.6-6}$$

可见，在正弦稳态情况下，平均功率 P 不仅与电压、电流的有效值(或振幅)有关，而且与电压和电流的相位差 θ 和余弦 $\cos\theta$ 有关。平均功率或有功功率的单位是 W(瓦)。$\cos\theta$ 称为功率因数，用 λ 表示，即 $\lambda=\cos\theta$。$\theta=\varphi_u-\varphi_i$，称为功率因数角，对无源网络，为其等效阻抗的阻抗角 θ_z。一般有 $0\leqslant\cos\theta\leqslant1$，且 $\cos\theta=1$ 时电路为纯电阻电路，$\cos\theta=0$ 时电路为纯电抗电路。另外，$\theta>0$ 时，电路感抗 $X>0$，电路呈感性，$\theta<0$ 时，电路感抗 $X<0$，电路呈容性。

例如已知 $\cos\theta=0.5$(感性)，则 $\theta=60°$(电压超前电流 60°)。

可见，电路在正弦稳态情况下，平均功率实际上是电阻消耗的功率，亦称为有功功率，表示电路实际消耗的功率，它不仅与电压、电流的有效值有关，而且与 $\cos\theta$ 有关。这是交流电路和直流电路的区别之处，主要是由于电压、电流存在相位差。

2. 无功功率 Q

无功功率

$$Q\overset{\mathrm{def}}{=\!=}UI\sin\theta=\frac{1}{2}U_{\mathrm{m}}I_{\mathrm{m}}\sin\theta \tag{3.6-7}$$

它是式(3.6-4)中正弦量 $UI\sin\theta\sin2(\omega t+\varphi_u)$的最大值。无功功率反映了一端口电路 N 内部与外部交换能量的最大值。无功功率只是一个计算量，并不表示做功的情况。

如果电路 N 中不含独立源，θ 就是阻抗角 θ_Z，则式(3.6-6)可写为

$$P=UI\cos\theta_Z=\frac{1}{2}U_{\mathrm{m}}I_{\mathrm{m}}\cos\theta_Z \tag{3.6-8}$$

故式(3.6-7)可写为

$$Q=UI\sin\theta_Z=\frac{1}{2}U_{\mathrm{m}}I_{\mathrm{m}}\sin\theta_Z \tag{3.6-9}$$

无功功率反映了一端口电路 N 与外部交换功率的最大值，单位为 var (乏)。Q 的大小反映电路 N 与外电路交换功率的大小，是由储能元件 L、C 决定的。

下面分析 R、L、C 元件的有功功率和无功功率，电路如图 3.6-3 所示。

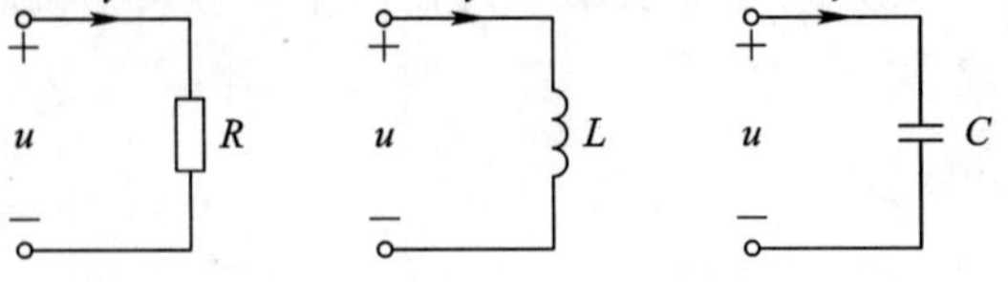

图 3.6-3 有功功率和无功功率分析电路

对于电阻 R 有

$$P_R = UI\cos\theta = UI\cos0^\circ = UI = I^2R = \frac{U^2}{R}$$

$$Q_R = UI\sin\theta_Z = UI\sin0^\circ = 0$$

由于电阻 u、i 同相，故 $Q_R=0$，即电阻只吸收(消耗)功率，不发出功率。

对于电感 L 有

$$P_L = UI\cos\theta = UI\cos90^\circ = 0$$

$$Q_L = UI\sin\theta_Z = UI\sin90^\circ = UI$$

由于电感 u 超前 i 90°，故 $P_L=0$，即电感不消耗功率。

对于电容 C 有

$$P_C = UI\cos\theta = UI\cos90^\circ = 0$$

$$Q_C = UI\sin\theta_Z = UI\sin(-90^\circ) = -UI$$

由于电容 i 超前 u 90°，故 $P_C=0$，即电容不消耗功率。

3. 视在功率 S

视在功率

$$S \overset{\text{def}}{=} UI = \frac{1}{2}U_m I_m \tag{3.6-10}$$

即 S 等于电压与电流有效值的乘积，其单位为 VA(伏安)。

视在功率反映电气设备的容量。由于像发电机、变压器等电气设备，其功率因数 $\cos\theta$ 取决于负载情况，对应不同负载其传输的有功功率也会不同。例如某变压器的容量为 560 kVA，如果负载是纯电阻，则 $\lambda=\cos\theta=1$，其传输的有功功率为 560 kW；如果负载是感性的，如 $\lambda=\cos\theta=0.5$ 时，它传输的有功功率为 280 kW。因此这类设备只能用视在功率 S 来衡量其容量。

例 3.6-1　已知电路如图 3.6-4 所示，电动机平均功率 $P_D=1000$W，其功率因数 $\cos\theta_D=0.8$(感性)，$U=220$ V，$f=50$ Hz，$C=30$ μF。求负载电路的功率因数。

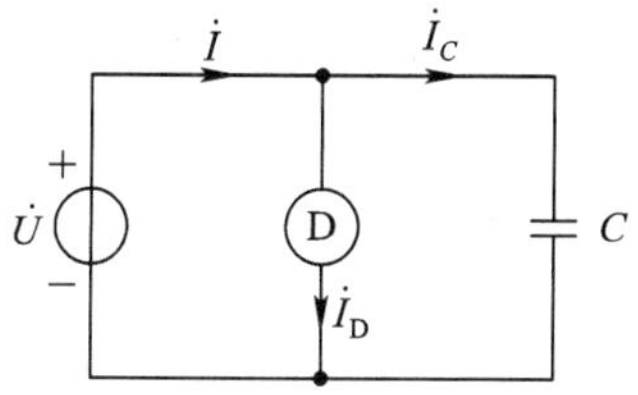

图 3.6-4　例 3.6-1 图

解　由平均功率 $P=UI\cos\theta$，以及根据题设条件，可得

$$I_D = \frac{P_D}{U\cos\theta_D} = \frac{1000}{220\times0.8} \approx 5.68\ \text{A}$$

因为 $\cos\theta_D=0.8$，从而 $\theta_D\approx36.8^\circ$，所以设 $\dot{U}=220\angle0^\circ$，可得

$$\dot{I}_D = 5.68\angle-36.8^\circ,\ \dot{I}_C = 220\angle0^\circ \div \text{j}\omega C = \text{j}2.08$$

$$\dot{I} = \dot{I}_D + \dot{I}_C = 4.54 - \text{j}1.33 \approx 4.73\angle-16.3^\circ$$

故有

$$\cos\theta = \cos[0^\circ - (-16.3^\circ)] \approx 0.96$$

根据有功功率 $P=UI\cos\theta$，单位是 W，无功功率 $Q=UI\sin\theta$，单位是 var，视在功率 $S=UI$，单位是 VA，于是可得

$$S = \sqrt{P^2+Q^2} \tag{3.6-11}$$

根据式(3.6-11)，画出功率三角形如图 3.6-5 所示。

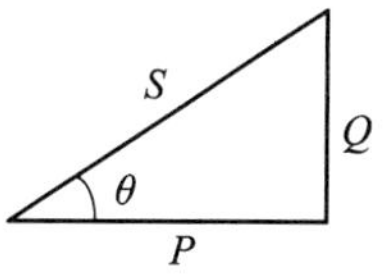

图 3.6-5　功率三角形

3.6.3 复功率

为了计算方便，引入复功率概念，即将有功功率 P 与无功功率 Q 组成一个复数，称为复功率。因为复功率既不同于相量($\dot{U}$, $\dot{I}$)，又不同于阻抗(导纳)类型的复数，因此，复功率用 $\tilde{S}$ 表示，即

$$\tilde{S}=P+\mathrm{j}Q \tag{3.6-12}$$

将式(3.6-6)和式(3.6-7)代入式(3.6-12)，并考虑到 $\theta=\varphi_u-\varphi_i$，可得

$$\tilde{S}=UI\cos\theta+\mathrm{j}UI\sin\theta=UI\mathrm{e}^{\mathrm{j}\theta}=UI\mathrm{e}^{\mathrm{j}(\varphi_u-\varphi_i)}=U\mathrm{e}^{\mathrm{j}\varphi_u}I\mathrm{e}^{-\mathrm{j}\varphi_i}=\dot{U}\dot{I}^*$$

在用相量法分析正弦稳态电路时，式(3.6-1)中的电压 u 和式(3.6-2)中的电流 i，其相量分别为 $\dot{U}=U\mathrm{e}^{\mathrm{j}\varphi_u}$ 和 $\dot{I}=I\mathrm{e}^{\mathrm{j}\varphi_i}$，因此电流相量 $\dot{I}$ 的共轭为 $\dot{I}^*=I\mathrm{e}^{-\mathrm{j}\varphi_i}$。于是，一端口电路 N 的复功率可写为

$$\tilde{S}=\dot{U}\dot{I}^*=S\mathrm{e}^{\mathrm{j}\theta}=P+\mathrm{j}Q \tag{3.6-13}$$

可见，视在功率 S 是复功率的模，其辐角为 θ(如电路 N 内不含独立源，则 $\theta=\theta_Z$)，且复功率的实部为有功功率 P，其虚部为无功功率 Q。

功率与阻抗、导纳的关系为

$$\begin{cases}\tilde{S}=\dot{U}\dot{I}^*=Z\dot{I}\cdot\dot{I}^*=ZI^2=|Z|I^2\angle\theta_Z=RI^2+\mathrm{j}XI^2\\ P=RI^2,\ Q=XI^2,\ S=|Z|I^2\\ \tilde{S}=\dot{U}\dot{I}^*=\dot{U}(\dot{U}Y)^*=\dot{U}\dot{U}^*Y^*=U^2Y^*=U^2|Y|\angle-\theta_Y=U^2G-\mathrm{j}U^2B\\ P=U^2G,\ Q=-U^2B,\ S=U^2|Y|\end{cases}$$

例 3.6-2 已知电路如图 3.6-6 所示，求各支路的复功率。

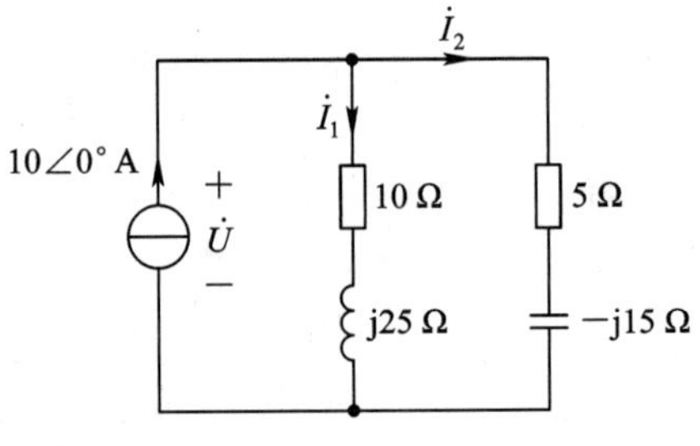

图 3.6-6 例 3.6-2 图

解法一：

$$\dot{U}=10\angle0°\times[(10+\mathrm{j}25)\,/\!/\,(5-\mathrm{j}15)]\approx236\angle(-37.1°)\ \mathrm{V}$$

$$\tilde{S}_{发}=236\angle(-37.1°)\times10\angle0°\approx1882-\mathrm{j}1424\ \mathrm{VA}$$

$$\tilde{S}_{1吸}=U^2Y_1^*=236^2\left(\frac{1}{10+\mathrm{j}25}\right)^*\approx768+\mathrm{j}1920\ \mathrm{VA}$$

$$\tilde{S}_{2吸}=U^2Y_2^*=236^2\left(\frac{1}{5-\mathrm{j}15}\right)^*\approx1114-\mathrm{j}3344\ \mathrm{VA}$$

解法二：

$$\dot{I}_1=10\angle0°\times\frac{5-\mathrm{j}15}{10+\mathrm{j}25+5-\mathrm{j}15}\approx8.77\angle(-105.3°)\ \mathrm{A}$$

$$\dot{I}_2=\dot{I}_S-\dot{I}_1=14.94\angle34.5°\ \mathrm{A}$$

$$\widetilde{S}_{1吸}=I_1^2Z_1=8.77^2\times(10+j25)\approx 768+j1920\ \text{VA}$$

$$\widetilde{S}_{2吸}=I_2^2Z_2=14.94^2\times(5-j15)\approx 1114-j3344\ \text{VA}$$

$$\widetilde{S}_{发}=\dot{I}_S^*\cdot\dot{I}_1Z_1=10\times 8.77\angle(-105.3^\circ)(10+j25)$$
$$\approx 1882-j1424\ \text{VA}$$

例 3.6-3　电路如图 3.6-7 所示，已知 $U=100$ V，$I=100$ mA，电路吸收的功率 $P=6$ W，$X_{L1}=1.25$ kΩ，$X_C=0.76$ kΩ。若电路呈感性，求 r 和 X_L。

解　由平均功率 $P=UI\cos\theta$，以及根据题设条件，可得

$$\cos\theta=\frac{P}{UI}=\frac{6}{10}=0.6$$

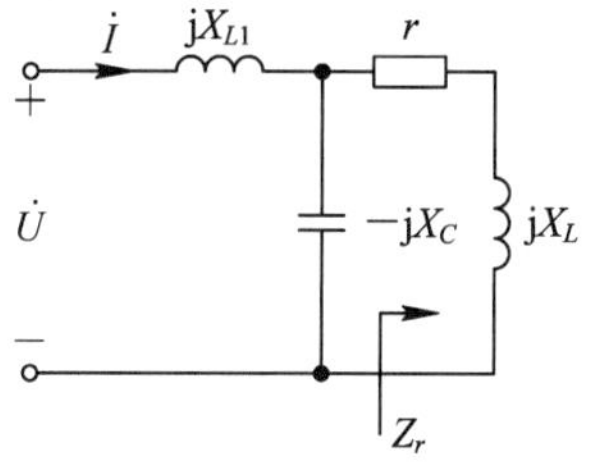

图 3.6-7　例 3.6-3 图

由于电路呈感性，故 $\theta\approx 53.13^\circ$。则有

$$Z=\frac{U}{I}e^{j53.13^\circ}=10^3\times 0.6+j10^3\times 0.8=600+j800$$

$$Z_1=Z-jX_{L1}=600+j800-j1250=600-j400$$

由于

$$\frac{1}{Z_1}=\frac{1}{-jX_C}+\frac{1}{Z_r}$$

因此

$$Z_r=\frac{Z_1jX_C}{Z_1+jX_C}=\frac{(600-j450)j450}{600-j450+j450}=\frac{(600-j450)j450}{600}=81+j450$$

可得 $r=81\ \Omega$，$X_L=450\ \Omega$。

例 3.6-4　电路如图 3.6-8 所示，已知 $i(t)=100\sqrt{2}\cos(10^3t+30^\circ)$ mA，电路吸收的功率 $P=10$ W，功率因数为$\frac{\sqrt{2}}{2}$，求电阻 R 和电压 $u(t)$。

解　根据已知条件可得

$$I=100\ \text{mA}=0.1\ \text{A},\ P=I^2R$$

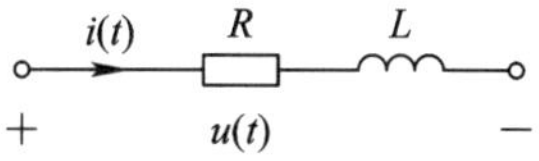

图 3.6-8　例 3.6-4 图

故

$$R=\frac{P}{I^2}=\frac{10}{0.1^2}=1000\ \Omega$$

又 $P=UI\cos\theta$，故

$$U=\frac{P}{I\cos\theta}=\frac{10}{0.1\times\frac{\sqrt{2}}{2}}=100\sqrt{2}\ \text{V}$$

由于功率因数 $\cos\theta=\frac{\sqrt{2}}{2}$，且电路是感性的，因此 $\theta=45^\circ$，故

$$\varphi_u=\theta+\varphi_i=45^\circ+30^\circ=75^\circ$$

所以

$$u(t)=200\cos(10^3t+75^\circ)\ \text{V}$$

3.6.4 最大功率传输条件

电路在正弦稳态情况下，负载阻抗满足什么条件才能从给定电源获得最大功率呢？下面以图 3.6-9(a)所示含源一端口电路 N 向负载 Z_L 传输功率电路为例进行分析。根据戴维南定理，图 3.6-9(a)所示的电路可以简化为图 3.6-9(b)所示的电路。

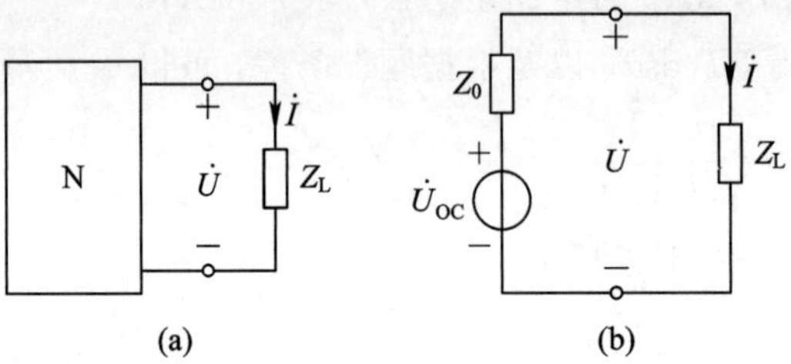

图 3.6-9　功率传输示意电路

设

$$Z_0 = R_0 + jX_0,\ Z_L = R_L + jX_L$$

则电路中电流相量

$$\dot{I} = \frac{\dot{U}_{OC}}{Z_0 + Z_L}$$

电流的有效值为

$$I = \frac{U_{OC}}{\sqrt{(R_0 + R_L)^2 + (X_0 + X_L)^2}} \tag{3.6-14}$$

负载吸收的平均功率为

$$P_L = R_L I^2 = \frac{R_L U_{OC}^2}{(R_0 + R_L)^2 + (X_0 + X_L)^2} \tag{3.6-15}$$

下面根据负载变化分两种情况进行分析。

(1) 当 $Z_L = R_L + jX_L$ 可任意改变时。

① 讨论 R_L 不变，仅 X_L 改变时，负载获得的功率最大值。

显然，当 $X_0 + X_L = 0$，即 $X_L = -X_0$ 时，负载可获得功率最大，这时最大功率

$$P_{Lm} = \frac{R_L U_{OC}^2}{(R_0 + R_L)^2} \tag{3.6-16}$$

② 讨论 $X_L = -X_0$，R_L 改变时，负载获得的功率最大值。

在 $X_L = -X_0$ 的条件下，调节 R_L 使负载功率最大，即可将式(3.6-16)对 R_L 求导，并令其导数等于零，即当

$$R_L = R_0 \tag{3.6-17}$$

时，负载获得的功率最大，将式(3.6-17)代入式(3.6-16)，得

$$P_{Lm} = \frac{U_{OC}^2}{4R_0} \tag{3.6-18}$$

综合上述分析，可得负载上获得最大功率的条件是

$$Z_L = Z_0^*$$

即

$$\begin{cases} R_L = R_0 \\ X_L = -X_0 \end{cases} \tag{3.6-19}$$

式(3.6-19)称为共轭匹配或最大功率匹配。

(2) 当负载阻抗的实部和虚部以相同的比例增大或减小时，实际上是阻抗角保持不变，阻抗的模值发生变化。

设电源内部阻抗

$$Z_0 = R_0 + jX_0 = |Z_0| \angle\theta_0 = |Z_0|\cos\theta_0 + |Z_0|\sin\theta_0$$

式中，$|Z_0|$为电源内部阻抗 Z_0 的模值，θ_0 为其辐角。

设负载阻抗为

$$Z_L = R_L + jX_L = |Z_L| \angle\theta = |Z_L|\cos\theta_L + |Z_L|\sin\theta_L$$

式中，$|Z_L|$为负载阻抗 Z_L 的模值，θ_L 为其辐角。其中$|Z_L|$可变，θ_L 不变，此时负载获得的最大功率为

$$P'_{Lm} = \frac{\cos\theta_L U_{OC}^2}{2|Z_0| + 2(R_0\cos\theta + X_0\sin\theta_L)} \tag{3.6-20}$$

证明如下：

$$\begin{aligned} P_L &= \frac{R_L U_{OC}^2}{(R_0+R_L)^2 + (X_0+X_L)^2} \\ &= \frac{|Z_L|\cos\theta_L U_{OC}^2}{R_0^2 + 2R_0R_L + R_L^2 + X_0^2 + 2X_0X_L + X_L^2} \\ &= \frac{|Z_L|\cos\theta_L U_{OC}^2}{|Z_0|^2 + |Z_L|^2 + 2R_0|Z_L|\cos\theta_L + 2X_0|Z_L|\sin\theta_L} \\ &= \frac{\cos\theta_L U_{OC}^2}{\dfrac{|Z_0|^2}{|Z_L|} + |Z_L| + 2(R_0\cos\theta_L + X_0\sin\theta_L)} \end{aligned} \tag{3.6-21}$$

如果 θ_L 保持不变，而调节 Z_L 的模$|Z_L|$，由式(3.6-21)可见，由于分子分母中的第三项都不是$|Z_L|$的函数，因此，当分母中前两项(即$\dfrac{|Z_0|^2}{|Z_L|}+|Z_L|$)为最小时，$P_L$ 为最大。于是，由

$$\frac{d}{d|Z_L|}\left(\frac{|Z_0|^2}{|Z_L|} + |Z_L|\right) = \frac{-|Z_0|^2}{|Z_L|^2} + 1 = 0$$

得$|Z_0|^2 = |Z_L|^2$，即

$$|Z_L| = |Z_0| = \sqrt{R_0^2 + X_0^2} \tag{3.6-22}$$

时，负载 Z_L 获得的功率最大。将式(3.6-22)代入式(3.6-21)，得此时的最大功率为

$$P'_{Lm} = \frac{\cos\theta_0 U_{OC}^2}{2|Z_0| + 2(R_0\cos\theta_0 + X_0\sin\theta_0)} \tag{3.6-23}$$

这种情况常称为模匹配。显然，如果负载为纯电阻 R_L，则有

$$|Z_L|=R_L=|Z_0|=\sqrt{R_0^2+X_0^2}$$

此时获得的最大功率可表示为

$$P'_{Lm}=\frac{\cos\theta_0 U_{OC}^2}{2|Z_0|[1+\cos 2\theta_0]}=\frac{U_{OC}^2}{4|Z_0|\cos\theta_0}=\frac{U_{OC}^2}{4R_0}$$

例 3.6-5 如图电路 3.6-10(a)所示，在下列情况下，如何选择负载 Z_L 才能使负载吸收的功率最大？并求此时的功率。

(1) 如果负载由 R_L 和 X_L 串联组成，即 $Z_L=R_L+jX_L$；

(2) 如果负载是纯电阻 R_L，即 $Z_L=R_L$。

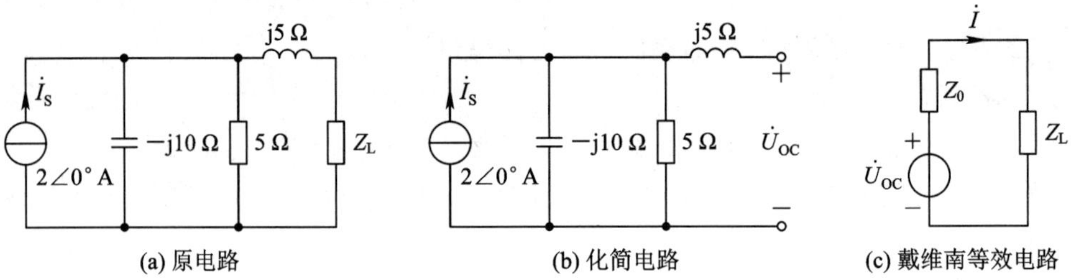

图 3.6-10 例 3.6-5 图

解 将图 3.6-10(a)所示电路中除 Z_L 以外部分看作是一端口电路，如图 3.6-10(b)所示。按图 3.6-10(b)，求其戴维南等效电路的开路电压和等效阻抗分别为

$$\dot{U}_{OC}=(-j10 /\!/ 5)\dot{I}_S=(4-j2)\dot{I}_S\approx 4\sqrt{5}\angle-26.6°\ (V)$$

$$Z_{eq}=j5+5 /\!/ (-j10)=4+j3\approx 5\angle 36.9°$$

于是可画出其戴维南等效电路，如图 3.6-10(c)所示。

(1) 如果 $Z_L=R_L+jX_L$，由式(3.6-18)和式(3.6-19)可得 $Z_L=Z_{eq}^*=4-j3\Omega$ 时负载获得最大功率，即

$$P_{Lm}=\frac{U_{OC}^2}{4R_{eq}}=\frac{(4\sqrt{5})^2}{4\times 4}=5\ W$$

(2) 如果负载为纯电阻，即 $Z_L=R_L$。由式(3.6-21)可知，当 $|Z_L|=R_L=|Z_S|=5\ \Omega$ 时，负载可获得最大功率。这时的电流为

$$\dot{I}_L=\frac{\dot{U}_{OC}}{Z_{eq}+R_L}=\frac{4\sqrt{5}\angle-26.6°}{4+j3+5}$$

它的模为

$$|I_L|=\frac{4\sqrt{5}}{3\sqrt{10}}=\frac{2\sqrt{2}}{3}\ A$$

此时最大功率为

$$P'_{Lm}=I_L^2R_L=\frac{8}{9}\times 5=\frac{40}{9}\approx 4.44\ W$$

3.7 互感耦合电路

3.7.1 耦合电感

耦合电感(互感)是实际互感线圈的理想化模型，其工作原理是单个电感的延伸。

如有两个靠近的线圈，如图 3.7-1 所示，设线圈 1 有 N_1 匝，线圈 2 有 N_2 匝，当线圈 1 中通电流 i_1 时，则在线圈 1 中会激发磁通 Φ_{11}，称自磁通。在线圈密绕的情况下，Φ_{11} 与线圈 1 的各匝都相互交链，这时有

$$\Psi_{11}=N_1\Phi_{11}=L_1 i_1 \tag{3.7-1}$$

式中：Ψ_{11} 称为线圈 1 的自感磁通链(简称自磁链)；L_1 称线圈 1 的自感。由于两个线圈离得比较近，因此线圈 1 产生的磁通 Φ_{11} 的一部分 Φ_{21}(显然 $\Phi_{21}\leqslant\Phi_{11}$)也通过线圈 2，$\Phi_{21}$ 称为互磁通。在线圈密绕的情况下，Φ_{21} 与线圈 2 的各匝都相互交链，有

$$\Psi_{21}=N_2\Phi_{21}=M_{21} i_1 \tag{3.7-2}$$

式中：Ψ_{21} 称为线圈 2 的互感磁通链(简称互磁链)；M_{21} 称线圈 1 与线圈 2 的互感。

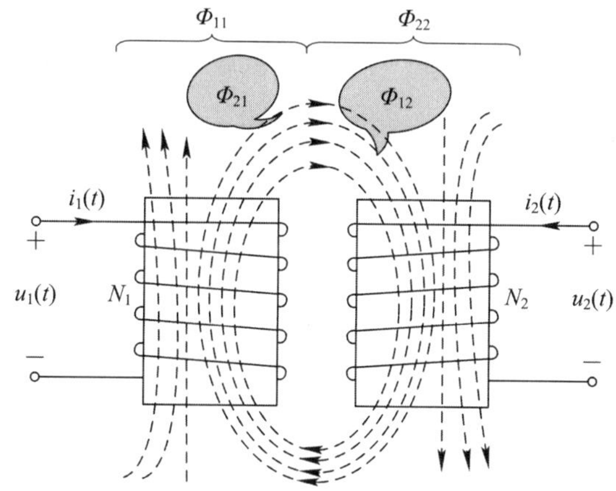

图 3.7-1　互感示意图

同样地，当线圈 2 中通电流 i_2 时，在线圈 2 中产生自感磁通 Φ_{22}，称自磁通，并有一部分磁通 Φ_{12}(显然 $\Phi_{12}\leqslant\Phi_{22}$)也通过线圈 1，且均相交链，于是线圈 2 的自磁链 Ψ_{11} 和线圈 2 对线圈 1 的互感磁链 Ψ_{12} 分别为

$$\Psi_{22}=N_2\Phi_{22}=L_2 i_2 \tag{3.7-3}$$

$$\Psi_{12}=N_1\Phi_{12}=M_{12} i_2 \tag{3.7-4}$$

式中：Ψ_{22} 称为线圈 2 的自感磁通链(简称自磁链)；L_2 称线圈 2 的自感；Ψ_{12} 称为线圈 1 的互感磁通链(简称互磁链)；M_{12} 称为线圈 2 与线圈 1 的互感。可以证明，在线性条件下，有

$$M_{12}=M_{21}=M \tag{3.7-5}$$

因此，以后不再区分 M_{12}、M_{21}，统称互感 M，单位是 H (亨)。

工程上为了定量描述两线圈的耦合松紧程度，将两线圈互磁链与自磁链之比的几何均值定义为耦合系数，用 k 表示，即有

$$k \stackrel{\text{def}}{=\!=} \sqrt{\frac{\Psi_{21}}{\Psi_{11}} \cdot \frac{\Psi_{12}}{\Psi_{22}}} \tag{3.7-6}$$

将式(3.7-1)~(3.7-5)代入上式，可得耦合系数

$$k = \sqrt{\frac{\Phi_{21}}{\Phi_{11}} \cdot \frac{\Phi_{12}}{\Phi_{22}}} = \frac{M}{\sqrt{L_1 L_2}} \tag{3.7-7}$$

由式(3.7-7)可见，耦合系数 k 的大小与线圈的结构、相互位置以及周围的磁介质有关。由于 $\Phi_{21} \leqslant \Phi_{11}$，$\Phi_{12} \leqslant \Phi_{22}$，故 $0 \leqslant k \leqslant 1$，$M^2 \leqslant L_1 L_2$。当 $k=0$ 时，$M=0$，两线圈互不影响，称无耦合；当 $k=1$ 时，$M^2 = L_1 L_2$，称为全耦合。

3.7.2 耦合电感的伏安关系

由上节分析可知，耦合电感的各线圈中的总磁链包含自磁链和互磁链两部分。对于图 3.7-2(a)所示的两个线圈，其自感磁通与互感磁通方向一致，人们称之为磁通相助。设线圈 1 和线圈 2 的总磁通分别为 Ψ_1 和 Ψ_2，则有

$$\begin{cases} \Psi_1 = \Psi_{11} + \Psi_{12} = L_1 i_1 + M i_2 \\ \Psi_2 = \Psi_{22} + \Psi_{21} = L_2 i_2 + M i_1 \end{cases} \tag{3.7-8}$$

设各线圈端口电压、电流参考方向关联，则根据电磁感应定律，两个线圈的端口电压分别为

$$\begin{cases} u_1(t) = \dfrac{\mathrm{d}\Psi_1}{\mathrm{d}t} = L_1 \dfrac{\mathrm{d}i_1}{\mathrm{d}t} + M \dfrac{\mathrm{d}i_2}{\mathrm{d}t} \\ u_2(t) = \dfrac{\mathrm{d}\Psi_2}{\mathrm{d}t} = L_2 \dfrac{\mathrm{d}i_2}{\mathrm{d}t} + M \dfrac{\mathrm{d}i_1}{\mathrm{d}t} \end{cases} \tag{3.7-9}$$

(a) 磁通相助　　　　　　　　　(b) 磁通相消

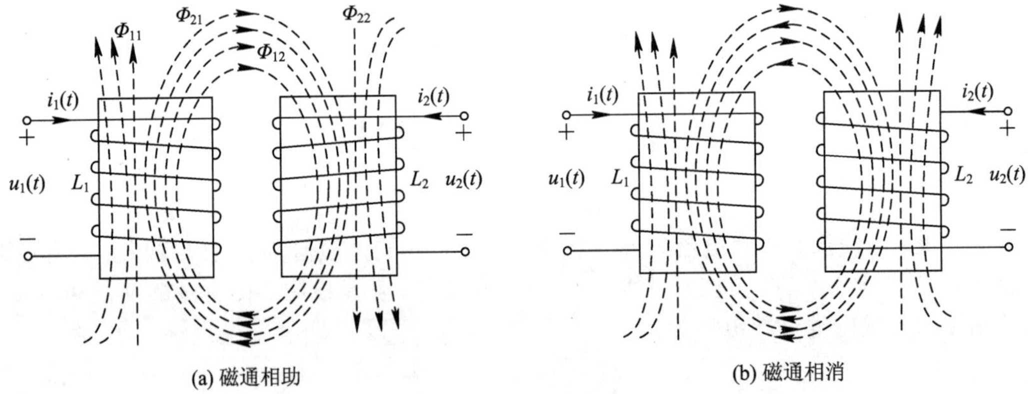

图 3.7-2　耦合电感

若改变线圈 2 的绕向，如图 3.7-2(b)所示。则自磁通与互磁通方向相反，称为磁通相消。这种情况下两线圈的总磁链分别为

$$\begin{cases} \Psi_1 = \Psi_{11} - \Psi_{12} = L_1 i_1 - M i_2 \\ \Psi_2 = \Psi_{22} - \Psi_{21} = L_2 i_2 - M i_1 \end{cases} \tag{3.7-10}$$

两线圈的端口电压分别为

$$\begin{cases} u_1(t)=\dfrac{d\Psi_1}{dt}=L_1\dfrac{di_1}{dt}-M\dfrac{di_2}{dt} \\ u_2(t)=\dfrac{d\Psi_2}{dt}=L_2\dfrac{di_2}{dt}-M\dfrac{di_1}{dt} \end{cases} \tag{3.7-11}$$

上述分析表明：当耦合电感线圈通以电流时，各线圈的总磁链是自感磁通链与互感磁链的代数和，且耦合电感上的电压等于自感电压与互感电压的代数和；在线圈电压、电流参考方向关联的条件下，当磁通相助时，互感电压前取“＋”号，当磁通相消时，互感电压前取“－”号。

耦合电感是磁通相消还是相助，除与线圈上电流的方向有关外，还与两线圈的相对绕向有关。在实际应用中，耦合线圈是密封的，且在电路图中不便画出，为此，人们规定一种称为同名端的标志。根据同名端和电流的参考方向就可判定耦合电感是磁通相助还是相消。

同名端的规定：当电流从两线圈各自的某端子同时流入(或同时流出)时，若两线圈产生的磁通相助，则称这两个端子是耦合电感的同名端，并标记“·”或“*”。反之就是异名端。

如图 3.7-3(a)所示，若电流 i_1 从 a 端流入，i_2 从 c 端流入，这时它们产生的磁通是相助的，故 a、c 端为同名端，用“·”标出。显然，b、d 端也是同名端。a、d，b、c 端则是异名端。标定了同名端以后，图 3.7-3(a)所示的耦合线圈可用图 3.7-3(b)所示的电路模型表示。

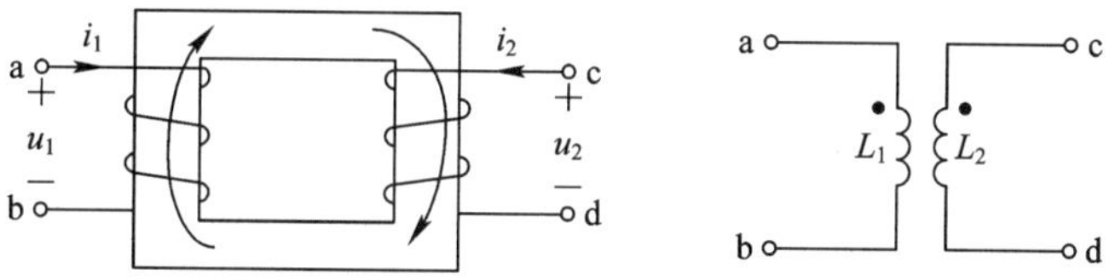

(a) 耦合线圈　　(b) 电路模型

图 3.7-3　耦合电感的同名端示意图

同理，如图 3.7-4(a)所示，若电流 i_1 从 a 端流入，i_2 从 c 端流入，这时它们产生的磁通是相消的，故 a、c 端为异名端，而 a、d 端为同名端，用“·”标出。显然，b、c 是同名端，b、d 端是异名端。标定了同名端以后，图 3.7-4(a)所示的耦合线圈可用图 3.7-4(b)所示的电路模型表示。

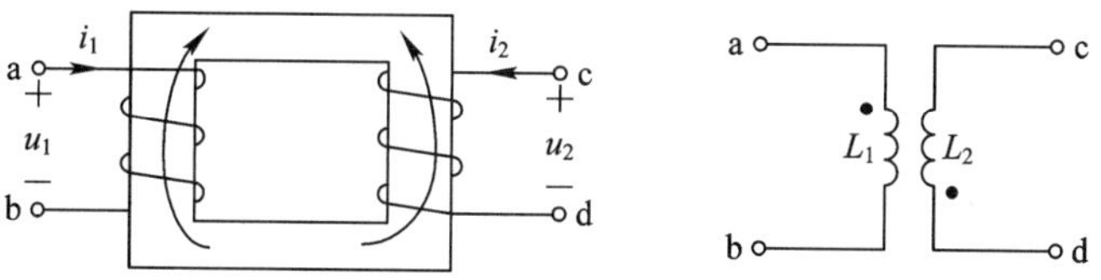

(a) 耦合线圈　　(b) 电路模型

图 3.7-4　耦合电感的异名端示意图

综上所述，可得如下结论：

在耦合电感的端口电压和电流均取关联参考方向的条件下，若电流均从同名端流入，如图 3.7-3(b)所示，则互感电压与自感电压极性同相，互感电压取“＋”号，即

$$\begin{cases} u_1 = L_1 \dfrac{di_1}{dt} + M \dfrac{di_2}{dt} \\ u_2 = L_2 \dfrac{di_2}{dt} + M \dfrac{di_1}{dt} \end{cases} \quad \forall t \tag{3.7-12}$$

若两电流同时从异名端流入时，如图 3.7-4(b)所示，则互感电压与自感电压极性相反，互感电压取“−”号，即

$$\begin{cases} u_1 = L_1 \dfrac{di_1}{dt} - M \dfrac{di_2}{dt} \\ u_2 = L_2 \dfrac{di_2}{dt} - M \dfrac{di_1}{dt} \end{cases} \quad \forall t \tag{3.7-13}$$

例 3.7-1 互感耦合电感电路如图 3.7-5(a)和图 3.7-5(b)所示，写出其耦合电感的伏安关系。

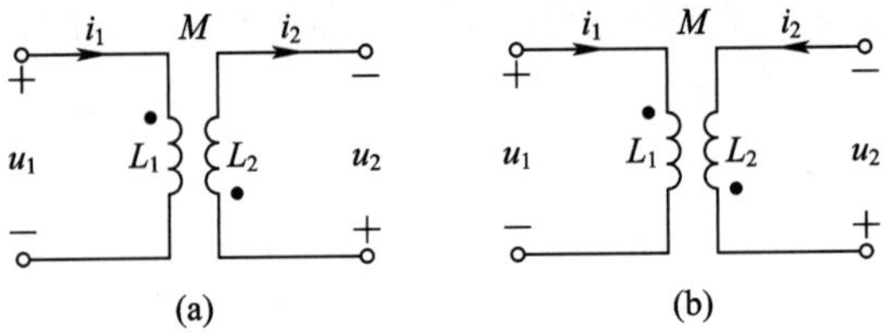

图 3.7-5 例 3.7-1 图

解 (1) 图 3.7-5(a)电路耦合电感的伏安关系。

① 首先判断端口的电压、电流是否关联。因图 3.7-5 (a)所示电路电压、电流参考方向关联，故有

$$\begin{cases} u_1 = L_1 \dfrac{di_1}{dt} \ ? \ M \dfrac{di_2}{dt} \\ u_2 = L_2 \dfrac{di_2}{dt} \ ? \ M \dfrac{di_1}{dt} \end{cases}$$

② 判断电流是否同时流入同名端。因图 3.7-5 (a)所示电路的电流是同时流入同名端的，故上式中“?”取“+”，即有

$$\begin{cases} u_1 = L_1 \dfrac{di_1}{dt} + M \dfrac{di_2}{dt} \\ u_2 = L_2 \dfrac{di_2}{dt} + M \dfrac{di_1}{dt} \end{cases}$$

(2) 图 3.7-5(b)电路耦合电感的伏安关系。

① 首先判断端口的电压、电流参考方向是否关联。图 3.7-5 (b)所示电路中 L_1 上电压、电流参考方向关联，而 L_2 上电压、电流参考方向非关联，因而需要先将其变为关联，如图 3.7-5(b)中所示。则有

$$\begin{cases} u_1 = L_1 \dfrac{di_1}{dt} \ ? \ M \dfrac{di_2}{dt} \\ -u_2 = L_2 \dfrac{di_2}{dt} \ ? \ M \dfrac{di_1}{dt} \end{cases}$$

② 因图 3.7-5 (b)所示电路的电流同时流入异名端，故上式中“?”取“−”，即

$$\begin{cases} u_1 = L_1 \dfrac{di_1}{dt} - M \dfrac{di_2}{dt} \\ -u_2 = L_2 \dfrac{di_2}{dt} - M \dfrac{di_1}{dt} \end{cases}$$

根据例 3.7-1 分析过程可知：耦合电感伏安关系可总结为式(3.7-14)所示，即若电压、电流是关联参考方向，则括号外面的正负号取“+”，反之取“−”；若电流由同名端流入，则括号内的正负号取“+”，反之取“−”。用电路方程可表示为

$$\begin{cases} u_1 = \pm\left(L_1 \dfrac{di_1}{dt} \pm M \dfrac{di_2}{dt}\right) \\ u_2 = \pm\left(L_2 \dfrac{di_2}{dt} \pm M \dfrac{di_1}{dt}\right) \end{cases} \tag{3.7-14}$$

3.7.3 耦合电感的去耦等效电路

1. 串联去耦等效电路

求串联去耦等效电路的实质是求等效电感。图 3.7-6(a)和图 3.7-6(b)所示为互相耦合的两串联电感电路，其中图 3.7-6(a)中电流 i 均从同名端流入，常称为顺接，而图 3.7-6(b)电流 i 从异名端流入，则称为反接。求这两个电路的等效电感的过程如下。

首先规定各线圈电流、电压的参考方向为关联方向，如图 3.7-6 所示。在图 3.7-6(a)中，对于 L_1 和 L_2，电流均从同名端流入，根据 KVL，有

$$u = u_1 + u_2 = \left(L_1 \frac{di}{dt} + M \frac{di}{dt}\right) + \left(L_2 \frac{di}{dt} + M \frac{di}{dt}\right) = (L_1 + L_2 + 2M)\frac{di}{dt} = L_{eq}\frac{di}{dt}$$

因此，在顺接串联时，其等效电感(如图 3.7-6(c)所示)为

$$L_{eq} = (L_1 + L_2 + 2M) \tag{3.7-15}$$

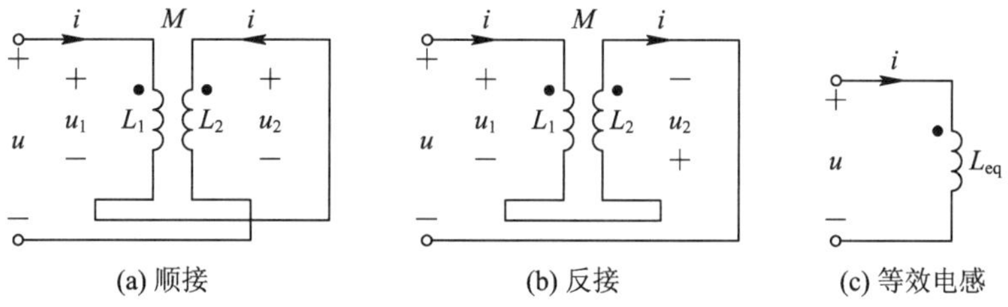

图 3.7-6　耦合电感的串联电路及其等效电路

对于图 3.7-6(b)所示的反接情况，电流从异名端流入 L_1 和 L_2，根据 KVL，有

$$u = u_1 + u_2 = \left(L_1 \frac{di}{dt} - M \frac{di}{dt}\right) + \left(L_2 \frac{di}{dt} - M \frac{di}{dt}\right) = (L_1 + L_2 - 2M)\frac{di}{dt} = L_{eq}\frac{di}{dt}$$

因此，在反接串联时，其等效电感(如图 3.7-6(c)所示)为

$$L_{eq} = (L_1 + L_2 - 2M) \tag{3.7-16}$$

2. T 形去耦等效电路

当两个耦合电感的同名端相连接时(即 T 形连接)，电路如图 3.7-7(a)所示，可以用

无耦合的电感电路来等效。

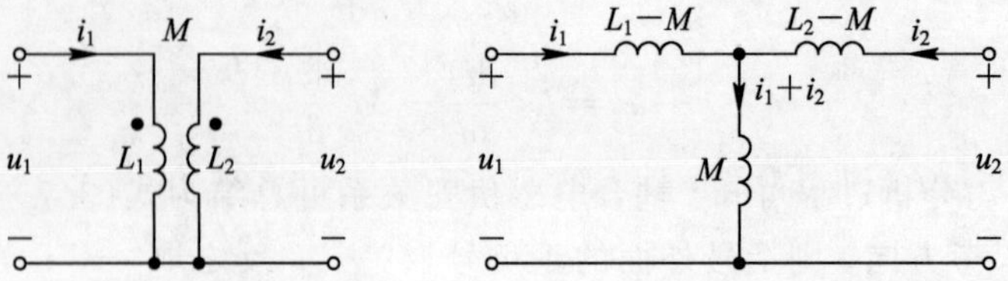

(a) 耦合电感同名端相连电路　　(b) 去耦等效电路

图 3.7－7　同名端相连耦合电感电路及其去耦等效电路

图 3.7－7(a)所示电路方程为

$$\begin{cases} u_1 = L_1 \dfrac{di_1}{dt} + M\dfrac{di_2}{dt} = (L_1 - M)\dfrac{di_1}{dt} + M\left(\dfrac{di_1}{dt} + \dfrac{di_2}{dt}\right) \\ u_2 = L_2 \dfrac{di_2}{dt} + M\dfrac{di_1}{dt} = (L_2 - M)\dfrac{di_2}{dt} + M\left(\dfrac{di_1}{dt} + \dfrac{di_2}{dt}\right) \end{cases} \tag{3.7-17}$$

式(3.7－17)也是图 3.7－7(b)的电路方程，因此图 3.7－7(a)和图 3.7－7(b)互为等效电路。

图 3.7－8(a)所示电路是异名端相连接的情形(也为 T 形连接)，用同样的方法可以推得其等效电路如图 3.7－8(b)所示。它们的电路方程为

$$\begin{cases} u_1 = L_1 \dfrac{di_1}{dt} - M\dfrac{di_2}{dt} = (L_1 + M)\dfrac{di_1}{dt} - M\left(\dfrac{di_1}{dt} + \dfrac{di_2}{dt}\right) \\ u_2 = L_2 \dfrac{di_2}{dt} - M\dfrac{di_1}{dt} = (L_2 + M)\dfrac{di_2}{dt} - M\left(\dfrac{di_1}{dt} + \dfrac{di_2}{dt}\right) \end{cases} \tag{3.7-18}$$

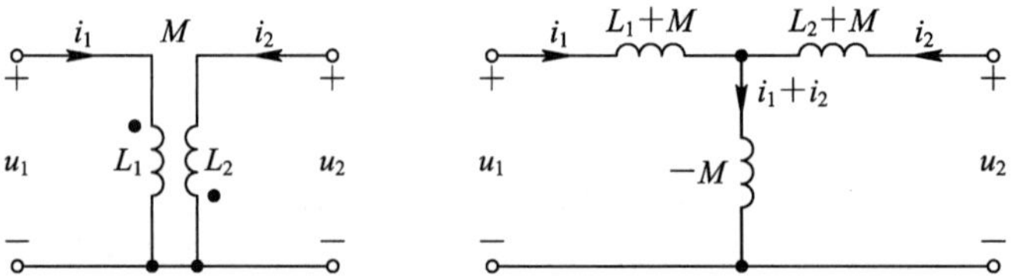

(a) 异名端相连耦合电路　　(b) 去耦等效电路

图 3.7－8　异名端相连耦合电感电路及其去耦等效电路

在以上两种等效电路中，消除了各电感间的耦合，因而在分析、计算电路时不必专门考虑耦合作用，这给分析互感电路带来方便。

例 3.7－2　图 3.7－9(a)和图 3.7－9(c)所示电路中两个耦合电感并联，求其 ab 端的等效电感。

解　图 3.7－9(a)所示电路是同名端相连接的情形，按图 3.7－7(a)到图 3.7－7(b)的去耦等效方法，可画出其等效电路如图 3.7－9(b)所示。再由电感串并联等效的方法，可得其等效电感

$$L_{ab} = \frac{(L_1 - M)(L_2 - M)}{(L_1 - M) + (L_2 - M)} + M = \frac{L_1 L_2 - M^2}{L_1 + L_2 - 2M} \tag{3.7-19}$$

图 3.7－9(c)所示电路是异名端相连接的情形，按图 3.7－8(a)到图 3.7－8(b)的去耦

等效方法，可画出其等效电路如图 3.7-9(d)所示。再由电感串并联等效的方法，可得其等效电感

$$L_{ab}=\frac{(L_1+M)(L_2+M)}{(L_1+M)+(L_2+M)}-M=\frac{L_1L_2-M^2}{L_1+L_2+2M} \tag{3.7-20}$$

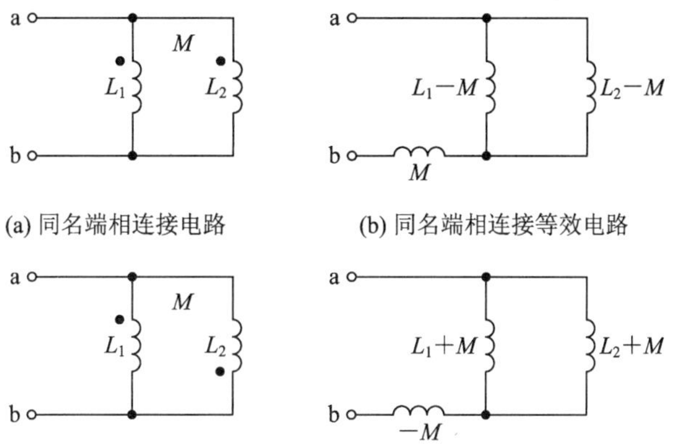

(a) 同名端相连接电路　(b) 同名端相连接等效电路

(c) 异名端相连接电路　(d) 异名端相连接等效电路

图 3.7-9　例 3.7-2 图

3.7.4　互感耦合电路的正弦稳态分析

如果通过耦合线圈的电流 i_1 和 i_2 是同频率的正弦电流，其相量分别为 $\dot{I}_1$ 和 $\dot{I}_2$，端口电压相量分别为 $\dot{U}_1$ 和 $\dot{U}_2$(各端口电压、电流为关联参考方向)，则耦合电感的相量模型如图 3.7-10(a)和图 3.7-10(b)所示，其端口伏安关系为

$$\begin{cases}\dot{U}_1=j\omega L_1\dot{I}_1\pm j\omega M\dot{I}_2\\ \dot{U}_2=j\omega L_2\dot{I}_2\pm j\omega M\dot{I}_1\end{cases} \tag{3.7-21}$$

若 $\dot{I}_1$、$\dot{I}_2$ 均从同名端流入，如图 3.7-10(a)所示，则互感电压取“+”号；若 $\dot{I}_1$、$\dot{I}_2$ 从异名端流入，如图 3.7-10(b)所示，则互感电压取“-”号。式(3.7-21)中 ωM 称为互感抗。如果耦合电感各有一端相连接，也可采用 T 形去耦等效电路进行分析。

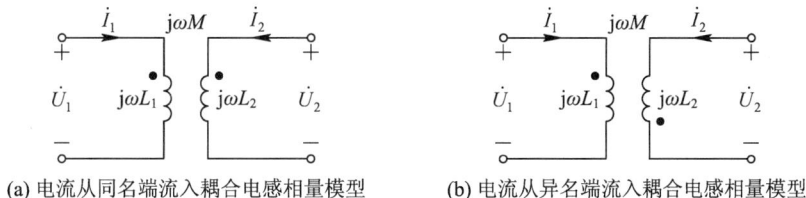

(a) 电流从同名端流入耦合电感相量模型　(b) 电流从异名端流入耦合电感相量模型

图 3.7-10　耦合电感的相量模型

例 3.7-3　电路如图 3.7-11 所示电路，已知 $R_1=R_2=10\ \Omega$，$L_1=50.5\ \mu H$，$L_2=50\ \mu H$，$M=0.5\ \mu H$，$C_1=C_2=50$ pF，$U_S=10$ V，$\omega=2\times10^7$ rad/s，初相为 0，求 $\dot{I}_1$ 和 $\dot{I}_2$。

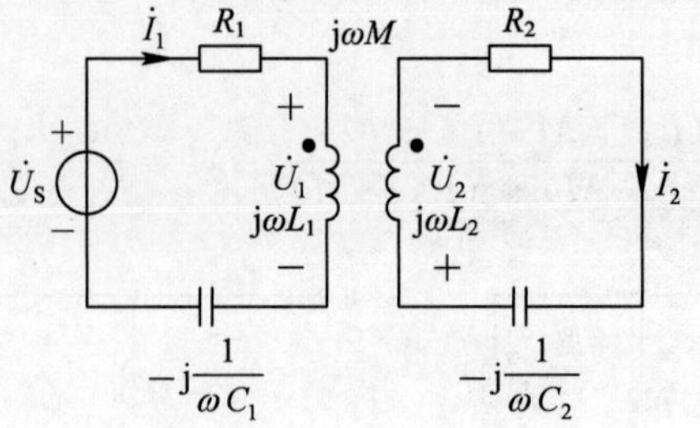

图 3.7-11 例 3.7-3 图

解 列回路 KVL 方程得

$$R_1\dot{I}_1+\dot{U}_1-\mathrm{j}\frac{1}{\omega C_1}\dot{I}_1-\dot{U}_S=0$$

$$R_2\dot{I}_2-\mathrm{j}\frac{1}{\omega C_2}\dot{I}_2+\dot{U}_2=0$$

根据耦合电感 VAR 得

$$\dot{U}_1=\mathrm{j}\omega L_1\dot{I}_1-\mathrm{j}\omega M\dot{I}_2$$

$$\dot{U}_2=\mathrm{j}\omega L_2\dot{I}_2-\mathrm{j}\omega M\dot{I}_1$$

上式中各个电抗值为

$$\omega L_1=2\times10^7\times50.5\times10^{-6}=1010\ \Omega$$

$$\omega L_2=2\times10^7\times50\times10^{-6}=1000\ \Omega$$

$$\omega M=2\times10^7\times0.5\times10^{-6}=10\ \Omega$$

$$\frac{1}{\omega C_1}=\frac{1}{\omega C_1}=\frac{1}{2\times10^7\times50\times10^{-12}}=1000\ \Omega$$

将以上各个值及 R_1、R_2 代入 KVL 方程，并设 $\dot{U}_S=10\angle0°$ V，得

$$10\dot{I}_1+\mathrm{j}1010\dot{I}_1-\mathrm{j}10\dot{I}_2-\mathrm{j}1000\dot{I}_1=10$$

$$10\dot{I}_2+\mathrm{j}1010\dot{I}_2-\mathrm{j}10\dot{I}_1-\mathrm{j}1000\dot{I}_2=0$$

简化后为

$$(1+\mathrm{j}1)\dot{I}_1-\mathrm{j}\dot{I}_2=10$$

$$-\mathrm{j}\dot{I}_1+\dot{I}_2=0$$

由以上两式可解得

$$\dot{I}_1=\frac{1}{2+\mathrm{j}1}\approx0.447\angle-26.57°\ \mathrm{A}$$

$$\dot{I}_2=\frac{\mathrm{j}}{2+\mathrm{j}1}\approx0.447\angle63.43°\ \mathrm{A}$$

注意：分析互感耦合电路不能用节点法，除非采用去耦等效电路。

如果相互耦合电路的两个线圈是绕在非铁磁材料上的，则常称其为空心变压器。图 3.7-12(a)所示空心变压器与电源相连的一边称为初级(原边)，与负载相连的一边称为次级(副边)。为了简便，如果初级线圈和电源有损耗电阻，则把它统归于图 3.7－12(a)的 R_1 中；如有电抗元件则统归于图 3.7－12(a)的 L_1 或 C_1 中；如果初级线圈有损耗电阻则统归于 R_2 中，并把 R_2 看作负载。

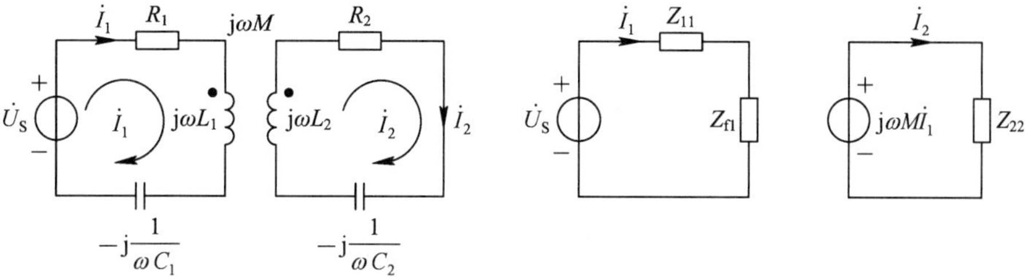

(a) 空心变压器　(b) 初级等效回路　(c) 次级等效回路

图 3.7－12　空心变压器及其等效电路

令初级回路(回路 1)电流为 $\dot{I}_1$，次级回路(回路 2)电流为 $\dot{I}_2$，如图 3.7－12(a)所示。根据 KVL 可列出如下方程，即有

$$\begin{cases} R_1\dot{I}_1+\mathrm{j}\omega L_1\dot{I}_1-\mathrm{j}\omega M\dot{I}_2-\mathrm{j}\dfrac{1}{\omega C_1}\dot{I}_1=\dot{U}_{\mathrm{S}} \\ R_2\dot{I}_2-\mathrm{j}\dfrac{1}{\omega C_2}\dot{I}_2+\mathrm{j}\omega L_2\dot{I}_2-\mathrm{j}\omega M\dot{I}_1=0 \end{cases}$$

整理得

$$\begin{cases} Z_{11}\dot{I}_1+Z_{12}\dot{I}_2=\dot{U}_{\mathrm{S}} \\ Z_{21}\dot{I}_1+Z_{22}\dot{I}_2=0 \end{cases} \tag{3.7－22}$$

式(3.7－22)中，$Z_{11}=R_1+\mathrm{j}X_1=R_1+\mathrm{j}\left(\omega L_1-\dfrac{1}{\omega C_1}\right)$ 是回路 1 的自电阻；$Z_{22}=R_2+\mathrm{j}X_2=R_2+\mathrm{j}\left(\omega L_2-\dfrac{1}{\omega C_2}\right)$ 是回路 2 的自电阻；$Z_{12}=Z_{21}=-\mathrm{j}\omega M -\mathrm{j}\omega M$ 是回路 1 与回路 2 的互阻抗。

由式(3.7－22)可解得

$$\dot{I}_1=\frac{\begin{vmatrix}\dot{U}_{\mathrm{S}} & Z_{12}\\ 0 & Z_{22}\end{vmatrix}}{\begin{vmatrix}Z_{11} & Z_{12}\\ Z_{21} & Z_{22}\end{vmatrix}}=\frac{Z_{22}\dot{U}_{\mathrm{S}}}{Z_{11}Z_{22}-Z_{12}Z_{21}}=\frac{\dot{U}_{\mathrm{S}}}{Z_{11}-\dfrac{Z_{12}Z_{21}}{Z_{22}}}$$

$$=\frac{\dot{U}_{\mathrm{S}}}{Z_{11}+\dfrac{\omega^2M^2}{Z_{22}}}=\frac{\dot{U}_{\mathrm{S}}}{Z_{11}+Z_{\mathrm{f1}}}$$

$$\dot{I}_1=\frac{\dot{U}_{\mathrm{S}}}{Z_{11}+\dfrac{\omega^2M^2}{Z_{22}}}=\frac{\dot{U}_{\mathrm{S}}}{Z_{11}+Z_{\mathrm{f1}}} \tag{3.7－23(a)}$$

$$\dot{I}_2=\frac{\mathrm{j}\omega M\dot{I}_1}{Z_{22}} \tag{3.7-23(b)}$$

式(3.7-23(a))中

$$Z_{\mathrm{f1}}=\frac{(\omega M)^2}{Z_{22}}=\frac{(\omega M)^2}{R_2^2+X_2^2}R_2+\mathrm{j}\frac{-(\omega M)^2}{R_2^2+X_2^2}X_1=R_{\mathrm{f1}}+\mathrm{j}X_{\mathrm{f1}} \tag{3.7-24}$$

$$\begin{cases} R_{\mathrm{f1}}=\dfrac{(\omega M)^2}{R_2^2+X_2^2}R_2 \\ X_{\mathrm{f1}}=\dfrac{-(\omega M)^2}{R_2^2+X_2^2}X_1 \end{cases} \tag{3.7-25}$$

其中 Z_{f1} 称为反映阻抗，是次级回路自阻抗 Z_{22} 通过互感反映到初级的等效阻抗。其实部 R_{f1} 称为反映电阻，是次级耗能元件的反映；其虚部 X_{f1} 称为反映电抗，是储能元件的反映。

按式(3.7-23(a))可以画出初级回路电路模型如图 3.7-12(b)所示，称为初级等效回路。用初级等效回路分析初级回路常常比较方便。当求得 $\dot{I}_1$ 后，可以由式(3.7-23(b))求得次级回路电流 $\dot{I}_2$。按式(3.7-23(b))可以画出次级回路电路模型如图 3.7-12(c)所示，称为次级等效回路。

由式(3.7-24)可见，R_{f1} 恒为正值，表示次级回路中的功率要依靠初级回路供给。由图 3.7.12(b)可得电源供给初级回路的功率为

$$P_1=(R_1+R_{\mathrm{f1}})I_1^2 \tag{3.7-26}$$

可见 P_1 一部分消耗在初级电阻 $R_1(R_1I_1^2)$上，其余部分($R_{\mathrm{f1}}I_1^2$)通过磁耦合传输到次级回路，由式(3.7-23(b))模值的平方可得

$$I_2^2=\frac{(\omega M)^2}{R_2^2+X_2^2}I_1^2$$

上式两端同乘以 R_2，可得次级回路上消耗的功率为

$$P_2=R_2I_2^2=R_2\frac{(\omega M)^2}{R_2^2+X_2^2}I_1^2=R_{\mathrm{f1}}I_1^2 \tag{3.7-27}$$

可见反映电阻 R_{f1} 上消耗的功率是次级回路中电阻所消耗的功率。

例 3.7-4 电路的相量模型如图 3.7-13 所示，已知 $R_1=10\ \Omega$，$R_2=40\ \Omega$，$L_1=L_2=1\ \mathrm{mH}$，$M=20\ \mu\mathrm{H}$，$C_1=C_2=1000\ \mathrm{pF}$，$U_\mathrm{S}=10\ \mathrm{V}$，$\omega=10^6\ \mathrm{rad/s}$，初相为 0，求电流 $\dot{I}_1$、$\dot{I}_2$ 及 R_2 上吸收的功率。

解 列回路 KVL 方程得

$$R_1\dot{I}_1+\dot{U}_1-\mathrm{j}\frac{1}{\omega C_1}\dot{I}_1-\dot{U}_\mathrm{S}=0$$

$$R_2\dot{I}_2-\mathrm{j}\frac{1}{\omega C_2}\dot{I}_2+\dot{U}_2=0$$

由耦合电感 VAR 得

$$\dot{U}_1=\mathrm{j}\omega L_1\dot{I}_1-\mathrm{j}\omega M\dot{I}_2$$

$$\dot{U}_2=\mathrm{j}\omega L_2\dot{I}_2-\mathrm{j}\omega M\dot{I}_1$$

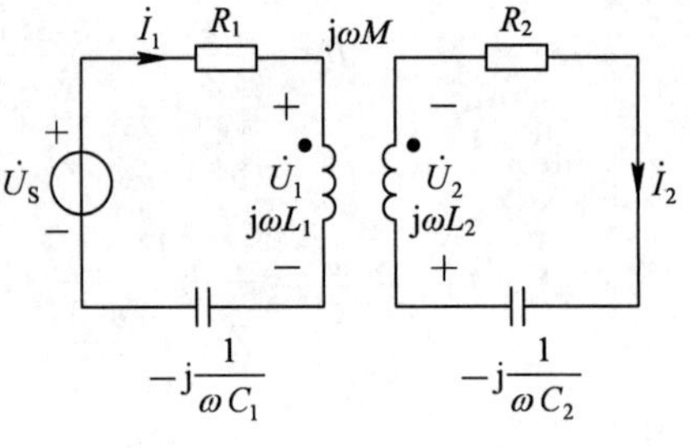

图 3.7-13 例 3.7-4 图

代入 KVL 方程即可解得

$$\begin{cases}\dot{I}_1 = 0.5\angle 0^\circ \text{ A} \\ \dot{I}_2 = 0.25\angle 90^\circ \text{ A}\end{cases}$$

则 R_2 上吸收的功率

$$P_{R_2} = I_2^2 R_2 = 0.25^2 \times 40 = 2.5 \text{ W}$$

例 3.7-5　电路的相量模型如图 3.7-14 所示，已知 $U_S = 4$ V，求电路中理想电压表的读数。

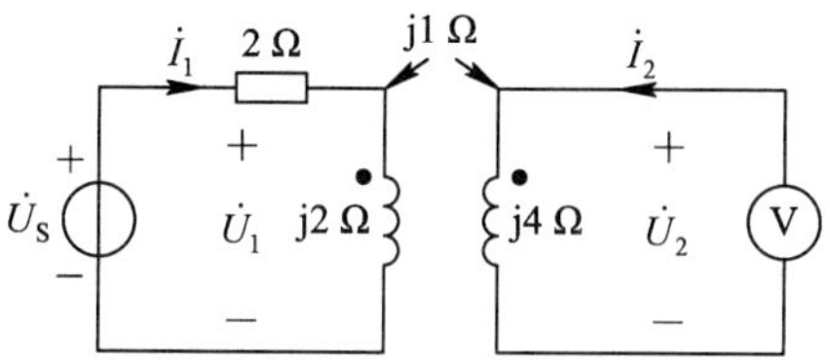

图 3.7-14　例 3.7-5 图

解　因理想电压表的内阻为∞，故 $\dot{I}_2 = 0$

根据互感的 VAR，有

$$\dot{U}_1 = \text{j}2\dot{I}_1$$

由 KVL 有

$$\dot{U}_S = 2\dot{I}_1 + \dot{U}_1 = (2+\text{j}2)\dot{I}_1$$

$$\dot{I}_1 = \frac{\dot{U}_S}{2+\text{j}2}$$

对于次级回路，由互感的 VAR 有

$$\dot{U}_2 = \text{j}1 \times \dot{I}_1 = \frac{\text{j}1 \times \dot{U}_S}{2+\text{j}2}$$

由于电压表的读数是有效值，故取 U_2 的模得

$$U_2 = \frac{U_S}{2\sqrt{2}} = \frac{4}{2\sqrt{2}} = \sqrt{2} \text{ V}$$

例 3.7-6　电路的相量模型如图 3.7-15 所示，已知 $U_S = 4$ V，求电路中理想电流表的读数。

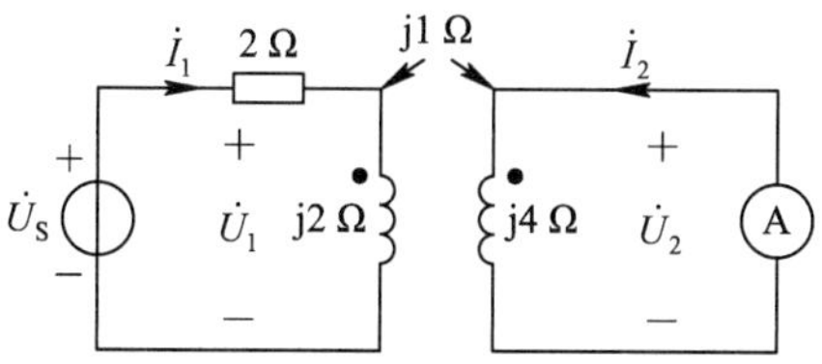

图 3.7-15　例 3.7-6 图

解　由理想电流表的内阻为 0，可知 $\dot{U}_2 = 0$，则图 3.7-15 网孔方程为

$$\begin{cases}(2+\text{j}2)\dot{I}_1 + \text{j}1\dot{I}_2 = \dot{U}_S & (1) \\ \text{j}4\dot{I}_2 + \text{j}1\dot{I}_1 = 0 & (2)\end{cases}$$

将式(2)移相得 $\dot{I}_1=-4\dot{I}_2$，代入式(1)，得

$$(2+j2)(-4\dot{I}_2)+j1\dot{I}_2=\dot{U}_S$$

解得

$$\dot{I}_2=\frac{\dot{U}_S}{-8-j7}$$

$$I_2=\frac{U_S}{\sqrt{8^2+7^2}}\approx\frac{4}{10.63}\approx 0.376\ \text{A}$$

3.8 变压器

变压器是一种利用磁耦合原理实现能量或信号传输的多端电路器件，主要应用在通信和电源电路中。在通信电路中，变压器用来进行阻抗匹配以及隔离系统中的直流信号。在电源系统中，变压器用来确定交流电的电压以利于电信号的传输、分配和使用。常用实际变压器分空心变压器和铁芯变压器两类。

3.8.1 全耦合变压器

若将两个线圈绕在高导磁率铁磁材料上，使得两个线圈紧耦合，则在理想情况下，初级线圈产生的磁通 Φ_{11} 将全部与次级线圈交链，即有 $\Phi_{11}=\Phi_{21}$，次级线圈产生的磁通 Φ_{22} 也将全部与次级交链，即有 $\Phi_{22}=\Phi_{12}$，称为全耦合。这时，由式(3.7-6)得

$$k=\sqrt{\frac{\Phi_{21}}{\Phi_{11}}\times\frac{\Phi_{12}}{\Phi_{22}}}=1 \tag{3.8-1}$$

在全耦合条件下，考虑到 $M_{12}=M_{21}=M$，$N_1\Phi_{11}=L_1 i_1$，$N_1\Phi_{12}=Mi_2$，$N_2\Phi_{22}=L_2 i_2$，$N_2\Phi_{21}=M i_1$，因此有

$$\frac{N_1}{N_2}=\frac{L_1}{M}=\frac{M}{L_2}=\sqrt{\frac{L_1}{L_2}} \tag{3.8-2}$$

故在全耦合条件下有

$$M^2=L_1L_2 \tag{3.8-3}$$

或

$$\frac{L_1}{L_2}=\left(\frac{N_1}{N_2}\right)^2 \tag{3.8-4}$$

图 3.8-1(a)所示是 $k=1$ 时的互感耦合电路，即全耦合变压器。设其初级线圈匝数为 N_1，次级匝数为 N_2，则其伏安关系可写为

$$u_1=L_1\frac{di_1}{dt}+M\frac{di_2}{dt}=\sqrt{L_1}\left(\sqrt{L_1}\frac{di_1}{dt}+\sqrt{L_2}\frac{di_2}{dt}\right) \tag{3.8-5}$$

$$u_2=L_2\frac{di_2}{dt}+M\frac{di_1}{dt}=\sqrt{L_2}\left(\sqrt{L_1}\frac{di_1}{dt}+\sqrt{L_2}\frac{di_2}{dt}\right) \tag{3.8-6}$$

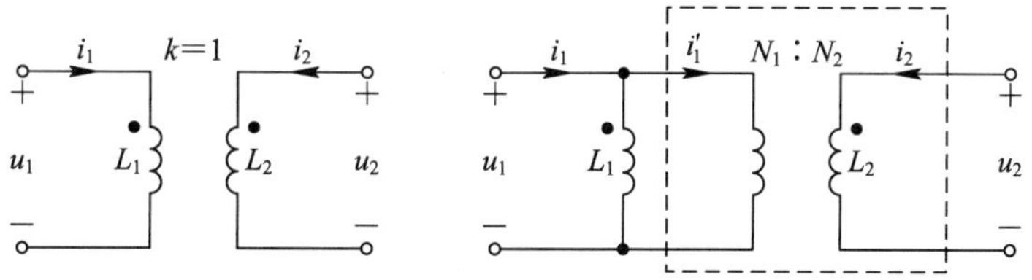

(a) 全耦合变压器电路　　(b) 电路模型

图 3.8－1　全耦合变压器

将以上两式相比可得

$$\frac{u_1}{u_2}=\frac{\sqrt{L_1}}{\sqrt{L_2}}=\frac{N_1}{N_2}=n \qquad \forall t \tag{3.8-7}$$

即可得全耦合变压器的电压之比等于匝数比。

将式(3.8－5)改写为

$$\frac{\mathrm{d}i_1}{\mathrm{d}t}=\frac{1}{L_1}u_1-\frac{M}{L_1}\frac{\mathrm{d}i_2}{\mathrm{d}t}$$

对上式从$-\infty$到t积分，并设$i_1(-\infty)=i_2(-\infty)=0$，得

$$i_1(t)=\frac{1}{L_1}\int_{-\infty}^{t}u_1(\tau)\mathrm{d}\tau-\sqrt{\frac{L_1}{L_2}}i_2(t)=\frac{1}{L_1}\int_{-\infty}^{t}u_1(\tau)\mathrm{d}\tau-\frac{N_2}{N_1}i_2(t)=i_\phi(t)+i'_1(t)$$

式中

$$i_\phi(t)=\frac{1}{L_1}\int_{-\infty}^{t}u_1(\tau)\mathrm{d}\tau,\ i_\phi(t)=\frac{1}{L_1}\int_{-\infty}^{t}u_1(\tau)\mathrm{d}\tau$$

所以，全耦合变压器电流之比不等于其匝数之比。

据此可得到全耦合变压器的电路模型如图 3.8－1(b)所示，可见，它是由理想变压器在其初级并联电感L_1构成的。L_1常称为励磁电感。

3.8.2 理想变压器

理想变压器可看作是互感元件在满足 3 个理想条件时产生的多端电路元件。其 3 个理想条件是：① 耦合，即$k=1$；② 自感L_1、L_2和互感$M\to\infty$，且L_1/L_2为常数；③ 变压器本身无损耗，即线圈导线的电阻为零，铁芯能百分之百的导磁。因而理想变压器的电路模型如图 3.8－2(a)和图 3.8－2(b)所示。

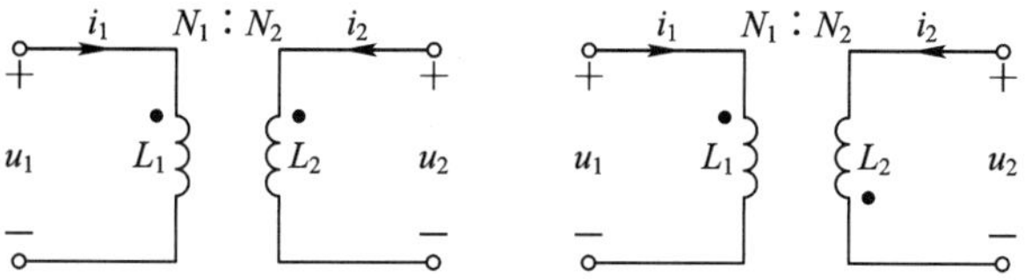

(a)　　(b)

图 3.8－2　理想变压器电路模型

若端口电压、电流为关联参考方向，则同名端如图 3.8－2(a)所示的理想变压器的伏安

特性为

$$\begin{cases} u_1(t)=\dfrac{N_1}{N_2}u_2(t)=nu_2(t) \\ i_1(t)=-\dfrac{N_2}{N_1}i_2(t)=-\dfrac{1}{n}i_2(t) \end{cases} \quad \forall t \tag{3.8-8}$$

对于同名端如图 3.8-2(b)所示的理想变压器的伏安特性为

$$\begin{cases} u_1(t)=-\dfrac{N_1}{N_2}u_2(t)=-nu_2(t) \\ i_1(t)=\dfrac{N_2}{N_1}i_2(t)=\dfrac{1}{n}i_2(t) \end{cases} \quad \forall t \tag{3.8-9}$$

其中 $n=N_1/N_2$ 称为匝比(或变比)。可见，理想变压器是电压、电流的线性变换器，它只与一个参数——匝数比 n 有关。其伏安关系是代数方程，表明理想变压器是瞬时元件。

对理想变压器而言，其瞬时功率为

$$\begin{aligned} p(t) &= p_1(t)+p_2(t) \\ &= u_1(t)i_1(t)+u_2(t)i_2(t) \\ &= (\pm nu_2(t))\left(\mp\frac{1}{n}i_2(t)\right)+u_2(t)i_2(t) \\ &= 0 \qquad \forall t \end{aligned} \tag{3.8-10}$$

式(3.8-10)表明：在任一时刻，理想变压器初级和次级消耗的功率之和恒等于零。也就是说，在任一时刻，若理想变压器某端口消耗功率，那么同时就从另一端口发出功率，即理想变压器既不消耗能量，也不储存能量，是一个无记忆即时元件。这一点与互感线圈有着本质的不同。理想变压器本质是电压、电流的线性变换器，只是起传输功率(或能量)的作用。

当理想变压器的电压、电流是同频率的正弦量时，其相量模型分别如图 3.8-3(a)和 3.8-3(b)所示。对于图 3.8-3(a)所示电路，其伏安关系为

$$\begin{cases} \dot{U}_1=\dfrac{N_1}{N_2}\dot{U}_2=n\dot{U}_2 \\ \dot{I}_1=-\dfrac{N_2}{N_1}\dot{I}_2=-\dfrac{1}{n}\dot{I}_2 \end{cases} \tag{3.8-11}$$

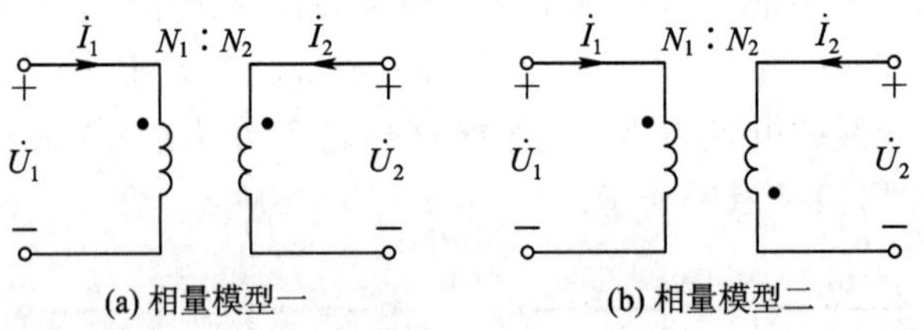

图 3.8-3 理想变压器的相量模型

对于图 3.8-3(b)所示电路，其伏安关系为

$$\begin{cases} \dot{U}_1=-\dfrac{N_1}{N_2}\dot{U}_2=-n\dot{U}_2 \\ \dot{I}_1=\dfrac{N_2}{N_1}\dot{I}_2=\dfrac{1}{n}\dot{I}_2 \end{cases} \tag{3.8-12}$$

如果在理想变压器的次级接一负载 Z_L，如图 3.8－4(a)所示，图中同名端标以“·”或“*”，则初级等效输入阻抗

$$Z_{in}=\frac{\dot{U}_1}{\dot{I}_1}=\frac{\pm\dfrac{N_1}{N_2}\dot{U}_2}{\mp\dfrac{N_2}{N_1}\dot{I}_2}=\left(-\frac{N_1}{N_2}\right)^2\frac{\dot{U}_2}{(\dot{I}_2)}$$

根据次级电压、电流的参考方向，有 $Z_L=-\dfrac{\dot{U}_2}{\dot{I}_2}$，将它代入上式，则初级等效输入阻抗(如图 3.8－4(b)所示)

$$Z_{in}=\left(\frac{N_1}{N_2}\right)^2 Z_L=n^2 Z_L \tag{3.8-13}$$

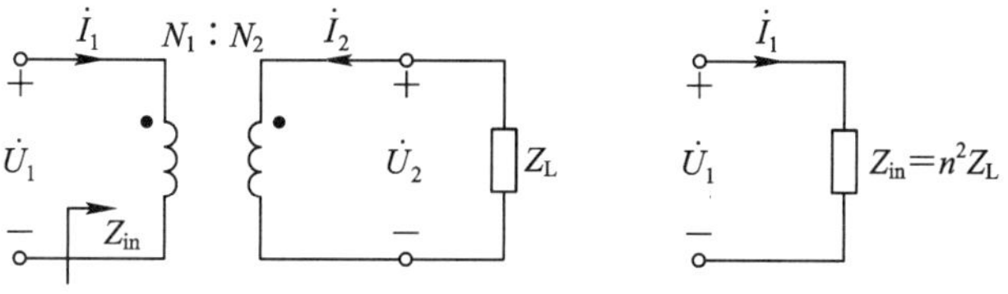

(a) 接负载理想变压器电路　　(b) 初级等效输入阻抗电路

图 3.8－4　接负载理想变压器电路及其初级等效输入阻抗

可见，理想变压器除了变换电压、电流的作用外，还起着变换阻抗的作用。因此，可以利用改变理想变压器的匝数来改变输入阻抗，使之与电源匹配，从而使负载获得最大功率。

例 3.8－1　已知图 3.8－5(a)所示的正弦稳态电路中 $\dot{U}_S=10\angle 0°$ A，匝比 $n=2$，求电流 i_1 和负载 R_L 消耗的平均功率 P_L。

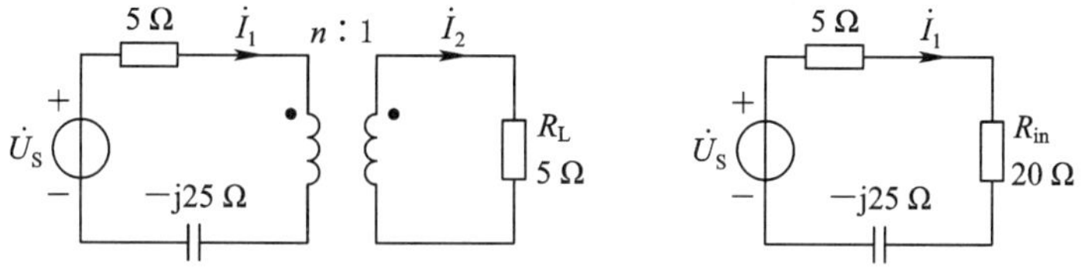

(a) 正弦稳态电路　　(b) 初级等效电路

图 3.8－5　例 3.8－1 图

解　根据式(3.8－13)，可得该变压器初级等效输入电阻为

$$R_{in}=n^2R_L=2\times 2\times 5=20\ \Omega$$

则初级等效电路如图 3.8－5(b)所示。根据 KVL 方程，有

$$(5+R_{in}-j25)\dot{I}=\dot{U}_S$$

$$\dot{I}_1=\frac{\dot{U}_S}{5+R_{in}-j25}=\frac{50}{25-j25}=\sqrt{2}\angle 45°\ \text{A}$$

R_L 消耗的平均功率就是 R_{in} 消耗的功率，即

$$P_L=I_1^2R_{in}=2\times 20=40\ \text{W}$$

例 3.8-2 正弦稳态电路的相量模型如图 3.8-6 所示，已知 $U_S=4$ V，求理想电压表的读数。

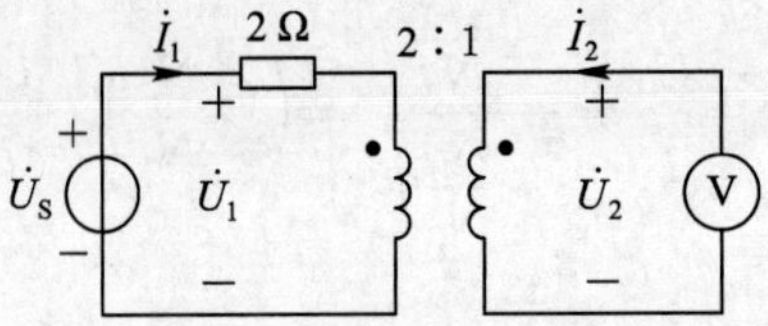

图 3.8-6 例 3.8-2 图

解 因理想电压表的内阻为∞，故 $\dot{I}_2=0$，由变压器的特性可知 $\dot{I}_1=0$，则

$$\dot{U}_S=\dot{U}_1$$

根据变压器变换电压特性可知

$$\dot{U}_2=\frac{1}{2}\dot{U}_S$$

$$U_2=\frac{1}{2}U_S=2\text{ V}$$

例 3.8-3 正弦稳态电路的相量模型如图 3.8-7 所示，已知 $U_S=4$ V，求理想电流表的读数。

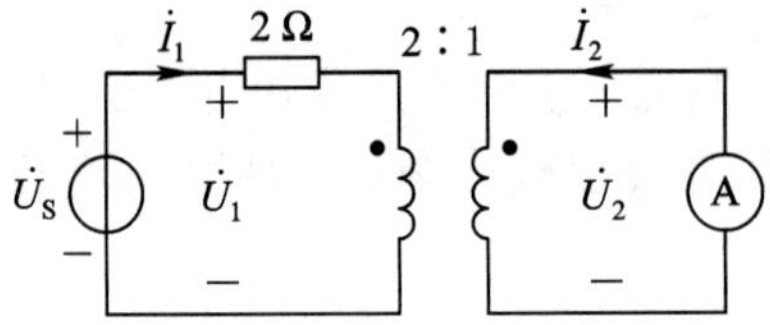

图 3.8-7 例 3.8-3 图

解 因理想电流表的内阻为 0，故 $\dot{U}_2=0$，由变压器的特性可知 $\dot{U}_1=0$，则

$$\dot{I}_1=\frac{\dot{U}_S}{2}$$

$$\dot{I}_2=-2\dot{I}_1=-\dot{U}_S$$

$$I_2=U_S\text{A}=4\text{ A}$$

3.9 三相电路

三相电路由三相电源、三相传输线路和三相负载组成。当前世界各国电力系统中绝大多数采用三相制，这是因为它发电效率高、输电成本低。三相制高压输电线通常是 4 根线（称为三相四线），其本质上还是 3 根导线载负着幅度相同、频率相同、相互之间有着 120° 相位差的交流电。

3.9.1 三相电源

三相电源由 3 个同频率、等幅、初相依次相差 120°的正弦交流电源按一定方式互连而成。各电压源电压分别为 u_a、u_b 和 u_c，分别称为 a 相、b 相和 c 相(工程上分别用黄、绿、红三种颜色标志)电压，如图 3.9-1(a)所示。a、b、c 称为该相的始端，x、y、z 称为该相的末端。若以 a 相位为参考正弦量，则各个电压的瞬时值表示为

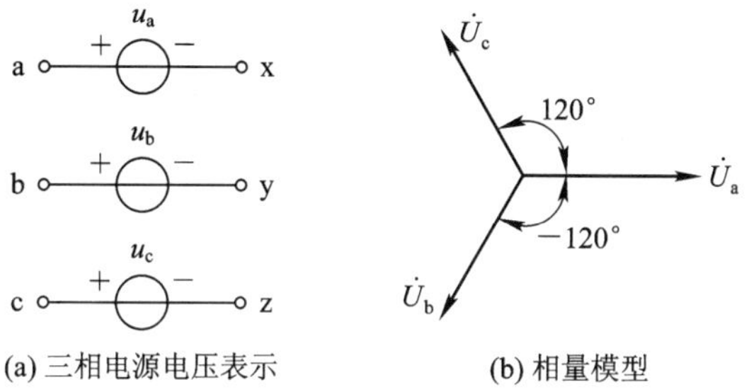

图 3.9-1　三相电源电压表示及其相量模型

$$\begin{cases} u_a = \sqrt{2} U_p \cos(\omega t) \\ u_b = \sqrt{2} U_p \cos(\omega t - 120°) \\ u_c = \sqrt{2} U_p \cos(\omega t + 120°) \end{cases} \tag{3.9-1}$$

其中，u_a、u_b、u_c 频率相同，振幅相同，相位相差 120°，U_P 为相电压的有效值。三相电源的相量分别为

$$\begin{cases} \dot{U}_a = U_p \angle 0° \\ \dot{U}_b = U_p \angle -120° \\ \dot{U}_c = U_p \angle 120° \end{cases} \tag{3.9-2}$$

其相量模型如图 3.9-1(b)所示。这组电压也称为对称三相电源。对称三相电源的电压瞬时值之和等于零，其相量和也等于零，即

$$\dot{U}_a + \dot{U}_b + \dot{U}_c = 0 \tag{3.9-3}$$

对称三相电源通常接成 Y 形(星形)或△形(三角形)向外供电。

图 3.9-2(a)所示是三相电源的 Y 形连接。把三相电源的 3 个末端 x、y、z 连接在一起构成公共节点 n，称为中点。从中点引出导线称为中性线(地线)。从始端 a、b、c 引出 3 根导线称为端线(火线)。端线和中线之间的电压分别称为相电压 $\dot{U}_a$、$\dot{U}_b$、$\dot{U}_c$。端线之间的电压分别称为线电压 $\dot{U}_{ab}$、$\dot{U}_{bc}$、$\dot{U}_{ca}$。由图 3.9-2(b)所示三相电源相量模型可得各线电压为

$$\begin{cases} \dot{U}_{ab} = \dot{U}_a - \dot{U}_b = U_p \angle 0° - U_p \angle -120° = \sqrt{3} U_p \angle 30° \\ \dot{U}_{bc} = \dot{U}_b - \dot{U}_c = \sqrt{3} U_p \angle -90° \\ \dot{U}_{ca} = \dot{U}_c - \dot{U}_a = \sqrt{3} U_p \angle -210° = \sqrt{3} U_p \angle 150° \end{cases} \tag{3.9-4}$$

由以上可见：若相电压是对称的，则线电压也是对称的，且线电压的有效值 U_l 是相电

压有效值 U_p 的$\sqrt{3}$倍，即有

$$U_l=\sqrt{3}U_p \tag{3.9-5}$$

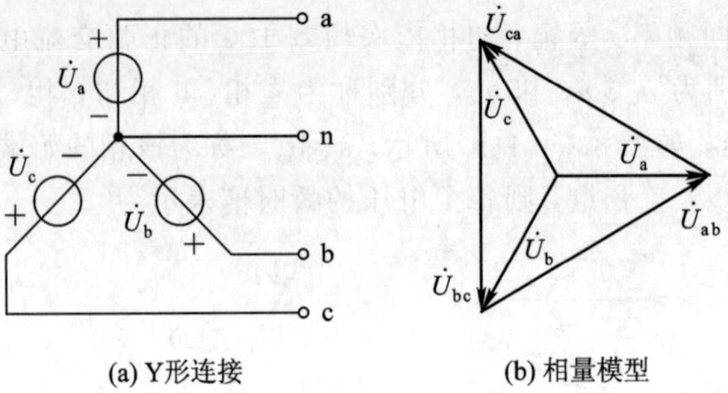

图 3.9-2 三相电源的 Y 形连接及其相量模型

将三相电源按如图 3.9-3 所示进行连接的方法称为三相电源的三角形连接法(△形连接法)，即将三相电源首尾相接构成回路，并从 3 个连接点处引出端线。端线间的电压就是各个电压源的电压(线电压等于相电压)。在正确连接的情况下，三相电源构成的回路中有

$$\dot{U}_a+\dot{U}_b+\dot{U}_c=0$$

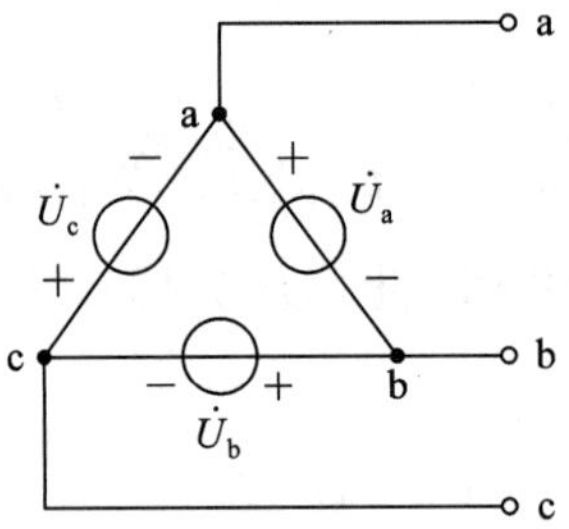

图 3.9-3 三相电源的△形连接

若将某一相电压接错，如 c 相电源反接，则回路中总电压为

$$\dot{U}_a+\dot{U}_b+(-\dot{U}_c)=-2\dot{U}_c$$

由于发电机绕组阻抗很小，接错会使回路产生很大的电流，使发电机绕组过热而烧毁，因此三相电源的△形接法绝对不允许接错。电源极少使用该连接法。但是如果正确连接的话，使用该接法，则可使绕组上流过的电流较小，绕组的导线可以再细一些。

3.9.2 对称三相电路的计算

在三相电路中，三个负载连接方式也有 Y 形和△形两种。若各相负载参数相同，则称为对称三相负载。对称三相电源与对称三相负载组成对称三相电路。电压源有 Y 形和△形两种接法，负载也有 Y 形和△形两种接法，那么两者相连一共有四种接法，分别是 Y-Y，Y-△，△-Y，△-△。本书重点讨论 Y-Y 连接，其余连接方法都可以等效为这种连接方法。

图 3.9-4 所示为对称三相四线制 Y-Y 系统，图中 nn′为中线，Z_n 为中线阻抗。在三

相电路中，端线电流称为线电流，有效值记为 I_l；流过各相负载电流称为相电流，有效值记为 I_p。显然，这里 $I_l = I_p$。

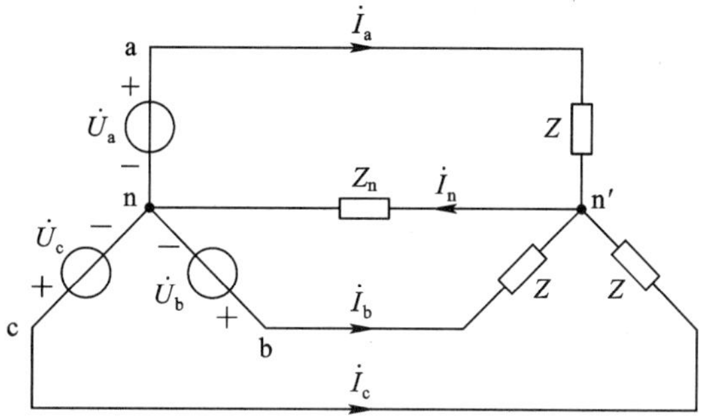

图 3.9－4　对称三相四线制

图 3.9－4 所示电路只有两个节点，所以用节点法分析比较简便。选择 n 作为参考节点，可列出节点方程为

$$\left(\frac{1}{Z}+\frac{1}{Z}+\frac{1}{Z}+\frac{1}{Z_n}\right)\dot{U}_{n'n}=\frac{\dot{U}_a+\dot{U}_b+\dot{U}_c}{Z} \tag{3.9-6}$$

由于电源对称，由式(3.9－6)可知 $\dot{U}_a+\dot{U}_b+\dot{U}_c=0$，故可以解得：

$$\dot{U}_{n'n}=0 \tag{3.9-7}$$

根据置换定理，中线阻抗 Z_n 可用短路线代替，从而 Y-Y 连接的对称三相电路其各相是彼此独立的，可以分别进行计算。又由于三相负载也是对称的，因而三相电流也是对称的。因此，只需要分析计算一相，其他两相电压、电流可按对称性直接写出。

图 3.9－4 中，设 $\dot{U}_a=\dot{U}_p\angle 0°$，则各线电流(亦即各相电流)为

$$\dot{I}_a=\frac{\dot{U}_a}{Z}=\frac{U_p}{|Z|}\angle -\theta_Z=I_p\angle -\theta_Z$$

$$\dot{I}_b=\frac{\dot{U}_b}{Z}=I_p\angle -120°-\theta_Z$$

$$\dot{I}_c=\frac{\dot{U}_c}{Z}=I_p\angle 120°-\theta_Z$$

即得到中线电流也等于 0。

图 3.9－4 中各相负载吸收的功率(注意到：$I_l=I_p$，$U_l=\sqrt{3}U_p$)为

$$P_p=U_pI_p\cos\theta_Z=\frac{U_l}{\sqrt{3}}I_l\cos\theta_Z \tag{3.9-8}$$

三相负载吸收的总功率为

$$P=3P_p=3U_pI_p\cos\theta_Z=\sqrt{3}U_lI_l\cos\theta_Z \tag{3.9-9}$$

对称三相电路一个突出优点是瞬时功率为常量，即有

$$p(t)=p_a(t)+p_b(t)+p_c(t)=3U_pI_p\cos\theta_Z$$

对称三相电路能量的均匀传输使电动机转矩保持恒稳，没有震动，有利于电动机机械设备的平稳运行。

当三相负载的额定电压为电源的线电压时，负载做△形连接。图 3.9-5 所示是一个连接好的三相负载。电源端可以是 Y 形连接，也可以是△形连接，无论哪种连接，其输出的线电压为

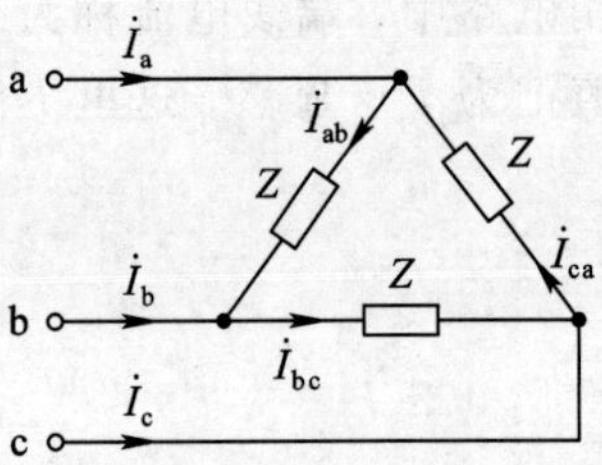

图 3.9-5 △形对称负载

$$\begin{cases}\dot{U}_{ab}=U_l\angle 0^\circ \\ \dot{U}_{bc}=U_l\angle -120^\circ \\ \dot{U}_{ca}=U_l\angle 120^\circ\end{cases} \tag{3.9-10}$$

各相负载的端电压(即相电压)就是线电压，设各相阻抗为 Z，则可得各相电流为

$$\begin{cases}\dot{I}_{ab}=\dfrac{\dot{U}_{ab}}{Z}=\dfrac{U_l}{|Z|}\angle -\theta_Z=I_p\angle -\theta_Z \\ \dot{I}_{bc}=\dfrac{\dot{U}_{bc}}{Z}=I_p\angle -120^\circ-\theta_Z \\ \dot{I}_{ca}=\dfrac{\dot{U}_{ca}}{Z}=I_p\angle 120^\circ-\theta_Z\end{cases} \tag{3.9-11}$$

式中 $I_p=\dfrac{U_p}{|Z|}$，为相电流的有效值。则各端线的线电流分别为

$$\begin{cases}\dot{I}_a=\dot{I}_{ab}-\dot{I}_{ca}=I_p\angle -\theta_Z-I_p\angle 120^\circ-\theta_Z=\sqrt{3}I_p\angle -30^\circ-\theta_Z \\ \dot{I}_b=\dot{I}_{bc}-\dot{I}_{ab}=\sqrt{3}I_p\angle -150^\circ-\theta_Z \\ \dot{I}_c=\dot{I}_{ca}-\dot{I}_{bc}=\sqrt{3}I_p\angle 90^\circ-\theta_Z\end{cases} \tag{3.9-12}$$

由式(3.9-11)和式(3.9-12)可见，各相电流、线电流也是对称的，而且线电流的有效值 I_l 等于相电流的 $\sqrt{3}$ 倍，即

$$I_l=\sqrt{3}I_p \tag{3.9-13}$$

各相负载功率

$$P_p=U_pI_p\cos\theta_Z=U_l\frac{I_l}{\sqrt{3}}\cos\theta_Z \tag{3.9-14}$$

三相负载的总功率和前面一样，为

$$P=3P_p=3U_pI_p\cos\theta_Z=\sqrt{3}U_lI_l\cos\theta_Z \tag{3.9-15}$$

3.10 应用实例

3.10.1 移相器电路

移相器电路在测试、控制系统中应用广泛。图 3.10-1 所示是一种移相器电路，其输出

的相位在0°～180°之间可调，且输出幅度保持不变。

利用分压公式和KVL，有

$$\dot{U}_o=\frac{R}{R+\frac{1}{j\omega C}}\dot{U}_S-\frac{1}{2}\dot{U}_S=\frac{1}{2}\times\frac{j\omega RC-1}{j\omega RC+1}\dot{U}_S$$

$$\frac{\dot{U}_o}{\dot{U}_S}=\frac{1}{2}\times\frac{j\omega RC-1}{j\omega RC+1}=\frac{1}{2}\angle(180°-2\arctan\omega RC)$$

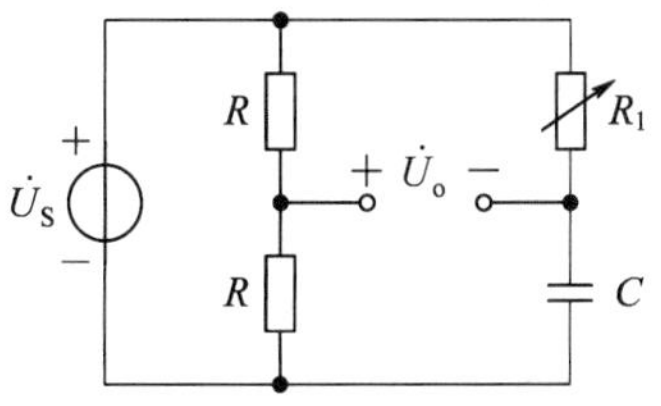

图 3.10-1　移相器电路

由上式可见，该移相电路的幅频特性为1/2，当R由0变化至∞时，相位随之从180°变化至0°。因此它是一个超前移相电路。

移相/选频电路在电子技术中应用实例很多，图3.10-2所示的是另一种类型的移相电路（RC移相电路），读者可以自行推理验算，因为思想雷同于3.10-1所示电路。除此之外，还有很多其他类型的移相电路，例如，半导体功率开关器件(SCR)在工作时，就是通过移相/选频电路来改变其导通角，从而达到交流调压、变频调速等目的。从家用调光台灯、大型舞台调光灯、变频空调，到工业控制都可以看到其应用。在广播电视、雷达、通信、频率合成、信号跟踪、时钟同步等系统中，也都广泛采用各种移相/选频电路。

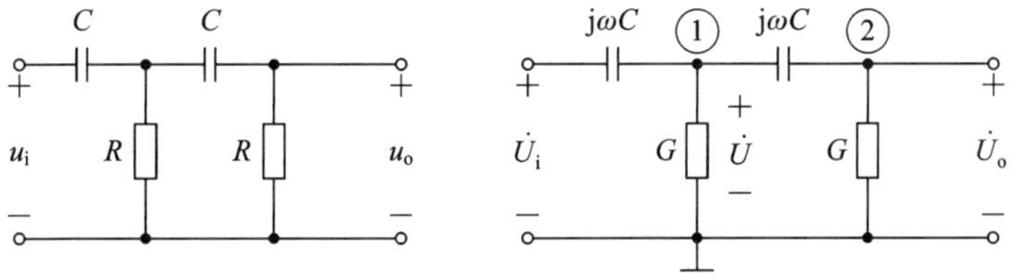

图 3.10-2　RC移相电路

3.10.2　交流电桥

交流电桥可用于测量电感L或电容C的值，与测量未知电阻的惠斯通电桥原理相同。只是在测量L与C时，需要交流电源以及用交流电表（AC电表）来取代直流表，交流电表可以是灵敏的交流安培表或伏特表。交流电桥的一般形式如图3.10-3所示。

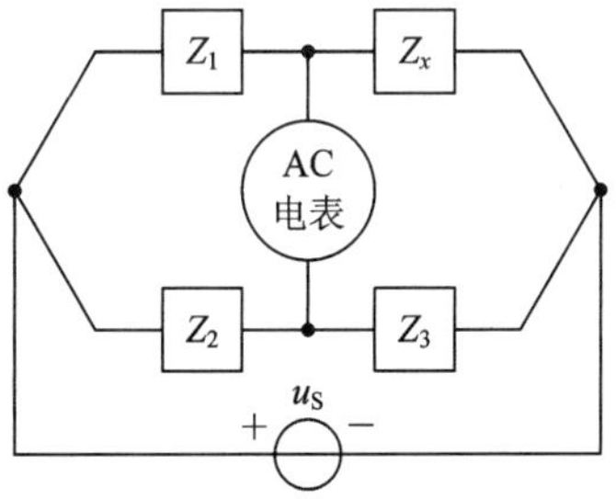

图 3.10-3　交流电桥

当交流电表指示为零，或无电流流过交流电表时，该电桥是平衡的。由平衡条件

$$\frac{Z_1}{Z_2}=\frac{Z_x}{Z_3}\Rightarrow Z_1Z_3=Z_2Z_x \tag{3.10-1}$$

可得

$$Z_x=\frac{Z_1}{Z_2}Z_3 \tag{3.10-2}$$

可见交流电桥与电阻电桥平衡方程类似，只是用 Z 取代了 R。

用于测量未知 C 与 L 的交流电桥如图 3.10－4 所示。

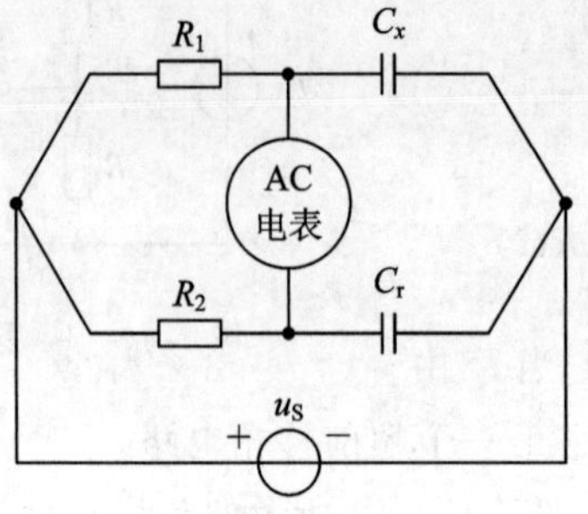

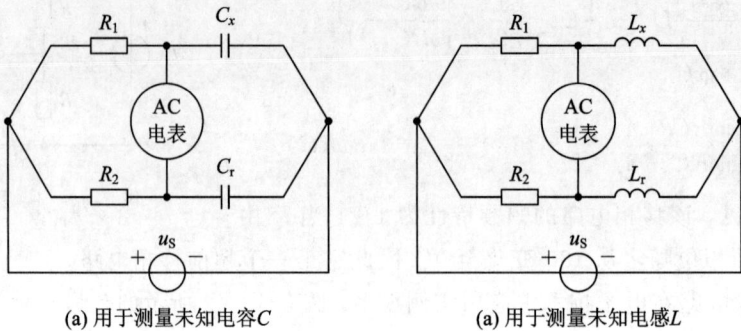

(a) 用于测量未知电容C　　(a) 用于测量未知电感L

图 3.10－4　测量 C 与 L 的交流电桥

图中 C_x 和 L_x 分别为待测未知电容和电感，而 C_r 和 L_r 分别为高精度已知参考电容和电感。在图 3.10－4 所示两种情况下，通过改变两个电阻 R_1 与 R_2 的值使得交流电表读数为零，从而使电桥平衡。由式(3.10－2)可得

$$C_x = \frac{R_1}{R_2} C_r \tag{3.10-3}$$

和

$$L_x = \frac{R_1}{R_2} L_r \tag{3.10-4}$$

注意：图 3.10－4 所示交流电桥的平衡与交流电源的频率 f 无关。

3.10.3 工频交流耐压试验

电气设备在接入电力系统运行时，除了承受正常运行的工频电压作用外，还可能受到外部雷电过电压或系统内部暂时过电压或操作过电压作用。因此，除了必须按规定采取过电压保护外，还要求电气设备必须具备足够的绝缘裕度。工频交流耐压试验就是用来考核电气设备的绝缘强度是否符合电力运行规程要求的主要手段之一，属于破坏性试验。工频交流耐压试验原理如图 3.10－5 所示，被测试品可用一个等值容抗 Z_C 表示。

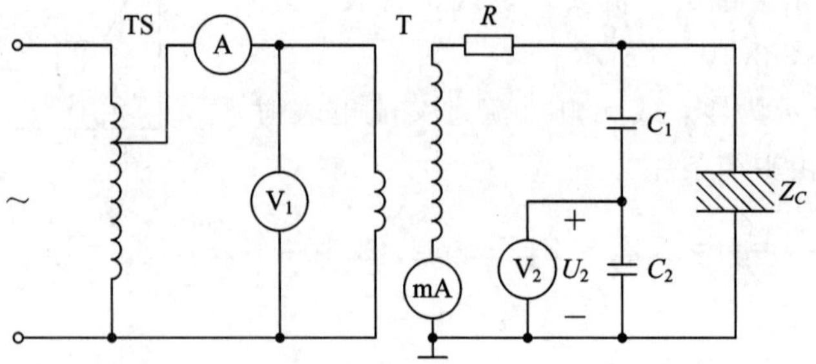

图 3.10－5　工频交流耐压试验原理电路

在图 3.10-5 中，TS 是一个自耦调压器，可将电源电压从零逐渐调升到所需电压值；T 为升压试验变压器，在其低压侧串联了一个电流表和并联了一个电压表；高压侧 C_1、C_2 构成电容分压器高、低压臂，试验电压加在电容 C_1 和 C_2 两端，大小为 $(C_1+C_2)U_2/C_1$，其中高压电容 C_1 由多个电容器串联组成，一般在 10～100 pF，比低压电容 C_2 小得多。这种在高压侧直接测量试验电压的方法简便易行，准确度高。此试验还必须测量被测试品在耐压时流过的电流，这个电流一般在毫安级，因此在高压线圈接地端串入了一个毫安表。

3.10.4 对 120 V、60 Hz 交流电源与 220 V、50 Hz 交流电源的讨论

在北美洲和南美洲，大多数交流电源为 120 V、60 Hz。在西欧、中欧、非洲、亚洲以及澳大利亚，常使用 220 V、50 Hz 的电源。日本是唯一一个东部使用 100 V、50 Hz 而西部大部分使用 100 V、60 Hz 的国家。交流电源的有效值和频率的选择显然很讲究，因为它们会对很多系统的设计及运行产生重要影响。

50 Hz 和 60 Hz 交流电源频率只相差 10 Hz 这一事实说明，进行发电和配电的一般频率范围各国已经达成了共识。历史表明，频率的选择问题最初是集中在旧时使用的白炽灯闪烁频次上，而这其实现在已不是什么重要问题了。从技术上讲，每秒钟 50 周和 60 周之间的差别不是很明显。早期设计阶段考虑的另一重要因素是频率对于变压器尺寸的影响，它在电能生产与分配中起到了重要作用。通过研究变压器设计时应用的基本方程，就会发现变压器的尺寸与频率成反比。也即工作在 50 Hz 下的变压器尺寸必然大于工作在 60 Hz 下的变压器(根据理论计算约大 17%)尺寸。因此人们会发现，为国际市场设计的变压器若要求在 50 Hz 或 60 Hz 下都可以工作，那么一般频率都设计在 50 Hz 左右。但从另一方面来看，高频会增加由涡流和磁滞带来的变压器损耗。有些时候人们可能会认为，60 Hz 正好是 1 min 或 60 s 以及 1 h(60 min)的整数倍，使用 60 Hz 交流电源会好一点。但从另一方面讲，一个 60 Hz 的信号周期为 16.67 ms，这是一个很别扭的数字；而 50 Hz 信号的周期正好为 20 ms。由于精确计时是电路设计中一个关键部分，这会不会就是频率最终选择 50 Hz 的一个重要动机呢? 还有可能是因为 50 Hz 是与量测系统有关联的一个特殊值。要知道 10 的乘方在米制测量系统中是非常有用的，如 1 m 等于 100 cm、沸水温度为 100℃等。而 50 正好是这些特殊值的一半。从所有这些原因来看，50 Hz 和 60 Hz 交流电源似乎都有值得一提的理由。人们甚至会怀疑，这种不同是不是由于政治上的原因。

美国与欧洲电压大小的不同是另一个截然不同的问题，这一不同几乎是 100%的差别，但双方各执一词。毫无疑问，电压越大引起的安全问题越明显，如 220 V 产生的问题就明显高于 120 V 引起的问题。但应用电压越高，传输相同功率下的电流就越小，允许使用的导体就越少，这是真正的省钱途径。此外，电机和其他一些器件在尺寸上会更小。但电压升高会带来相关的电弧效应，对绝缘要求会更高，为确保安全会产生高额的安装费用。

通常国际旅客在大多数情况下会准备一个变压器，以便将旅游地的电压转换为可用的电压。在旅行的大部分时间内，大多数设备均能在 50 Hz 或 60 Hz 频率下良好运行。对任何不能工作在额定频率下的电气装置，在工作时只是会遇到一点困难，因此频率不需要转换。国际旅客遇到的主要问题除了变压器问题外，还有不同国家之间使用的各式各样的插座与插头问题。每个国家都有其自行设计的墙体插座。对于一个有三周时间的国际旅客来

说，这意味着他可能要更换 6～10 个不同类型的插头(如图 3.10-6 所示)。对于 120 V、60 Hz 的供电电源，最标准的插头形式是双触点插头(可能有接地端)。

任何情况下，120 V、60 Hz 交流电源与 220 V、50 Hz 交流电源显然都能满足用户需求，讨论它们的对错将是一场持久且没有结论的较量。

图 3.10-6　220 V、50 Hz 供电的各种插头

3.10.5 用电安全

1. 保护接地电路

将电气设备的某部分与大地之间进行良好的电气连接，称为接地。电气设备的接地按其功能可分为工作接地和保护接地两类。为保证电力系统和设备达到正常工作的要求而进行的接地称为工作接地，如变压器中性点接地、防雷设备的接地等。为保障人身安全，防止间接触电而将电气设备的外露可导电部分进行接地，称为保护接地。保护接地的形式有两种：一种是将设备的外露可导电部分经各自的保护线 PE 分别直接接地，如图 3.10-7 所示；另一种是将设备的外露可导电部分经公共的保护线 PE 或中性线 PEN (中性线 N 与保护线 PE 共用的导线)接至电力系统的接地中性点，如图 3.10-8 所示。后者通常称为保护接零。

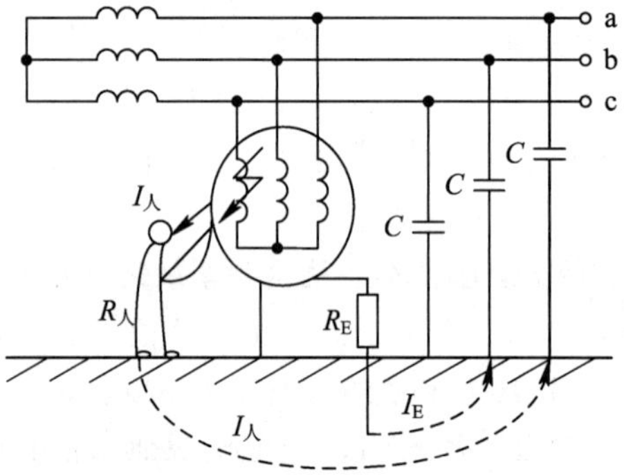

图 3.10-7　保护接地

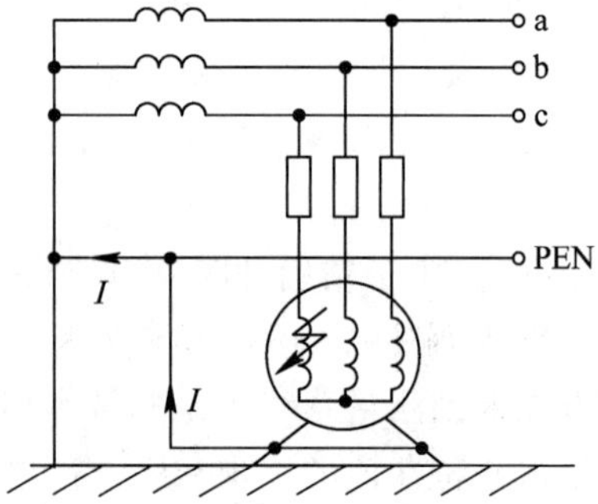

图 3.10-8　保护接零

图 3.10-7 所示的供电系统是中性点不接地系统，系统中电气设备的金属外壳均经各自的保护线分别直接接地，设其接地电阻为 R_E。当电气设备发生一相接地故障时，外壳呈现对地电压，产生接地电流，此时人若触及外壳，接地电流将同时沿接地装置和人体两条途径，经大地和非故障的两相对地电容 C 以及电源形成回路。因为人体电阻与接地电阻并联，所以接地电阻 R_E 愈小，通过人体的 $I_人$ 就愈小。因此，只要适当地选择接地装置的接地电阻值，使通过人体的电流小于安全电流，就可以保证人身的安全。

2. 保护接零电路

图 3.10-8 所示的供电系统就是保护接零系统。该系统中性点直接接地，系统中电气设备的金属外壳通过保护中性线或公共保护线接至系统中性点，供电线路装有过电流保护

装置。当电气设备一相绝缘损坏而与外壳相接时，由该相相线、设备外壳、保护中性线(或公共保护线)及电源形成闭合回路，即形成单相短路，这时故障相中将产生足够大的短路电流，从而引起过电流保护装置动作，使故障设备脱离电源，因而消除了触电的危险。即使在故障切除之前人体触及设备的外壳，由于人体电阻远大于保护线及保护中性线的电阻，通过人体的电流也是十分微小的，因此不会危及人身安全。这就是保护接零保证人身安全的原理。

3.10.6 相序辨识器

图 3.10-9 所示是由电容器和两个相同的白炽灯接成的星形电路，称为相序辨识器，利用中性点位移，可用于测定称三相电源的相序。

首先假设三相电源的相序如图 3.10-9 所示，然后计算两个白炽灯(图中的两个 R)上的电压，从而确定这两个白炽灯的亮度与三相电源相序的关系。设 $R=1/(\omega C)$，根据电路列节点电压方程得

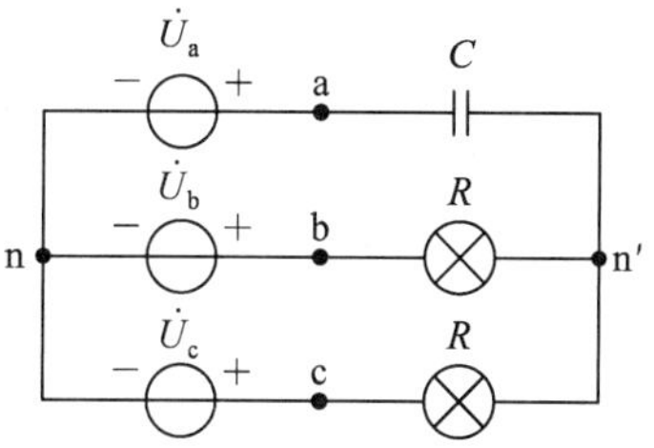

图 3.10-9　相序辨识器

$$\dot{U}_{nn'}=\frac{j\omega C\dot{U}_{an}+\dot{U}_{bn}/R+\dot{U}_{cn}/R}{j\omega C+1/R+1/R}$$

$$=\frac{j+\alpha^2+\alpha}{j+1+1}\dot{U}_{an}\approx(-0.2+j0.6)\dot{U}_{an}$$

b 相和 c 相所接的白炽灯电压分别为

$$\dot{U}_{bn'}=\dot{U}_{bn}-\dot{U}_{nn}=\alpha^2\dot{U}_{an}-(-0.2+j0.6)\dot{U}_{an}\approx(1.5\angle-101.5°)\dot{U}_{an}$$

$$\dot{U}_{cn'}=\dot{U}_{cn}-\dot{U}_{nn}=\alpha\dot{U}_{an}-(-0.2+j0.6)\dot{U}_{an}\approx(0.4\angle138°)\dot{U}_{an}$$

因为 $U_{bn'}=1.5U_{an}$，$UC_{n'}=0.4U_{an}$，所以若把接电容器的相作为 a 相，则白炽灯较亮的那一相是 b 相，较暗的是 c 相。由此根据两个白炽灯亮度差异就确定了对称三相电源的相序。

3.10.7 功率因数(pf)校正及用电费用

大多数家用负载(如洗衣机、空调、电冰箱等)和工业负载(如感应电动机等)呈现电感性负载特性，且功率因数较低。

当电力公司向大型工业用户提供电能时，往往在其费率表中包含一个 pf(功率因数)条款。在此条款下，每当 pf 值低于规定值(一般是 0.85 左右)，用户需要支付额外的费用。这样就迫使用户设法提高负载的 pf 值。

不改变原负载的电压和电流而提高 pf 值的过程称为功率因数校正。

为了提高功率因数，一般采用给电感性负载并联电容的方法。

例 3.10-1　已知一功率为 $P=2$ kW，$pf_1=\cos\theta_1=0.6$ 的感性负载接在电压 $U=220$ V、频率为 50 Hz 的电源上，电路如图 3.10-10(a)所示。现用并联电容的方法将功率因数提高到 $pf_2=\cos\theta_2=0.9$，试求并联电容的大小以及并联前后电源提供的电流。

解　下面分别用相量图法和解析法来求解。

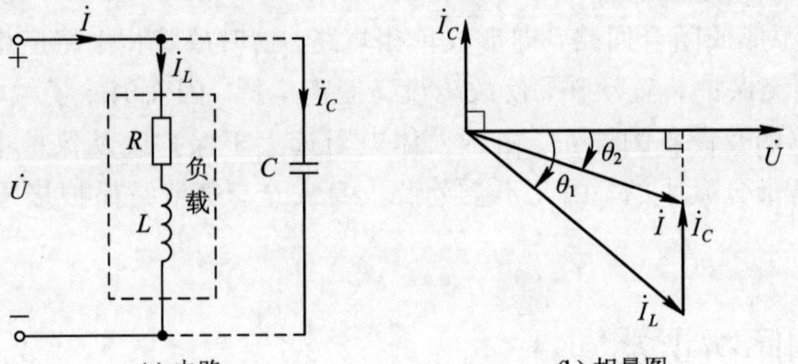

(a) 电路　　(b) 相量图

图 3.10-10　例 3.10-1 图

解法一： 相量法。

以电压 $\dot{U}$ 为参考相量，画出图 3.10-10 (a)电路的相量图，如图 3.10-10 (b)所示。

由图 3.10-10 (a)可见，并联电容前后，感性负载上的电压和电流没发生任何变化，电源提供的平均功率也没有变化。因此

$$P = U I_L \cos\theta_1 = U I \cos\theta_2$$

$$I_L = \frac{P}{U\cos\theta_1} \tag{3.10-5}$$

$$I = \frac{P}{U\cos\theta_2} \tag{3.10-6}$$

由电容 C 的 VCR 有效值关系，有

$$I_C = \omega C U \tag{3.10-7}$$

根据图 3.10-10(b)所示的相量图，可观察到

$$I_L \sin\theta_1 - I \sin\theta_2 = I_C$$

将式(3.10-5)～式(3.10-7)代入上式，有

$$\frac{P\sin\theta_1}{U\cos\theta_1} - \frac{P\sin\theta_2}{U\cos\theta_2} = \omega C U$$

解得

$$C = \frac{P}{U^2\omega}(\tan\theta_1 - \tan\theta_2) \tag{3.10-8}$$

将题中已知数据代入式(3.10-5)和式(3.10-6)，得电容并联前后电源提供的电流分别为

$$I_L = \frac{2000}{220 \times 0.6} \approx 15.2\ \text{A}$$

$$I = \frac{2000}{220 \times 0.9} \approx 10.1\ \text{A}$$

将已知数据代入式(3.10-8)，得

$$C = \frac{2000}{220^2 \times 2\pi \times 50}[\tan(\arccos 0.6) - \tan(\arccos 0.9)] \approx 112\ \mu\text{F}$$

可见，在负载吸收功率保持不变的情况下，提高功率因数之后，电源提供的电流减小了。由于电力传输线和配电系统存在损耗，因此电源电流的减小，使得供电公司在传输电能过程

中的功率损耗也相应减小。这就是电力公司对 pf 值低于规定值的用户进行额外收费的原因。企业内部的电力传输，也同样存在这样一个问题。所以，提高功率因数是对电力公司和企业双方都有利的事情。

需要注意，通常并不把 pf 值提高到 1，而是提高到 0.9 左右，以防在电路中产生并联谐振现象而损坏设备。

解法二： 解析法，即从无功功率的角度进行分析。

负载的无功功率只在电源与负载之间来回转换，并不做净功，但在转换过程中，将会在传输线上产生功率消耗。

感性负载的平均功率 $P=UI_L\cos\theta_1$，无功功率 $Q_L=UI_L\sin\theta_1$，因此

$$Q_L=\frac{P}{\cos\theta_1}\sin\theta_1=P\tan\theta_1 \tag{3.10-9}$$

接并联电容之后，电路的总平均功率仍然为 P，因此

$$P=UI\cos\theta_2$$

总无功功率为

$$Q=UI\sin\theta_2$$

因此

$$Q=\frac{P}{\cos\theta_2}\sin\theta_2=P\tan\theta_2 \tag{3.10-10}$$

而电容的无功功率为

$$Q_C=-U^2\omega C$$

根据无功功率守恒原理，有

$$Q=Q_L+Q_C \tag{3.10-11}$$

即

$$P\tan\theta_2=P\tan\theta_1-U^2\omega C$$

解得

$$C=\frac{P}{U^2\omega}(\tan\theta_1-\tan\theta_2) \tag{3.10-12}$$

比较式(3.10-12)与式(3.10-8)可见，两者是相同的。

将题中已知数据代入式(3.10-9)和(3.10-10)，可得电容并联接入前后，电路的无功功率和总无功功率分别为

$$Q_L=2000\times\tan(\arccos 0.6)=2667\ \text{var}$$

$$Q=2000\times\tan(\arccos 0.9)=871\ \text{var}$$

可见，电容并联接入后，无功功率减小了，从而导致传输线功耗的降低。因此，利用并联电容提高功率因数也称为无功补偿。

例 3.10-2　一个 300 kW 的感性负载，其功率因数为 0.6，一个月工作 520 h，计算按下列价格所决定的每个月的平均用电支出。

用电收费：0.4 元/千瓦小时(kW·h)。

功率因数奖罚：低于 0.85，每 0.01 要增收用电费用的 0.1%；高于 0.85，每 0.01 要少收用电费用的 0.1%。

如果负载并联电容整改后，将功率因数提高到 0.95，问每月可以减少多少开支？

设负载电压为 220 V，如果传输线的电阻为 0.4 Ω，求并联电容前后，传输线的功耗分别为多少？

解 (1) 所消耗的电量为

$$W = 300\ \text{kW} \times 250\ \text{h} = 156\ 000\ \text{kW}\cdot\text{h}$$

负载工作时的功率因数 pf=0.6，比预定值 0.85 低了 0.25，则需增收的用电量

$$\Delta W_1 = W \times 2.5\% = 3900\ \text{kW}\cdot\text{h}$$

每月应收电费为

$$\$_1 = 0.4 \times (156\ 000 + 3900) = 63\ 960\ \text{元}$$

(2) 整改后，功率因数 pf=0.95，比预定值 0.85 高了 0.1，则需少收的用电量

$$\Delta W_2 = W \times 1\% = 1560\ \text{kW}\cdot\text{h}$$

每月应收电费为

$$\$_2 = 0.4 \times (156\ 000 - 1560) = 61\ 776\ \text{元}$$

所以每月可以减少开支 63 960−61 776=2184 元

(3) 由式(3.9-5)和式(3.9-6)可求得并联电容前后传输线上的电流分别为

$$I_L = \frac{300 \times 10^3}{220 \times 0.6} \approx 2272.7\ \text{A}$$

$$I = \frac{300 \times 10^3}{220 \times 0.95} \approx 1435.4\ \text{A}$$

所以，传输线功耗分别为

$$P_{前} = I_L^2 \times 0.4 = 2066.066\ \text{kW}$$

$$P_{后} = I^2 \times 0.4 = 824.15\ \text{kW}$$

可见，提高功率因数也降低了电力公司的损失，对电力公司和企业双方都有利。

3.10.8 日光灯电路分析

日光灯一般由灯管、启辉器和镇流器组成，其电气连接图及其电路模型如图 3.10-11 所示。

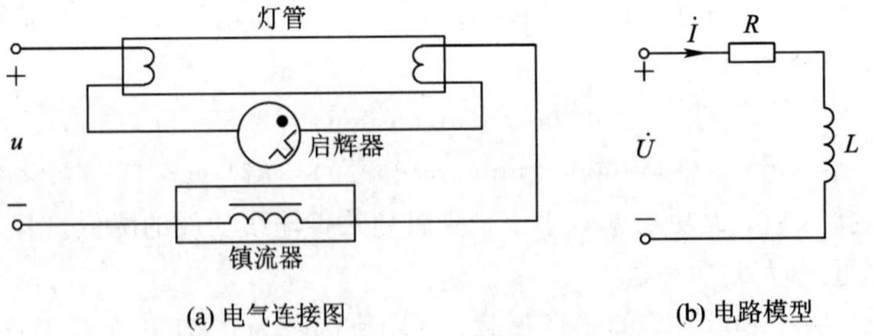

图 3.10-11 日光灯电气连接图及其电路模型

例 3.10-3 已知日光灯电路交流电压源的有效值 U=220 V，频率 f=50 Hz，日光灯的功率为 60 W，灯管的电阻 R 为 550 Ω。

(1) 求镇流器的电感量 L 和日光灯电路的功率因数。

(2) 现有 100 个这样的日光灯并联到交流电源上，若把并联电路的功率因数提高到 0.9，应在其上并联多大的电容？

解 (1) 由于 $P=RI^2$，则

$$I=\sqrt{\frac{P}{R}}=\sqrt{\frac{60}{550}}\approx 0.33\ \text{A}$$

根据 $P=UI\cos\theta$，得功率因数

$$\cos\theta=\frac{P}{UI}=\frac{60}{220\times 0.33}\approx 0.826$$

日光灯电路的阻抗 $Z=R+\text{j}\omega L$，由阻抗三角形有

$$\cos\theta=\frac{R}{|Z|}=\frac{R}{\sqrt{R^2+(\omega L)^2}}\approx 0.826$$

将 $\omega=2\pi f=2\pi\times 50\ \text{rad/s}$、$R=550\ \Omega$ 代入上式，可解得 $L=1.2\ \text{H}$。

(2) 每个日光灯电路的无功功率为

$$Q=UI\sin\theta=220\times 0.33\times\sqrt{1-0.826^2}\approx 40.92\ \text{var}$$

若 100 个日光灯并联电路的无功功率为

$$Q_0=100Q=4092\ \text{var}$$

则并联电容后，功率因数提高到 $\cos\theta_1=0.9$，平均功率不变，为

$$P_0=100P=6000\ \text{W}$$

而无功功率将变为

$$Q_1=UI_1\sin\theta_1=\frac{P_0}{\cos\theta_1}\sin\theta_1=P_0\tan\theta_1=6000\times\tan(\arccos 0.9)\approx 2906\ \text{var}$$

可见，并联电容 C 应补偿的无功功率为

$$\Delta Q=Q_1-Q_0=2906-4092=-1186\ \text{var}$$

而电容的无功功率为 $-U^2\omega C$，因此

$$C=-\frac{\Delta Q}{U^2\omega}=\frac{1189}{220^2\times 2\pi\times 50}\approx 0.782\times 10^{-6}\,\text{F}\approx 0.786\ \mu\text{F}$$

习 题 3

3-1 已知电压或电流的瞬时表达式为(1) $u(t)=30\cos(314t+45°)\text{V}$；(2) $i(t)=8\cos(6280t-120°)\text{mA}$；(3) $u(t)=15\cos(10\,000t+90°)\text{V}$。分别画出其波形，并指出其振幅、频率和初相角。

3-2 已知正弦电流的振幅 $I_\text{m}=10\ \text{mA}$，角频率 $\omega=10^3\ \text{rad/s}$，初相角 $\varphi_i=30°$，写出其瞬时表达式，并求电流的有效值 I。

3-3 画出下列各电流的相量图，并写出它们的瞬时表达式。

(1) $\dot{I}_{\text{m1}}=30+\text{j}40\text{A}$；(2) $\dot{I}_{\text{m2}}=50\text{e}^{-\text{j}60°}\text{A}$；(3) $\dot{I}_{\text{m3}}=-25+\text{j}60\text{A}$。

3-4 电路如题 3-4 图所示，已知 $R=200\ \Omega$，$L=0.1$ mH，电阻上电压 $u_R(t)=\sqrt{2}\cos 10^6 t$ V，求电源电压 $u_S(t)$，并画出其相量图。

3-5 RC 并联电路如题 3-5 图所示，已知 $i_C(t)=\sqrt{2}\cos(10^3 t+60°)$ mA，$R=10$ kΩ，$C=0.2\ \mu$F，试求电流 $i(t)$，并画出相量图。

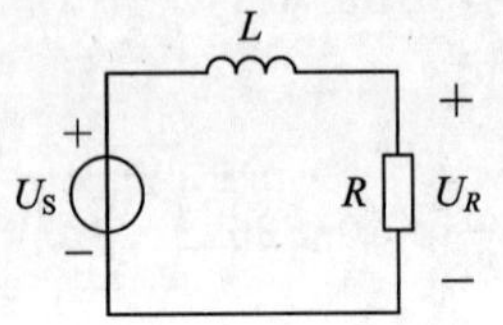

题 3-4 图

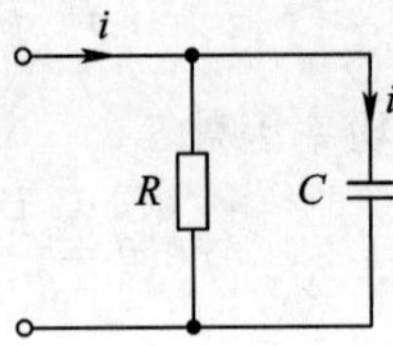

题 3-5 图

3-6 电路如题 3-6 图所示，设伏特计内阻为无限大，已知伏特计ⓋⅠ、Ⓥ2、Ⓥ3读数依次为 15 V、80 V 和 100 V，求电源电压的有效值。

3-7 电路如题 3-7 图所示，设毫安计内阻为零，已知各毫安计读数依次为 40 mA、80 mA、50 mA，求总电流 I。

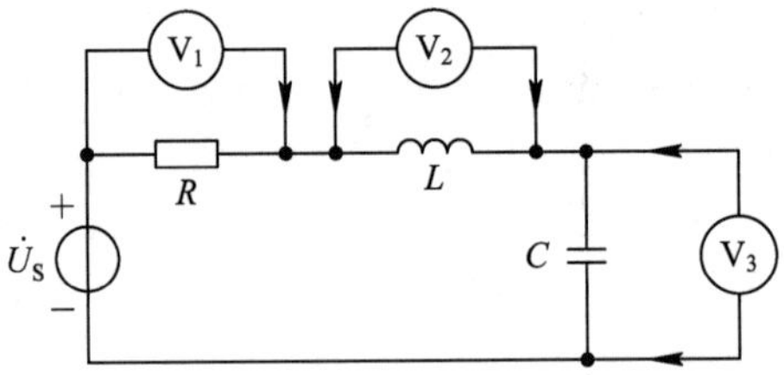

题 3-6 图

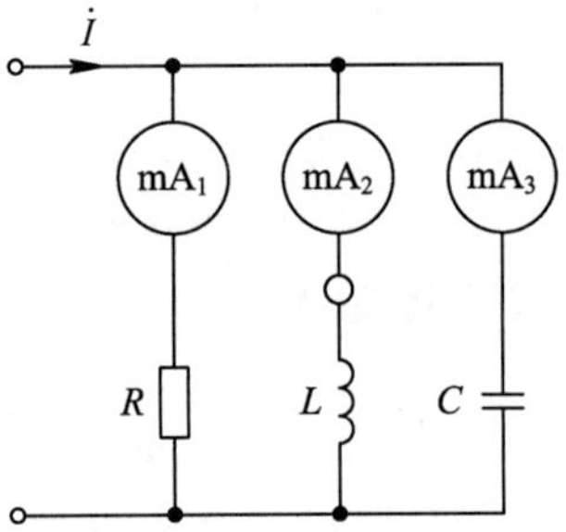

题 3-7 图

3-8 电路的相量模型如题 3-8 图所示，已知 $\dot{U}_S=120\angle 0°$ V，$\dot{I}_S=10\angle 60°$ A，$\dot{I}_L=10\angle -70°$ A，$\dot{U}_C=100\angle -35°$ V，试求电流 $\dot{I}_1$、$\dot{I}_2$ 和 $\dot{I}_3$。

3-9 电路如题 3-9 图所示，已知 $R=50\ \Omega$，$L=2.5$ mH，$C=5\ \mu$F，电源电压 $U=10$ V，角频率 $\omega=10^4$ rad/s，试求电流 $\dot{I}_R$、$\dot{I}_L$、$\dot{I}_C$ 和 $\dot{I}$，并画出相量图。

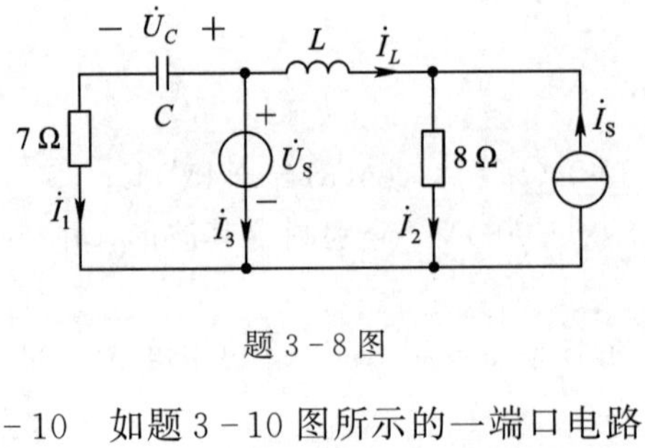

题 3-8 图

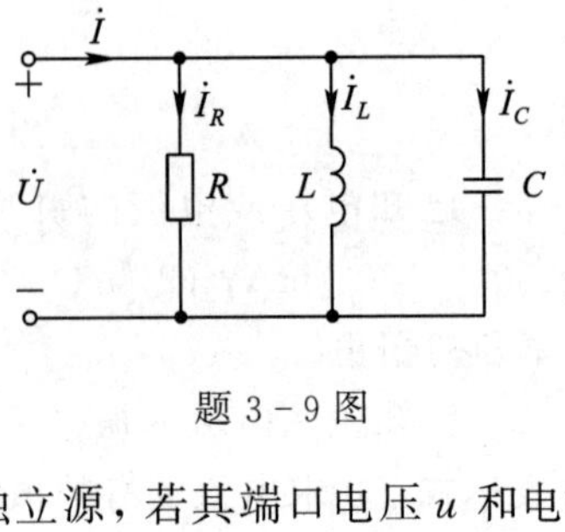

题 3-9 图

3-10 如题 3-10 图所示的一端口电路 N 中不含独立源，若其端口电压 u 和电流 i 分别有以下几种情况，求各种情况下的阻抗和导纳。

(1) $u(t)=200\cos\pi t$ V，$i(t)=10\cos\pi t$ A；

(2) $u(t)=10\cos(10t+45°)$ V，$i(t)=2\cos(10t+35°)$ A；

(3) $u(t)=200\cos(5t+60°)$ V，$i(t)=10\cos(5t-30°)$ A；

(4) $u(t)=40\cos(2t+17°)$ V，$i(t)=8\cos 2t$ A。

3-11 题 3-11 图所示的一端口电路 N 中不含独立源，若其端口电压 u 和电流 i 分别有以下几种情况，求各种情况下的阻抗和导纳。

(1) $u(t)=10\cos(10t+50°)$ V，$i(t)=2\sin(10t+140°)$ A；

(2) $u(t)=10\sin 100t$ V，$i(t)=2\cos 100t$ A；

(3) $u(t)=-10\cos 10t$ V，$i(t)=-2\sin 10t$ A。

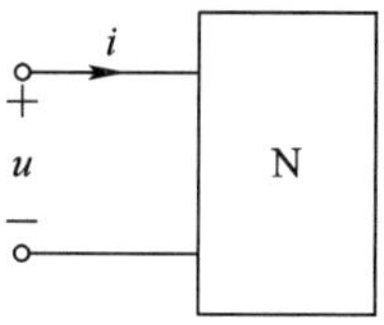

题 3-10 图

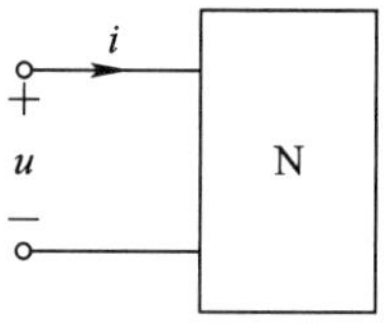

题 3-11 图

3-12 电路如题 3-12 图所示，已知电流相量 $\dot{I}=4\angle 0°$ A，电压相量 $\dot{U}=80+\mathrm{j}200$ V，$\omega=10^3$ rad/s，求电容 C。

3-13 电路如题 3-13 图所示，已知电流相量 $\dot{I}_1=20\angle -36.9°$A，$\dot{I}_2=10\angle 45°$A，电压相量 $\dot{U}=100\angle 0°$V，$\omega=10^3$ rad/s，求元件 R_1、X_L、R_2、X_C 和输入阻抗 Z。

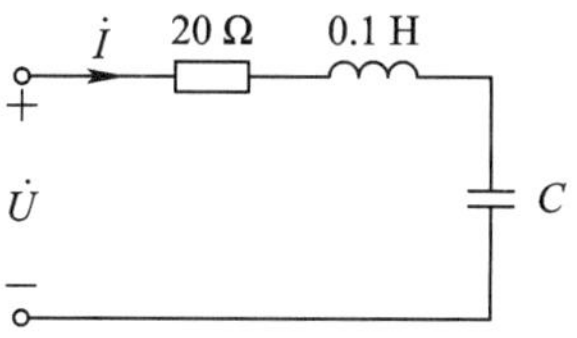

题 3-12 图

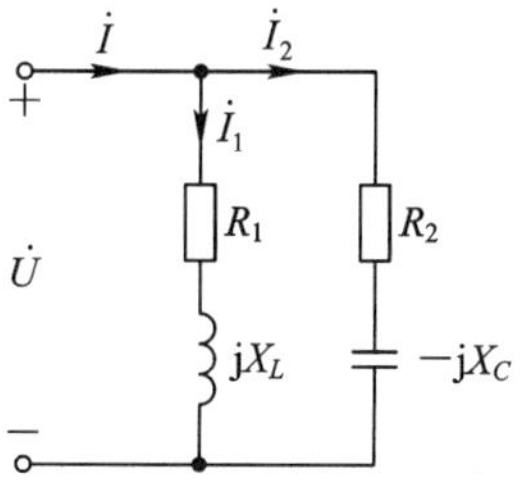

题 3-13 图

3-14 求题 3-14 图所示各电路中 ab 端的阻抗和导纳($\omega=2$ rad/s)。

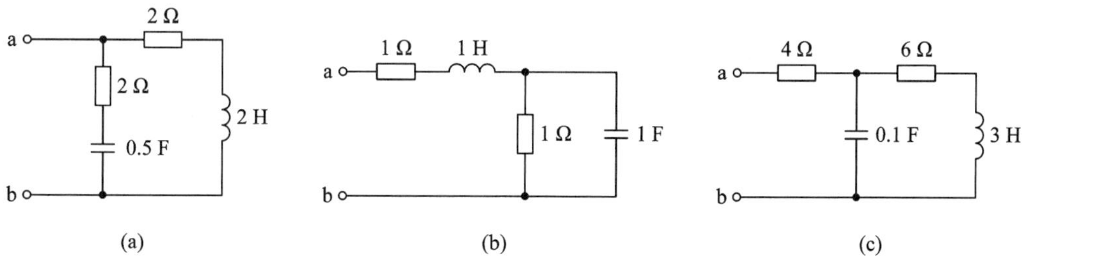

题 3-14 图

3-15 电路如题 3-15 图所示，已知 $X_L=100\ \Omega$，$X_C=200\ \Omega$，$R=150\ \Omega$，$U_C=100$ V。求电压 U 和电流 I，并画出相量图。

3-16 电路如题 3-16 图所示，已知 $X_L=100\ \Omega$，$X_C=50\ \Omega$，$R=100\ \Omega$，$I=2$ A。求

电压 U 和电流 I_R，并画出相量图。

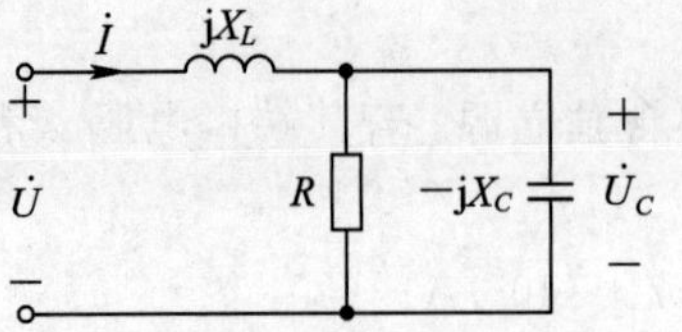

题 3-15 图

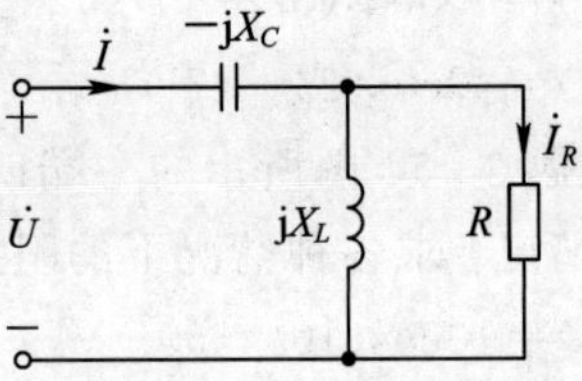

题 3-16 图

3-17　电路如题 3-17 图所示，已知 $C_1=C_2=200$ pF，$R=1$ kΩ，$L=6$ mH，$u_L(t)=10\cos(10^6 t+45°)$V，求 i_C。

3-18　电路如题 3-18 图所示，已知电流相量 $\dot{I}=10\angle 45°$ mA，$\omega=10^7$ rad/s，$R_S=0.5$ kΩ，$R=1$ kΩ，$L=0.1$ mH。

(1) 电容 C 为何值时，电流 $\dot{I}$ 与电压 $\dot{U}_S$ 同相。

(2) 求上述情况时的 U_S、U_{ab}、I_R 和 I_L 的值。

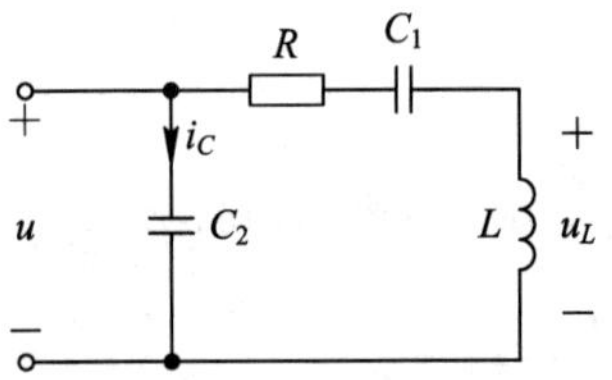

题 3-17 图

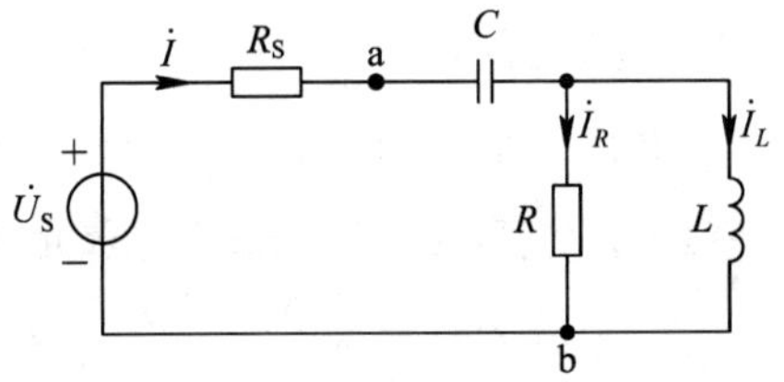

题 3-18 图

3-19　电路如题 3-19 图所示，已知 $I_R=10$ A，$X_C=10$ Ω，并且 $U_1=U_2=200$ V，求 X_L。

3-20　电路如题 3-20 图所示，已知 $U=200$ V，$\omega=10^4$ rad/s，$r=3$ kΩ，调节电位器 R_P，使伏特计指示为最小值，这时 $r_1=900$ Ω，$r_2=900$ Ω。求伏特计的读数和电容 C。

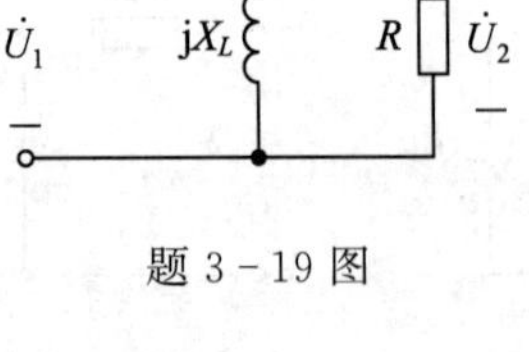

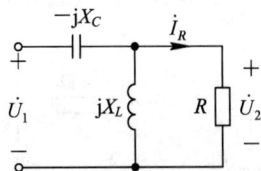

题 3-19 图

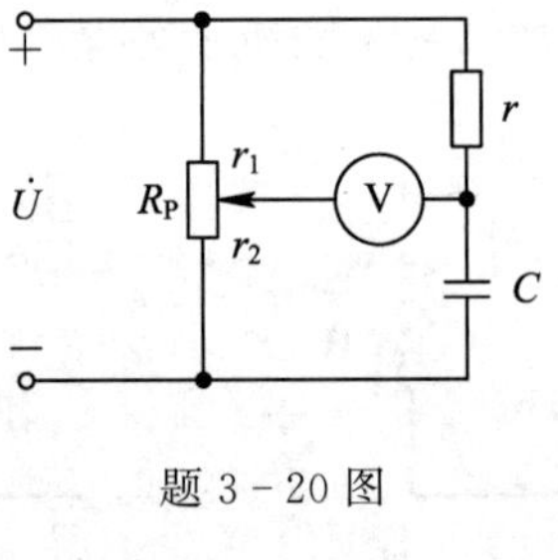

题 3-20 图

3-21　电路如题 3-21 图所示，当调节电容 C，使电流 $\dot{I}$ 与电压 $\dot{U}$ 同相时，测得电压有效值 $U=50$ V，$U_C=200$ V，电流的有效值 $I=1$ A。已知 $\omega=10^3$ rad/s，求元件 R、L、C。

3-22　电路如题 3-22 图所示，已知 $I_1=10$ A，$I_2=10$ A，$R_2=5$ Ω，$U=220$ V，并且总电流 $\dot{I}$ 与电压 $\dot{U}$ 同相，求电流 I、R、X_2 和 X_C 的值。

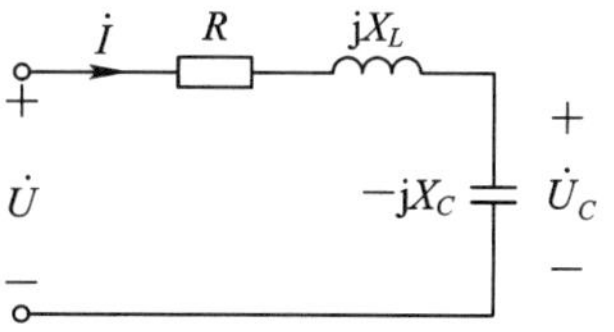

题 3－21 图

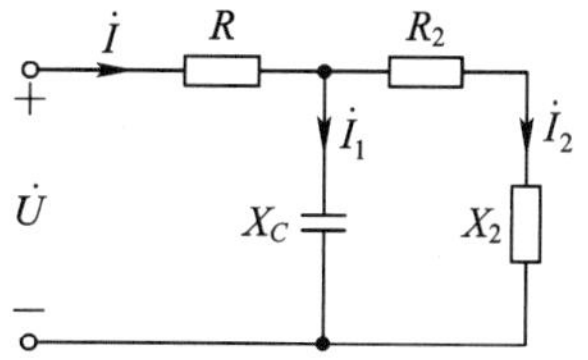

题 3－22 图

3－23　电路如题 3－23 图所示，已知 $\dot{U}_S=4\angle 90°$ V，$\dot{I}_S=2\angle 0°$ A，求电流 $\dot{I}$。

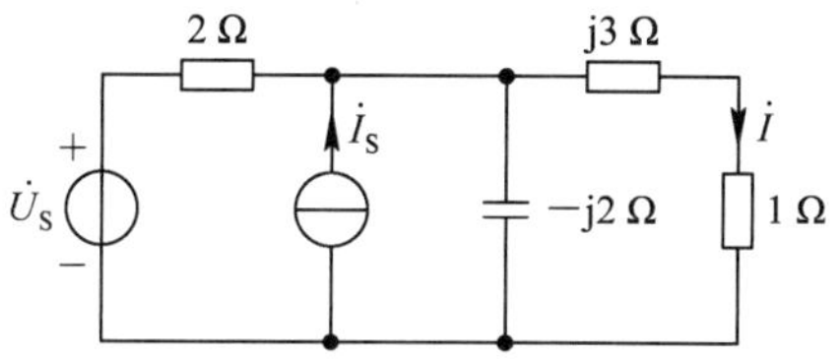

题 3－23 图

3－24　电路如题 3－24 图所示，已知 $\dot{U}_S=4\angle 0°$ V，$\dot{I}_S=10\angle 0°$ A，求电压 $\dot{U}$。

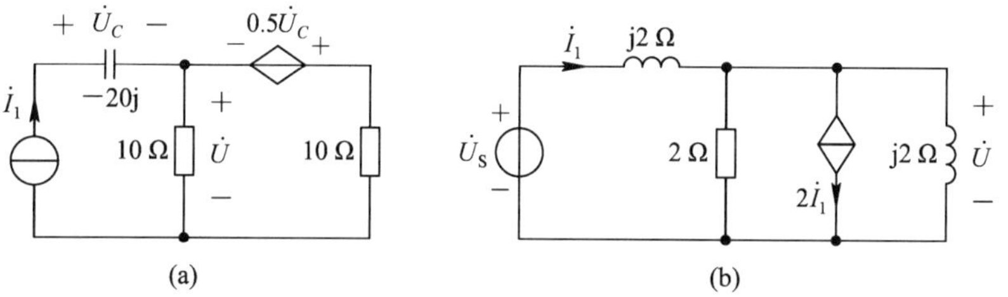

题 3－24 图

3－25　电路如题 3－25 图所示，已知 $\dot{U}_S=6\angle 0°$ V，求其一端口电路的戴维南等效电路。

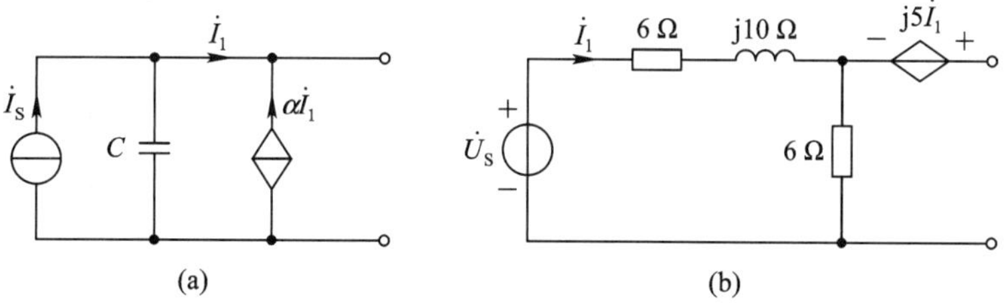

题 3－25 图

3－26　电路如题 3－26 图所示，已知 $u_S(t)=10+10\cos t$ V，$i_S(t)=5+5\cos 2t$ A，求$u(t)$。

3－27　电路如题 3－27 图所示，已知 $u_S(t)=3\cos 2t$ V，$i_S(t)=3\cos t$ A，求 $u_C(t)$。

3－28　题 3－28 图所示电路 N 的端口电压 $u(t)$和电流 $i(t)$为下列函数，分别求电路 N 的阻抗，以及电路 N 吸收的有功功率、无功功率和视在功率。

(1) $u(t)=100\cos(10^3t+20°)$ V，$i(t)=0.1\cos(10^3t-10°)$ A；

(2) $u(t)=50\cos(10^3t-80°)$ V，$i(t)=0.2\cos(10^3t-35°)$ A。

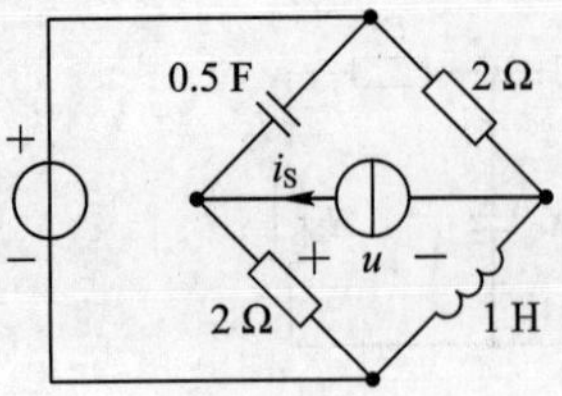

题 3 - 26 图

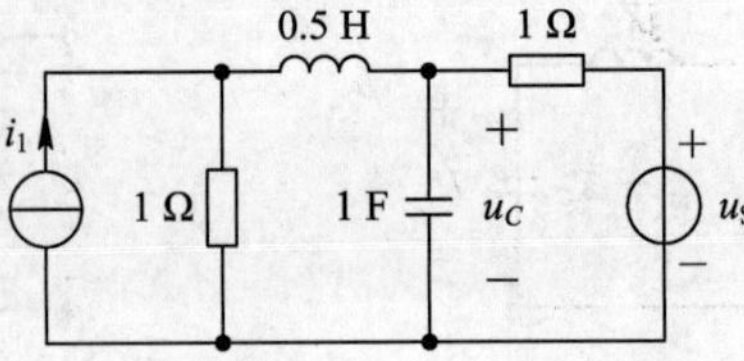

题 3 - 27 图

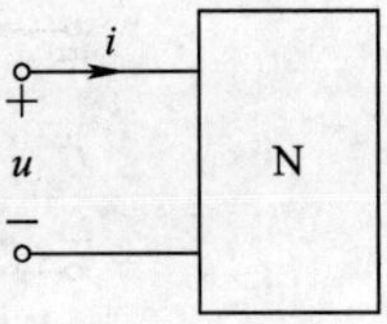

题 3 - 28 图

3 - 29　电路如题 3 - 29 图所示，已知 $U=20$ V，电容支路消耗功率 $P_1=24$ W，功率因数 $\cos\theta_{Z1}=0.6$；电感支路消耗功率 $P_2=24$ W，功率因数 $\cos\theta_{Z2}=0.8$。求电流 I、电压 U_{ab} 和电路的总复功率。

3 - 30　电路如题 3 - 30 图所示，已知 $U=100$ V，$I=100$ mA，电路吸收功率 $P=6$ W，$X_{L_1}=1.25$ kΩ，$X_C=0.75$ kΩ，电路呈感性，求 r 和 X_L。

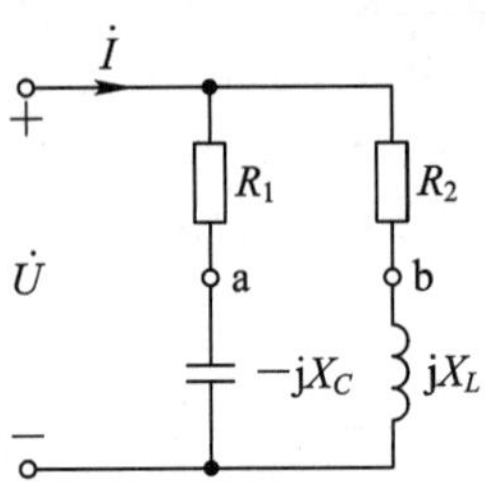

题 3 - 29 图

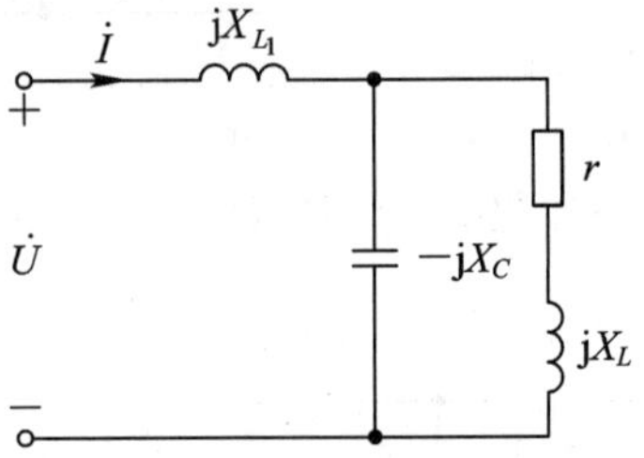

题 3 - 30 图

3 - 31　电路如题 3 - 31 图所示，已知 $\dot{U}=20\angle 0°$ V，电路消耗的总功率 $P=34.6$ W，功率因数 $\cos\theta_Z=0.866(\theta_Z<0)$，$R_1=25$ Ω，$X_C=10$ Ω，求 R_1 和 X_L。

3 - 32　电路如题 3 - 32 图所示，已知 $\dot{U}_S=j6$ V，$\dot{I}_S=2\angle 0°$ A，求电流相量 $\dot{I}_1$ 和 $\dot{I}_2$。

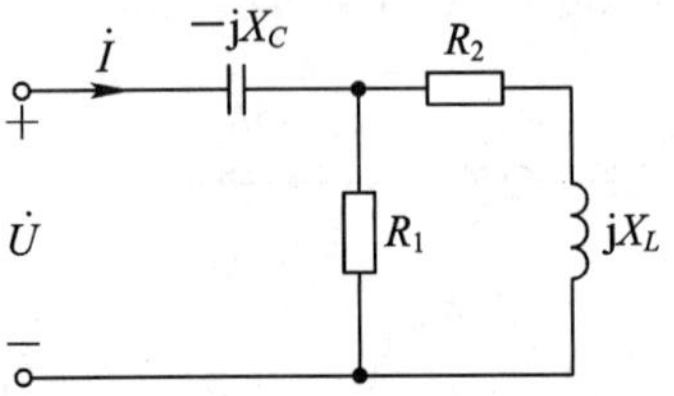

题 3 - 31 图

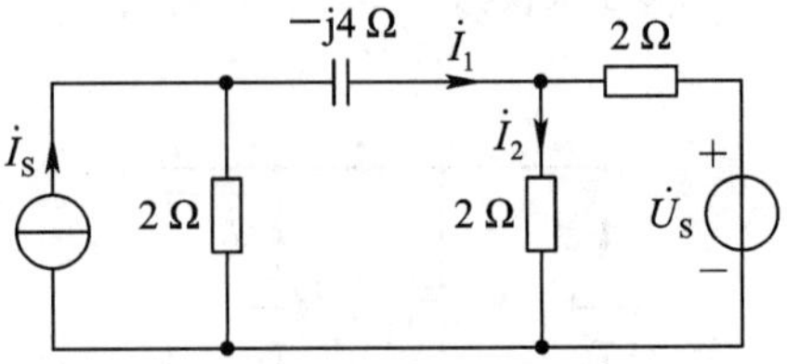

题 3 - 32 图

3 - 33　电路如题 3 - 33 图所示，已知 $\dot{U}_{S1}=\dot{U}_{S3}=10\angle 0°$ V，$\dot{U}_{S2}=j10$ V，求节点电压 $\dot{U}_1$ 和 $\dot{U}_2$。

3 - 34　电路如题 3 - 34 图所示，已知 $\dot{I}_S=2\angle 0°$ A，求负载 Z_L 获得最大功率时阻抗值及负载吸收的功率。

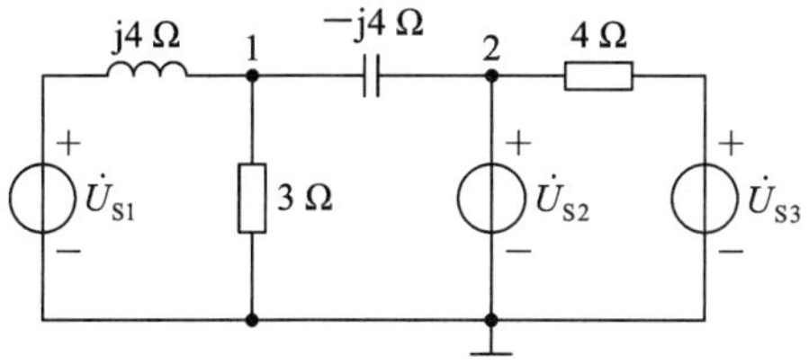

题 3－33 图

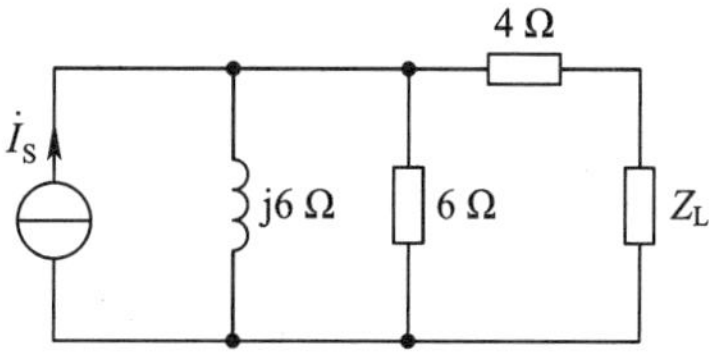

题 3－34 图

3－35　电路如题 3－35 图所示，已知 $u_S=3\cos t$ V，$i_S=3\cos t$ A，求负载 Z_L 获最大功率时的阻抗值及负载吸收的功率。

3－36　电路如题 3－36 图所示，已知 $\dot{I}_S=2\angle 0°$ A，试求负载 Z_L 为何值时，它能获得最大功率？最大功率 P_{LMAX} 是多少？

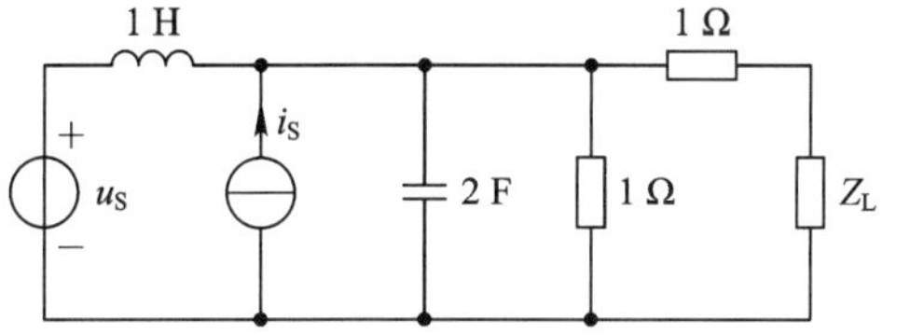

题 3－35 图

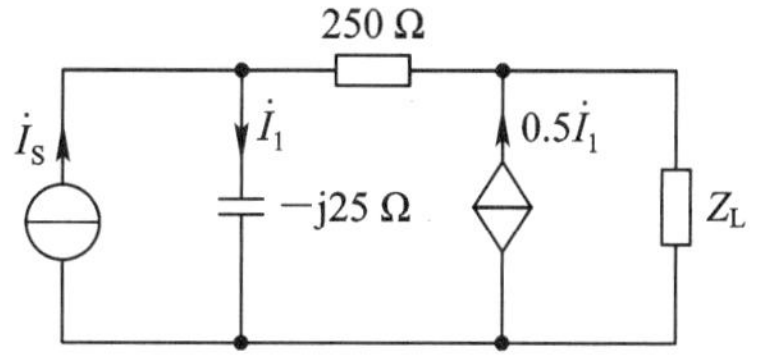

题 3－36 图

3－37　电路如题 3－37 图所示，已知 $\dot{U}_S=6\angle 0°$ V，试求负载 Z_L 为何值时，它能获得最大功率，且最大功率 P_{LMAX} 是多少？

3－38　电路如题 3－38 图所示，已知 $R=10$ Ω。

(1) $u_{S_1}(t)=10\cos 100t$ V，$u_{S_2}(t)=20\cos(100t+30°)$ V；

(2) $u_{S_1}(t)=20\cos(t+25°)$ V，$u_{S_2}(t)=30\sin(5t-50°)$ V。

求电阻 R 吸收的平均功率 P。

3－39　如题 3－39 图所示电路 N 端口电压 $u(t)=100+100\cos\omega t+30\cos 3\omega t$ V，电流 $i(t)=50\cos(\omega t-45°)+10\sin(3\omega t-60°)+20\cos 5\omega t$ A，求电路吸收的平均功率 P 以及电压 u 和电流 i 的有效值。

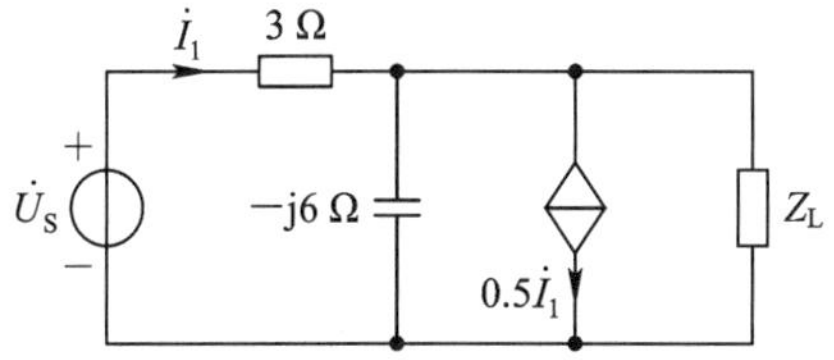

题 3－37 图

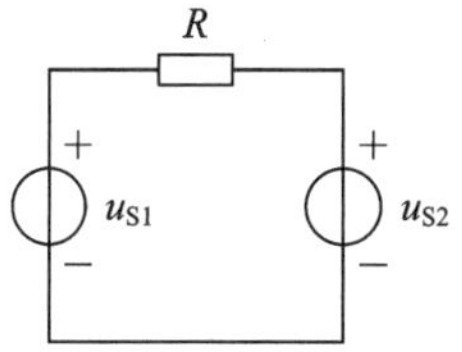

题 3－38 图

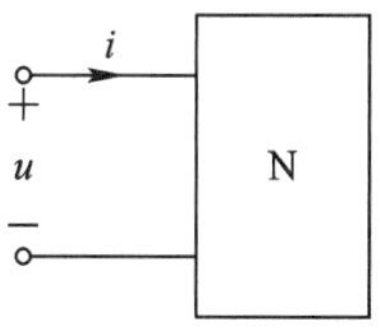

题 3－39 图

3－40　功率为 40 W、功率因数为 0.5 的日光灯(为感性负载)与功率为 60 W 的白炽灯(纯阻性负载)各 100 只，并联于 220 V、50 Hz 的正弦交流电源上。

(1) 求电路的功率因数；

(2) 如要把电路的功率因数提高到 0.9，应并联多大的电容？

3－41　电路如题 3－41 图(a)所示，已知 $L_1=4$ H，$L_2=3$ H，$M=2$ H。

(1) 已知 i_S 的波形如题 3-41 图(b)所示，画出 u_{ab}、u_{cd} 和 u_{ac} 的波形。

(2) 已知 $i_S(t)=1-e^{-2t}$ A，求 u_{ab}、u_{cd} 和 u_{ac} 的波形。

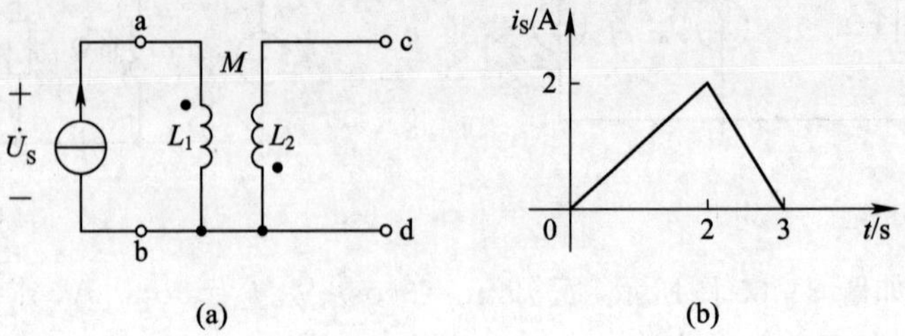

题 3-41 图

3-42 电路如题 3-42 图所示，已知 $\dot{U}_S=6\angle 0°$ V，电源角频率 $\omega=2$ rad/s。

(1) 若将 ab 端开路，求 $\dot{I}_1$ 和 $\dot{U}_{ab}$；

(2) 若将 ab 端短路，求 $\dot{I}_1$ 和 $\dot{I}_{ab}$。

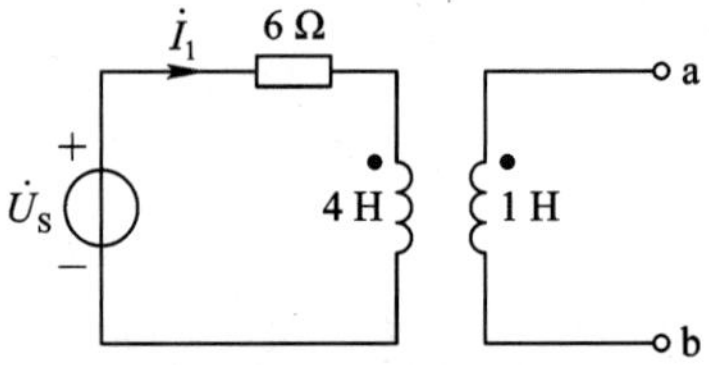

题 3-42 图

3-43 求题 3-43 图所示电路的等效电感。

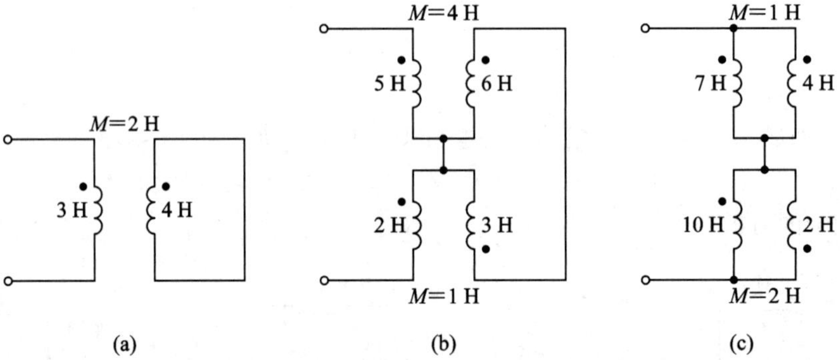

题 3-43 图

3-44 电路如题 3-44 图所示，已知 $X_{L_1}=10$ Ω，$X_{L_2}=6$ Ω，$X_M=4$ Ω，$X_{L_3}=4$ Ω，$R_1=8$ Ω，$R_2=5$ Ω，端电压 $U=100$ V。

(1) 求 $\dot{I}_1$ 和 $\dot{I}_3$；

(2) 求 $\dot{U}_{ab}$。

3-45 电路如题 3-45 图所示，已知 $R_1=10$ Ω，$R_2=2$ Ω，$X_{L_1}=30$ Ω，$X_{L_2}=8$ Ω，$X_M=10$ Ω，$U_S=100$ V。

(1) 如果 $Z_L=2$ Ω，求 $\dot{I}_1$、$\dot{I}_2$ 和负载 Z_L 吸收的功率；

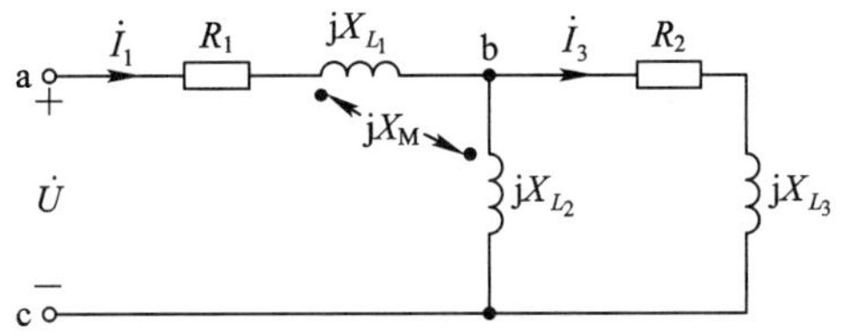

题 3-44 图

(2) 若 Z_L 为纯电阻 R_L，为使其获得最大功率，R_L 应取何值？求这时负载吸收的功率。

(3) 若负载 Z_L 由电阻和电抗组成，即 $Z_L=R_L+jX_L$，为使负载获得的功率为最大，Z_L 应取何值？求这时负载吸收的功率。

3-46　电路如题 3-46 图所示，已知 $R_1=R_2=1\ \Omega$，$X_{L_1}=X_{L_2}=1\ \Omega$，$X_C=1\ \Omega$，耦合系数 $k=1$，$\dot{I}_S=1\angle 0^\circ$ A，求 $\dot{U}_2$。

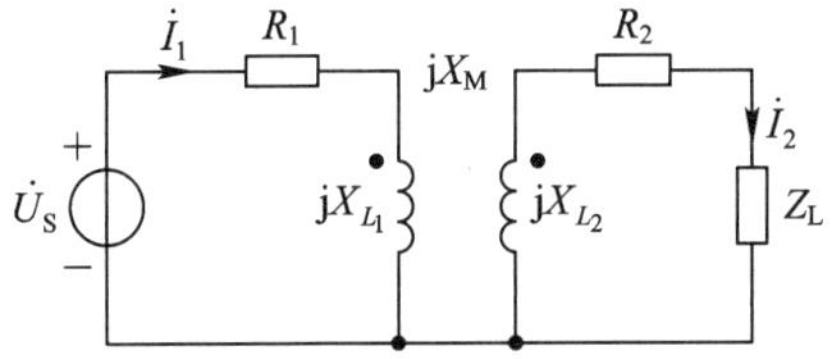

题 3-45 图

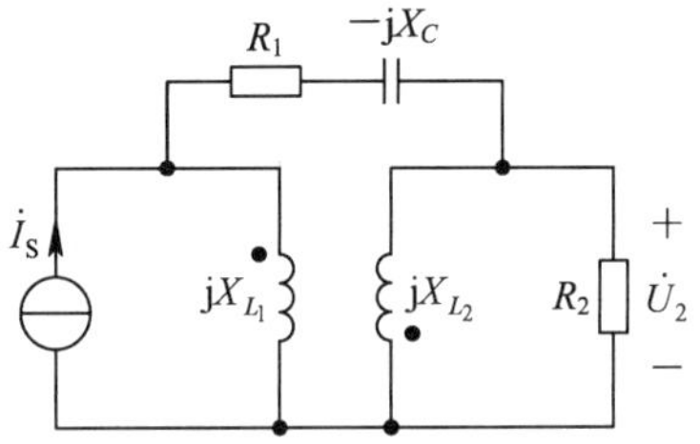

题 3-46 图

3-47　电路如题 3-47 图所示，已知 $\dot{U}_S=16\angle 0^\circ$ V，求 $\dot{I}_1$、$\dot{U}_2$ 和 R_L 吸收的功率。

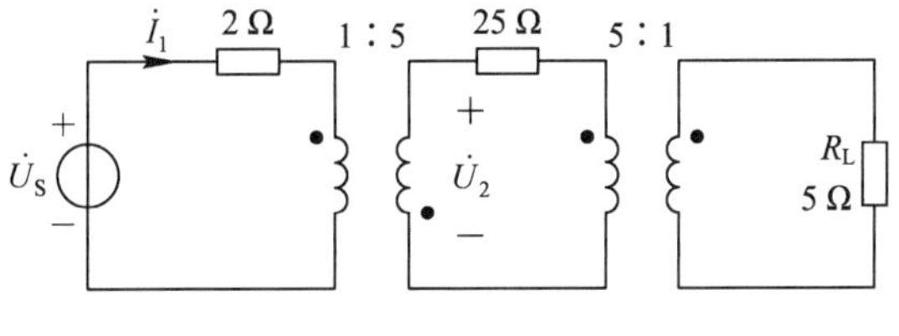

题 3-47 图

3-48　电路如题 3-48 图所示，已知 $\dot{U}_S=12\angle 0^\circ$ V，$\dot{I}_S=2\angle 0^\circ$ A。求使 R_L 能获得最大功率时的匝数比 n 以及 R_L 吸收的功率。

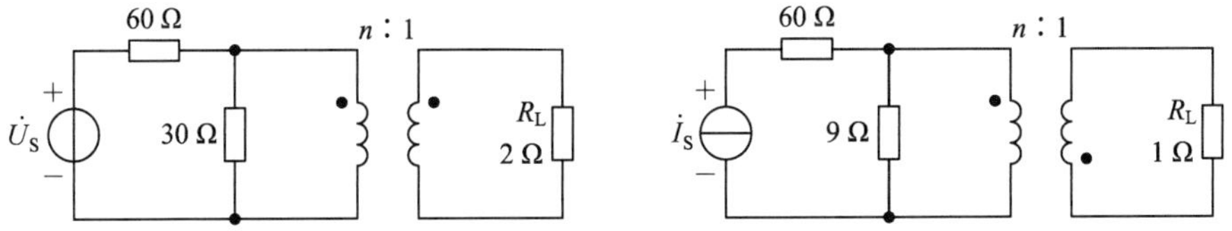

(a)　　(b)

题 3-48 图

3-49　电路如题 3-49 图所示，已知 $\dot{U}_S=6\angle 0^\circ$ V。

(1) 求电流 I_1、从电源端看去的输入阻抗 Z_{in} 和 R_L 吸收的功率。

(2) 若将图中 ab 短路，求电流 I_1、从电源端看去的输入阻抗 Z_{in} 和 R_L 吸收的功率。

3-50 电路如题 3-50 图所示，已知 $\dot{I}_S=1\angle 0°$ A，求电源端电压 $\dot{U}$、输入阻抗 Z_{in} 和电压 $\dot{U}_2$。

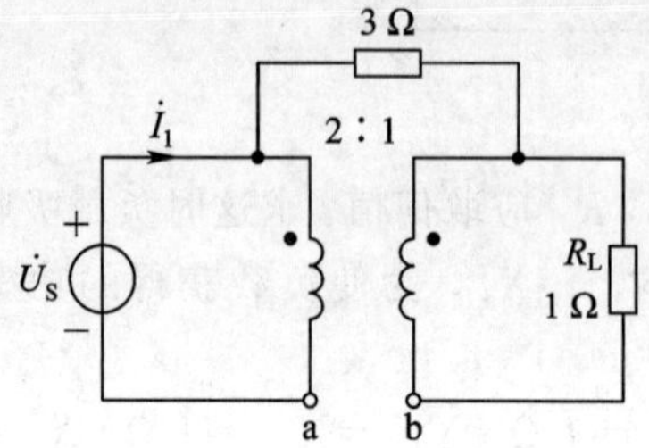

题 3-49 图

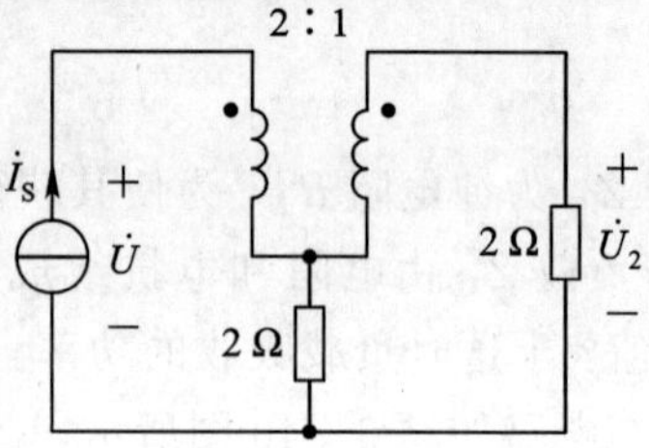

题 3-50 图

3-51 已知对称三相电路的线电压 $U_1=380$ V。

(1) 若负载为 Y 形连接，负载 $Z=10+j15\ \Omega$，求相电压和负载吸收的功率。

(2) 若负载为△形连接，负载 $Z=10+j15\ \Omega$，求线电流和负载吸收的功率。

3-52 已知对称三相负载功率为 12.2 kW，线电压为 220 V，功率因数为 0.8(感性)，求线电流。如果负载连接成 Y 形，求负载阻抗 Z。

04

第 4 章　频率响应与谐振电路

第 3 章主要讨论了单一频率作用下的正弦稳态电路分析。在实际通信与电子技术中，需要传输或处理的电信号通常都不是单一频率的正弦量，而是由许多不同频率的正弦信号所组成，即实际的电信号都占有一定的频带宽度。譬如，在各种电子设备中传输的代表语言、音乐、图像等的低频信号都是多频率的电压或电流。无线电通信、广播、电视等的发射机把这些代表语言、图像的低频信号调制到频率很高的高频信号上(称为调制)，以便利用天线辐射出无线电波；接收机收到从空间传来的无线电波后，从中“取出”(称为解调)低频信号，并恢复为声音、图像。

收音机(或电视机)周围有众多信号，各电台(或电视台)的载波频率各不相同。人们将收音机调谐到某一电台或将电视机调到某一频道时，是通过改变电路的某些参数，以使某一电台(或电视台)的信号顺利进入其接收机，而抑制其他电台(或电视台)的信号。这时，收音机(或电视机)的接收机电路处于谐振状态。

本章讨论电路在不同频率激励作用下响应的变化规律和特点。

4.1　频率响应与网络函数

对于动态电路，由于容抗和感抗都是频率的函数，因此，不同频率的正弦激励作用于电路时，即使其振幅和初相相同，响应的振幅和初相都将随频率而变。这种电路响应随激励频率而变化的特性称为电路的频率特性或频率响应。

在进行电路分析时，电路的频率特性通常用正弦稳态电路的网络函数来描述。在具有单个正弦激励源(设其角频率为 ω)的电路中，如果将人们所关心的某一电压或电流作为响应，根据齐次定理，响应相量(振幅相量 $\dot{Y}_m$ 或有效值相量 $\dot{Y}$)与激励相量(振幅相量 $\dot{F}_m$ 或有效值相量 $\dot{F}$)成正比，即

$$\dot{Y}_m = H(j\omega) \times \dot{F}_m \quad \text{或} \quad \dot{Y} = H(j\omega) \times \dot{F} \tag{4.1-1}$$

式中的比例系数 $H(j\omega)$称为网络函数，即

$$H(j\omega) = \frac{\dot{Y}_m}{\dot{F}_m} = \frac{\dot{Y}}{\dot{F}} \tag{4.1-2}$$

譬如，在图 4.1-1 所示的 RC 电路中，若以电容电压 $\dot{U}_C$ 为响应，以电压源 $\dot{U}_S$ 为激励，则其网络函数为

$$H(j\omega) = \frac{\dot{U}_C}{\dot{U}_S} = \frac{\dfrac{1}{j\omega C}}{R + \dfrac{1}{j\omega C}} = \frac{1}{1 + j\omega CR} \tag{4.1-3}$$

可见网络函数 $H(j\omega)$是由电路的结构和参数所决定的，并且一般是激励角频率(或频率)的复函数。网络函数反映了电路自身的特性。显然，当激励的有效值和初相保持不变(即 $\dot{U}_S$ 不变）而频率改变时，响应 $\dot{U}_C = H(j\omega)\dot{U}_S$ 将随频率的改变而变化，其变化规律与 $H(j\omega)$ 的变化规律一致。也就是说，响应与激励频率的关系取决于网络函数与频率的关系。故网络函数又称为频率响应函数，简称频率响应。

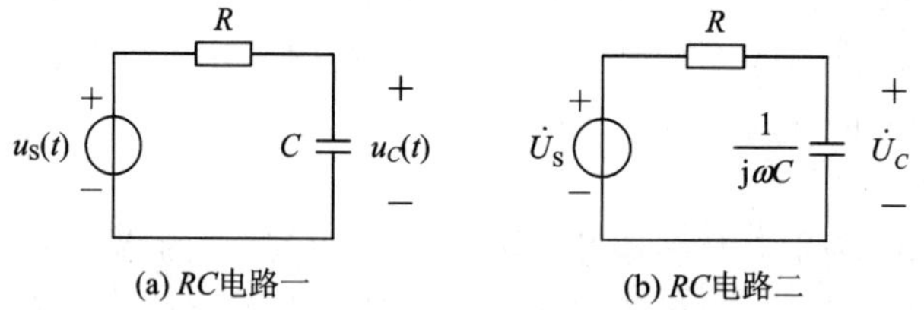

(a) RC电路一 (b) RC电路二

图 4.1-1 RC 电路

将 $H(j\omega)$、$\dot{Y}$、$\dot{F}$ 都写成极坐标的形式，代入式(4.1-2)可得

$$H(j\omega) = |H(j\omega)| e^{j\theta(\omega)} = \frac{Y e^{j\varphi_y}}{F e^{j\varphi_f}} = \frac{Y}{F} e^{j(\varphi_y - \varphi_f)} \tag{4.1-4}$$

由此可得

$$|H(j\omega)| = \frac{Y}{F} \tag{4.1-5}$$

$$\theta(\omega) = \varphi_y - \varphi_f \tag{4.1-6}$$

式中：$|H(j\omega)|$ 是 $H(j\omega)$的模，它是响应相量的模与激励相量的模之比，称为幅度-频率特性或幅频响应；$\theta(\omega)$是 $H(j\omega)$的辐角，它是响应相量与激励相量之间的相位差，称为相位-频率特性或相频响应。

由式(4.1-1)、式(4.1-5)和式(4.1-6)可得，若激励相量 $\dot{F}$ 所对应的正弦量为

$$f(t)=F_{\mathrm{m}}\cos(\omega t+\varphi_f)$$

则响应相量 $\dot{Y}$ 所对应的正弦量为

$$y(t)=Y_{\mathrm{m}}\cos(\omega t+\varphi_y)=|H(\mathrm{j}\omega)|F_{\mathrm{m}}\cos[\omega t+\varphi_f+\theta(\omega)] \tag{4.1-7}$$

例 4.1-1　电路如图 4.1-1(a)所示，若 $R=1\ \mathrm{k\Omega}$，$C=1\ \mu\mathrm{F}$，激励电压 $u_{\mathrm{S}}=10\cos\omega_0 t+10\cos2\omega_0 t+10\cos3\omega_0 t\ \mathrm{V}$，其中角频率 $\omega_0=10^3\ \mathrm{rad/s}$，求电路的响应 $u_C(t)$。

解　输入信号 $u_{\mathrm{S}}(t)$含有三个不同频率的正弦量，分别令其为

$$u_{\mathrm{S}_1}(t)=10\cos\omega_0 t\ \mathrm{V}$$

$$u_{\mathrm{S}_2}(t)=10\cos2\omega_0 t\ \mathrm{V}$$

$$u_{\mathrm{S}_3}(t)=10\cos3\omega_0 t\ \mathrm{V}$$

可等效为三个电压源串联。它们各自引起的响应分别用 $u_{C_1}(t)$、$u_{C_2}(t)$和 $u_{C_3}(t)$表示，则根据叠加定理，电路在激励 $u_{\mathrm{S}}(t)$作用下的稳态响应为

$$u_C(t)=u_{C_1}(t)+u_{C_2}(t)+u_{C_3}(t)$$

将图 4.1-1 所示电路参数 $R=1\ \mathrm{k\Omega}$、$C=1\ \mu\mathrm{F}$ 代入式(4.1-3)得其网络函数为

$$H(\mathrm{j}\omega)=\frac{1}{1+\mathrm{j}\omega\times10^{-3}}$$

当 $\omega=\omega_0=10^3\ \mathrm{rad/s}$、$\omega=2\omega_0=2\times10^3\ \mathrm{rad/s}$、$\omega=3\omega_0=3\times10^3\ \mathrm{rad/s}$ 时，其值分别为

$$H(\mathrm{j}\omega_0)=\frac{1}{1+\mathrm{j}1}\approx0.707\angle-45^\circ$$

$$H(\mathrm{j}2\omega_0)=\frac{1}{1+\mathrm{j}2}\approx0.447\angle-63.4^\circ$$

$$H(\mathrm{j}3\omega_0)=\frac{1}{1+\mathrm{j}3}\approx0.316\angle-71.6^\circ$$

由于各不同频率的激励振幅相量分别为 $\dot{U}_{1\mathrm{m}}=10\angle0^\circ\ \mathrm{V}$、$\dot{U}_{2\mathrm{m}}=10\angle0^\circ\ \mathrm{V}$、$\dot{U}_{3\mathrm{m}}=10\angle0^\circ\ \mathrm{V}$，故由式(4.1-1)得相应的响应相量为

$$\dot{U}_{C1\mathrm{m}}=H(\mathrm{j}\omega_0)\dot{U}_{\mathrm{S}_{1\mathrm{m}}}=7.07\angle-45^\circ\ \mathrm{V}$$

$$\dot{U}_{C2\mathrm{m}}=H(\mathrm{j}2\omega_0)\dot{U}_{\mathrm{S}_{2\mathrm{m}}}=4.47\angle-63.4^\circ\ \mathrm{V}$$

$$\dot{U}_{C3\mathrm{m}}=H(\mathrm{j}3\omega_0)\dot{U}_{\mathrm{S}_{3\mathrm{m}}}=3.16\angle-71.6^\circ\ \mathrm{V}$$

按式(4.1-7)可分别求得它们所对应的正弦量。最终可得图 4.1-1 所示电路的响应为

$$u_C(t)=7.07\cos(\omega_0 t-45^\circ)+4.47\cos(2\omega_0 t-63.4^\circ)+3.16\cos(3\omega_0 t-71.6^\circ)\ \mathrm{V}$$

由本例也可看出，激励作用于电路时，其不同频率分量的幅度和相位受到不同的影响，而正弦稳态网络函数恰好反映了这一情况。

对于图 4.1-1(b)所示的电路，求式(4.1-3)的模和相位，可得其幅频响应和相频响应分别为

$$|H(\mathrm{j}\omega)|=\frac{1}{\sqrt{1+(\omega RC)^2}} \tag{4.1-8(a)}$$

$$\theta(\omega)=-\arctan\omega RC \tag{4.1-8(b)}$$

其幅频响应和相频响应曲线如图 4.1-2 所示。

由图 4.1-2 可见：当频率很低时，$|H(\mathrm{j}\omega)|\approx1$；当频率很高时，$|H(\mathrm{j}\omega)|\ll1$。这

表明，图 4.1-1 所示的电路，当输出取自电容电压时，低频信号较容易通过，而高频信号将受到抑制，常称这类电路为低通滤波电路或低通滤波器。

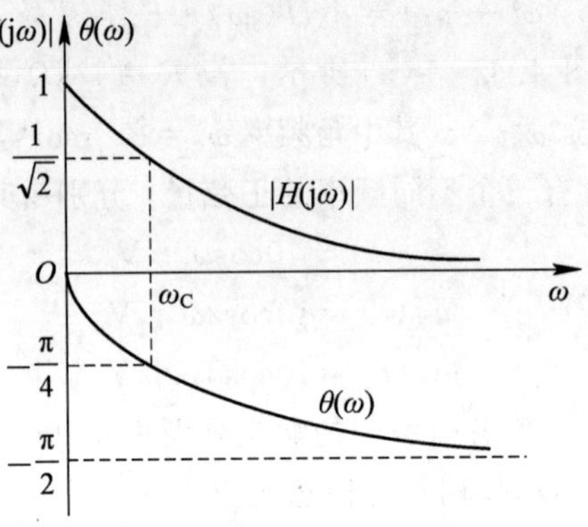

图 4.1-2 例 4.1-1 的频率响应曲线

通常将$\dfrac{|H(\mathrm{j}\omega)|}{H_{\max}}>\dfrac{1}{\sqrt{2}}$的频率范围称为该电路的通带，而将$\dfrac{|H(\mathrm{j}\omega)|}{H_{\max}}<\dfrac{1}{\sqrt{2}}$的频率范围称为止带或阻带，二者的边界称为截止频率，用 f_C 表示，截止角频率用 ω_C 表示。当 $\omega=\omega_C$ 时，电路的输出功率是最大输出功率的一半，因此，ω_C 又称为半功率点频率。

工程上，通常用分贝(decibel，简记为 dB)作为度量 $|H(\mathrm{j}\omega)|$ 的单位。$|H(\mathrm{j}\omega)|$ 所具有的分贝数规定为 $20\lg|H(\mathrm{j}\omega)|$。由于 $20\lg\dfrac{1}{\sqrt{2}}\approx-3$，即，当 $\omega=\omega_C$ 时，电路的输出幅度下降了其最大值的 3 分贝，因此，ω_C 也称为 3 分贝频率。

由式(4.1-8(a))可知 $H_{\max}=1$，故由

$$\frac{|H(\mathrm{j}\omega)|}{H_{\max}}=\frac{1}{\sqrt{1+(\omega_C RC)^2}}=\frac{1}{\sqrt{2}}$$

得 $\omega_C RC=1$，故该低通滤波器的截止角频率

$$\omega_C=\frac{1}{RC}\ \mathrm{rad/s} \tag{4.1-9}$$

由图 4.1-2 可见，相频响应随 ω 的增高，由零单调地减小到 $-\pi/2$，在截止频率处$\theta(\omega_C)=-\pi/4$。

由任何无源元件(R、L 和 C)或有源元件(晶体管和运算放大器)组合构成的用来选择或拒绝一定带宽频率信号的电路，都可以叫作滤波器。在通信系统中，滤波器让包含有用信息频率的信号通过，并拒绝其他频率的信号。在立体声系统中，滤波器用于过滤出特定频率段的信号，以便在输出系统(放大器、扬声器等)中增强或削弱其强度。滤波器可以用来滤除任何不想要的频率信号，即通常所谓的噪声，这些噪声是由于一些电子设备或信号的非线性特性造成的，或来自周围介质中夹杂的噪声。

滤波器按通带、阻带来分类，可分为低通、高通、带通和带阻滤波器，如图 4.1-3 所示。幅频响应 $|H(\mathrm{j}\omega)|$ 为常数的电路称为全通电路。

滤波器按照所使用的元件可以分为以下两类：

无源滤波器：仅由 R、L、C 元件的串联或并联组合构成的滤波器。

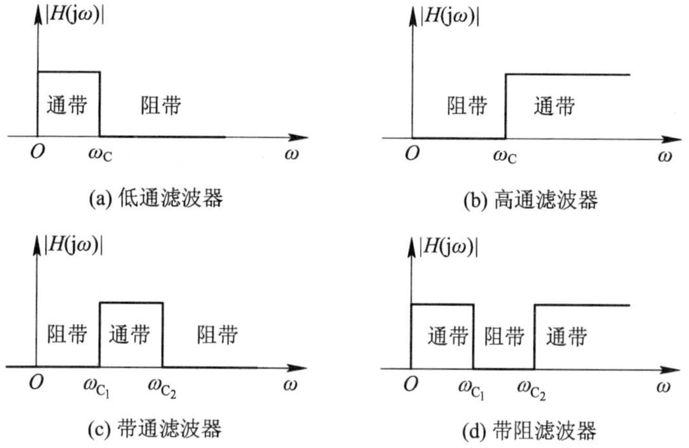

图 4.1-3　滤波器的分类

有源滤波器：由晶体管、运算放大器等有源元件和 R、L、C 元件构成的滤波器。

每种滤波器都有临界频率，它定义了通带和阻带(一般称为阻带宽度)的区域。在通带内的任何频率都至少能以输出电压最大值的 0.707 倍通过滤波器。

由于本书仅限于无源元件，故本书的分析只限于无源滤波器。另外，在接下来的几节中，只研究几种最基本的滤波形式。滤波器的研究包含广泛的课题。新的通信系统不断发展，为了满足日益增长的信息交流的需要，因此滤波器的研究持续地得到了工业界和政府部门的大力支持。例如有一些课程和教科书专门致力于滤波器的分析和设计，里面涉及的滤波器非常复杂。

4.2　一阶电路和二阶电路的频率响应

一阶电路和二阶电路是常用的两类重要电路，它们通常是构成高阶电路的基本单元模块。

4.2.1　一阶电路的频率响应

一阶电路按其频率响应可分为低通、高通和全通三种类型，其网络函数的典型形式如下。

低通函数：

$$H(\mathrm{j}\omega)=H_0\frac{\omega_C}{\mathrm{j}\omega+\omega_C}\tag{4.2-1}$$

高通函数：

$$H(\mathrm{j}\omega)=H_\infty\frac{\mathrm{j}\omega}{\mathrm{j}\omega+\omega_C}\tag{4.2-2}$$

全通函数：

$$H(\mathrm{j}\omega)=H_0\frac{\mathrm{j}\omega-\omega_C}{\mathrm{j}\omega+\omega_C} \tag{4.2-3}$$

式中，ω_C 为截止角频率，H_0、H_∞ 为常数。

上节讨论的图 4.1-1 所示电路就是 RC 低通电路(请参看例 4.1-1)，其网络函数为

$$H(\mathrm{j}\omega)=\frac{\omega_C}{\mathrm{j}\omega+\omega_C} \tag{4.2-4}$$

式中，$\omega_C=1/(RC)$。式(4.2-4)与式(4.2-1)相比较可知，$H_0=1$。RC 低通电路的幅频特性和相频特性如图 4.1-2 所示。

RC 低通电路被广泛应用于电子设备的整流电路中，以滤除整流后电源电压中的交流分量，或用于检波电路中以滤除检波后的高频分量，所以该电路又称为 RC 低通滤波电路。

若将图 4.1-1(b)所示的 RC 电路的电阻、电压作为响应，如图 4.2-1(a)所示，它就变成了一个高通电路，不难求出其网络函数为

$$H(\mathrm{j}\omega)=\frac{\mathrm{j}\omega}{\mathrm{j}\omega+\omega_C} \tag{4.2-5}$$

式中，$\omega_C=1/(RC)$。式(4.2-5)与式(4.2-2)相比较可知 $H_\infty=1$。

式(4.2-5)可进一步写为

$$H(\mathrm{j}\omega)=\frac{\mathrm{j}\omega}{\mathrm{j}\omega+\omega_C}=\frac{1}{1-\mathrm{j}\dfrac{\omega_C}{\omega}} \tag{4.2-6}$$

则该高通电路的幅频和相频特性分别为

$$\begin{cases}|H(\mathrm{j}\omega)|=\dfrac{1}{\sqrt{1+\left(\dfrac{\omega_C}{\omega}\right)^2}}\\ \theta(\omega)=\arctan\dfrac{\omega_C}{\omega}\end{cases} \tag{4.2-7}$$

按式(4.2-7)画出的幅频特性和相频特性曲线如图 4.2-1(b)所示。在截止频率 ω_C 处，$|H(\mathrm{j}\omega_C)|=1/\sqrt{2}$，$\theta(\omega_C)=\pi/4$。$\omega>\omega_C$ 的频率范围为通频带；$0\sim\omega_C$ 的频率范围为阻带。该高通电路常用作电子电路放大器级间的 RC 耦合电路。

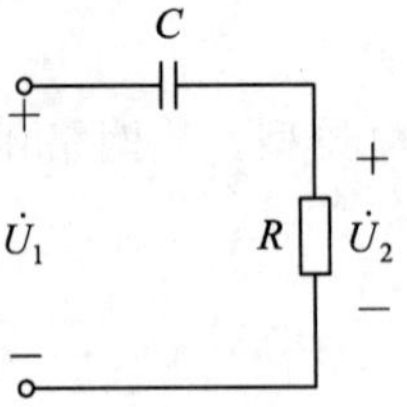

(a) 高通电路

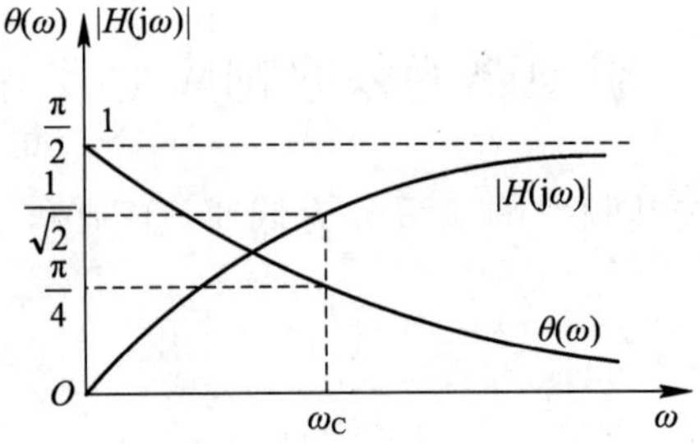

(b) 幅频特性和相频特性曲线

图 4.2-1　RC 高通电路及其幅频特性和相频特性曲线

4.2.2 二阶电路的频率响应

二阶电路有 RLC 电路、RC 电路等，按频率响应可分为低通、高通、带通、带阻和全通等五种类型。各种典型的二阶网络函数如下。

低通函数：

$$H(\mathrm{j}\omega)=H_0\frac{\omega_0^2}{(\mathrm{j}\omega)^2+\frac{\omega_0}{Q}(\mathrm{j}\omega)+\omega_0^2} \tag{4.2-8}$$

高通函数：

$$H(\mathrm{j}\omega)=H_\infty\frac{(\mathrm{j}\omega)^2}{(\mathrm{j}\omega)^2+\frac{\omega_0}{Q}(\mathrm{j}\omega)+\omega_0^2} \tag{4.2-9}$$

带通函数：

$$H(\mathrm{j}\omega)=H_0\frac{\frac{\omega_0}{Q}(\mathrm{j}\omega)}{(\mathrm{j}\omega)^2+\frac{\omega_0}{Q}(\mathrm{j}\omega)+\omega_0^2} \tag{4.2-10}$$

带阻函数：

$$H(\mathrm{j}\omega)=H_\infty\frac{(\mathrm{j}\omega)^2+\omega_0^2}{(\mathrm{j}\omega)^2+\frac{\omega_0}{Q}(\mathrm{j}\omega)+\omega_0^2} \tag{4.2-11}$$

全通函数：

$$H(\mathrm{j}\omega)=H_0\frac{(\mathrm{j}\omega)^2-\frac{\omega_0}{Q}(\mathrm{j}\omega)+\omega_0^2}{(\mathrm{j}\omega)^2+\frac{\omega_0}{Q}(\mathrm{j}\omega)+\omega_0^2} \tag{4.2-12}$$

式中，ω_0、Q 是与元件参数有关的常量，对于不同形式的电路，其表示式也不相同。

例 4.2-1　图 4.2-2(a)所示是双 RC 电路(是一种 RC 带通电路)，如以 $\dot{U}_1$ 为激励，以 $\dot{U}_2$ 为响应，求电压比函数 $H(\mathrm{j}\omega)=\dot{U}_2/\dot{U}_1$，并分析其特性。

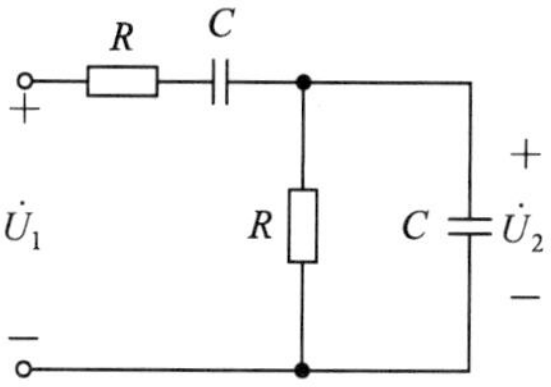

(a) RC带通电路

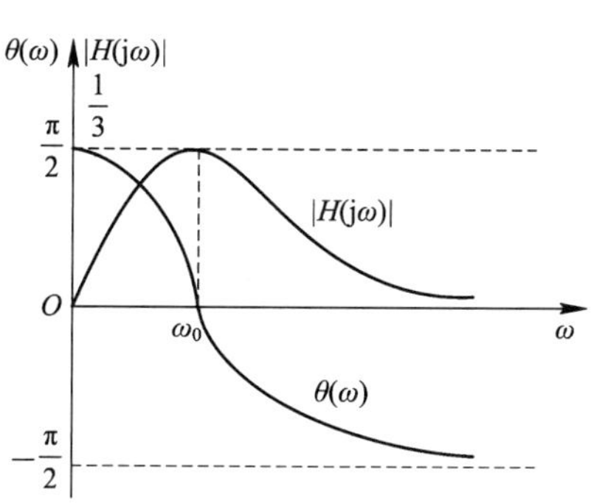

(b) 幅频特性和相频特性曲线

图 4.2-2　例 4.2-1 图

解 对图 4.2-2(a)所示电路，根据分压公式可得

$$\dot{U}_2=\frac{\dfrac{R\cdot\dfrac{1}{j\omega C}}{R+\dfrac{1}{j\omega C}}}{R+\dfrac{1}{j\omega C}+\dfrac{R\cdot\dfrac{1}{j\omega C}}{R+\dfrac{1}{j\omega C}}}\dot{U}_1=\frac{1}{3}\frac{\dfrac{3}{RC}(j\omega)}{(j\omega)^2+\dfrac{3}{RC}(j\omega)+\left(\dfrac{1}{RC}\right)^2}\dot{U}_1$$

可得网络函数(电压比函数)为

$$H(j\omega)=\frac{\dot{U}_2}{\dot{U}_1}=\frac{1}{3}\frac{\dfrac{3}{RC}(j\omega)}{(j\omega)^2+\dfrac{3}{RC}(j\omega)+\left(\dfrac{1}{RC}\right)^2}$$

令 $\omega_0=1/RC$，$Q=1/3$，$H_0=1/3$，于是上式可写为

$$H(j\omega)=\frac{\dot{U}_2}{\dot{U}_1}=H_0\frac{\dfrac{\omega_0}{Q}(j\omega)}{(j\omega)^2+\dfrac{\omega_0}{Q}(j\omega)+\omega_0^2} \qquad (4.2-13(a))$$

与式(4.2-10)相比较可知，它是带通函数。

式(4.2-13(a))分子、分母同除以 $j\omega\omega_0/Q$，并稍加整理，可得带通函数的另一种典型形式为

$$H(j\omega)=\frac{\dot{U}_2}{\dot{U}_1}=\frac{H_0}{1+jQ\left(\dfrac{\omega}{\omega_0}-\dfrac{\omega_0}{\omega}\right)} \qquad (4.2-13(b))$$

其幅频特性和相频特性分别为

$$|H(j\omega)|=\frac{H_0}{\sqrt{1+Q^2\left(\dfrac{\omega}{\omega_0}-\dfrac{\omega_0}{\omega}\right)^2}} \qquad (4.2-14)$$

$$\theta(\omega)=-\arctan Q\left(\frac{\omega}{\omega_0}-\frac{\omega_0}{\omega}\right) \qquad (4.2-15)$$

由式(4.2-14)可见，当 $\omega=\omega_0$ 时，$|H(j\omega_0)|=H_0$。该电路的幅频、相频特性曲线如图 4.2-2(b)所示。由幅频特性曲线可知，幅频特性的极大值发生在 $\omega=\omega_0$ 处，ω_0 称为中心角频率。当 $\omega=\omega_0$ 时，$H_{max}=|H(j\omega_0)|=H_0$，$\theta(0)=0°$；当 $\omega=\infty$ 和 $\omega=0$ 时，$|H(0)|=|H(j\infty)|=0$，$\theta(0)=\theta(\infty)=\pm\pi/2$。

当 $|H(j\omega)|$ 下降到其最大值的 $1/\sqrt{2}$ 倍时，其所对应的频率称为截止频率，用 f_{C_1}、f_{C_2} 表示，其角频率用 ω_{C_1}、ω_{C_2} 表示。根据式(4.2-14)，由

$$\frac{|H(j\omega)|}{H_{max}}=\frac{1}{\sqrt{1+Q^2\left(\dfrac{\omega_C}{\omega_0}-\dfrac{\omega_0}{\omega_C}\right)^2}}=\frac{1}{\sqrt{2}} \qquad (4.2-16)$$

可得

$$\begin{cases} Q\left(\dfrac{\omega_{C_1}}{\omega_0}-\dfrac{\omega_0}{\omega_{C_1}}\right)=-1 \\ Q\left(\dfrac{\omega_{C_2}}{\omega_0}-\dfrac{\omega_0}{\omega_{C_2}}\right)=1 \end{cases} \tag{4.2-17}$$

由上式可解得

$$\frac{\omega_{C_1}}{\omega_0}=\frac{f_{C_1}}{f_0}=-\frac{1}{2Q}+\sqrt{\left(\frac{1}{2Q}\right)^2+1} \tag{4.2-18}$$

$$\frac{\omega_{C_2}}{\omega_0}=\frac{f_{C_2}}{f_0}=\frac{1}{2Q}+\sqrt{\left(\frac{1}{2Q}\right)^2+1} \tag{4.2-19}$$

$\omega_{C_1}<\omega<\omega_{C_2}$ 的频率范围(相应地，$f_{C_1}<f<f_{C_2}$)为通带，$\omega<\omega_{C_1}$ 和 $\omega>\omega_{C_2}$ 的频率范围(相应地，$f<f_{C_1}$ 和 $f>f_{C_2}$)为阻带。通带的宽度称为带通电路的带宽(或通频带)。带宽可用角频率表示，也可用频率表示(请注意，二者单位不同，切勿混淆)，都记为 B，即

$$B=\omega_{C_2}-\omega_{C_1}=\frac{\omega_0}{Q}\ \text{rad/s} \tag{4.2-20(a)}$$

或

$$B=f_{C_2}-f_{C_1}=\frac{f_0}{Q}\ \text{Hz} \tag{4.2-20(b)}$$

对于本例，将 $Q=\dfrac{1}{3}$、$\omega_0=\dfrac{1}{RC}$代入式(4.2-18)～式(4.2-20(a))，可得 $\omega_{C_1}=\dfrac{0.3}{RC}$，$\omega_{C_2}=\dfrac{3.3}{RC}$，$B=\dfrac{3}{RC}$ rad/s 或 $B=3f_0$ Hz(式中 $f_0=\dfrac{1}{2\pi RC}$。

例 4.2-2 图 4.2-3(a)所示的双 T 电路是一个带阻电路。若以 $\dot{U}_1$ 为激励，以 $\dot{U}_2$ 为响应，求网络函数 $H(\text{j}\omega)=\dfrac{\dot{U}_2}{\dot{U}_1}$，并分析其频率特性。

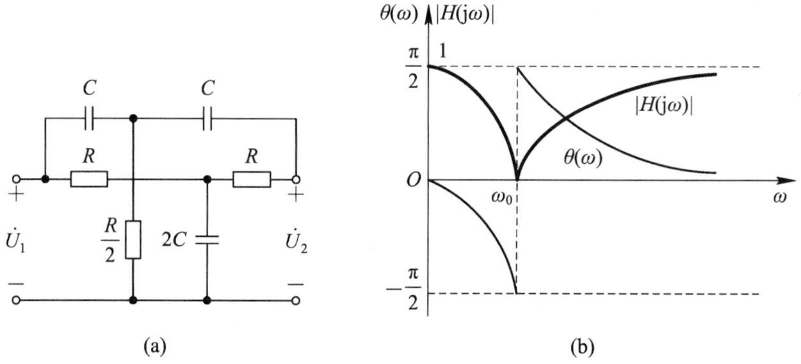

图 4.2-3 例 4.2-2 图

解 经过运算可求得其网络函数为

$$H(\text{j}\omega)=\frac{\dot{U}_2}{\dot{U}_1}=H_\infty\frac{(\text{j}\omega)^2+\omega_0^2}{(\text{j}\omega)^2+\text{j}\dfrac{\omega_0}{Q}\omega+\omega_0^2}$$

式中，$\omega_0=\dfrac{1}{RC}$，$H_\infty=1$，$Q=\dfrac{1}{4}$。上式分子、分母同除以$(\mathrm{j}\omega)^2+\omega_0^2$，并稍加整理，得

$$H(\mathrm{j}\omega)=\frac{H_\infty}{1-\mathrm{j}\dfrac{1}{Q\left(\dfrac{\omega}{\omega_0}-\dfrac{\omega_0}{\omega}\right)^2}} \tag{4.2-21}$$

其幅频和相频特性分别为

$$|H(\mathrm{j}\omega)|=\frac{H_\infty}{\sqrt{1+\dfrac{1}{Q^2\left(\dfrac{\omega}{\omega_0}-\dfrac{\omega_0}{\omega}\right)^2}}} \tag{4.2-22}$$

$$\theta(\omega)=\arctan\frac{1}{Q\left(\dfrac{\omega}{\omega_0}-\dfrac{\omega_0}{\omega}\right)} \tag{4.2-23}$$

由式(4.2-22)可知，H_∞是$\omega=\infty$(或$\omega=0$)时$|H(\mathrm{j}\omega)|$的值。该电路的幅频和相频特性曲线如图 4.2-3(b)所示。由图可见，在中心角频率$\omega=\omega_0$处，$|H(\mathrm{j}\omega_0)|=0$，$\theta(\omega_0)=\pm\pi/2$。$\omega_0$常称为陷波角频率。在$\omega=\infty$和$\omega=0$处，$|H(\mathrm{j}0)|=|H(\mathrm{j}\infty)|=H_\infty=1$，$\theta(0)=\theta(\infty)=0°$。该电路常用作高频陷波电路。

在$\dfrac{|H(\mathrm{j}\omega)|}{H_{\max}}=\dfrac{1}{\sqrt{2}}$处所对应的频率称为截止频率，由式(4.2-22)可求得截止角频率为

$$\frac{\omega_{C_1}}{\omega_0}=\frac{f_{C_1}}{f_0}=-\frac{1}{2Q}+\sqrt{\left(\frac{1}{2Q}\right)^2+1} \tag{4.2-24}$$

$$\frac{\omega_{C_2}}{\omega_0}=\frac{f_{C_2}}{f_0}=\frac{1}{2Q}+\sqrt{\left(\frac{1}{2Q}\right)^2+1} \tag{4.2-25}$$

$\omega_{C_1}<\omega<\omega_{C_2}$的频率范围(相应地，$f_{C_1}<f<f_{C_2}$)为阻带，$\omega<\omega_{C_1}$和$\omega>\omega_{C_2}$(相应地，$f<f_{C_1}$和$f>f_{C_2}$)为通带。阻带的宽度称为带阻电路的带宽或阻频带(用角频率或频率表示)，记为B，且

$$B=\omega_{C_2}-\omega_{C_1}=\frac{\omega_0}{Q}\ \mathrm{rad/s}\quad 或\quad B=f_{C_2}-f_{C_1}=\frac{f_0}{Q}\ \mathrm{Hz} \tag{4.2-26}$$

将式(4.2-18)、式(4.2-19)、式(4.2-20)分别与式(4.2-24)、式(4.2-25)、式(4.2-26)比较，可见计算二阶带通电路和带阻电路的截止频率及带宽的公式是相同的。

从上述讨论可看出，尽管这里是以具体电路为例进行分析的，但所得结果对具有相同网络函数的电路也适用。

例 4.2-3 图 4.2-4 所示是一种有源 RC 电路，求网络函数$H(\mathrm{j}\omega)=\dfrac{\dot{U}_2}{\dot{U}_1}$。

解 由图可列出节点 a 的节点方程为

$$\left(Y_1+Y_3+Y_4+\frac{Y_2Y_5}{Y_2+Y_5}\right)\dot{U}_a-Y_3\dot{U}_2=Y_1\dot{U}_1 \tag{4.2-27}$$

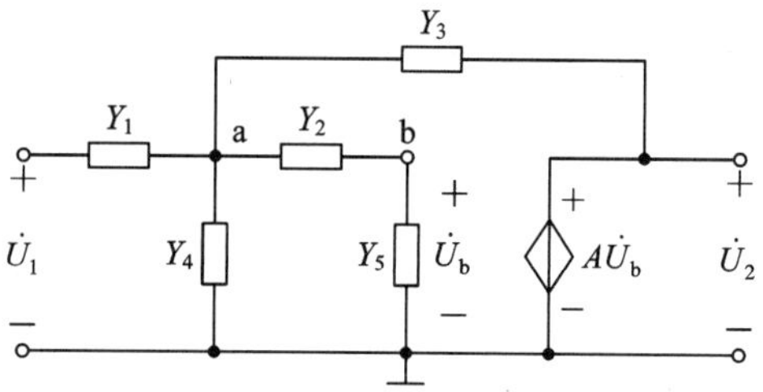

图 4.2-4　有源 RC 电路

根据分压公式，节点 b 的电压

$$\dot{U}_b=\frac{Z_5}{Z_2+Z_5}\dot{U}_a=\frac{\frac{1}{Y_5}\dot{U}_a}{\frac{1}{Y_2}+\frac{1}{Y_5}}=\frac{Y_2}{Y_2+Y_5}\dot{U}_a$$

输出电压

$$\dot{U}_2=A\dot{U}_b=\frac{AY_2}{Y_2+Y_5}\dot{U}_a$$

将以上二式代入式(4.2-27)消去 $\dot{U}_a$，就可得到网络函数

$$H(j\omega)=\frac{\dot{U}_2}{\dot{U}_1}=\frac{AY_1Y_2}{(Y_1+Y_3+Y_4)(Y_2+Y_5)+Y_2Y_5-AY_2Y_3} \tag{4.2-28}$$

于是通过适当地搭配各导纳(选择电阻或电容)，就可得到不同类型的网络函数。也就是说，图 4.2-4 所示的电路可实现多种类型的滤波电路。譬如：当 $Y_1=Y_2=1/R$、$Y_3=Y_5=j\omega C$、$Y_4=0$ 时所构成的电路，其网络函数为式(4.2-8)，是低通滤波电路；当 $Y_1=Y_2=j\omega C$、$Y_3=Y_5=1/R$、$Y_4=0$ 时所构成的电路，其网络函数为式(4.2-9)，是高通滤波电路；当 $Y_1=Y_3=Y_5=1/R$、$Y_2=Y_4=j\omega C$ 时所构成的电路，其网络函数为式(4.2-10)，是带通滤波电路。

4.3　串联谐振电路

电路谐振(resonance)是正弦稳态电路的一种特定的工作状态。对于一个含电抗元件的二端电路，若出现了其端口电压与端口电流同相(这时电路呈电阻性，阻抗的虚部为零或导纳的虚部为零)，则称此二端电路发生谐振，此时相应的激励频率称为谐振频率。发生了谐振的电路称为谐振电路。谐振电路由于其良好的选频特性，在通信与电子技术中得到广泛应用。通常的谐振电路由电感、电容和电阻组成。谐振电路按照电路的组成形式可分为串联谐振电路、并联谐振电路和双调谐回路。本节和下节分别讨论串联谐振电路和并联谐振电路发生谐振的条件、谐振时的特点以及谐振电路的频率响应。

4.3.1 RLC 串联谐振

图 4.3-1 所示是 R(为与后面并联电阻区别，以下 R 用 r 表示)、L、C 组成的串联电路，其电源是角频率为 ω(频率为 f)的正弦电压源，设电源电压相量为 $\dot{U}_S$，其初相为零。

由图 4.3-1 可知串联回路的总阻抗

$$Z=r+jX=\sqrt{r^2+X^2}\,e^{j\arctan\frac{X}{r}} \tag{4.3-1}$$

式(4.3-1)中电抗

$$X=\omega L-\frac{1}{\omega C} \tag{4.3-2}$$

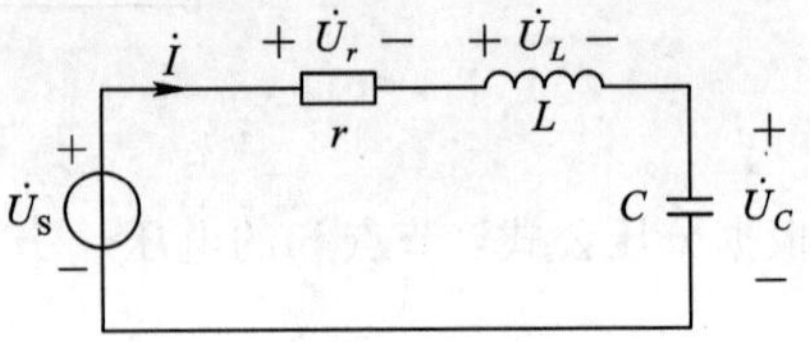

图 4.3-1　RLC 串联电路

则串联电路中的电流相量

$$\dot{I}=\frac{\dot{U}_S}{Z}=\frac{U_S}{\sqrt{r^2+X^2}}e^{-j\arctan\frac{X}{r}} \tag{4.3-3}$$

其模和相角分别为

$$\begin{cases} I=\dfrac{U_S}{\sqrt{r^2+X^2}} \\ \varphi=-\arctan\dfrac{X}{r}=-\arctan\dfrac{\omega L-\frac{1}{\omega C}}{r} \end{cases} \tag{4.3-4}$$

由以上关系可以看出，在电路参数 r、L、C 一定的条件下，当激励信号的角频率 ω 变化时，感抗 ωL 随 ω 增高而增大，容抗 $\frac{1}{\omega C}$ 随 ω 增高而减小。所以总电抗 $X=\omega L-\frac{1}{\omega C}$ 也随频率而变化。图 4.3-2 画出了感抗、容抗、总电抗 X 和阻抗的模值 $|Z|$ 随角频率变化的情况。

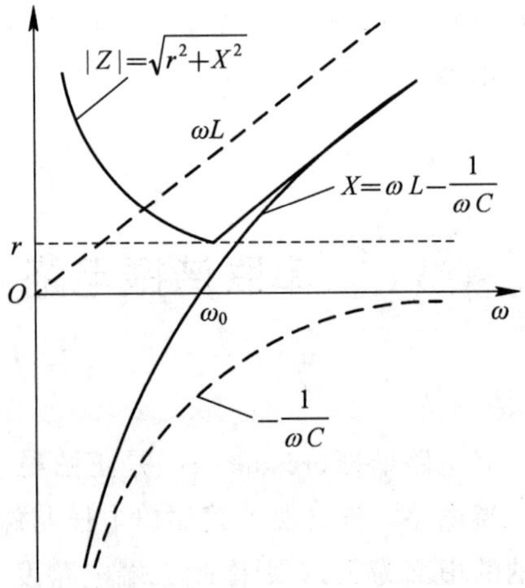

图 4.3-2　串联回路的阻抗

由图 4.3-2 可见，当频率较低时，$\omega L<\frac{1}{\omega C}$，电抗 X 为负值，电路呈容性。因而电流 $\dot{I}$ 超前于电压 $\dot{U}_S$，如图 4.3-3(a)所示。随着频率的逐渐升高，$|X|$减小，从而阻抗的模值也减小，电流的模值增大。当电源角频率改变到某一值 ω_0 时，使 $\omega_0 L=\frac{1}{\omega_0 C}$，这时电抗 X 等于零，阻抗的模$|Z|$达最小值。这时电流达最大值，且与电源电压同相，其相量关系如图 4.3-3(b)所示。如电源频率继续升高，则 $\omega L>\frac{1}{\omega C}$，电抗为正值，电路呈感性。因而电流 $\dot{I}$ 落后于电压 $\dot{U}_S$，其相量关系如图 4.3-3(c)所示。

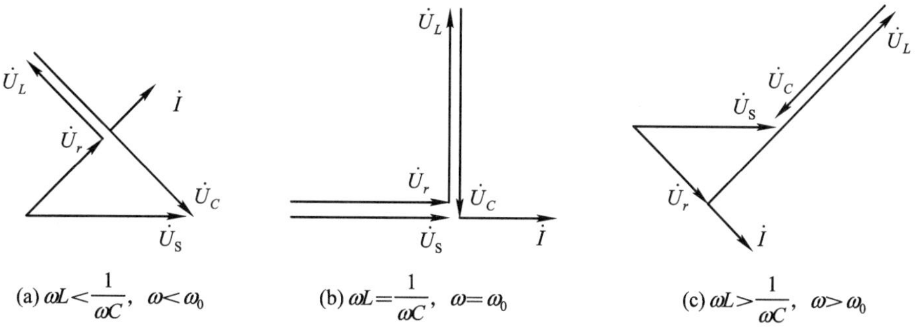

图 4.3-3　*RLC* 串联电路的相量图

当回路电抗等于零，电流 $\dot{I}$ 与电源电压 $\dot{U}_S$ 同相时，则称电路发生了串联谐振。这时的频率称为串联谐振频率，用 f_0 表示，相应的角频率用 ω_0 表示。由式(4.3-2)可知电路发生串联谐振时有

$$X=\omega_0 L-\frac{1}{\omega_0 C}=0$$

故得谐振角频率 ω_0 及谐振频率 f_0 分别为

$$\begin{cases}\omega_0=\dfrac{1}{\sqrt{LC}}\\[2ex] f_0=\dfrac{1}{2\pi\sqrt{LC}}\end{cases}\tag{4.3-5}$$

由上式可知，电路的谐振频率仅由回路元件参数 L 和 C 决定，而与激励无关，但仅当激励源的频率等于电路的谐振频率时，电路才发生谐振现象。谐振反映了电路的固有性质。

除改变激励频率使电路发生谐振外，实际中经常通过改变电容或电感参数使电路对某个所需频率发生谐振，这种操作称为调谐。譬如，收音机选择电台就是一种常见的调谐操作。

当 *RLC* 串联电路发生谐振时，电抗 $X=0$，故阻抗为纯阻性，且等于 r，阻抗模最小。若谐振时的阻抗用 Z_0 表示，则有

$$Z_0=r\tag{4.3-6}$$

谐振时，$\omega_0=1/\sqrt{LC}$，此时的感抗与容抗数值相等，其值称为谐振电路的特性阻抗，用 ρ 表示，即

$$\rho=\omega_0 L=\frac{1}{\omega_0 C}=\sqrt{\frac{L}{C}}\tag{4.3-7}$$

可见特性阻抗是一个仅由电路参数决定的量。在工程中，通常用电路的特性阻抗 ρ 与回路电阻 r 的比值来表征谐振电路的性质，此比值称为串联谐振电路的品质因数，用 Q①表示，即

$$Q=\frac{\rho}{r}=\frac{\omega_0 L}{r}=\frac{1}{\omega_0 Cr}=\frac{1}{r}\sqrt{\frac{L}{C}}\tag{4.3-8}$$

它是一个无量纲的量。其含义稍后说明。

由式(4.3-3)可得，谐振时 $X=0$，电流

---

① 品质因数和无功功率符号相同，注意不要混淆。

$$\dot{I}_0=\frac{\dot{U}_S}{Z_0}=\frac{\dot{U}_S}{r} \tag{4.3-9}$$

此时，电流 $\dot{I}_0$ 与 $\dot{U}_S$ 同相，并且 I_0 达到最大值。

谐振时，各元件电压分别为

$$\begin{cases}\dot{U}_{r0}=r\dot{I}_0=r\dfrac{\dot{U}_S}{r}=\dot{U}_S\\ \dot{U}_{L0}=\mathrm{j}\omega_0L\dot{I}_0=\mathrm{j}\dfrac{\omega_0L}{r}\dot{U}_S=\mathrm{j}Q\dot{U}_S\\ \dot{U}_{C0}=-\mathrm{j}\dfrac{1}{\omega_0C}\dot{I}_0=-\mathrm{j}\dfrac{1}{\omega_0Cr}\dot{U}_S=-\mathrm{j}Q\dot{U}_S\end{cases} \tag{4.3-10}$$

可见，谐振时，电感电压和电容电压的模值相等，均为激励电压的 Q 倍，即 $U_{L0}=U_{C0}=QU_S$，但相位相反。故电压相互抵消(参看图 4.3-3(b))。这时，激励电压 U_S 全部加到电阻 r 上，电阻电压 U_r 达到最大值。实际中的串联谐振电路，通常 $r\ll\rho$，Q 值可达几十到几百。因此串联谐振时电感和电容上的电压值可达激励电压的几十到几百倍，所以，串联谐振又称电压谐振。在通信和电子技术中，传输的电压信号很弱，利用电压谐振现象可获得较高的电压，但在电力工程中，这种高压有时会使电容或电感的绝缘被击穿而造成损坏，因此常常要避免谐振情况或接近谐振情况的发生。

4.3.2 品质因数

品质因数 Q 通常可定义为：在正弦稳态条件下，元件或谐振电路储能的最大值与其在一个周期内所消耗能量之比的 2π 倍，即

$$Q=2\pi\times\frac{\text{储能的最大值}}{\text{一周期内消耗的能量}} \tag{4.3-11}$$

下面讨论电感和电容的品质因数。

当考虑电感的能量损耗时，其电路模型如图 4.3-4(a)所示。如果通过它的电流

$$i(t)=\sqrt{2}I\cos\omega t$$

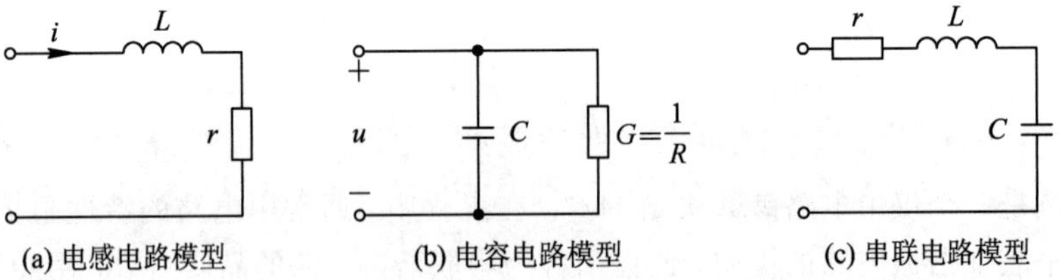

图 4.3-4 电感线圈、电容及其串联电路模型

则电感的储能为

$$w_L(t)=\frac{1}{2}Li^2(t)=LI^2\cos^2\omega t$$

其最大储能为 LI^2。一周期内线圈电阻 r 所消耗的能量为 $I^2rT=I^2r/f$(式中 T 为周期，f 为频率)。根据定义式(4.3-11)，则电感的品质因数

$$Q = 2\pi \times \frac{LI^2}{I^2 rT} = \frac{2\pi fL}{r} = \frac{\omega L}{r} \tag{4.3-12}$$

当考虑电容的能量损耗时，其电路模型如图 4.3-4(b)所示。如果电容的端电压

$$u(t) = \sqrt{2} U \cos\omega t$$

则电容的储能为

$$w_C(t) = \frac{1}{2} C u^2(t) = CU^2 \cos^2 \omega t$$

其储能的最大值为 CU^2，一周期内损耗电导 $G(G=1/R$，这里 G 或 R 与电容相并联用大写 R，以与串联电阻 r 相区别)所消耗的能量为 $U^2GT=U^2G/f$。根据式(4.3-11)，则电容的品质因数

$$Q = 2\pi \times \frac{CU^2}{U^2 GT} = \frac{2\pi fC}{G} = \frac{\omega C}{G} = \omega CR \tag{4.3-13}$$

顺便指出，电容的性能也常用损耗角(δ)或损耗角的正切来衡量，它与品质因数的关系是

$$\tan\delta = \frac{1}{Q} \tag{4.3-14}$$

当用电感与电容组成串联谐振电路时，通常，电容的损耗较电感的损耗小的很多，可以忽略不计，这时的串联谐振电路如图 4.3-4(c)所示。下面讨论该谐振电路的能量关系。

设谐振时电路中的电流为

$$i_0(t) = \frac{u_S}{r} = \frac{\sqrt{2} U_S \cos\omega_0 t}{r} = \sqrt{2} I_0 \cos\omega_0 t$$

则电感的瞬时储能为

$$w_{L0}(t) = \frac{1}{2} L i_0^2 = L I_0^2 \cos^2 \omega_0 t \tag{4.3-15}$$

谐振时电容电压的振幅为$\sqrt{2}\dfrac{I_0}{\omega_0 C}$，其相位滞后于电流$\dfrac{\pi}{2}$，于是电容电压为

$$u_{C0}(t) = \frac{\sqrt{2} I_0}{\omega_0 C} \cos\left(\omega_0 t - \frac{\pi}{2}\right) = \frac{\sqrt{2} I_0}{\omega_0 C} \sin\omega_0 t = \sqrt{2} U_{C0} \sin\omega_0 t$$

电容瞬时储能为

$$w_{C0}(t) = \frac{1}{2} C u_{C0}^2 = C U_{C0}^2 \sin^2 \omega_0 t = C\left(\frac{I_0}{\omega_0 C}\right)^2 \sin^2 \omega_0 t \tag{4.3-16}$$

式(4.3-15)、(4.3-16)表明，电感与电容储能的最大值相等。

串联谐振电路谐振时总的瞬时储能 w_0 等于两个储能元件的瞬时储能之和，即

$$w_0 = w_{L0} + w_{C0} = L I_0^2 = C U_{C0}^2 \tag{4.3-17}$$

谐振电路中任意时刻 t 的电磁能量恒为常数，说明电路谐振时其与激励源之间无能量交换，只是在电容与电感之间存在电磁能量的相互交换。

谐振时电路中只有电阻 r 消耗能量，一周期内电阻 r 所消耗的能量为 $I_0^2 r T_0 = I_0^2 r / f_0$。根据定义式(4.3-11)，可得谐振电路谐振时的品质因数

$$Q = 2\pi \frac{L I_0^2}{I_0^2 r T_0} = \frac{2\pi f_0 L}{r} = \frac{\omega_0 L}{r} = \frac{1}{\omega_0 C r} \tag{4.3-18}$$

比较式(4.3-18)和式(4.3-8)，可看出二者相同。由此可见，谐振电路的 Q 值实质上描

述了谐振时电路的储能和耗能之比。必须指出，谐振电路的品质因数仅在谐振时才有意义，在失谐情况下，式(4.3－18)不再适用。这就是说，计算电路 Q 值时应该用谐振角频率 ω_0。

4.3.3 频率响应

前面讨论了串联谐振电路谐振时的特点，下面进一步研究串联谐振电路电流的频率特性。图 4.3－1 所示电路中的电流为

$$\dot{I}=\frac{\dot{U}_S}{r+j\left(\omega L-\dfrac{1}{\omega C}\right)}=\frac{\dfrac{1}{r}\dot{U}_S}{1+j\dfrac{\omega_0 L}{r}\left(\dfrac{\omega}{\omega_0}-\dfrac{1}{\omega_0\omega LC}\right)}$$

$$=\frac{H_0\dot{U}_S}{1+jQ\left(\dfrac{\omega}{\omega_0}-\dfrac{\omega_0}{\omega}\right)}=H_0\frac{\dfrac{\omega_0}{Q}(j\omega)\dot{U}_S}{(j\omega)^2+\dfrac{\omega_0}{Q}(j\omega)+\omega_0^2} \tag{4.3-19}$$

式中 $H_0=1/r$。因此，电路电流的频率响应为

$$H(j\omega)=\frac{\dot{I}}{\dot{U}_S}=H_0\frac{\dfrac{\omega_0}{Q}(j\omega)}{(j\omega)^2+\dfrac{\omega_0}{Q}(j\omega)+\omega_0^2} \tag{4.3-20}$$

与式(4.2－10)或式(4.2－13)比较可见，它是一个带通函数。其幅频和相频特性分别为式(4.2－14)和式(4.2－15)；截止频率为式(4.2－18)和式(4.2－19)；通频带宽 B 为式(4.2－20)。把 $Q=\omega_0 L/r$ 代入式(4.2－20(a))，可得串联谐振电路的带宽(用角频率表示)

$$B=\frac{\omega_0}{Q}=\frac{r}{L}\ \text{rad/s} \tag{4.3-21}$$

为了讨论方便，不失一般性，人们通常以 ω 为横坐标，$|H(j\omega)|/H_0$ 和 $\theta(\omega)$ 为纵坐标，画出 Q 取不同值时的幅频特性和相频特性曲线(常称为谐振电路的谐振曲线)，如图 4.3－5(a)和图 4.3－5(b)所示。

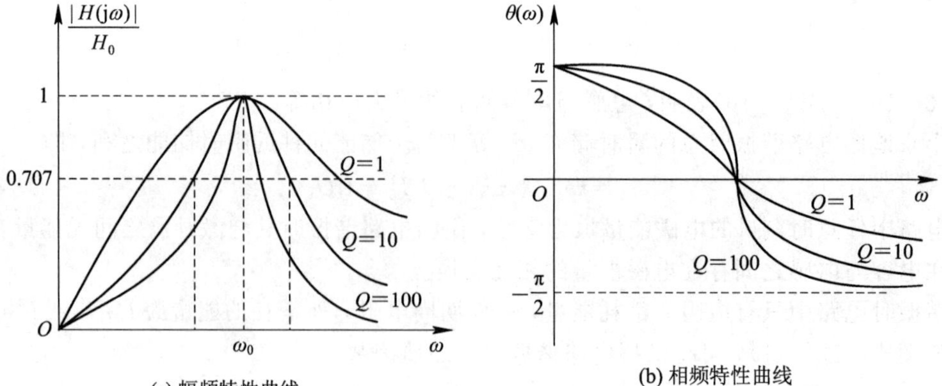

(a) 幅频特性曲线　　(b) 相频特性曲线

图 4.3－5　RLC 串联谐振电路的频率响应

由图 4.3－5(a)可见，谐振电路对频率具有选择性，其 Q 值越高，幅频曲线越尖锐，电路对偏离谐振频率的信号的抑制能力越强，电路的选择性越好。所以在电子线路中常用谐振电路从许多不同频率的各种信号中选择所需要的信号。可是，实际信号都占有一定的频带宽度，因为通频带宽度与 Q 成反比，所以 Q 过高，电路带宽则过窄，这样将会过多地削弱所需信号中的主要频率分量，从而引起严重失真。譬如广播电台的信号占有一定的频带宽度，收音机中为选择某个电台信号所用的谐振电路应同时具备两方面功能：一方面从减小信号失真的角度出发，要求电路通频带范围内的特性曲线尽可能平坦些，以使信号通过回路后各频率分量的幅度相对值变化不大，为此希望电路的 Q 值低些较好；另一方面从抑制临近电台信号的角度出发，要求电路对不需要的信号各频率成分能提供足够大的衰减，为此又希望电路的 Q 值越高越好。因此，实际设计中，必须根据需要来选择适当的 Q 值以兼顾这两方面的要求。

例 4.3－1　一串联谐振电路，已知 $L=50\ \mu\text{H}$，$C=200\ \text{pF}$，回路品质因数 $Q=50$，电源电压 $U_S=1\ \text{mV}$。求电路的谐振频率、谐振时回路中的电流 I_0 和电容上的电压 U_{C0}，以及带宽 B。

解　由式(4.3－5)可求得电路的谐振频率

$$f_0=\frac{1}{2\pi\sqrt{LC}}=\frac{1}{2\pi\sqrt{50\times10^{-6}\times200\times10^{-12}}}\approx1.59\times10^6=1.59\ \text{MHz}$$

为求出谐振时的电流，可先求出回路的损耗电阻 r。由式(4.3－8)可得

$$r=\frac{1}{Q}\sqrt{\frac{L}{C}}=\frac{1}{50}\sqrt{\frac{50\times10^{-6}}{200\times10^{-12}}}=10\ \Omega$$

所以谐振时的电流

$$I_0=\frac{U_S}{r}=\frac{10^{-3}}{10}=0.1\ \text{mA}$$

谐振时电容电压

$$U_{C0}=Q\,U_S=50\times10^{-3}=50\ \text{mV}$$

即为电源电压 U_S 的 50 倍。电路的带宽

$$B=\frac{f_0}{Q}=\frac{1.59\times10^6}{50}=31.8\times10^3=31.8\ \text{kHz}$$

4.4　并联谐振电路

串联谐振电路仅适用于信号源内阻较小的情况，如果信号源内阻较大，将使电路 Q 值过低，以至电路的选择性变差。这时，为了获得较好的选频特性，常采用并联谐振电路。

4.4.1　*GCL* 并联谐振

图 4.4－1 所示是 *GCL* 并联谐振电路，是图 4.3－1 *RLC* 所示串联谐振电路的对偶电

路，因此它的一些结果都可由串联谐振电路对偶地得出。下面将做简略讨论。

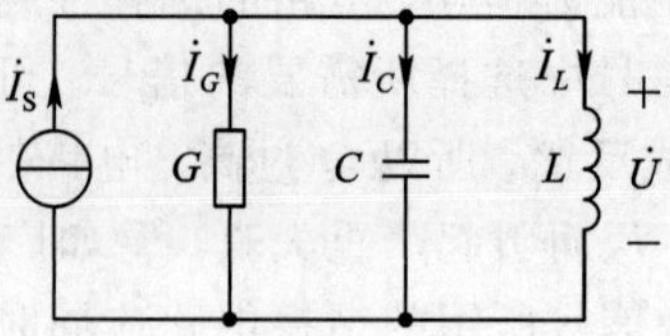

图 4.4-1　GLC 并联电路

图 4.4-1 所示并联谐振电路的总导纳为

$$Y=G+jB=G+j\left(\omega C-\frac{1}{\omega L}\right) \tag{4.4-1}$$

式中电导 $G=1/R$。

当电纳 $B=0$ 时，电路的端电压 $\dot{U}$ 与激励 $\dot{I}_S$ 同相，称为并联谐振。这时的频率称为并联谐振频率，用 f_0 表示，角频率用 ω_0 表示。于是在并联谐振时有

$$B=\omega_0 C-\frac{1}{\omega_0 L}=0$$

可得谐振角频率 ω_0 和频率 f_0 为

$$\begin{cases}\omega_0=\dfrac{1}{\sqrt{LC}}\\ f_0=\dfrac{1}{2\pi\sqrt{LC}}\end{cases} \tag{4.4-2}$$

当并联电路谐振时，由于 $B=0$，故谐振导纳

$$Y_0=G=\frac{1}{R} \tag{4.4-3}$$

这时导纳为最小值，且为电阻性，而谐振阻抗

$$Z_0=\frac{1}{Y_0}=\frac{1}{G}=R \tag{4.4-4}$$

为最大值，且为电阻性。

由于并联电路谐振时，感纳 $1/(\omega_0 L)$ 与容纳 $\omega_0 C$ 相等，因而感抗 $\omega_0 L$ 和 $1/(\omega_0 C)$ 也相等，称为谐振电路的特性阻抗，即

$$\rho=\omega_0 L=\frac{1}{\omega_0 C}=\sqrt{\frac{L}{C}} \tag{4.4-5}$$

根据式(4.3-13)并联谐振电路的品质因数为

$$Q=\frac{\omega_0 C}{G}=\omega_0 CR=\frac{R}{\omega_0 L} \tag{4.4-6}$$

则电路谐振时，回路的端电压

$$\dot{U}=\frac{\dot{I}_S}{Y_0}=\frac{1}{G}\dot{I}_S=R\dot{I}_S \tag{4.4-7}$$

为最大值。这时各支路电流分别为

$$\begin{cases}\dot I_{G0}=G\dot U=G\dfrac{1}{G}\dot I_S=\dot I_S\\ \dot I_{C0}=j\omega_0 C\dot U=j\dfrac{\omega_0 C}{G}\dot I_S=jQ\dot I_S\\ \dot I_{L0}=-j\dfrac{1}{\omega_0 L}\dot U=-j\dfrac{R}{\omega_0 L}\dot I_S=-jQ\dot I_S\end{cases} \tag{4.4-8}$$

可见，并联电路谐振时，电容电流 $\dot I_{C0}$ 和电感电流 $\dot I_{L0}$ 的模值都等于 QI_S，但相位相反，故相互抵消(如图 4.4-2(b)所示)。根据这一特点，并联谐振也称为电流谐振。这时电源电流 $\dot I_S$ 全部通过电导 G，电导电流 I_G 达最大值。

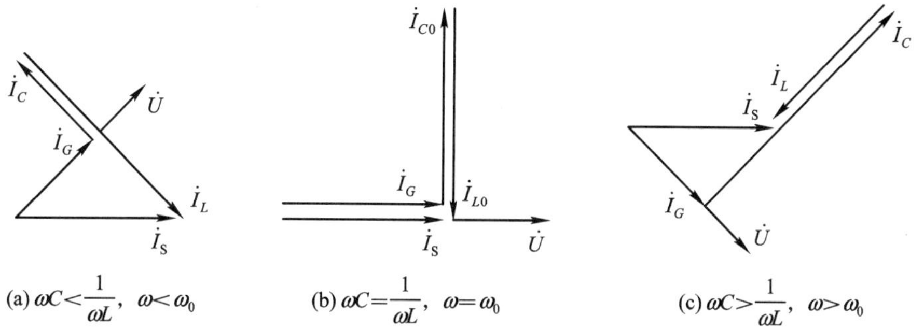

图 4.4-2　GLC 并联电路的相量图

在不同频率时，各支路电流与电压的相量关系如图 4.4-2 所示。由图可见：当 $\omega<\omega_0$ 时，$\omega C<1/(\omega L)$，电纳 B 为负值，电路呈电感性，电压 $\dot U$ 超前于电流 $\dot I_S$，如图 4.4-2(a)所示；当电路谐振时 $\omega=\omega_0$，电纳 $B=0$，电压 $\dot U$ 为最大值，且与电流 $\dot I_S$ 同相，如图 4.4-2(b)所示。当 $\omega>\omega_0$ 时，$\omega C>1/(\omega L)$，电纳 B 为正值，电路呈电容性，电压 $\dot U$ 滞后于电流 $\dot I_S$，如图 4.4-2(c)所示。

对于并联谐振电路，人们常研究以端电压 $\dot U$ 为输出的频率响应。

图 4.4-1 所示的谐振电路端电压为

$$\dot U=\frac{\dot I_S}{Y}=\frac{\dot I_S}{G+j\left(\omega C-\dfrac{1}{\omega L}\right)}=\frac{\dfrac{1}{G}\dot I_S}{1+j\dfrac{\omega_0 C}{G}\left(\dfrac{\omega}{\omega_0}-\dfrac{1}{\omega_0 LC\omega}\right)}$$

$$=\frac{R\dot I_S}{1+jQ\left(\dfrac{\omega}{\omega_0}-\dfrac{\omega_0}{\omega}\right)}=H_0\frac{\dfrac{\omega_0}{Q}(j\omega)\dot I_S}{(j\omega)^2+\dfrac{\omega_0}{Q}(j\omega)+\omega_0^2} \tag{4.4-9}$$

式中 $H_0=R=1/G$。因此，其电压的频率响应为

$$H(j\omega)=\frac{\dot U}{\dot I_S}=H_0\frac{\dfrac{\omega_0}{Q}(j\omega)}{(j\omega)^2+\dfrac{\omega_0}{Q}(j\omega)+\omega_0^2} \tag{4.4-10}$$

可见式(4.4-10)与式(4.3-20)形式相同，也是带通函数。其幅频特性和相频特性曲线与

图 4.3－5(a)和图 4.3－5(b)的曲线完全相同。截止频率仍为式(4.2－18)和式(4.2－19)；通频带宽 B 为式(4.2－20)。把 $Q=\omega_0 C/G$ 代入式(4.2－20(a))，可得并联谐振电路的带宽(用角频率表示)

$$B=\frac{\omega_0}{Q}=\frac{G}{C}=\frac{1}{RC}\ \text{rad/s} \tag{4.4-11}$$

4.4.2 实用的简单并联谐振电路

电子技术中实用的并联谐振电路常为图 4.4－3 所示的电路形式，其中 r 是电感线圈的损耗电阻，一般电容的损耗很小，这里忽略不计。通常，谐振电路的 Q 值较高($Q\gg 1$)，并且工作于谐振频率附近，这时图 4.4－3 所示的电路可等效为图 4.4－1 所示的简单并联谐振电路。

图 4.4－3 所示电路的总导纳为

$$Y=\frac{1}{r+\mathrm{j}\omega L}+\mathrm{j}\omega C=\frac{r}{r^2+(\omega L)^2}+\mathrm{j}\left[\omega C-\frac{\omega L}{r^2+(\omega L)^2}\right]$$

当回路的品质因数 Q 较高，即 $r^2\ll(\omega L)^2$ 时，上式的分母中 r^2 可以略去，于是得电路的导纳

$$Y\approx\frac{r}{(\omega L)^2}+\mathrm{j}\left(\omega C-\frac{1}{\omega L}\right)=G+\mathrm{j}\left(\omega C-\frac{1}{\omega L}\right) \tag{4.4-12}$$

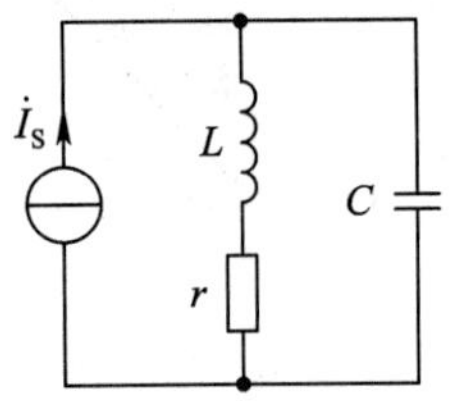

图 4.4－3 实际的并联谐振电路

在谐振频率附近，即 $\omega\approx\omega_0$ 时，上式中电导

$$G=\frac{1}{R}=\frac{r}{(\omega L)^2}\approx\frac{r}{(\omega_0 L)^2}=\frac{Cr}{L} \tag{4.4-13}$$

式(4.4－12)正是图 4.4－1 电路的总导纳(见式(4.4－1))。这表明，图 4.4－1 所示的电路与图 4.4－3 所示的电路工作在谐振频率附近且 Q 值较高时是相互等效的。在进行电路相互变换时，L 和 C 不变，串联于回路中的电阻 r(如图 4.4－4(a)所示)，可以变换为并联于回路两端的电阻 R(电导 G)，如图 4.4－4(b)所示。同样地，并联于回路两端的电阻 R，也可变换为串联于回路中的电阻 r。由式(4.4－13)可得它们的相互变换关系为

$$\begin{cases} R=\dfrac{L}{Cr} \\ r=\dfrac{L}{CR} \end{cases} \tag{4.4-14}$$

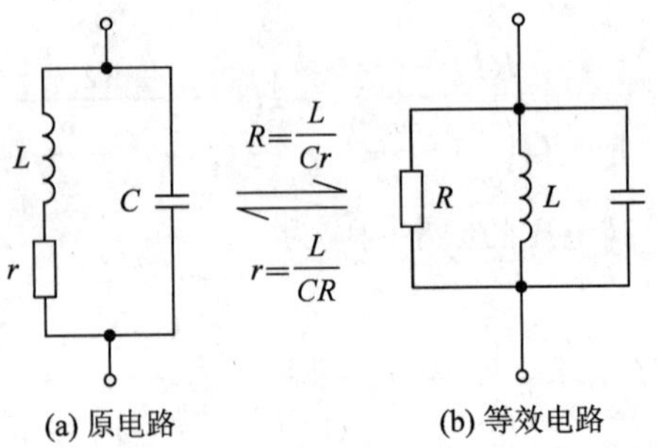

图 4.4－4 高 Q 等效电路变换

图 4.4-4(a)和图 4.4-4(b)电路的品质因数的计算公式分别为

$$\begin{cases} Q=\dfrac{\rho}{r}=\dfrac{1}{r}\sqrt{\dfrac{L}{C}}=\dfrac{\omega_0 L}{r}=\dfrac{1}{\omega_0 Cr} \\ Q=\dfrac{R}{\rho}=R\sqrt{\dfrac{C}{L}}=\omega_0 CR=\dfrac{R}{\omega_0 L} \end{cases} \tag{4.4-15}$$

由式(4.4-14)和式(4.4-15)可以看出，并联于回路两端的电阻 R 越大，相当于串联于回路中的电阻 r 越小，从而 Q 值越高；反之，R 越小，相当于 r 越大，从而 Q 值越低。

例 4.4-1　图 4.4-5 所示是某放大器的简化电路，其中：电源电压 $U_S=12$ V，内阻 $R_S=60$ kΩ；并联谐振电路的 $L=54$ μH，$C=90$ pF，$r=9$ Ω；电路的负载是阻容并联电路，其中 $R_L=60$ kΩ，$C_L=10$ pF。若整个电路已对电源频率谐振，求谐振频率、R_L 两端的电压和整个电路的有载品质因数 Q_L。

解　将电压源 $\dot{U}_S$ 与 R_S 相串联的支路变换为电流源与电阻并联，将谐振电路变换为 GCL 并联电路，于是得出图 4.4-5 所示电路的等效电路如图 4.4-6(a)所示，图中 $G_S=1/R_S$，$G_L=1/R_L$。将有关元件并联进行化简，得图 4.4-6(b)所示的电路。由于

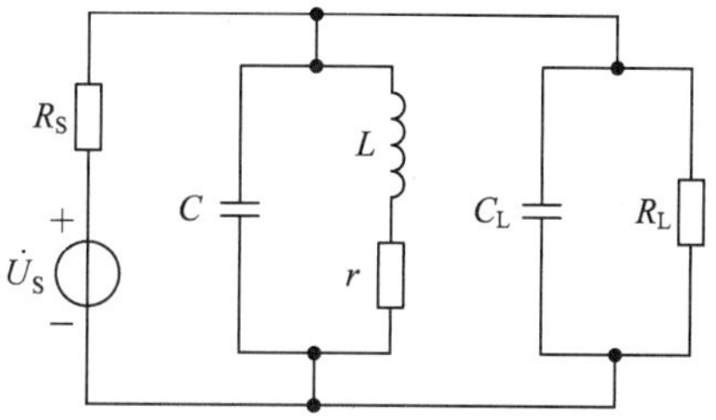

图 4.4-5　图 4.4-1 图

$$C'=C+C_L=90+10=100 \text{ pF}$$

故并联电路的谐振阻抗

$$R_0=\frac{1}{G_0}=\frac{L}{Cr}=\frac{54\times10^{-6}}{100\times10^{-12}\times9}=6\times10^4 \ \Omega$$

$$\dot{I}_S=\frac{\dot{U}_S}{R_S}=\frac{12}{60\times10^3}=0.2 \text{ mA}$$

图 4.4-6(b)中，总电导

$$G'=G_S+G_0+G_L=\frac{1}{R_S}+\frac{1}{R_0}+\frac{1}{R_L}=5\times10^{-5}\text{S}$$

电阻

$$R'=\frac{1}{G'}=20 \text{ k}\Omega$$

根据图 4.4-6(b)可求得电路的谐振频率

$$f_0=\frac{1}{2\pi\sqrt{LC'}}=\frac{1}{2\pi\sqrt{54\times10^{-6}\times100\times10^{-12}}}\approx 2.17 \text{ MHz}$$

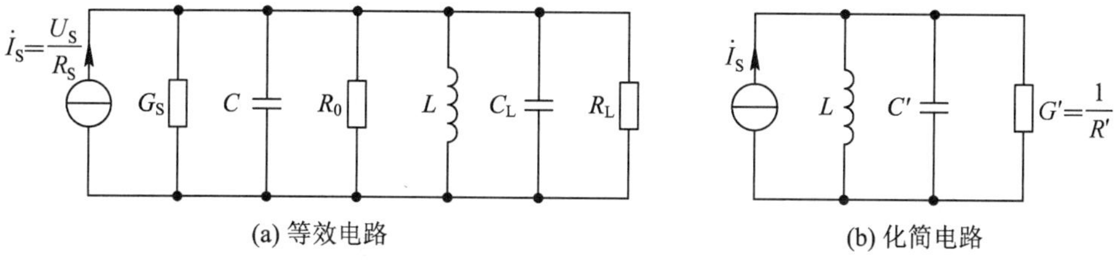

图 4.4-6　例 4.4-1 电路的等效电路及其化简电路

R'的端电压也就是 R_L 两端的电压

$$U = I_S R' = 0.2 \times 10^{-3} \times 20 \times 10^{3} = 4\ \text{V}$$

由式(4.4-15)可得整个电路的有载品质因数

$$Q_L = R' \sqrt{\frac{C}{L}} = 20 \times 10^{3} \sqrt{\frac{100 \times 10^{-12}}{54 \times 10^{-6}}} \approx 27.2$$

如果由电抗元件组成的某局部电路的阻抗或导纳的虚部为零，则称该局部电路发生了谐振现象。

例 4.4-2 图 4.4-7 所示的滤波器能够阻止信号的基波通至负载 R_L，同时能够使 10 次谐波顺利地通至负载。设 $C=0.01\ \mu\text{F}$，基波的角频率 $\omega=10^5$ rad/s，求电感 L_1 和 L_2。

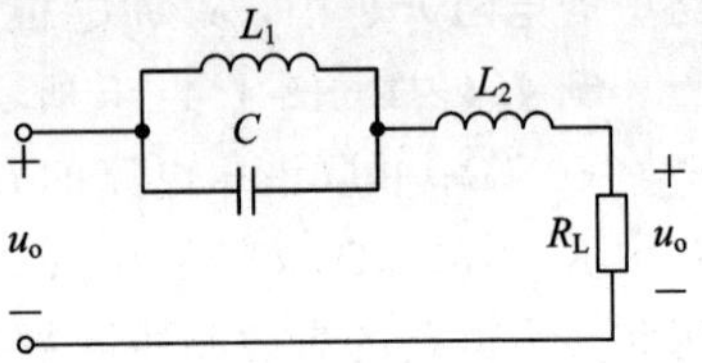

图 4.4-7 例 4.4-3 图

解 由于基波不能通过，表示电路中某一局部电路对基波产生谐振而导致断路，由图 4.4-7 可见，当 L_1 和 C 并联电路对基波发生并联谐振时，其谐振阻抗为无穷大，从而导致断路。故有

$$\omega = \frac{1}{\sqrt{L_1 C}}$$

解得

$$L_1 = \frac{1}{\omega^2 C} = \frac{1}{(10^5)^2 \times 0.01 \times 10^{-6}} = 0.01\ \text{H}$$

又因为 10 次谐波能够顺利通过，相当于 10 次谐波信号直接加到负载 R_L 上，表示 L_1、C 并联再和 L_2 串联的组合对 10 次谐波发生了谐振，这时谐振阻抗为零，该组合相当于短路。故有

$$\text{j}10\omega L_2 + \frac{1}{\text{j}10\omega C - \text{j}\dfrac{1}{10\omega L_1}} = 0$$

将 $L_1=0.01$ H，$\omega=10^5$ rad/s，$C=0.01\ \mu\text{F}$ 代入上式，可得 $L_2=101\ \mu\text{H}$。

4.5 应用实例

4.5.1 高低音信号分离电路

信号分离电路是滤波器的一种典型应用。

音频信号是指 20 Hz～20 kHz 频率范围的信号。一般将高于 2 kHz 的信号称为高音信号，低于 2 kHz 的信号称为中低音信号。

图 4.5-1(a)所示为一简单的高低音分离电路，由一个 RC 高通滤波器和一个 RL 低通滤波器组成。它将从立体声放大器一个通道中出来的高于 2 kHz 频率的信号送到高音扬声

器，而将低于 2 kHz 频率的信号送到中低音扬声器。将放大器用一个电压源等效，扬声器用电阻作为电路模型，则图 4.5－1(a)所示的电路可等效为图 4.5－1(b)。其传输函数为

$$H_1(\mathrm{j}\omega)=\frac{\dot{U}_1}{\dot{U}_S}=\frac{R_1}{R_1+\dfrac{1}{\mathrm{j}\omega C}}=\frac{\mathrm{j}\omega CR_1}{\mathrm{j}\omega CR_1+1}$$

$$H_2(\mathrm{j}\omega)=\frac{\dot{U}_2}{\dot{U}_S}=\frac{R_2}{R_2+\mathrm{j}\omega L}$$

幅频特性为

$$|H_1(\mathrm{j}\omega)|=\frac{\omega CR_1}{\sqrt{(\omega CR_1)^2+1}},\quad |H_2(\mathrm{j}\omega)|=\frac{R_2^2}{\sqrt{R_2^2+(\omega L)^2}}$$

幅频特性曲线如图 4.5－1(c)所示。

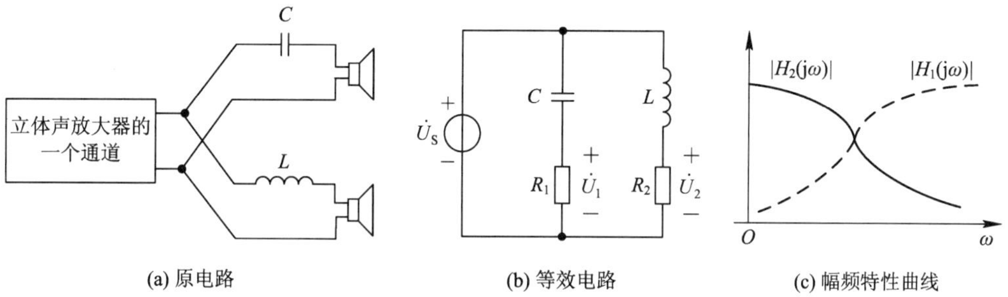

图 4.5－1　音频信号分离电路、等效电路及其幅频特性曲线

通过选择 R_1、R_2、L 和 C 的值，可使两个滤波器具有相同的截止频率。

4.5.2　音频、视频信号分离电路

一个标准广播波段的电视接收机必须处理视频(图像)信号和声频(声音)信号。每个电视发射台被分配了 6 MHz 的带宽，可以通过调谐放大器调整电视接收机的前端，以选择众多频道中的一个。无论需要调谐的频道是哪一个，接收机前端的信号输出的带宽均为 41～46 MHz。这个频带称为中频(IF)，包括声频和视频信号。图 4.5－2(a)所示为简单声频、视频信号分离电路。中频混合信号送到电视机显像管之前，声频信号被 4.5 MHz(声频载波频率)的带阻滤波器(称为陷波器)滤除。这种陷波器可以抑制声音信号。同时混合信号也输入到带通滤波器，此带通滤波器调谐至声频载波频率 4.5 MHz，然后声音信号经过处理，并送往扬声器。图 4.5－2(b)给出了其等效电路，扬声器和显像管分别用电阻 R_1 和 R_2 等效。由图 4.5－2(b)有

$$\dot{U}_1=\frac{1}{\mathrm{j}\omega C_1+\dfrac{1}{\mathrm{j}\omega L_1}+\dfrac{1}{R_1}+\dfrac{1}{R}}\times\frac{\dot{U}_S}{R}$$

$$\dot{U}_2=\frac{R_2}{R_2+(\mathrm{j}\omega L_2)\ /\!/\ \left(\dfrac{1}{\mathrm{j}\omega C_2}\right)}\dot{U}_S$$

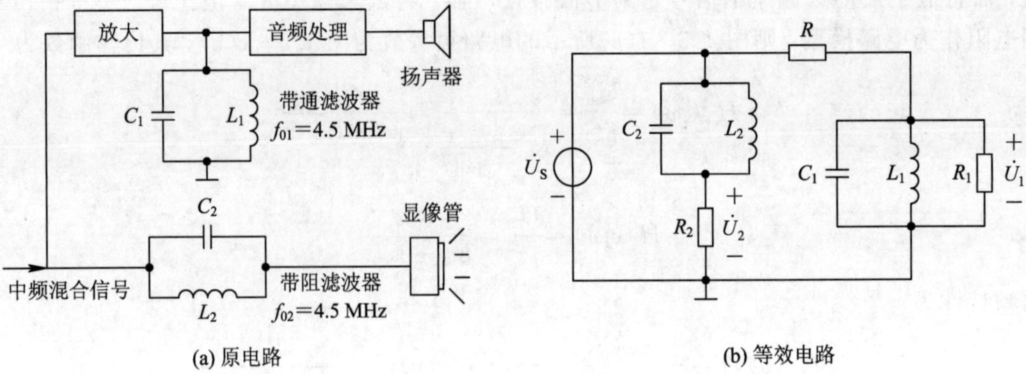

图 4.5-2 音频视频信号分离电路及其等效电路

求解并整理，可得传输函数

$$H_1(j\omega)=\frac{\dot{U}_1}{\dot{U}_S}=\frac{\omega L_1C_1R_1R}{\omega L_1R(R_1+R)+jR^2R_1(1-\omega^2L_1C_1)}$$

$$H_2(j\omega)=\frac{\dot{U}_2}{\dot{U}_S}=\frac{R_2(1-\omega^2L_2C_2)}{R_2(1-\omega^2L_2C_2)+j\omega L_2}$$

可见，带通滤波器的中心频率为

$$f_{01}=\frac{1}{2\pi\sqrt{L_1C_1}}$$

陷波器的中心频率为

$$f_{02}=\frac{1}{2\pi\sqrt{L_2C_2}}$$

其幅频特性曲线如图 4.5-3 所示。取 $L_1=L_2=L$，$C_1=C_2=C$，则 $f_{01}=f_{02}$。

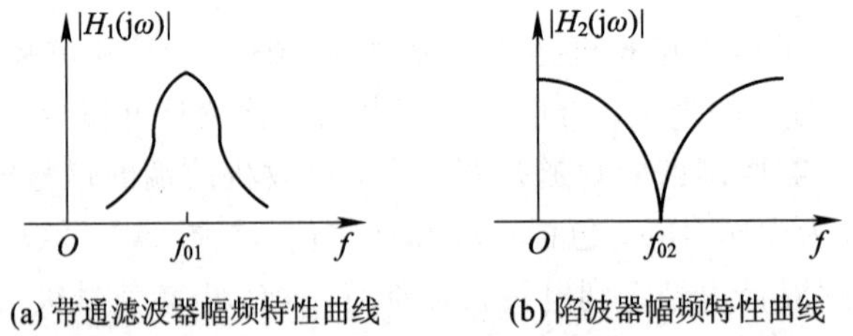

图 4.5-3 滤波电路的幅频特性曲线

4.5.3 无线电接收机的调谐电路

串联谐振电路和并联谐振电路都普遍应用于收音机和电视机的选台技术上。无线电信号由发射机通过电磁波发射出来，然后在大气中传播。当电磁波通过接收机天线时，将感应出极小的电压。因此收音机和电视机必须能从接收的宽阔的电磁频率范围信号内，只取出一个频率或一个频率带限信号。

例 4.5-1 图 4.5-4 所示为某 AM(调幅)收音机的调谐电路示意图，已知其电感线圈

的电感 $L=1\ \mu F$，要使谐振频率可由 AM 频段(AM 广播的频率范围是 540～1600 kHz)的一端调整到另一端，问可变电容 C 的值应该是什么范围？

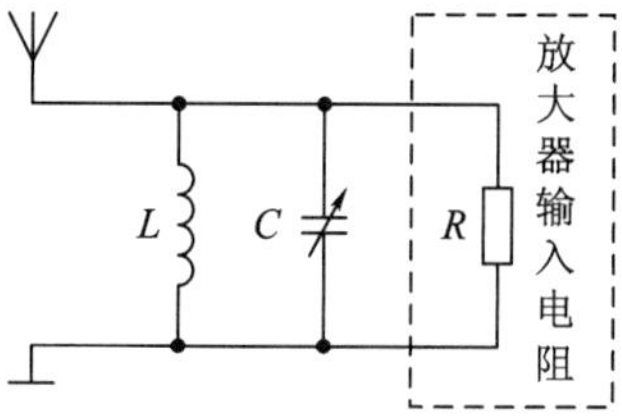

图 4.5-4　例 4.5-1 图

解　由公式 $\omega_0=2\pi f_0=\dfrac{1}{\sqrt{LC}}$ 可得

$$C=\frac{1}{4\pi^2 f_0^2 L}$$

对于 AM 频段的高端，$f_0=1600$ kHz，与其相应的电容值为

$$C_1=\frac{1}{4\pi^2\times1600^2\times10^6\times10^{-6}}\approx9.9\ \text{nF}$$

对于 AM 频段的低端，$f_0=540$ kHz，与其相应的电容值为

$$C_2=\frac{1}{4\pi^2\times540^2\times10^6\times10^{-6}}\approx86.9\ \text{nF}$$

因此，可变电容 C 的值必须在 9.9～86.9 nF 范围内。

4.5.4　频率变化引起的趋肤效应

通有电流的导体周围存在磁场，如图 4.5-5 所示。由于交流电路中电流是随时间变化的，因此电流周围的磁场也是变化的。根据法拉第电磁感应定律，处于交变磁场中的导线两端将产生感应电压。交变的频率越高，感应电压越大。

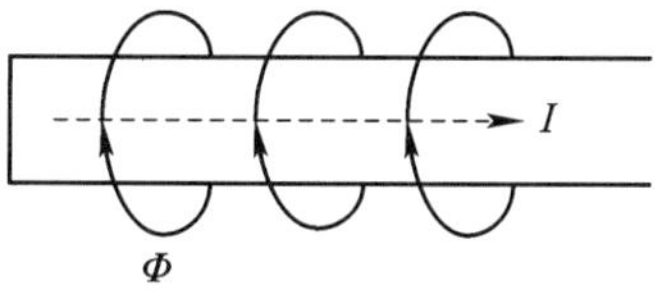

图 4.5-5　通有电流的导体周围存在磁场示意图

对于载有交变电流的导线，导线周围变化的磁场与导线自身交链，这样在导线内部便产生了感应电压来阻止内部电荷的流动。因为导线的中心部分既与导线内部的磁通交链，还与导线外部周围的磁通交链，所以越靠近导线中心部分，导线两端的感应电压就越大，也就是说，磁场变化对导线中心的影响比对表面的影响更显著。当电流的频率增加，使得与导线交链的磁通也以更大的频率变化时，则导线中心处的感应电动势也增加，以此来阻止电流的变化。当电流的频率增加到一定值时，电流便向导线表面集中，这是因为导线表面的感应电压相对较小。这就是趋肤效应。当频率为 60 Hz 时，趋肤效应便可察觉。因为在无线电频率下，趋肤效应几乎使导线内部不导电，所以可将导线制成中空的。趋肤效应减小了电流流经导线的实际横截面积，根据电阻定律公式 $R=\rho\dfrac{L}{S}$ 可知，这时导线产生的有效电阻要比直流电阻大得多，这是因为直流工作时不存在趋肤效应。

4.5.5　电子音乐信号的合成与选择

我国于 1970 年 4 月 24 日发射的“东方红一号”人造卫星向地球发回的电子音乐信号由

i、6、5、3、2、1、7、6、5 共 9 个音节组成。各音节所对应的频率如下：

5	216.63 Hz
6	293.6 6 Hz
7	329.63 Hz
1	349.23 Hz
2	392.00 Hz
3	440.00 Hz
5	523.25 Hz
6	587.33 Hz
i	698.46 Hz

这些信号是被调制到 20.009 MHz 的载波频率 f_a 上向地球发射的，即 $y(t)=y_1(t)\cdot\cos(2\pi f_a t)$，其中 $y_1(t)$为音乐信号。在接收机中只要把谐振回路的谐振频率 f_0 调到 f_a 上，就可以把电子音乐信号 f_a 选择出来，其他 f_b 和 f_c 等信号群都被抑制，其原理如图 4.5-6 所示。根据电子音乐信号所占有的频率范围，合理地选择谐振电路的通频带，就可以选出音乐信号。

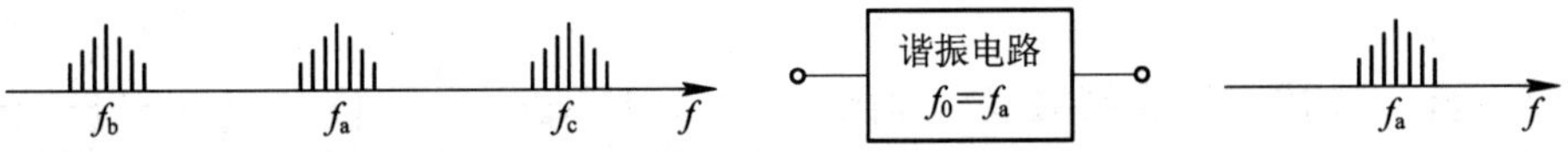

图 4.5-6 谐振电路原理

4.5.6 双音多频电话音调合成

人们使用的电话是利用多频信号的简单例子。双音多频(按钮式)电话，其每个音调都是由一个确定频率的高频音和一个确定频率的低频音所合成的混合音。例如按下“5”键便会产生 770 Hz 和 1336 Hz 的混合音。这个混合音就是所谓的双音多频信号(DTMF)。如图 4.5-8(a)所示，0～9 按钮以及两个功能性按钮“*”和“#”共 12 个按钮，控制着音频信号的发送，左边 697 Hz、770 Hz、852 Hz、941 Hz 为 4 个低频音，下方 1209 Hz、1336 Hz、1477 Hz 为 3 个高频音。

双音多频电话工作原理如图 4.5-7(b)所示。在电话收发的交换设备中，为了分辨低频和高频两组音调，首先将混合音同时送入低通滤波器(LPF)和高通滤波器(HPF)。其中低通滤波器的截止频率设计略高于 1000 Hz，以便分离出所有低音频部分；高通滤波器的截止频率设计略低于 1200 Hz，以便分离出所有高音频部分。低通和高通滤波器的输出信号经过限幅器限幅后，分别送入低音组带通滤波器(BPF)和高音组带通滤波器。低音组的 4 个 BPF 中心频率分别为 697 Hz、770 Hz、852 Hz 和 941 Hz；高音组的 3 个 BPF 中心频率分别为 1209 Hz、1336 Hz 和 1477 Hz。图 4.5-7(b)中检波器的作用是对输出及时判别，以决定声音的有无。

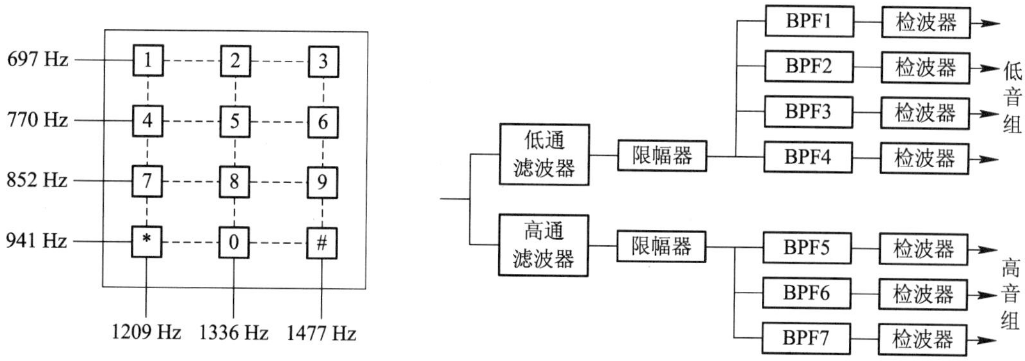

(a) 电话按钮示意图　　(b) 工作原理

图 4.5－7　双音多频电话示意

4.5.7　*RC* 滤波器用于前置放大电路

图 4.5－8 所示是一例使用了 *RC* 滤波器作为前置放大器的低通滤波网络。如果运算(OP)放大器中混入了有害的高频噪声，由于 OP 放大器的转换速率特性，信号往往会产生失真或饱和。这时，如果用图 4.5－8 中的 *RC* 滤波器(a)网络将有害的高频噪声滤掉，就可以只对有用信号进行正确放大。这种低通滤波器简单，特别在不需要考虑交流特性的 DC 放大器中作为常规的滤波器使用。现在随着 OP 放大器的性能不断改善，其频率特性也在提高。但是当电路的频率特性延伸到一定程度时，由 OP 放大器产生的高频噪声往往会使信噪比 S/N 降低。图 4.5－8 中的 *RC* 滤波器(b)网络滤掉了不需要的高频范围的增益，所以改善了信噪比，S/N 改善的程度是带宽比的平方根。

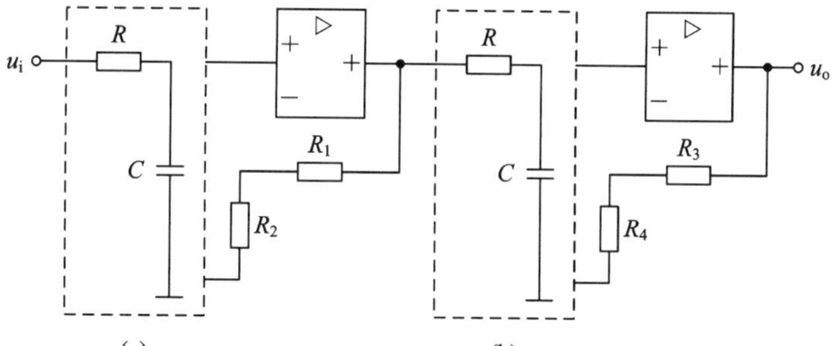

(a)　　(b)

图 4.5－8　*RC* 滤波器用于前置放大电路

习　题　4

4－1　求题 4－1 图示各电路的网络函数 $H(j\omega)=\dfrac{\dot{U}_2}{\dot{U}_1}$，并定性画出幅频特性曲线和相

频特性曲线。

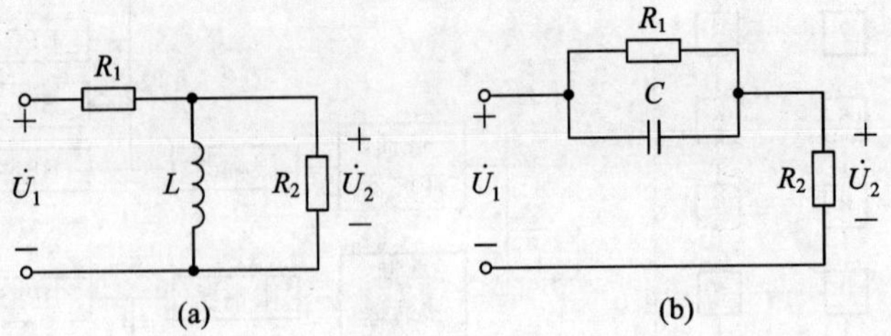

题 4-1 图

4-2 求题 4-2 图示各电路的网络函数 $H(j\omega)=\dfrac{\dot{I}_2}{\dot{I}_1}$，以及截止频率和通频带。

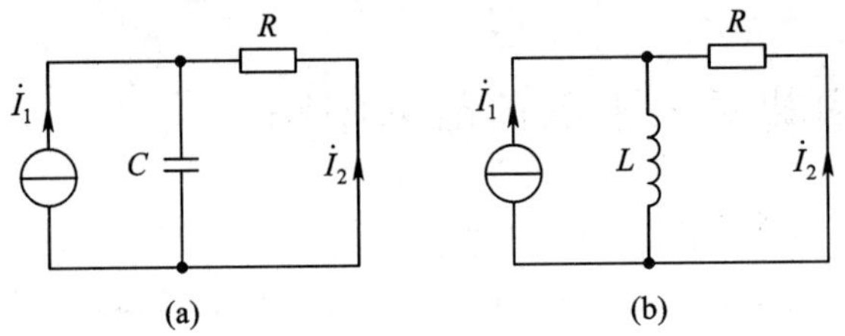

题 4-2 图

4-3 题 4-3 图所示电路是 RC 二阶带通电路。

(1) 求网络函数 $H(j\omega)=\dfrac{\dot{U}_2}{\dot{U}_1}$。

(2) 若已知 $R_1=R_2=R$，$C_1=C_2=C$，求中心角频率 ω_0、Q、幅频特性的最大值 $H_{\max}$ 和下截止角频率与上截止角频率。

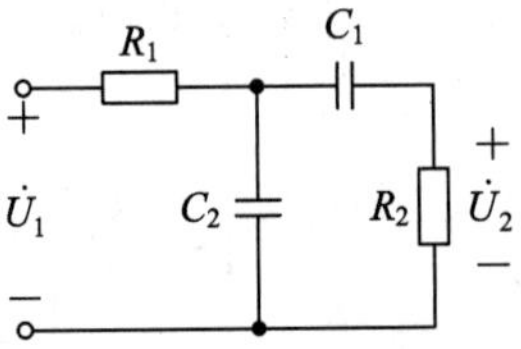

题 4-3 图

4-4 一 RLC 串联谐振电路，已知 $r=10\ \Omega$，$L=64\ \mu\text{H}$，$C=100\ \text{pF}$，外加电源电压 $U_S=1\ \text{V}$，求电路的谐振频率 f_0、品质因数 Q、带宽 B、谐振时的回路电流 I_0 和电抗元件上的电压 U_L 和 U_C。

4-5 一 RLC 串联谐振电路，电源电压 $U_S=1\ \text{V}$，且保持不变。当调节电源频率使电路达到谐振时，$f_0=100\ \text{kHz}$，这时回路电流 $I_0=100\ \text{mA}$；当电源频率改变为 $f_1=99\ \text{kHz}$ 时，回路电流 $I=70.7\ \text{mA}$。求回路的品质因数 Q 和电路参数 r、L、C 的值。

4-6 题 4-6 图所示是应用串联谐振原理测量线圈电阻 r 和电感 L 的电路。已知 $R=10\ \Omega$，$C=0.1\ \mu\text{F}$，保持外加电压有效值 $U=1\ \text{V}$ 不变，而改变频率 f，同时用电压表测量电阻 R 的电压 U_R，当 $f=800\ \text{Hz}$ 时，U_R 获得最大值为 $0.8\ \text{V}$，试求电阻 r 和电感 L。

4－7　RLC 并联电路如题 4－7 图所示。

(1) 已知 $L=10$ mH，$C=0.01$ μF，$R=10$ kΩ，求 ω_0、Q 和通带宽度 B。

(2) 如需设计一谐振频率 $f_0=1$ MHz，带宽 $B=20$ kHz 的谐振电路，已知 $R=10$ kΩ，求 L 和 C。

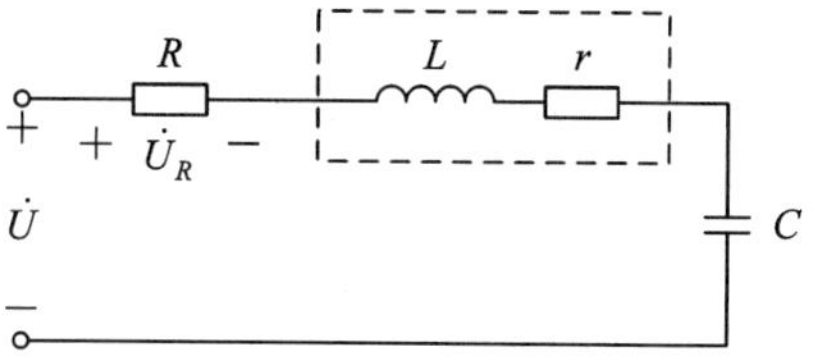

题 4－6 图

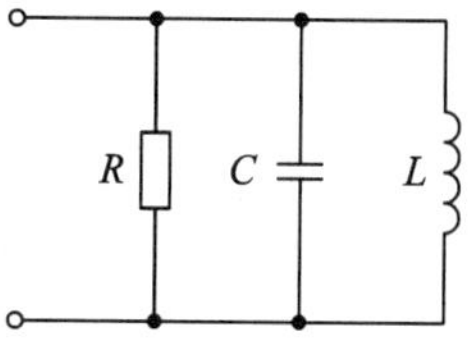

题 4－7 图

4－8　并联谐振电路如题 4－8 图所示。

(1) 已知 $L=200$ μH，$C=200$ pF，$r=10$ Ω，求谐振频率 f_0、谐振阻抗 Z_0、Q 和带宽 B。

(2) 若要求谐振频率 $f_0=1$ MHz，已知线圈的电感 $L=200$ μH，$Q=50$，求电容 C 和带宽 B。

(3) 为使(2)中的带宽扩展为 $B=50$ kHz，需要在回路两端并联一电阻 R，求此时的 R 值。

4－9　电路如题 4－9 图所示，已知 $L=100$ μH，$C=100$ pF，$r=25$ Ω，电流源 $I_S=1$ mA，其内阻 $R_S=40$ kΩ。

(1) 求电路的谐振频率、电源未接入时回路的品质因数和谐振阻抗。

(2) 电源接入后，若电路已对电源频率谐振，求电路的品质因数(有载 Q_L 值)、流过各元件的电流和回路两端的电压。

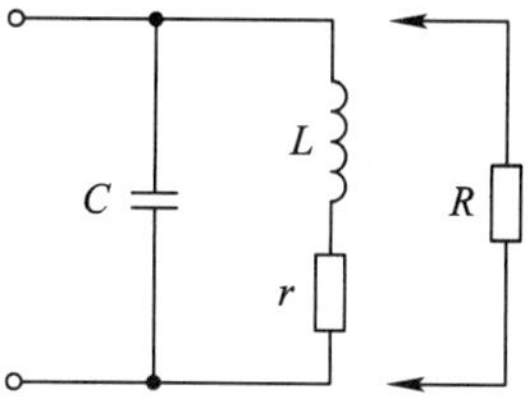

题 4－8 图

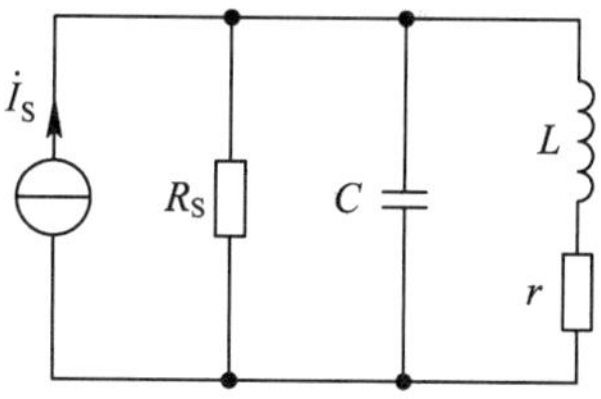

题 4－9 图

4－10　设题 4－10 图所示电路处于谐振状态，其中 $I_S=1$ A，$U_1=50$ V，$R_1=X_L=100$ Ω。求电压 U_L 和电阻 R_2。

4－11　求题 4－11 图所示二端电路的谐振角频率和谐振时的等效阻抗。

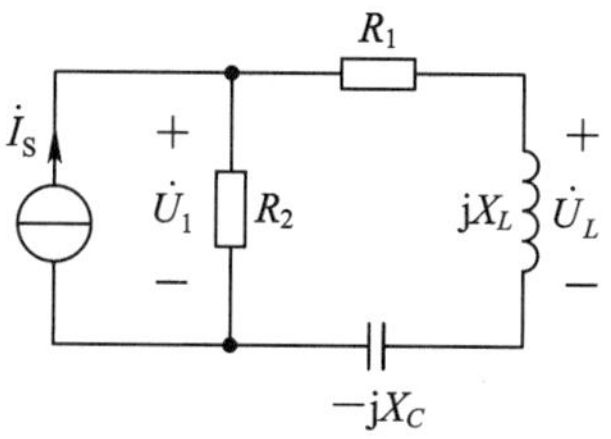

题 4－10 图

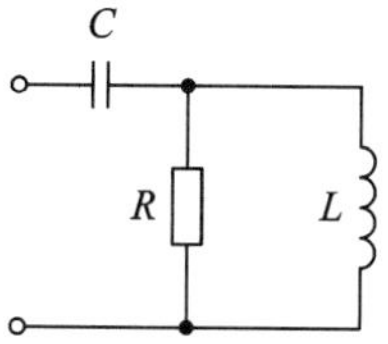

题 4－11 图

4-12　题 4-12 图所示是由一电感和一电容组成的串联谐振电路(图(a))或并联谐振电路(图(b))。若在谐振角频率 ω_0 处，电感的品质因数为 Q_L($Q_L=\omega_0 L/r$)。电容的品质因数为 Q_C($Q_C=\omega_0 C/G=\omega_0 CR$)。设电路的总品质因数为 Q，试证

$$\frac{1}{Q}=\frac{1}{Q_L}+\frac{1}{Q_C}$$

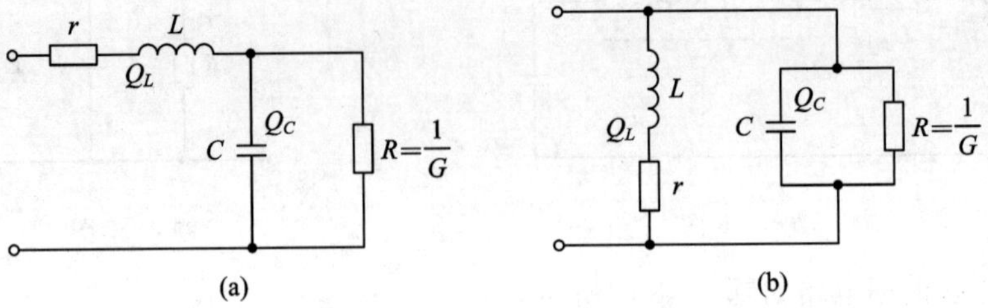

题 4-12 图

4-13　题 4-13 图所示电路发生并联谐振，已知电流计 A、A_1 的读数分别为 8 A 和 10 A，求电流计 A_2 的读数(设各电流计内阻为零)。

4-14　电路如题 4-14 图所示，已知 $u_S(t)=10\cos 100\pi t+2\cos 300\pi t$ V，$u_o(t)=2\cos 300\pi t$ V，$C=9.4\ \mu F$，求 L_1 和 L_2 的值。

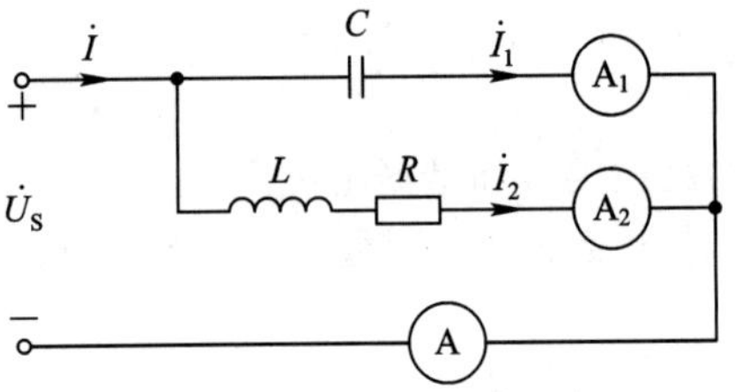

题 4-13 图

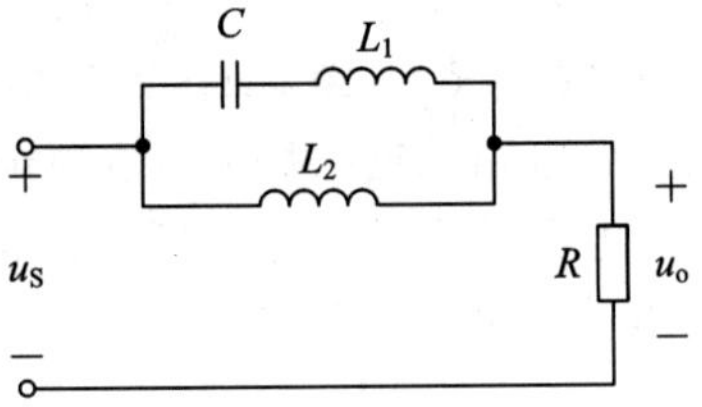

题 4-14 图

4-15　一个串联调谐无线收音机电路由一个可变电容(40～360 pF)和一个 240 μH 的天线线圈组成，线圈的电阻为 12 Ω。

(1) 求收音机可调谐的无线电信号的频率范围。

(2) 确定频率范围每一端的 Q 值。

05

第 5 章　动态电路的时域分析

前面讨论了电阻电路及正弦稳态电路的分析和计算。由于线性电阻的伏安关系是线性代数关系，线性电感和电容伏安关系的相量形式也是复数的线性代数关系，因此描述其电路的方程是一组线性复数代数方程。

许多实际电路的模型不仅包含电阻元件和电源元件，还包括电容元件和电感元件。由于电容元件与电感元件这两种元件的时域电压、电流的约束关系是导数和积分关系，因此称其为动态元件。含有动态元件的电路称为动态电路，描述动态电路的方程是以电流或电压为变量的时域微分方程。本章主要讨论直流源作用下的一阶动态电路的分析和计算方法。

5.1　动态电路方程及其求解

对于电感、电容元件，由前面的知识得知，其伏安关系(VAR)都是通过微分-积分关系来表达的。而当电路中含有电容、电感时，根据 KCL、KVL、元件的 VAR 建立起来的方程就是以电压和电流为变量的时域微分-积分方程。这与前面讨论的电阻电路列出的代数方程是完全不同的。如果电路中的各种元件都是线性时不变的，则所列出的电路方程是线性常系数微分-积分方程。

如果电路中只有一个动态元件，则所得到的方程是一阶微分方程，相应的电路称为一阶电路。一般而言，如果电路中含有 N 个独立的动态元件，则描述该电路的方程是 N 阶微分方程，相应的电路称为 N 阶电路。

5.1.1 动态电路方程

1. 一阶 RC 电路方程的列写

图 5.1-1 所示为 RC 一阶动态电路，如果要研究图中开关 S 闭合(在 $t=0$ 时)后的电容电压 u_C，就要编写开关闭合后的电路方程。

我们把电路中开关的闭合、断开或电路参数突然变化等统称为“换路”。在换路前后，电路工作状态会发生变化。

对于图 5.1-1 所示电路，设 $t=0$ 时开关 S 闭合，若选电容电压 $u_C(t)$ 为变量，在换路后(即 $t>0$ 时)，根据 KVL，列写回路电压方程

$$u_R(t)+u_C(t)-u_S(t)=0 \qquad (5.1-1)$$

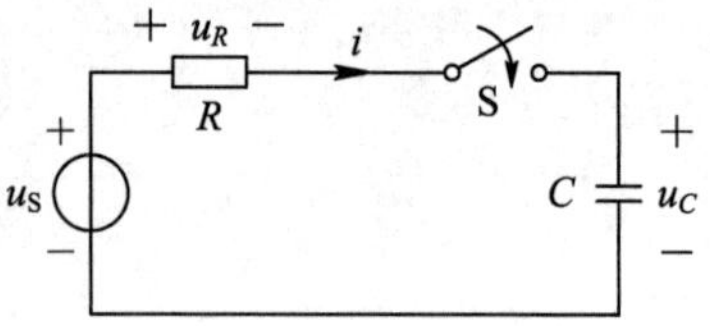

图 5.1-1 RC 串联电路

根据元件的 VAR，可得

$$i(t)=C\frac{\mathrm{d}u_C(t)}{\mathrm{d}t},\ u_R(t)=Ri(t)=RC\frac{\mathrm{d}u_C(t)}{\mathrm{d}t}$$

代入式(5.1-1)，可得

$$RC\frac{\mathrm{d}u_C(t)}{\mathrm{d}t}+u_C(t)=u_S(t)$$

由上式变换可得

$$\frac{\mathrm{d}u_C(t)}{\mathrm{d}t}+\frac{1}{RC}u_C(t)=\frac{1}{RC}u_S(t) \qquad (5.1-2)$$

令 $\tau=RC$，则式(5.1-2)可以写为

$$\frac{\mathrm{d}u_C(t)}{\mathrm{d}t}+\frac{1}{\tau}u_C(t)=\frac{1}{\tau}u_S(t) \qquad (5.1-3)$$

式中 $\tau=RC$[①] 具有时间的量纲，称为时间常数，简称时常数，单位为秒。

从上面的分析可得，RC 串联电路的电路方程是一阶常系数微分方程，对此方程求解可得 $u_C(t)$ 的大小。

2. 一阶 RL 电路方程的列写

图 5.1-2 所示为 RL 电路，$t=0$ 时开关 S 闭合，下面讨论 $t>0$ 时的电感电流 $i_L(t)$。开关 S 闭合后，根据 KCL，列写节点电流方程：

$$i_R(t)+i_L(t)-i_S(t)=0 \qquad (5.1-4)$$

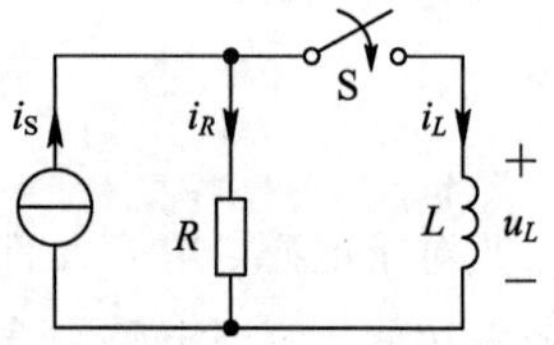

图 5.1-2 RL 并联电路

根据元件的 VAR，可以得到

① $[\tau]=[RC]=[\mathrm{V/A}][\mathrm{C/V}]=[\mathrm{C/A}]=$[库/(库/秒)]$=[\mathrm{s}]$。

$$u_L(t)=L\frac{\mathrm{d}i_L(t)}{\mathrm{d}t}\qquad i_R(t)=\frac{u_L(t)}{R}=\frac{L}{R}\frac{\mathrm{d}i_L(t)}{\mathrm{d}t}\tag{5.1-5}$$

将式(5.1－5)代入式(5.1－4)，整理得

$$\frac{\mathrm{d}i_L(t)}{\mathrm{d}t}+\frac{R}{L}i_L(t)=\frac{R}{L}i_S(t)\tag{5.1-6}$$

令 $\tau=\frac{L}{R}$，则式(5.1－6)可以写为

$$\frac{\mathrm{d}i_L(t)}{\mathrm{d}t}+\frac{1}{\tau}i_L(t)=\frac{1}{\tau}i_S(t)\tag{5.1-7}$$

式中 $\tau=\frac{L}{R}$ [①]称为时间常数，简称时常数，单位为秒。

从上面的分析可得，*RL* 并联电路的电路方程是一阶常系数微分方程，对此方程求解可得 $i_L(t)$的大小。

观察根据图 5.1－1 和图 5.1－2 所列出的电路方程，除变量不同外，均为典型的一阶微分方程，因此图 5.1－1 和 5.1－2 所示电路都是一阶电路。一阶微分方程的一般形式可写为

$$y'(t)+ay(t)=bf(t)$$

其中，$y(t)$是响应，$f(t)$是激励。

由此，对于一阶电路响应求解的问题就归结为求解一阶微积分方程的问题。

3. 二阶电路方程的列写

图 5.1－3 所示的 *RLC* 串联电路以 $u_C(t)$为响应，下面讨论其电路方程。根据 KVL，列写回路电压方程：

$$u_R(t)+u_L(t)+u_C(t)-u_S(t)=0\tag{5.1-8}$$

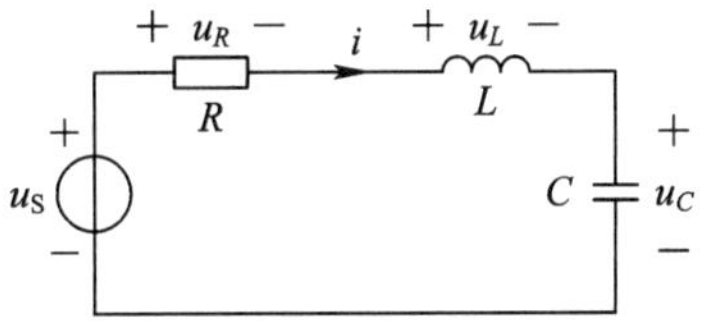

图 5.1－3　*RLC* 串联电路

根据元件的 VAR，可以得到

$$i(t)=C\frac{\mathrm{d}u_C(t)}{\mathrm{d}t},\ u_R(t)=Ri(t)=RC\frac{\mathrm{d}u_C(t)}{\mathrm{d}t}\tag{5.1-9}$$

$$u_L(t)=L\frac{\mathrm{d}i_L(t)}{\mathrm{d}t}=LC\frac{\mathrm{d}u_C^2(t)}{\mathrm{d}t^2}\tag{5.1-10}$$

将式(5.1－9)、式(5.1－10)代入式(5.1－8)，整理得

$$\frac{\mathrm{d}u_C^2(t)}{\mathrm{d}t^2}+\frac{R}{L}\frac{\mathrm{d}u_C(t)}{\mathrm{d}t}+\frac{1}{LC}u_C(t)=\frac{1}{LC}u_S(t)\tag{5.1-11}$$

根据上面的分析可知，当 *RLC* 串联电路中的元件都是线性时不变元件时，所得到的方程就是二阶线性常系数微分方程。这样的电路称为二阶电路。

由上面的例子可归纳出建立动态方程的一般步骤如下：

(1) 根据电路建立 KCL 和 KVL 方程，写出各元件的伏安关系。

(2) 在所列写方程中消去中间变量，得到所需变量的微分方程。

---

① $[\tau]=[L/R]=[\mathrm{Wb/A}]/[\mathrm{V/A}]=[\mathrm{Wb/V}]$=[韦伯/(韦伯/秒)]=[s]。

5.1.2 动态电路方程的求解

如果将独立源 $u_S(t)$和 $i_S(t)$作为激励，用 $f(t)$表示，把电路变量 $u(t)$或 $i(t)$作为响应，用 $y(t)$表示，则描述一阶、二阶动态电路的方程的一般形式分别为

$$y'(t)+ay(t)=bf(t) \tag{5.1-12}$$

$$y''(t)+a_1y'(t)+a_0y(t)=b_0f(t) \tag{5.1-13}$$

对于线性时不变动态电路，上式中的系数都是常数。由数学知识可知，线性常系数微分方程的解由两部分组成，即与方程相应的齐次方程的通解(或齐次解)和满足非线性齐次方程的特解。若齐次解用 $y_h(t)$表示，特解用 $y_p(t)$表示，则微分方程的全解可以写为

$$y(t)=y_h(t)+y_p(t) \qquad (\text{即，全解}=\text{齐次解}+\text{特解}) \tag{5.1-14}$$

1. 齐次解

对于式(5.1-12)表示的一阶微分方程，所对应的特征方程为 $s+a=0$，特征根 $s=-a$，故所对应的齐次解为

$$y_h(t)=k\mathrm{e}^{st}=k\mathrm{e}^{at}$$

式中，k 为待定系数。

对于式(5.1-13)表示的二阶微分方程，其齐次解的函数形式由式(5.1-13)的特征方程

$$s^2+\alpha_1 s+\alpha_0=0$$

的根(即特征根)s_1 和 s_2 确定。表 5.1-1 列出了特征根 s_1、s_2 为不同值时的相应齐次解。其中的待定系数 k_1 和 k_2 在全解中由初始条件来确定。

表 5.1-1 不同特征根时二阶动态方程的齐次解

特征根 S_1、S_2		齐次解 $y_h(t)$
$s_1\neq s_2$	不等实根	$k_1\mathrm{e}^{s_1t}+k_2\mathrm{e}^{s_2t}$
$s_1=s_2=s$	相等实根	$(k_1+k_2t)\mathrm{e}^{st}$
$s_{1,2}=-\alpha\pm\mathrm{j}\beta$	共轭复根	$\mathrm{e}^{-\alpha t}(k_1\cos\beta t+k_2\sin\beta t)$
$s_{1,2}=\pm\mathrm{j}\beta$	共轭虚根	$k_1\cos\beta t+k_2\sin\beta t$

注：表中 k_1、k_2 为待定系数。

2. 特解

特解与激励有相似的形式，表 5.1-2 列出了常用激励形式与其对应的特解 $y_p(t)$。当特解形式确定后，将其代入原微分方程，求出待定系数 A_i，则特解就确定了。

表 5.1-2　不同激励时二阶动态方程的特解

激励形式	特解 $y_p(t)$	
常　数	A	
t^m	$A_m t^m + A_{m-1} t^{m-1} + \cdots + A_1 t^1 + A_0$	
$e^{\alpha t}$	$A e^{\alpha t}$	当 α 不是特征根时
	$A_1 e^{\alpha t} + A_0 e^{\alpha t}$	当 α 是特征单根时
	$A_2 t^2 e^{\alpha t} + A_1 t e^{\alpha t} + A_0 e^{\alpha t}$	当 α 是二阶特征根时(对于二阶电路)
$\cos\beta t$　$\sin\beta t$	$A_1 \cos\beta t + A_2 \sin\beta t$	

注：表中 A_i 为待定系数。

例 5.1-1　RC 串联电路如图 5.1-4 所示，$t=0$ 时开关 S 闭合，电容的初始电压 $u_C(0)=U_0$，讨论 $t>0$ 时的电容电压 $u_C(t)$。

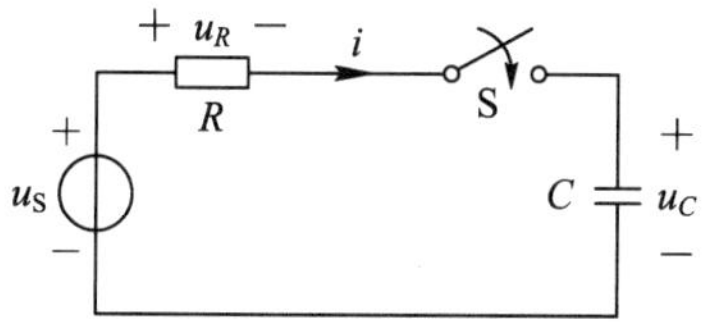

图 5.1-4　例 5.1-1 图

解　(1) 建立电路方程。依据前面的分析，$t>0$ 时，开关闭合，根据图 5.1-4 可以建立一阶 RC 电路的 KVL 方程为

$$\frac{du_C(t)}{dt} + \frac{1}{RC}u_C(t) = \frac{1}{RC}u_S(t)$$

令 $\tau=RC$，则上式可以写为

$$\frac{du_C(t)}{dt} + \frac{1}{\tau}u_C(t) = \frac{1}{\tau}u_S(t) \qquad (5.1-15)$$

(2) 齐次解 $u_{Ch}(t)$。式(5.1-15)的特征方程为

$$s + \frac{1}{\tau} = 0$$

特征根 $s=-1/\tau$，故 $u_C(t)$ 的齐次解为

$$u_{Ch}(t) = k e^{-st} = k e^{-\frac{1}{RC}t}$$

(3) 特解 $u_{Cp}(t)$。根据激励的形式，由于激励是常数，$u_{Cp}(t)=A$。将它代入式(5.1-15)，得

$$\frac{1}{\tau}A = \frac{1}{\tau}u_S$$

故 $u_C(t)$ 的特解为

$$u_{Cp}(t) = A = u_S$$

(4) 求全解。电容电压的完全解 $u_C(t)$ 为

$$u_C(t) = u_{Ch}(t) + u_{Cp}(t) = k e^{-\frac{1}{RC}t} + u_S \qquad t \geqslant 0$$

将初始值 $u_C(0)=U_0$ 代入上式，得

$$u_C(0) = k + u_S = U_0$$
$$k = U_0 - u_S$$

故可以解得

$$u_C(t)=\underbrace{(U_0-u_S)e^{-\frac{1}{RC}t}}_{\substack{\text{固有响应}\\\text{(暂态响应)}}}+\underbrace{u_S}_{\substack{\text{强迫响应}\\\text{(稳态响应)}}}\qquad t\geqslant 0$$

对于所得到的电路全响应，可以将其分为固有响应和强迫响应两部分，或者暂态响应和稳态响应两部分。

在完全解中，其中第一项(即齐次解)的函数形式仅由特征根决定，而与激励的函数形式(它的系数与激励有关)无关，称为固有响应或自由响应。式中第二项(即特解)与激励具有相同的函数形式，称为强迫响应。$u_C(t)$的响应波形图如图 5.1-5 所示，图中分别画出了 $U_0<U_S$ 和 $U_0>U_S$ 两种情况的 $u_C(t)$波形。

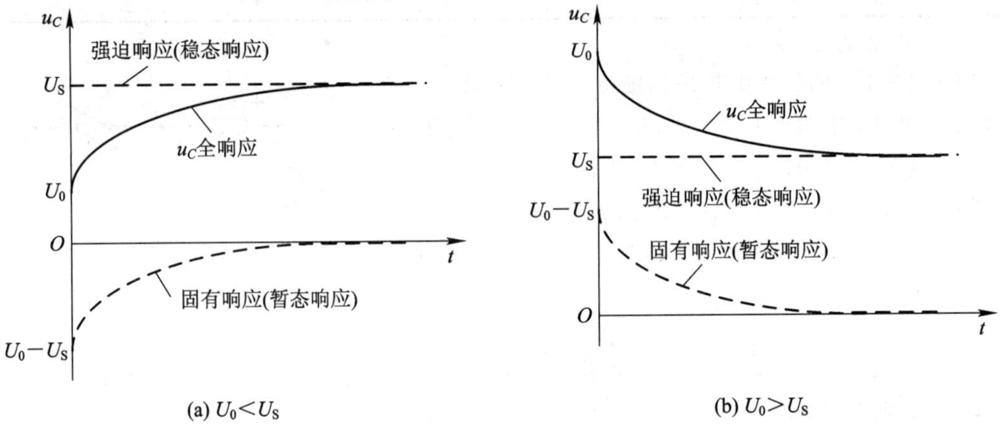

图 5.1-5 $u_C(t)$的响应波形图

在电路的全响应过程中，固有响应的函数形式取决于特征根，它仅与电路的结构和元件参数有关，与激励函数的形式无关。固有响应以及特征根 s 反映了电路的固有特征，而强迫响应是外部激励作用的结果，它与激励具有相同的函数形式。另外，按照电路的工作情况，也常将完全响应分为暂态响应和稳态响应。上式中的第一项按指数规律衰减，当 t 趋近于无限大时，该项衰减为 0，称为暂态响应。式中第二项在任何时刻都保持稳定，它是 t 趋近于无限大时暂态响应衰减为 0 时的响应，称为稳态响应。对于稳态响应，响应可能是常数(当接入的激励为直流时)或周期函数(当接入的激励为周期信号时)。当激励不是周期信号或者电路的固有响应有实部为正的值时，将完全响应区分为暂态响应和稳态响应将没有实际意义，或者说电路不存在稳态响应。

5.2 电路初始值的计算

在线性常系数微分方程的求解过程中，常常需要根据给定的初始条件确定方程解中的待定系数。对于线性常系数动态电路的方程，也存在这样的问题。如果描述电路动态过程的微分方程是 N 阶的，就需要 N 个初始条件，它们是所求变量(电压或电流)及其 1，2，…，$n-1$ 阶导数在 $t=0_+$ 时刻的值，也称为初始值。由于电路中的常用变量是电流和电压，故相应的初始条件为电流或电压的初始值。其中电容电压 $u_C(t)$ 和电感电流 $i_L(t)$ 的初始值由电路的初始储能决定，称为独立初始值。其余变量的初始值称为非独立初始值，它们将由电路激励和独立初始值来确定。求解电路的初始值是电路响应求解过程中必不可少的步骤。

5.2.1 换路定律

如前所述，电容电压和电感电流反映了电路储能的状况，它们都具有连续性。

设电路发生换路的时刻为 t_0，换路经历时间为 t_{0-} 到 t_{0+}，那么电容上电压的关系为

$$u_C(t_{0+})=u_C(t_{0-})+\frac{1}{C}\int_{t_{0-}}^{t_{0+}} i_C(\xi)\mathrm{d}\xi \tag{5.2-1}$$

同理，电感上电流的关系为

$$i_L(t_{0+})=i_L(t_{0-})+\frac{1}{L}\int_{t_{0-}}^{t_{0+}} u_L(\xi)\mathrm{d}\xi \tag{5.2-2}$$

若式(5.2-1)和式(5.2-2)(即电容电流和电感电压)在无穷小区间 $t_{0-}<t<t_{0+}$ 上为有限值，则上两式中的等号右端的积分项值为 0，从而有

$$\begin{cases} u_C(t_{0+})=u_C(t_{0-}) \\ i_L(t_{0+})=i_L(t_{0-}) \end{cases} \tag{5.2-3}$$

式(5.2-3)表明，若在 $t=t_0$ 处，电容电流 i_C 和电感电压 u_L 为有限值，则电容电压 u_C 和电感电流 i_L 在该处连续，其值不能跃变。需要指出的是，除去电容电压和电感电流外，电路中其余各处的电流、电压值，在换路前后是可以跃变的。一般情况下，选择 $t_0=0$，则由式(5.2-3)可得

$$\begin{cases} u_C(0_+)=u_C(0_-) \\ i_L(0_+)=i_L(0_-) \end{cases} \tag{5.2-4}$$

因而可根据换路前电路的具体情况确定电容上的电压 $u_C(t_{0+})$ 和电感上的电流 $i_L(t_{0+})$ 或 $u_C(0_+)$ 和 $i_L(0_+)$。通常称式(5.2-3)和式(5.2-4)为换路定律。

一般情况下，求电路初始值时，首先要求出换路前后电容上的电压和电感上的电流，然后再求其他支路的电流、电压。因此，将电容电压和电感电流称为独立初始值，其余为非独立初始值。

求解电路初始值的基本思路是先求出独立初始值，然后再由独立初始值求出非独立初始值。

5.2.2 独立初始值(初始状态)的求解

求解独立初始值(初始状态)时，首先根据换路前电路的具体状况，求出 $u_C(0_-)$ 和 $i_L(0_-)$，然后利用换路定律即可求得 $u_C(0_+)=u_C(0_-)$，$i_L(0_+)=i_L(0_-)$。下面举例说明。

例 5.2-1　电路如图 5.2-1(a)所示，$t<0$ 时，开关 S 是闭合的，电路处于稳定状态。在 $t=0$ 时，开关 S 打开，求初始值 $u_C(0_+)$ 和 $i_L(0_+)$。

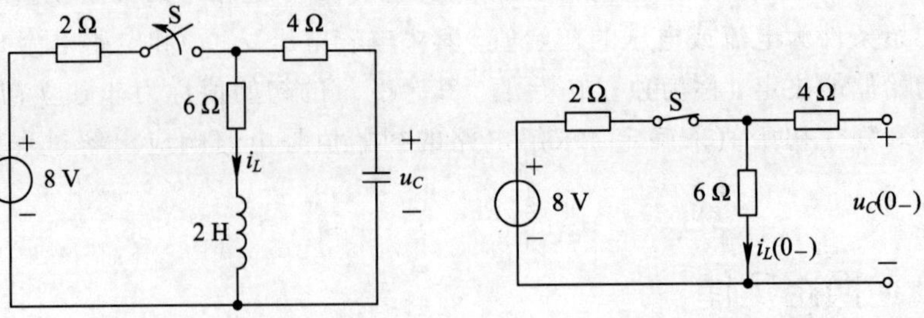

(a) 原电路 (b) $t=0_-$时等效电路

图 5.2-1 例 5.2-1 图

解 $t<0$ 时，电路在直流电源作用下并已处于稳态，此时，电路各处电压、电流均为直流。因此电容可视为开路，电感视为短路，则 $t=0_-$ 时的等效电路如图 5.2-1(b)所示。

由图 5.2-1(b)电路可得

$$i_L(0_-)=\frac{8}{2+6}=1\ \text{A}$$

$$u_C(0_-)=6i_L(0_-)=6\ \text{V}$$

由换路定律可得

$$u_C(0_+)=u_C(0_-)=6\ \text{V}$$

$$i_L(0_+)=i_L(0_-)=1\ \text{A}$$

5.2.3 非独立初始值的求解

电路的独立初始值可根据换路前最终时刻(即 t_{0-} 或 0_- 时刻)的电路来确定。如图 5.2-2(a)所示电路，对于非独立初始值，则需要利用 t_{0+} 或 0_+ 等效电路求得。设电路在 $t=0$ 时刻发生换路，根据换路定理，在 $t=0_+$ 时刻，将电容用电压等于 $u_C(0_+)$ 的电压源替代(若 $u_C(0_-)=0$ 时用短路替代)，电感用电流等于 $i_L(0_+)$ 的电流源替代(若 $i_L(0_+)=0$ 时用开路替代)，独立源均取 $t=0_+$ 时刻的值。此时得到的电路是一个直流电源作用下的电阻电路，称为 0_+ 等效电路，如图 5.2-2(b)所示。由该电路求得的各电流、电压就是非独立初始值。

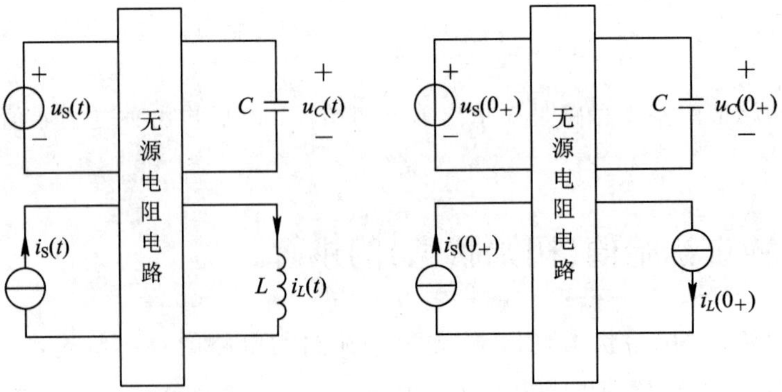

(a) 原电路 (b) 0_+等效电路

图 5.2-2 非独立初始值求解电路

例 5.2-2　电路如图 5.2-3(a)所示，已知 $t<0$ 时，开关 S 处于位置 1，电路已达稳态。在 $t=0$ 时，开关 S 切换至位置 2，求初始值 $i_R(0_+)$、$i_C(0_+)$和 $u_L(0_+)$。

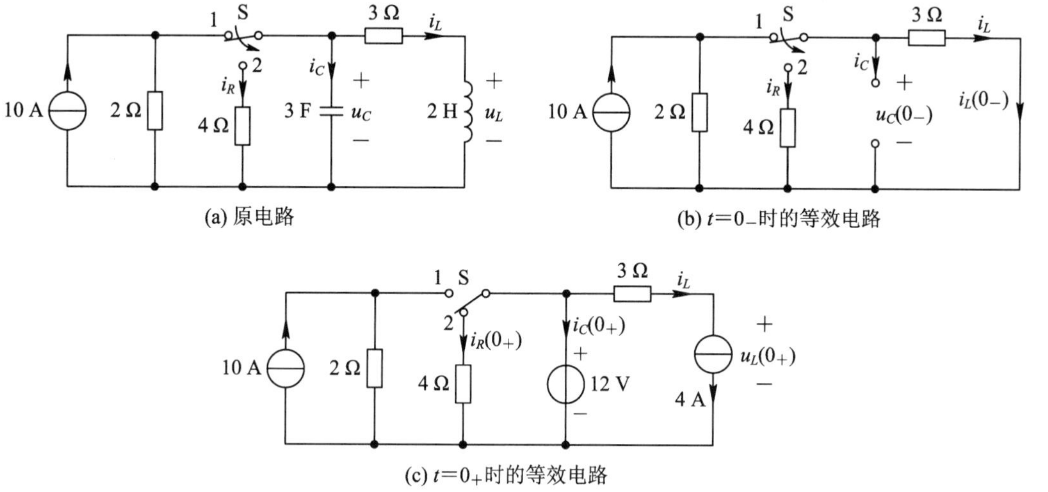

(a) 原电路　　(b) $t=0_-$时的等效电路

(c) $t=0_+$时的等效电路

图 5.2-3　例 5.2-2 图

解　(1) 计算 $u_C(0_-)$和 $i_L(0_-)$。由于 $t<0$ 时电路已达直流稳态，因此电容开路，电感短路，则 $t=0_-$时的等效电路如图 5.2-3(b)所示。可得

$$i_L(0_-)=\frac{2\times 10}{2+3}=4\ \text{A}$$

$$u_C(0_-)=3i_L(0_-)=12\ \text{V}$$

(2) 根据换路定律得

$$u_C(0_+)=u_C(0_-)=12\ \text{V}$$

$$i_L(0_+)=i_L(0_-)=4\ \text{A}$$

(3) 计算非独立初始值。开关切换至位置 2，画出 0_+ 等效电路，如图 5.2-3(c)所示。

$$i_R(0_+)=\frac{12}{4}=3\ \text{A}$$

$$i_C(0_+)=-i_R(0_+)-4=-7\ \text{A}$$

$$u_L(0_+)=12-3\times 4=0\ \text{V}$$

初始值计算步骤总结如下：

(1) 由 $t=0_-$时的等效电路，求出 $u_C(0_-)$ 和 $i_L(0_-)$（特别注意：直流稳态时，L 相当于短路，C 相当于开路）。

(2) 根据换路定律，确定初始状态 $u_C(0_+)=u_C(0_-)$，$i_L(0_+)=i_L(0_-)$。

(3) 画出 0_+ 等效电路，利用电阻电路分析方法，求出各非独立初始值。

这里必须指出：换路定律仅在电容电流和电感电压为有限值的情况下才能成立。在某些理想情况下，电容电流和电感电压可以为无限大，这时电容电压和电感电流将发生强迫跃变，换路定律不再适用，具体可根据电荷守恒和磁链守恒原理来确定各独立初始值。

5.3 一阶电路的响应

在动态电路中，电路的响应(电流、电压)不仅与激励有关，而且与各动态元件的初始储能有关。如果从产生电路响应的原因着手，电路的完全响应(即微分方程的全解)可以分为零输入响应和零状态响应。

零输入响应是指外加激励均为零(即所有独立源均为零)时，仅由初始状态所引起的响应，即由初始时刻电容或电感中储能所引起的响应。

零状态响应是指初始状态均为零(即所有电容电感储能均为零)时，仅由施加于电路的激励所引起的响应。

若令零输入响应为 $y_{zi}(t)$，零状态响应为 $y_{zs}(t)$，那么线性动态电路的完全响应

$$y(t)=y_{zi}(t)+y_{zs}(t) \tag{5.3-1}$$

式(5.3-1)体现了线性电路的线性性质。

5.3.1 一阶电路的零输入响应

例 5.3-1 一阶 RC 电路如图 5.3-1(a)所示，已知 $t<0$ 时，开关 S 处于位置 1，电路已达稳态。在 $t=0$ 时，开关 S 切换至位置 2，求 $t\geqslant 0$ 时电容电压 $u_C(t)$(零输入响应)和电流 $i(t)$(零输入响应)。

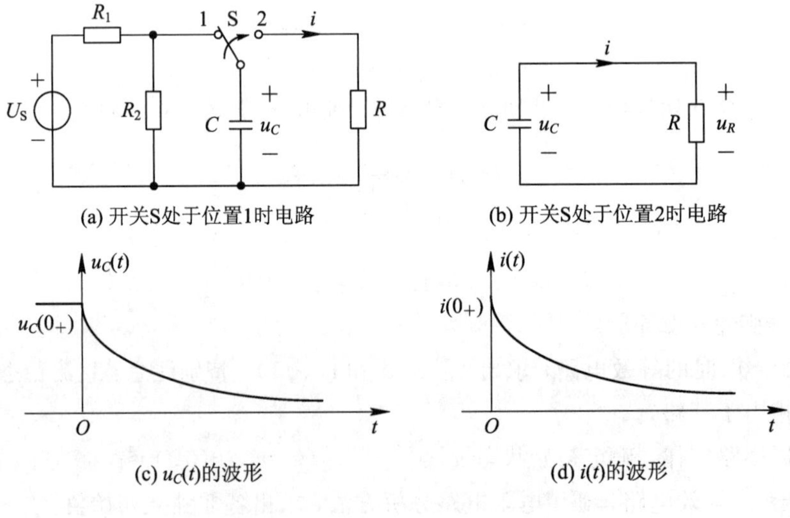

图 5.3-1 例 5.3-1 图

解 根据图 5.3-1 初始状态可得

$$u_C(0_+)=u_C(0_-)=\frac{R_2}{R_1+R_2}U_S=U_0$$

$t \geqslant 0$ 时，开关切换至 2，电路如图 5.3-1(b)所示。由 KVL 列写方程：

$$-u_R + u_C = 0$$

其中，$u_R = Ri$，$i = -C\dfrac{du_C}{dt}$，故有

$$RC\frac{du_C}{dt} + u_C = 0$$

或写为

$$\frac{du_C}{dt} + \frac{1}{\tau}u_C = 0$$

式中，$\tau = RC$ 为时常数。

上式齐次微分方程的特征方程为

$$s + \frac{1}{\tau} = 0$$

则特征根为

$$s = \frac{-1}{\tau}$$

故方程解为

$$u_C(t) = k\mathrm{e}^{-\frac{1}{\tau}t}$$

将初始值 $u_C(0_+)$代入，可得常数 $k = u_C(0_+)$，则

$$u_C(t) = u_C(0_+)\mathrm{e}^{-\frac{1}{\tau}t} = \frac{R_2}{R_1 + R_2}U_S\mathrm{e}^{-\frac{1}{\tau}t} \quad t \geqslant 0 \tag{5.3-2}$$

$$i(t) = -C\frac{du_C(t)}{dt} = \frac{u_C(0_+)}{R}\mathrm{e}^{-\frac{t}{\tau}} \quad t \geqslant 0 \tag{5.3-3}$$

按式(5.3-2)和式(5.3-3)画出 u_C、i 的波形分别如图 5.3-1(c)、(d)所示，它们都是随时间按指数衰减的曲线。

由图 5.3-1(c)、(d)可见，在换路后，电容电压 $u_C(t)$和电流 $i(t)$分别由各自的初始值 $u_C(0_+) = U_0$ 和 $i(0_+) = U_0/R$ 开始，随着时间 t 的增大按指数衰减，当 $t \to \infty$时，它们衰减到零，达到稳定状态($u_C(\infty) = 0$，$i(\infty) = 0$)。这一变化过程称为过渡过程或暂态过程。在换路前后，电容电压是连续的，即 $u_C(0_-) = u_C(0_+) = U_0$，而电流 $i(0_-) = 0$，$i(0_+) = U_0/R$，在换路瞬间由零突跳为 U_0/R，发生跃变。

零输入响应与初始状态之间满足齐次性。实际上，对二阶以上电路，有多个初始状态，零输入响应与各初始状态间也满足可加性。这种性质称为零输入线性。

下面以 RL 电路为例继续说明电路的零输入响应。

例 5.3-2　一阶 RL 电路如图 5.3-2(a)所示，已知 $t<0$ 时开关 S 闭合，电路已达稳态。在 $t=0$ 时，开关 S 打开，求 $t \geqslant 0$ 时电感电流 $i_L(t)$(零输入响应)和电感电压 $u_L(t)$(零输入响应)。

解　$t = 0_-$时，电感相当于短路，故 $u_R(0_-) = 0$。

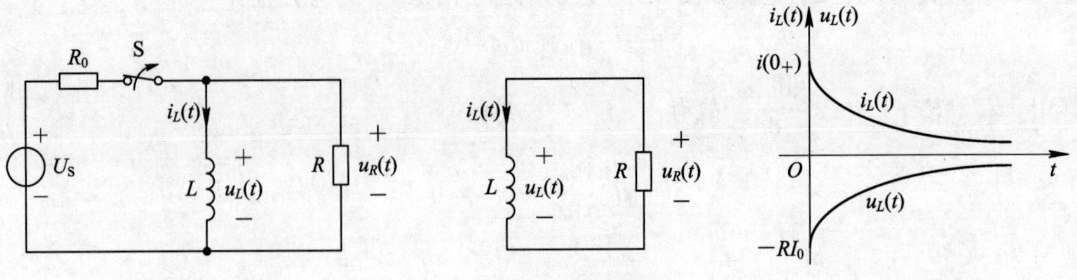

(a) 一阶 RL 电路　　(b) 换路后等效电路　　(c) U_L、i_L 的波形

图 5.3-2　例 5.3-2 图

根据换路定律，可得

$$i_L(0_+)=i_L(0_-)=\frac{U_S}{R_0}=I_0$$

换路后，等效电路如图 5.3-2(b)所示。由 KVL 方程有

$$u_L-u_R=0$$

将 $u_L=L\dfrac{di_L}{dt}$ 和 $u_R=-Ri_L$ 代入上式得

$$L\frac{di_L}{dt}+Ri_L=0$$

或写为

$$\frac{di_L}{dt}+\frac{R}{L}i_L=0$$

令 $\tau=L/R$，方程变为

$$\frac{di_L}{dt}+\frac{1}{\tau}i_L=0$$

则可得

$$i_L(t)=i_L(0_+)e^{-\frac{t}{\tau}}\quad t\geqslant 0 \tag{5.3-4}$$

$$u_L(t)=u_R(t)=-Ri_L(t)=Ri_L(0_+)e^{-t/\tau}\quad t\geqslant 0 \tag{5.3-5}$$

按式(5.3-4)和式(5.3-5)画出 u_L、i_L 的波形如图 5.3-2(c)所示，它们都是随时间按指数衰减的曲线，当 $t\to\infty$时，它们衰减到零，达到稳态。这一变化过程称为暂态过程或过渡过程。

由于零输入响应是由动态元件的初始储能所产生的，随着时间的增长，动态元件持续放电，其初始储能逐渐被电阻($R>0$)所消耗转化为其他能量，因而对于具有正电阻的电路，其零输入响应总是按指数衰减的。

若零输入响应用 $y_{zi}(t)$表示，其初始值用 $y_{zi}(0_+)$表示，则由式(5.3-2)～式(5.3-5)可见，一阶动态电路零输入响应一般形式可表示为

$$y_{zi}(t)=y_{zi}(0_+)\ e^{-t/\tau}\quad t\geqslant 0 \tag{5.3-6}$$

由式(5.3-6)可知，随着时间 t 的增长，$y_{zi}(t)$由初始值 $y_{zi}(0_+)$逐渐衰减到零。时间常数 τ 反映了零输入响应衰减的速率。

暂态过程与时常数 τ 之间的关系如图 5.3－3 所示。由图可见，上述 RL 电路的放电过程的快慢取决于时常数 τ，τ 越大，表示电压电流的暂态变化越慢，反之则越快。注意：暂态过程仅与电路内参数有关，与激励和初始状态无关。

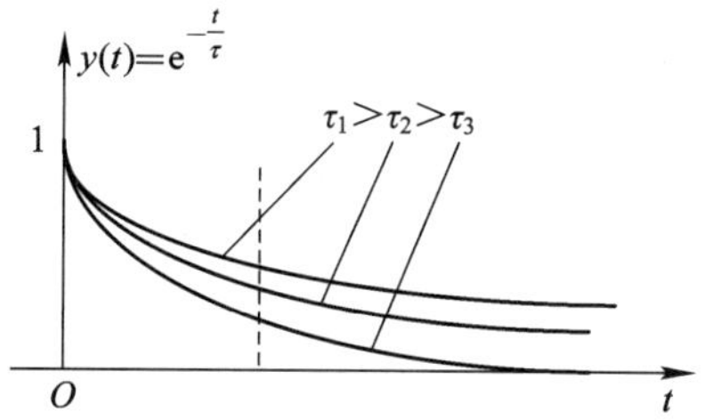

图 5.3－3　零输入响应与时常数的关系

不同 t 值对应的响应如表 5.3－1 所示。

表 5.3－1　不同 t 值对应的响应

t	0	τ	2τ	3τ	4τ	5τ	…	∞
$y(t)\approx e^{-t/\tau}$	$e=1$	$e^{-1}\approx 0.368$	$e^{-2}\approx 0.135$	$e^{-3}\approx 0.05$	$e^{-4}\approx 0.018$	$e^{-5}\approx 0.007$	…	0

工程上一般认为，经过 $3\tau \sim 5\tau$ 的时间后，暂态响应已基本结束，如图 5.3－4 所示。

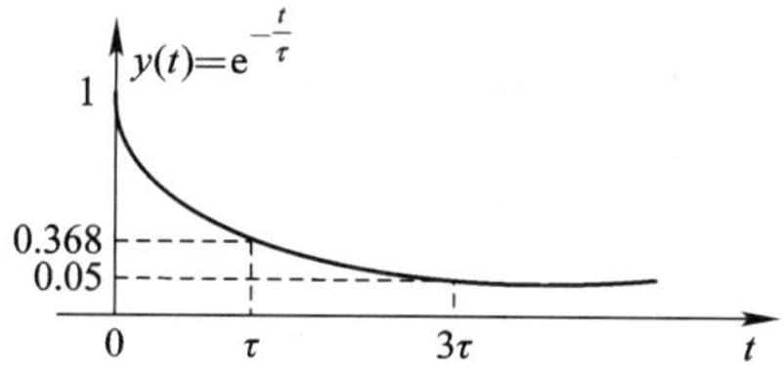

图 5.3－4　暂态响应波形

例 5.3－3　电路如图 5.3－5(a)所示，其中电压表的内阻 $R_V=10\ \text{k}\Omega$，量程为 100 V，已知 $R=4\ \Omega$，$L=0.1$ H，$U_S=24$ V，开关在 $t=0$ 时打开，求 $t\geqslant 0$ 时的电流 i_L，并问开关打开时，电压表是否会损坏？

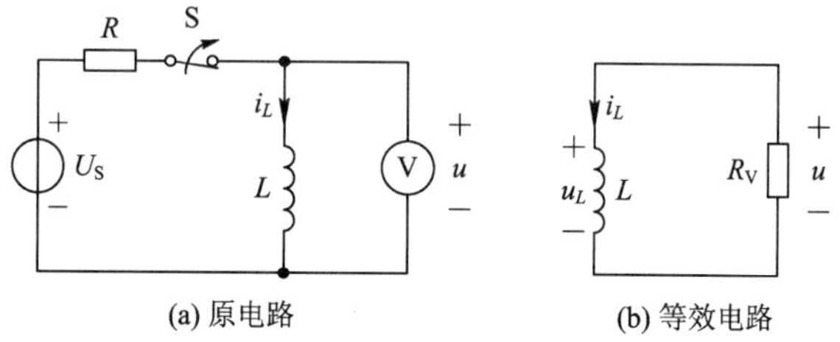

图 5.3－5　例 5.3－3 图

解　$t=0_-$ 时，电路已达稳态，则电感相当于短路，故 $u(0_-)=0$。

根据换路定律，可得

$$i_L(0_+)=i_L(0_-)=\frac{U_S}{R}=\frac{24}{4}=6\ \text{A}$$

换路后，等效电路如图 5.3－5(b)所示。由 KVL 方程有

$$u_L-u=0$$

将 $u_L=L\dfrac{di_L}{dt}$和 $u=-R_V i_L$ 代入上式得

$$L\frac{di_L}{dt}+R_V i_L=0 \quad 或 \quad \frac{di_L}{dt}+\frac{R_V}{L}i_L=0$$

令 $\tau=L/R_V=10^{-5}$ s，则方程变为

$$\frac{di_L}{dt}+\frac{1}{\tau}i_L=0$$

则可得

$$i_L(t)=i_L(0_+)e^{-\frac{t}{\tau}}=6e^{-\frac{t}{\tau}}\text{ A}$$

$$u(t)=-R_V i_L(t)=-10\times10^3\times6=-60\text{ kV}$$

可见，电压表在换路后瞬间要承受−60 kV 的高压，而其量程只有 100 V，因此电压表立即被烧坏。

5.3.2 一阶电路的零状态响应

例 5.3-4 电路如图 5.3-6 所示，已知 $t<0$ 时，开关 S 是闭合的，电路已达稳态。在 $t=0$ 时，开关 S 断开，求 $t\geqslant0$ 时，电容电压 $u_C(t)$。

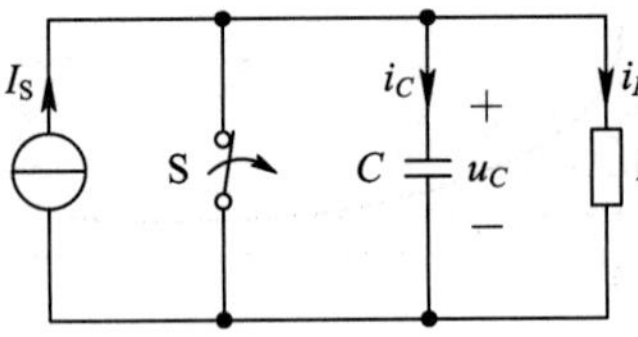

图 5.3-6 例 5.3-4 图

分析：图 5.3-6 所示为一阶 RC 电路，在开关 S 断开前($t<0$)，直流源 I_S 的电流全部流经短路线，电容的初始电压 $u_C(0_-)=0$，即电容的初始储能为零。当 $t=0$ 时，开关断开，根据换路定律，电容电压的初始值 $u_C(0_+)=u_C(0_-)=0$。故电路的响应为零状态响应。

解 $t<0$ 时开关闭合，则有 $u_C(0_+)=u_C(0_-)=0$，故所求响应为零状态响应。

$t\geqslant0$ 时，根据 KCL 有

$$i_C+u_R=I_S$$

由于 $u_C=C\dfrac{du_C}{dt}$，$u_R=\dfrac{u_C}{R}$，代入上式得

$$C\frac{du_C}{dt}+\frac{1}{R}u_C=I_S$$

或写为

$$\frac{du_C}{dt}+\frac{1}{\tau}u_C=\frac{1}{C}I_S \tag{5.3-7}$$

式中 $\tau=RC$，初始值 $u_C(0_+)=0$。

式(5.3-7)为一阶非齐次方程，其解由方程的齐次解 $u_{Ch}(t)$和特解 $u_{Cp}(t)$组成，即

$$u_C(t)=u_{Ch}(t)+u_{Cp}(t) \tag{5.3-8}$$

对应的齐次解为

$$u_{Ch}(t)=k\mathrm{e}^{-\frac{t}{\tau}}$$

式中 k 为待定系数。式(5.3-7)中的激励为常数，其特解也为常数，令 $u_{Cp}(t)=A$，将其代入式(5.3-7)得

$$\frac{1}{\tau}u_{Cp}=\frac{1}{RC}A=\frac{1}{C}I_S$$

故得特解

$$u_{Cp}(t)=RI_S$$

将齐次解和特解代入到式(5.3-8)，得完全解为

$$u_C(t)=k\mathrm{e}^{-\frac{t}{\tau}}+RI_S$$

令 $t=0_+$，将初始状态 $u_C(0_+)=0$ 代入上式，得

$$u_C(0_+)=k+RI_S$$

解得 $k=-RI_S$。于是得图 5.3-6 所示电路的零状态响应

$$u_C(t)=RI_S(1-\mathrm{e}^{-\frac{t}{\tau}})\quad t\geqslant 0 \tag{5.3-9}$$

则电容电流

$$i_C(t)=C\frac{\mathrm{d}u_C}{\mathrm{d}t}=I_S\mathrm{e}^{-\frac{t}{\tau}}\quad t\geqslant 0 \tag{5.3-10}$$

电阻电流

$$i_R(t)=C\frac{\mathrm{d}u_C}{\mathrm{d}t}=I_S(1-\mathrm{e}^{-\frac{t}{\tau}})\quad t\geqslant 0 \tag{5.3-11}$$

显然有 $i_C+i_R=I_S$。按式(5.3-9)～式(5.3-11)可以分别画出 u_C、i_C 和 i_R 的波形如图 5.3-7(a)、图 5.3-7(b)所示。

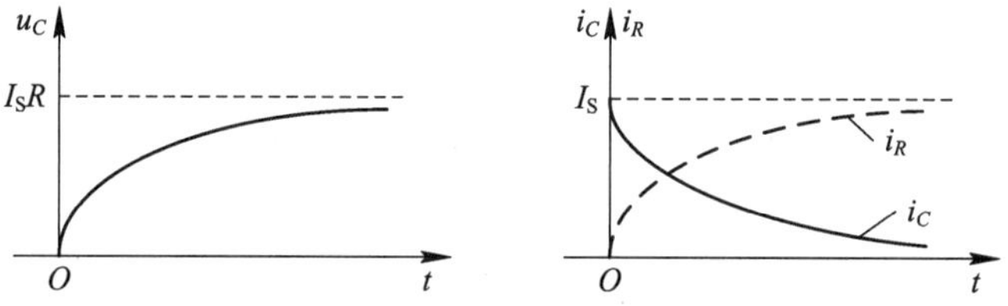

(a) u_C波形 (b) i_C、i_R波形

图 5.3-7 例 5.3-4 零状态响应波形图

由图 5.3-7(a)可见，当开关断开后，电容充电，u_C 按指数规律上升，当 $t\to\infty$时，达到稳定状态，其稳态值 $u_C(\infty)=RI_S$。由图 5.3-7(b)可见，电容电流 i_C 按指数规律衰减，当达到稳态时，电容电压为常数，故 $i_C(\infty)=0$。

下面以 RL 电路为例继续说明电路的零输入响应。

例 5.3-5 电路如图 5.3-8(a)所示电路，已知 $t<0$ 时，开关 S 断开，电路已达稳态。在 $t=0$ 时，开关 S 闭合，求 $t\geqslant 0$ 时，电感电流 $i_L(t)$。

分析：图 5.3-8 所示为一阶 RL 电路，U_S 为直流电压源，在开关 S 闭合前($t<0$)，电

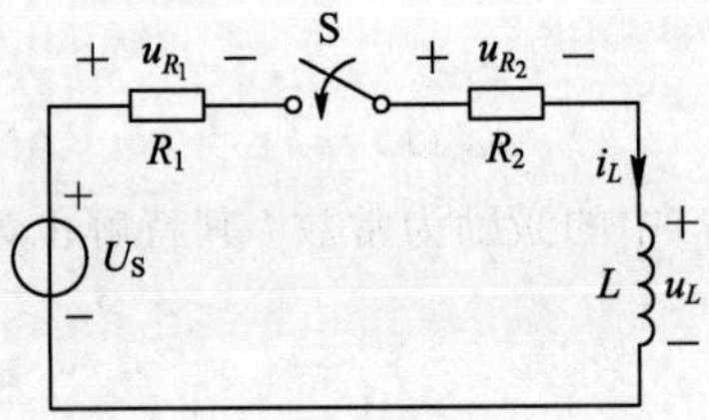

图 5.3-8 例 5.3-5 图

感电流的初始电压 $i_L(0_-)=0$，即电感的初始储能为零；当 $t=0$ 时，开关 S 闭合，根据换路定律，电感电流的初始值 $i_L(0_+)=i_L(0_-)=0$。故电路的响应为零状态响应。

解 $t<0$ 时开关闭合，$i_L(0_+)=i_L(0_-)=0$，故所求响应为零状态响应。

$t\geqslant 0$ 时，根据 KVL 有

$$u_{R_1}+u_{R_2}+u_L=U_S$$

由于 $u_{R_1}=R_1 i_L$，$u_{R_2}=R_2 i_L$，$u_L=L\dfrac{di_L}{dt}$，代入上式并稍加整理得

$$\frac{di_L}{dt}+\frac{1}{\tau}i_L=\frac{1}{L}U_S \tag{5.3-12}$$

式中 $\tau=\dfrac{L}{R_1+R_2}$为时间常数。因此电感电流的初始值 $i_L(0_+)=0$。

式(5.3-12)为一阶非齐次方程，不难求得方程的齐次解

$$i_{Lh}(t)=k e^{-\frac{t}{\tau}}$$

式中 k 为待定系数。式(5.3-12)中的激励为常数，其特解也为常数，令 $i_{Lp}(t)=A$，将其代入式(5.3-12)得

$$i_{Lp}=A=\frac{U_S}{R_1+R_2}$$

于是得

$$i(t)=i_{Lh}+i_{Lp}=k e^{-\frac{t}{\tau}}+\frac{U_S}{R_1+R_2}$$

将初始值 $i_L(0_+)=0$ 代入上式，得

$$k=-\frac{U_S}{R_1+R_2}$$

于是得图 5.3-8 所示电路的零状态响应

$$i(t)=\frac{U_S}{R_1+R_2}(1-k e^{-\frac{t}{\tau}})\quad t\geqslant 0 \tag{5.3-13}$$

式中 $\tau=\dfrac{L}{R_1+R_2}$为时间常数。则电感电压

$$u_L(t)=L\frac{di_L}{dt}=U_S e^{-\frac{t}{\tau}}\quad t\geqslant 0 \tag{5.3-14}$$

按式(5.3-13)和式(5.3-14)可以画出 i_L 和 u_L 的波形，分别如图 5.3-9(a)、图 5.3-9(b)所示。

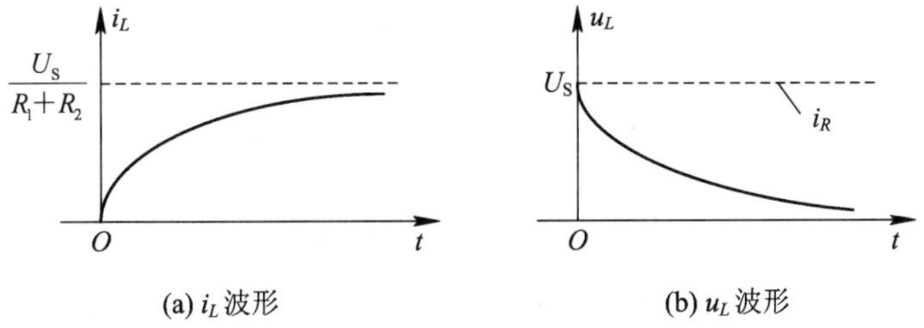

图 5.3-9　例 5.3-5 零状态响应波形图

由图 5.3-9(a)可见，当开关闭合后，电感充磁，i_L 按指数规律上升，当 $t\to\infty$ 时，达到稳定状态，其稳态值 $i(\infty)=\dfrac{U_S}{R_1+R_2}$。由图 5.3-7(b)可见，电感电压 u_L 按指数规律衰减，当达到稳态时，$u_L(\infty)=0$。

由式(5.3-9)～式(5.3-11)、式(5.3-13)和式(5.3-14)可见，若外加激励(I_S 和 U_S)增大 a 倍，则零状态响应也增大 a 倍，这表明零状态响应与激励满足齐次性。实际上，若有多个激励，零状态响应与各激励之间也满足可加性。这种性质称为零状态响应的线性性质。

5.4　一阶电路的全响应

上节已经介绍过，电路在外加激励和动态元件储能的共同作用下产生的响应称为全响应。对于直流激励下一阶电路的全响应，有一种实用有效的计算方法即三要素公式是非常重要的。本节主要介绍三要素公式的推导过程和举例说明三要素公式的应用。

5.4.1　全响应及其分解

对于线性电路，全响应是零输入响应和零状态响应的和(见式(5.2-1))。

图 5.4-1 所示为一个已充电的电容经过电阻接到直流电压源 U_S 的 RC 电路。设电容的初始电压 $u_C(0_+)=U_0$，当 $t=0$ 时开关闭合，不难求得电路中电容电压的零输入响应 u_{Czi} 和零状态响应 u_{Czs} 分别为

$$u_{Czi}(t)=U_0 e^{-\frac{t}{\tau}}$$

$$u_{Czs}(t)=U_S(1-e^{-\frac{t}{\tau}})$$

式中 $\tau=RC$。

电路中电容电压的全响应

$$u_C(t)=u_{Czi}(t)+u_{Czs}(t)=U_0 e^{-\frac{t}{\tau}}+U_S(1-e^{-\frac{t}{\tau}})\quad t\geqslant 0 \tag{5.4-1}$$

电路中电流零输入响应 i_{zi} 和零状态响应 i_{zs} 分别为

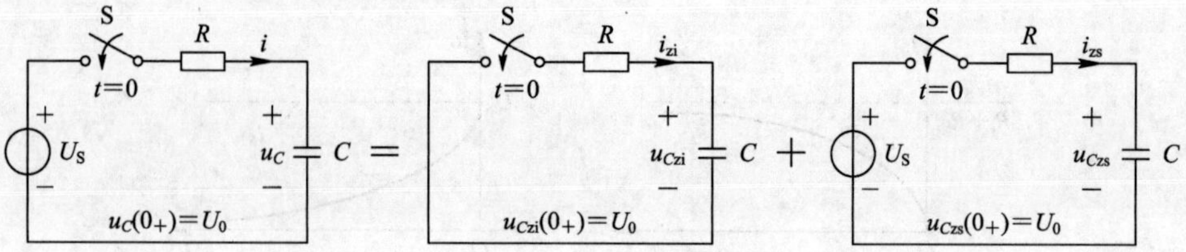

图 5.4-1 RC 电路的全响应

$$i_{zi}(t)=C\frac{\mathrm{d}u_{Czi}}{\mathrm{d}t}=-\frac{U_0}{R}\mathrm{e}^{-\frac{t}{\tau}}\quad t\geqslant 0$$

$$i_{zs}(t)=C\frac{\mathrm{d}u_{Czs}}{\mathrm{d}t}=-\frac{U_S}{R}\mathrm{e}^{-\frac{t}{\tau}}\quad t\geqslant 0$$

则电流全响应

$$i(t)=i_{zi}(t)+i_{zs}(t)=-\frac{U_0}{R}\mathrm{e}^{-\frac{t}{\tau}}+\frac{U_S}{R}\mathrm{e}^{-\frac{t}{\tau}}\quad t\geqslant 0 \tag{5.4-2}$$

对于初始状态不为零且有外加激励的动态电路，在求零输入响应时，应将激励置零(即电压源短路，电流源开路)；在求零状态响应时应将初始状态置零(即令 $u_C(0_+)=0$ 或 $i_L(0_+)=0$)。

如果将初始状态(初始储能)看作电路的内部激励，则对于线性电路，根据叠加定理，全响应又可以分解为

全响应 = 零输入响应 + 零状态响应

即

$$y(t)=y_{zi}(t)+y_{zs}(t)$$

因此，对于初始状态不为零，外加激励也不为零的电路，初始状态单独作用时(独立源置 0)时产生的响应就是零输入响应分量，而外加激励单独作用时(即令 $u_C(0_+)=0$，$i_L(0_+)=0$)时，求得的响应就是零状态响应分量。

5.4.2 三要素法

一阶电路应用广泛，结构简单。这里主要讨论在直流电源作用下，一阶电路响应的简便计算方法——三要素法。

下面介绍三要素公式的推导过程。

由于一阶电路只含一个动态元件，因此，换路后可利用戴维南定理将任何一阶电路简化为如图 5.4-2(a)、(b)所示电路两种形式之一。

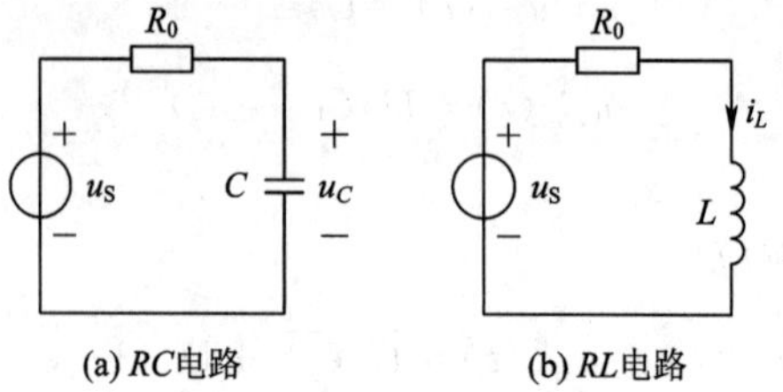

(a) RC电路　(b) RL电路

图 5.4-2 一阶电路

根据基尔霍夫电路定律和元件 VAR 很容易分别列出以电容电压 $u_C(t)$和电感电流 $i_L(t)$为响应的方程，整理后有

$$\frac{\mathrm{d}u_C}{\mathrm{d}t}+\frac{1}{RC}u_C=\frac{1}{RC}u_S,\quad \frac{\mathrm{d}i_L}{\mathrm{d}t}+\frac{R}{L}i_L=\frac{1}{L}u_S$$

若用 $y(t)$表示响应 $u_C(t)$或 $i_L(t)$，用 $f(t)$表示外加激励 $u_S(t)$，则可将上述方程统一表示为

$$\frac{\mathrm{d}y(t)}{\mathrm{d}t}+\frac{1}{\tau}y(t)=bf(t) \tag{5.4-3}$$

式中：b 为常数；τ 为时常数，对 RC 电路，$\tau=R_0C$，对 RL 电路，$\tau=L/R_0$。

式(5.4-3)为一阶非齐次方程，根据一阶动态方程的求解，全响应由齐次解和特解两部分组成，即

$$y(t)=y_h(t)+y_p(t) \tag{5.4-4}$$

由于微分方程的特征根 $s=-1/\tau$，有 $y_h(t)=k\,\mathrm{e}^{-\frac{t}{\tau}}$，因此

$$y(t)=k\mathrm{e}^{-\frac{t}{\tau}}+y_p(t) \tag{5.4-5}$$

设全响应 $y(t)$的初始值为 $y(0_+)$，将它代入上式得

$$y(0_+)=k+y_p(0_+)$$

可以解得 $K=y(0_+)-y_p(0_+)$，将它代入式(5.4-5)，得一阶电路的微分方程式(5.4-3)的全响应

$$y(t)=[y(0_+)-y_p(0_+)]\,\mathrm{e}^{-\frac{t}{\tau}}+y_p(t)\quad t\geqslant 0 \tag{5.4-6}$$

由式(5.4-6)可见，对于一阶电路，只要设法求得初始值 $y(0_+)$、时常数 τ 和微分方程的特解 $y_p(t)$，就可按照式(5.4-6)直接写出电路的全响应 $y(t)$。

当激励 $f(t)$为常数(即电源为直流源)时，微分方程的特解也是常数。令 $y_p(t)=A$，显然 $y_p(0_+)=A$，将它们代入式(5.4-6)可得：

$$y(t)=[y(0_+)-A]\,\mathrm{e}^{-\frac{t}{\tau}}+A \tag{5.4-7}$$

通常 $\tau>0$(称电路为正 τ 电路)，当 $t\to\infty$时，电路处于稳态，A 等于 $y(\infty)$稳态值。

由式(5.4-7)可以看出，微分方程的解 $y(t)$仅由 A、$y(0_+)$和 τ 三个常数所决定。因此，可以得到直流激励作用时一阶电路的响应为

$$y(t)=[y(0_+)-y(\infty)]\,\mathrm{e}^{-\frac{t}{\tau}}+y(\infty)\quad t\geqslant 0 \tag{5.4-8}$$

这就是人们常说的一阶电路的三要素公式。

式(5.4-8)是在假设初始时刻为 $t=0$ 的条件下得出的，如果初始时刻为 $t=t_0$，则三要素公式应改为

$$y(t)=[y(t_{0+})-y(\infty)]\,\mathrm{e}^{-\frac{t-t_0}{\tau}}+y(\infty)\quad t\geqslant t_0 \tag{5.4-9}$$

对于三要素公式的使用，说明如下：

(1) 适用范围：直流激励作用下一阶电路中任意处的电流和电压。

(2) 三要素：$y(0_+)$表示响应(电压或电流)的初始值，$y(\infty)$表示响应的稳定值，τ 表示电路的时间常数。

(3) 三要素法不仅可以求全响应，也可以求零输入响应和零状态响应分量。

(4) $\tau < 0$ 时，电路不稳定，但公式仍适用，只是 $y(\infty)$ 的含义不是稳态值，而是称为平衡状态值。

关于三要素的求法，前面已作分析，这里以初始时刻为 $t=0$ 进行归纳性的简要说明。

(1) 初始值 $y(0_+)$。

① 先计算 $u_C(0_-)$ 和 $i_L(0_-)$，然后由换路定律得

$$u_C(0_+)=u_C(0_-),\ i_L(0_+)=i_L(0_-)$$

② 画 0_+ 时刻等效电路，求其他电压、电流的初始值。

(2) 稳态值 $y(\infty)$。

换路后 $t\to\infty$ 时，电路进入直流稳态，此时，电容开路，电感短路。

① 换路后，电容开路，电感短路，画出稳态等效电阻电路。

② 求解该电路的稳态(或平衡)值 $y(\infty)$。

(3) 时常数 τ。

对于一阶 RC 电路，$\tau=R_0C$；对于一阶 RL 电路，$\tau=L/R_0$。这里 R_0 就是换路后从动态元件 C 或 L 看进去的戴维南等效内阻。

注：若初始时刻为 $t=t_0$，则对于三要素公式中的 0 由 t_0 替换即可。

例 5.4-1 电路如图 5.4-3(a)所示，已知 $I_S=3$ A，$U_S=18$ V，$R_1=3$ Ω，$R_2=6$ Ω，$L=2$ H，开关 S 断开，在 $t<0$ 时电路已处于稳态。当 $t=0$ 时开关 S 闭合，求 $t\geqslant 0$ 时的 $i_L(t)$、$u_L(t)$ 和 $i(t)$。

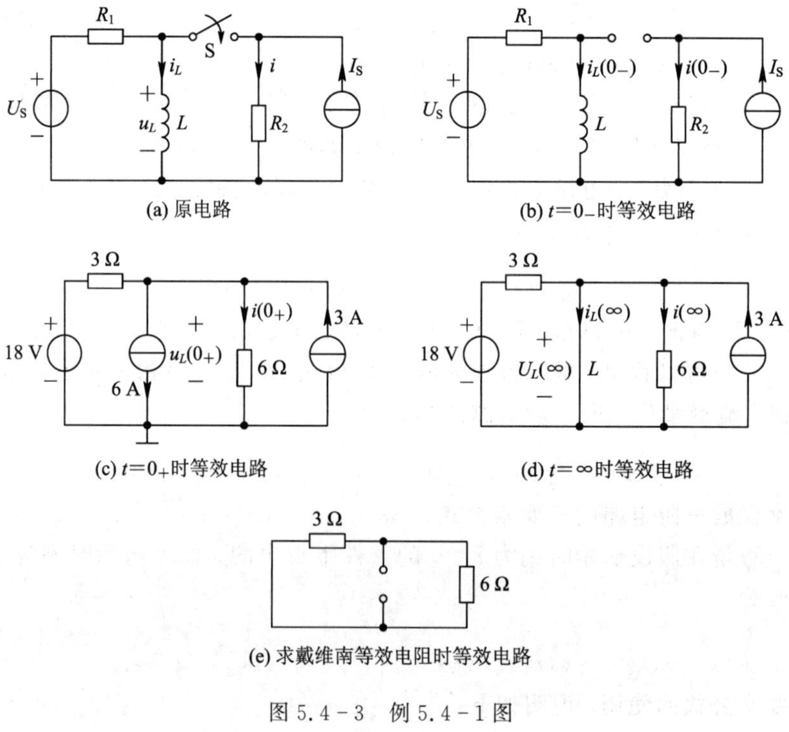

图 5.4-3 例 5.4-1 图

分析：本例是比较常见的一阶电路的三要素法求解，应注意求解步骤。

解 (1) 求初始值。画出 $t=0_-$ 时刻的等效电路，如图 5.4-3(b)所示，得

$$i_L(0_-)=\frac{U_S}{R_1}=\frac{18}{3}=6\ \text{A}$$

(2) 根据换路定律，$i_L(0_+)=i_L(0_-)=6$ A，这样画出 $t=0_+$ 时刻的等效电路如图 5.4-3(c)所示。列节点方程

$$\left(\frac{1}{3}+\frac{1}{6}\right)u_L(0_+)=\frac{18}{3}-6+3$$

得

$$u_L(0_+)=6\ \text{V}$$

$$i(0_+)=\frac{u_L(0_+)}{6}=1\ \text{A}$$

(3) 画 $t=\infty$ 等效电路，如图 5.4-3(d)所示。则有

$$u_L(\infty)=0,\ i(\infty)=0$$

$$i_L(\infty)=\frac{18}{3}+3=9\ \text{A}$$

(4) 计算时常数 τ。独立源置零，动态元件 L 断开，画出 $t\geqslant 0$ 以后的等效电路如图 5.4-3(e)所示。则有

$$\tau=\frac{L}{R_0},\ R_0=3\ /\!/\ 6=2\ \Omega,\ \tau=\frac{2}{2}=1\ \text{s}$$

$$i_L(t)=i_L(\infty)+[i_L(0_+)-i_L(\infty)]e^{-\frac{t}{\tau}}=9-3e^{-t}\ \text{A}\quad t\geqslant 0$$

$$u_L(t)=u_L(\infty)+[u_L(0_+)-u_L(\infty)]e^{-\frac{t}{\tau}}=6e^{-t}\ \text{V}\quad t\geqslant 0$$

$$i(t)=i(\infty)+[i(0_+)-L(\infty)]e^{-\frac{t}{\tau}}=e^{-t}\ \text{A}\quad t\geqslant 0$$

例 5.4-2　电路如图 5.4-4(a)所示，已知 $R_1=R_2=R_4=6\ \Omega$，$R_3=3\ \Omega$，在 $t<0$ 时开关 S 位于位置 1，电路已处于稳态。$t=0$ 时开关 S 由位置 1 闭合到位置 2，求 $t\geqslant 0$ 时的电流 $i_L(t)$ 和电压 $u(t)$ 的零状态响应和零输入响应。

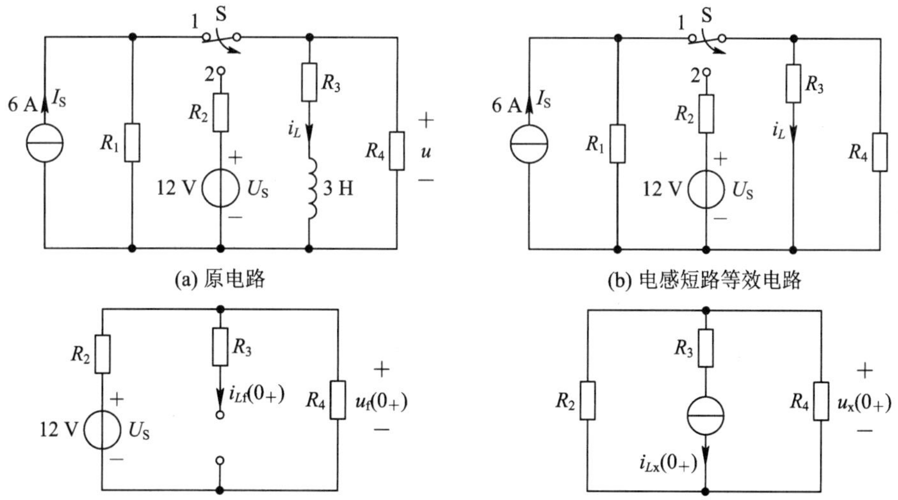

(a) 原电路　(b) 电感短路等效电路

(c) 电感开路 $t=0_+$ 时等效电路　(d) 电源短路 $t=0_+$ 时等效电路

图 5.4-4　例 5.4-2 图

分析：本例要求分别求解零输入和零状态响应，对于直流激励下的一阶电路，零输入和零状态响应都可以分别用三要素法来求解。

解 (1) 求出 $i_L(0_-)$。S 接于位置 1，电路为直流稳态，电感短路，电路如图 5.4-4(b)所示，利用分流公式得

$$i_L(0_+)=i_L(0_-)=3\ \text{A}$$

(2) 求解零状态响应 $i_{Lzs}(t)$ 和 $u_{zs}(t)$。

零状态响应是初始状态为零，仅由独立源所引起的响应，故 $i_{Lzs}(0_+)=0$，电感相当于开路。画出其 0_+ 等效电路，如图 5.4-4(c)所示，则有

$$u_{zs}(0_+)=\frac{R_4}{R_2+R_4}U_S=\frac{6}{6+6}\times 12=6\ \text{V}$$

$$u_{zs}(\infty)=\frac{R_3 /\!/ R_4}{R_3 /\!/ R_4+R_2}U_S=\frac{2}{2+6}\times 12=3\ \text{V}$$

$$i_{Lzs}=\frac{u_{zs}(\infty)}{R_3}=\frac{3}{3}=1\ \text{A}$$

$$R_0=\frac{R_2R_4}{R_2+R_4}+R_3=3+3=6\ \Omega$$

$$\tau=\frac{L}{R_0}=0.5\ \text{s}$$

$$i_{Lzs}(t)=1-e^{-2t}\ \text{A},\ u_{zs}(t)=3+3e^{-2t}\ \text{V}\quad t\geqslant 0$$

(3) 求解零输入响应 $i_{Lzi}(t)$ 和 $u_{zi}(t)$。

零输入响应是令外加激励均为零，仅由初始状态所引起的响应，故 $i_{Lzi}(0_+)=i_L(0_-)=3$ A，电压源 U_S 短路。画出其 0_+ 等效电路，如图 5.4-4(d)所示，则有

$$u_{zi}(0_+)=-(R_2 /\!/ R_4)i_{Lzi}(0_+)=-3\times 3=-9\ \text{V}$$

$$u_{zi}(\infty)=0,\ i_{Lzi}(\infty)=0$$

时常数同例 5.4-1。

因此可得

$$i_{Lzi}(t)=3e^{-2t}\ \text{A}\quad t\geqslant 0$$

$$u_{zi}(t)=-9e^{-2t}\ \text{V}\quad t\geqslant 0$$

例 5.4-3 电路如图 5.4-5(a)所示，在 $t<0$ 时开关 S 位于 b 点，电路已处于稳态。$t=0$ 时开关 S 由 b 点切换至 a 点，求 $t\geqslant 0$ 时的电压 $u_C(t)$ 和电流 $i(t)$。

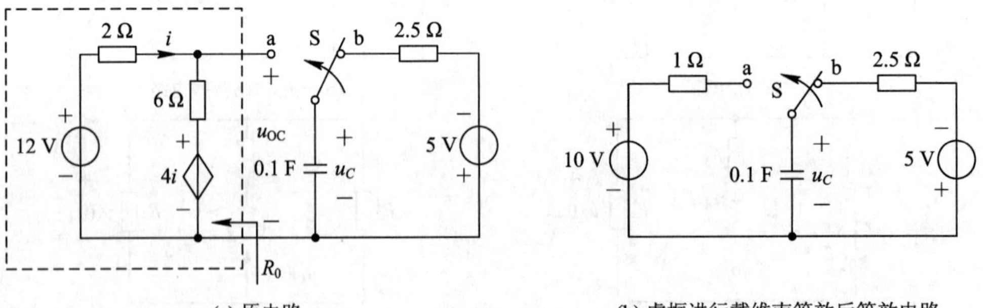

(a) 原电路　　(b) 虚框进行戴维南等效后等效电路

图 5.4-5　例 5.4-3 图

解 对图 5.4-5(a)中虚框的电路进行戴维南等效，并对虚框部分电路应用 KVL 列写电路方程，得

$$2i+6i+4i=12$$

$$i=1\ \text{A},\quad u_{OC}=10\ \text{V},\quad R_0=1\ \Omega$$

则可得其等效电路如图 5.4-5(b)所示。于是

$$u_C(0_+)=u_C(0_-)=-5\ \text{V}$$

$$u_C(\infty)=10\ \text{V}$$

$$\tau_C=R_0C=1\times 0.1=0.1\ \text{s}$$

进而利用三要素公式，得

$$u_C(t)=10+(-5-10)\text{e}^{-10t}=10-15\text{e}^{-10t}\ \text{V}\quad t>0$$

回到原电路计算电流 $i(t)$，即有

$$2i(t)+u_C(t)-12=0$$

$$i(t)=\frac{12-u_C(t)}{2}=1+7.5\text{e}^{-10t}\ \text{A}\quad t>0$$

三要素法是计算直流激励下一阶动态电路响应的有效方法，但是掌握其中三个要素的求法(初始值、稳态值和时常数)是比较困难的。因此此节内容也是本章的重点和难点之一。

5.5　一阶电路的阶跃响应

5.5.1　阶跃函数

单位阶跃函数用 $\varepsilon(t)$ 表示，其定义为

$$\varepsilon(t)\overset{\text{def}}{=}\begin{cases}1, & t>0\\ 0, & t<0\end{cases}\tag{5.5-1}$$

波形如图 5.5-1 所示。在不连续点 $t=0$ 处的函数值一般可不定义，或者定义为其左、右极限平均值的 1/2。这里我们采用式(5.5-1)的定义。

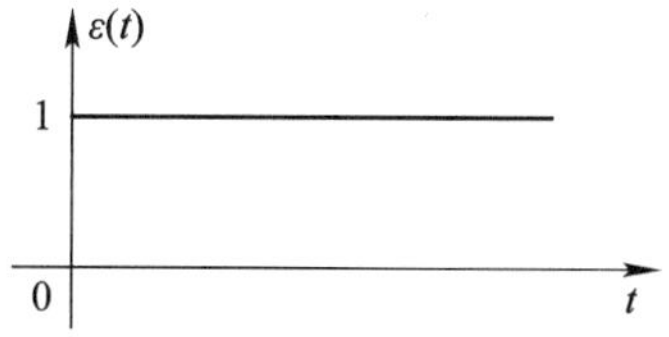

图 5.5-1　单位阶跃函数波形

阶跃函数的应用之一是描述某些情况下的开关动作，如图 5.5-2 所示。对于图 5.5-2(a)所示电路，若开关 S 在 $t=0$ 时闭合至位置 2，则一端口电路 N 的端口电压可写为

$$u(t)=\varepsilon(t)\ \text{V}$$

如图 5.5-2(b)所示，表示在 $t=0$ 时，给电路接入 1 V 直流电压源。

同理，对于图 5.5-3(a)所示电路，若开关 S 在 t=0 时闭合至位置 2，则一端口电路 N 的端口电流可写为

$$i(t)=\varepsilon(t)\ \mathrm{A}$$

如图 5.5-3(b)所示，表示在 $t=0$ 时，给电路接入 1 V 直流电流源。

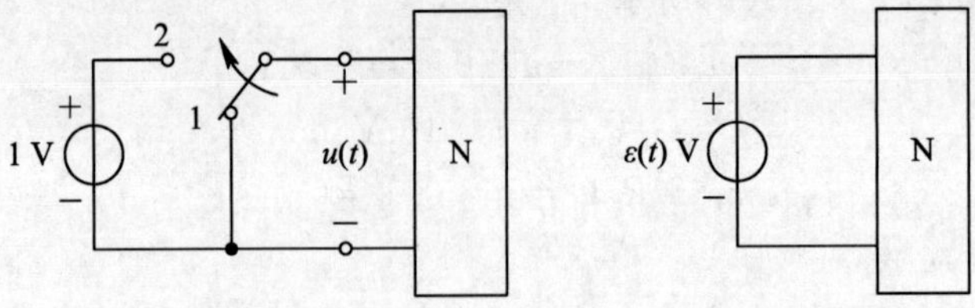

(a) 单位阶跃电压电路　　(b) $t=0$ 时电路

图 5.5-2　单位阶跃电压应用电路

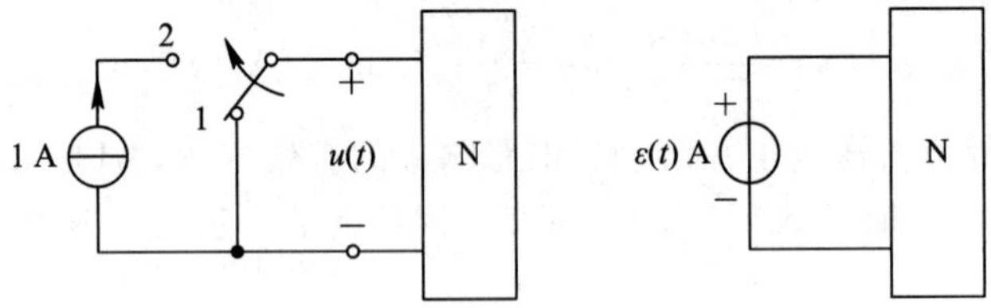

(a) 单位阶跃电流电路　　(b) $t=0$ 时电路

图 5.5-3　单位阶跃电流应用电路

如果在 $t=0$ 时接入电路的直流源(幅度为 A)，则可表示为 $A\varepsilon(t)$，其波形如图 5.5-4(a)所示，称为阶跃函数。如果单位直流电源接入的时刻为 t_0，则可写为

$$\varepsilon(t-t_0)\overset{\text{def}}{=}\begin{cases}1, & t>t_0\\0, & t<t_0\end{cases} \tag{5.5-2}$$

称为延迟单位阶跃函数，其波形如图 5.5-4(b)所示。

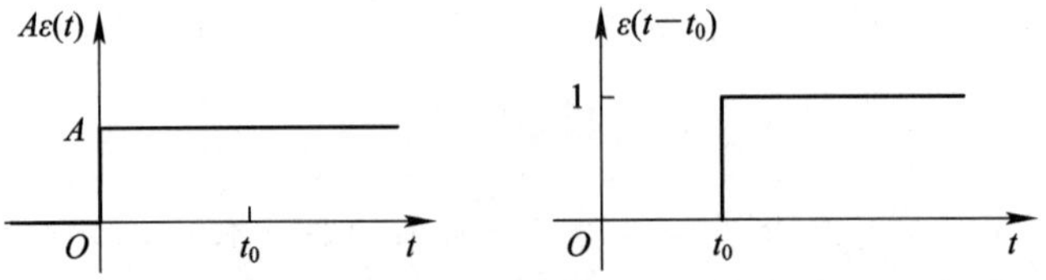

(a) 阶跃函数波形　　(b) 延迟阶跃函数波形

图 5.5-4　阶跃函数和延迟阶跃函数波形

利用阶跃函数和延迟阶跃函数可以方便地表示某些信号，例如图 5.5-5(a)所示的矩形脉冲信号可以看成是图 5.5-5(b)和图 5.5-5(c)所示的两个阶跃信号之和，即

$$f(t)=A\varepsilon(t)-A\varepsilon(t-t_0) \tag{5.5-3}$$

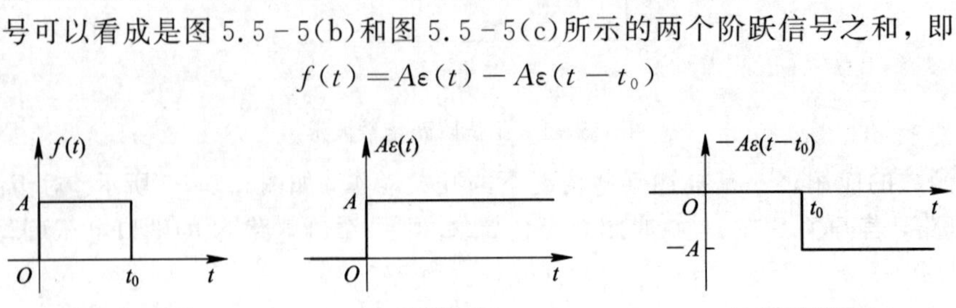

(a) 矩形脉冲信号　　(b) 阶跃信号一　　(c) 阶跃信号二

图 5.5-5　矩形脉冲信号

图 5.5-6(a)所示的信号可以表示为

$$f_1(t)=2\varepsilon(t)-4\varepsilon(t-1)+2\varepsilon(t-2) \tag{5.5-4}$$

而图 5.5-6(b)所示的信号可表示为

$$f_2(t)=2\varepsilon(t)+2\varepsilon(t-1)-2\varepsilon(t-2)-2\varepsilon(t-3) \tag{5.5-5}$$

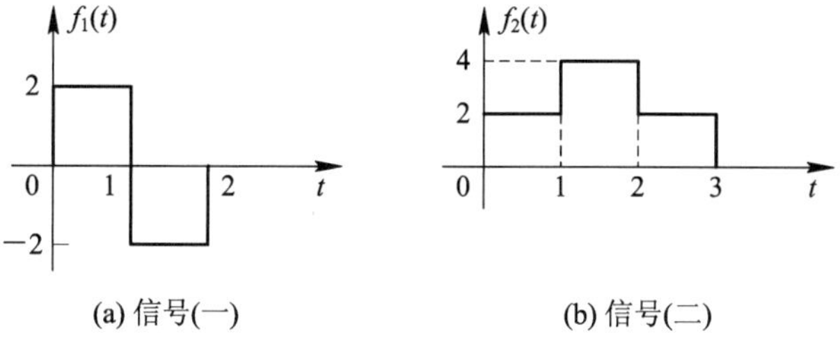

图 5.5-6　用阶跃函数表示信号

此外，还可以用 $\varepsilon(t)$表示任意函数的作用区间。

图 5.5-7(a)所示是任意信号 $f(t)$，如果想使其在 $t<0$ 时为零，则可乘以 $\varepsilon(t)$，写作 $f(t)\varepsilon(t)$，如图 5.5-7(b)所示。如果想使其在 $t<t_0$ 时为零，则可乘以 $\varepsilon(t-t_0)$，写作 $f(t)\varepsilon(t-t_0)$，如图 5.5-7(c)所示。

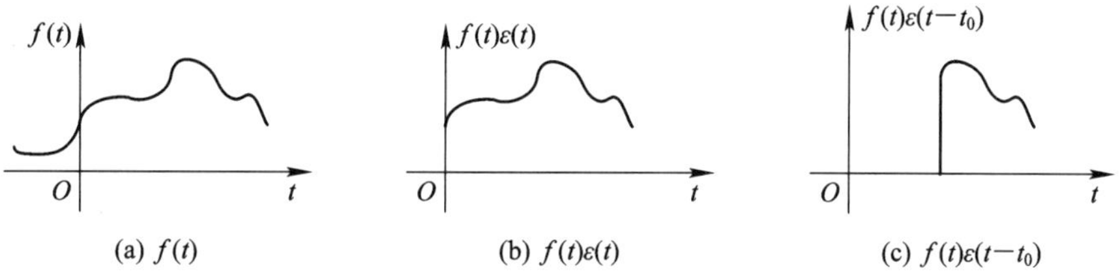

图 5.5-7　任意信号 $f(t)$ 的截取

5.5.2 阶跃响应

当激励为单位阶跃函数 $\varepsilon(t)$时，电路的零状态响应称为单位阶跃响应，简称阶跃响应，用 $g(t)$表示。

单位阶跃函数 $g(t)$作用于电路相当于单位直流源(1 V 或 1 A)在 $t=0$ 时接入电路，因此，求阶跃响应就是求单位直流源接入电路时的零状态响应。对于一阶动态电路的阶跃响应，可用三要素法求得。

利用阶跃函数和阶跃响应，根据线性电路的线性性质和非时变电路的时不变性，可以分析任意激励下电路的零状态响应。

众所周知，线性性质是指对于线性电路而言的，如果激励 $f_1(t)$作用于电路产生零状态响应为 $y_{zs1}(t)$，激励 $f_2(t)$作用于电路产生零状态响应为 $y_{zs2}(t)$，则简记为

$$f_1(t)\rightarrow y_{zs1}(t)$$

$$f_2(t)\rightarrow y_{zs2}(t)$$

线性性质表明，如有常数 a、b，则有

$$af_1(t)+bf_2(t)\rightarrow ay_{zs1}(t)+by_{zs2}(t) \tag{5.5-6}$$

即 $af_1(t)+bf_2(t)$共同作用于电路产生的零状态响应等于 a 倍的 $y_{zs1}(t)$与 b 倍的 $y_{zs2}(t)$之和。

对于非时变电路，其元件参数不随时间变化，因而电路的零状态响应与激励接入时间无关，即若

$$f(t) \rightarrow y_{zs}(t)$$

则有

$$f(t-t_0) \rightarrow y_{zs2}(t-t_0) \tag{5.5-7}$$

也就是说，若激励 $f(t)$延迟了 t_0 时间接入，那么其零状态响应也延迟 t_0 时间，且波形保持不变，如图 5.5-8 所示。这称为延时不变性或时不变性。

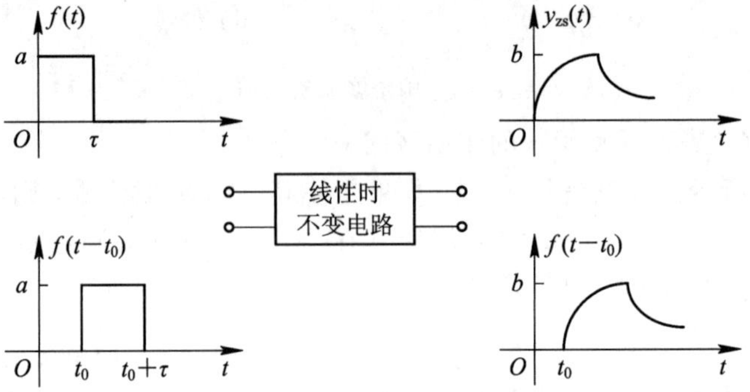

图 5.5-8　延时不变性

例 5.5-1　电路如图 5.5-9(a)所示。

(1) 以 $u_C(t)$为输出，求电路的阶跃响应 $g(t)$。

(2) 若激励 i_S 的波形如图 5.5-9(b)，求电路的零状态响应 $u_C(t)$。

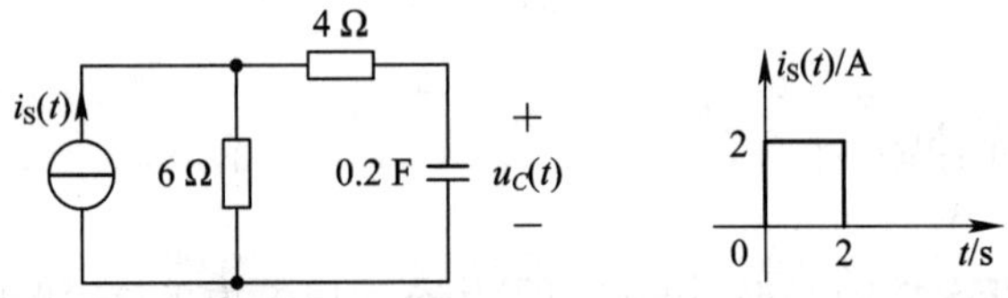

(a) 电路　　(b) 激励波形

图 5.5-9　例 5.5-1 电路

解　(1) 用三要素法。根据阶跃响应 $g(t)$的定义，可知 $u_C(0_+)=0$。由激励 $i_S(t)=\varepsilon(t)$ A,可得

$$u_C(\infty)=6\times 1=6\ \text{V}$$

$$\tau=RC=(6+4)\times 0.2=2\ \text{s}$$

故以 $u_C(t)$为输出的阶跃响应

$$g(t)=6(1-e^{-0.5t})\varepsilon(t)$$

(2) 由图 5.5-9(b)可得 $i_S=2\varepsilon(t)-2\varepsilon(t-2)$ A，根据线性时不变性质可得零状态响应

$$\begin{aligned} u_C(t) &= 2g(t)-2g(t-2) \\ &= 12(1-e^{-0.5t})\varepsilon(t)-12[1-e^{-0.5(t-2)}]\varepsilon(t-2) \end{aligned}$$

或写为

$$u_C(t)=\begin{cases}0 & t>t_0\\ 12(1-e^{-\frac{t}{2}}) & 0<t<2\ \text{s}\\ 6.12(1-e^{-\frac{t-2}{2}}) & t>2\ \text{s}\end{cases}$$

5.6　正弦激励下一阶电路的响应

在实际电路中，除直流电源外，另一类典型的激励就是随时间按正弦(或余弦)规律变化的电源，即正弦电源。下面以一阶电路为例讨论正弦电源激励下电路的完全响应。

例 5.6-1　电路如图 5.6-1(a)所示，$t=0$ 时开关 S 闭合。已知电容电压的初始值 $u_C(0_+)=U_0$，激励 $u_S(t)=U_{Sm}\cos(\omega t+\varphi_S)$ V，求 $t\geqslant 0$ 时的 $u_C(t)$。

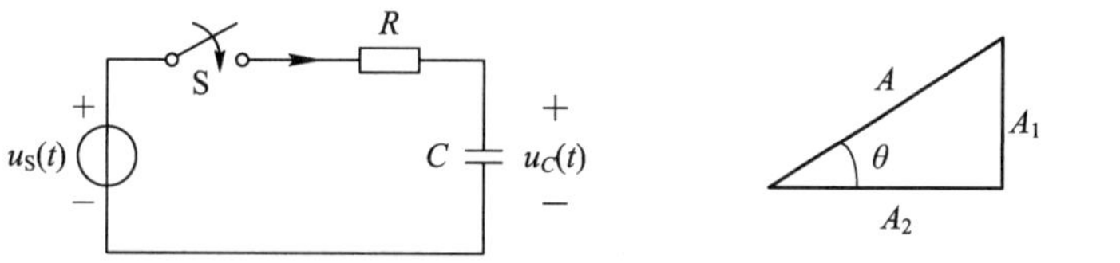

(a) 电路　　(b) 微分方程系数直角三角形

图 5.6-1　正弦激励下一阶电路的响应

解　$t\geqslant 0$ 时开关闭合，根据图 5.6-1(a)所示电路，按 KVL 列写微分方程为

$$RC\frac{du_C}{dt}+u_C=U_{Sm}\cos(\omega t+\varphi_S) \tag{5.6-1}$$

而依据微分方程理论则有

$$u_C(t)=u_{Ch}(t)+u_{Cp}(t)$$

$$u_{Ch}(t)=k\,e^{\frac{-t}{RC}}$$

其特解为与激励具有相同频率的余弦函数，即

$$U_{Cp}(t)=U_{Cm}\cos(\omega t+\varphi_C) \tag{5.6-2}$$

代入式(5.6-1)得

$$-RC\omega U_{Cm}\sin(\omega t+\varphi_C)+U_{Cm}\cos(\omega t+\varphi_C)=U_{Sm}\cos(\omega t+\varphi_S)$$

为了计算方便，设 $A_1=\omega RCU_{Cm}$，$A_2=U_{Cm}$，构成直角三角形，如图 5.6-1(b)所示，则

$$A=\sqrt{A_1^2+A_2^2}=U_{Cm}\sqrt{(\omega RC)^2+1}$$

$$\theta=\arctan\frac{A_1}{A_2}=\arctan(\omega RC)$$

$$A_1=A\sin\theta,\ A_2=A\cos\theta$$

故

$$-A\sin\theta\sin(\omega t+\varphi_C)+A\cos\theta\cos(\omega t+\varphi_C)=U_{\mathrm{Sm}}\cos(\omega t+\varphi_{\mathrm{S}})$$

利用

$$\cos x\cos y-\sin x\sin y=\cos(x+y)$$

得

$$A\cos(\omega t+\varphi_C+\theta)=U_{\mathrm{Sm}}\cos(\omega t+\varphi_{\mathrm{S}})$$

故有

$$A=U_{\mathrm{Cm}}\sqrt{(\omega RC)^2+1}=U_{\mathrm{Sm}}$$

$$\varphi_C+\theta=\varphi_{\mathrm{S}}$$

解得

$$U_{\mathrm{Cm}}=\frac{U_{\mathrm{Sm}}}{\sqrt{(\omega RC)^2+1}}$$

$$\varphi_C=\varphi_{\mathrm{S}}-\theta=\varphi_{\mathrm{S}}-\arctan(\omega RC)$$

由初始条件确定系数 k，即 $u_C(0_+)=k+U_{\mathrm{Cm}}\cos(\varphi_C)=U_0$，解得

$$k=U_0-U_{\mathrm{Cm}}\cos(\varphi_C)$$

因此

$$u_C(t)=\underbrace{(U_0-U_{\mathrm{Cm}})\cos\varphi_C\,\mathrm{e}^{-\frac{t}{RC}}}_{\text{固有响应(暂态响应)}}+\underbrace{U_{\mathrm{Cm}}\cos(\omega t+\varphi_C)}_{\text{强迫响应(稳态响应)}}\quad t\geqslant 0 \tag{5.6-3}$$

由式(5.6－3)可知，固有响应(这里 $RC>0$)就是暂态响应，随着时间的增长，它按指数规律衰减，当 $t\to\infty$ 时，它趋于零；强迫响应是与外加激励同频的正弦函数，它是稳态响应，称为正弦稳态响应。

由以上分析可见，当电路较为复杂时，求解电路的稳态响应将十分麻烦，因而需要应用第三章中的相量分析法这一简便运算求解电路的正弦稳态响应。

5.7 应用实例

5.7.1 汽车点火电路

电感阻止电流快速变化的特性可用于电弧或火花发生器中，汽车自动点火电路就是利用了这一特性。

图 5.7－1(a)所示为汽车点火电路，其中 L 是点火线圈，火花塞是一对间隔一定的空气隙电极。当开关动作时，瞬间电流在点火线圈上产生高压(一般为 20～40 kV)，这一高压在火花塞处产生火花而点燃气缸中的汽油混合物，从而发动汽车。

例 5.7－1 图 5.7－1(b)所示为汽车点火电路的模型，其中火花塞等效为电阻 R_{L}，

$R_L=20\ \text{k}\Omega$。电感线圈电阻 $r=6\ \Omega$，电感 $L=4\ \text{mH}$。若供电电池电压 $U_S=12\ \text{V}$，开关 S 在 $t=0$ 时闭合，经 $t_0=1\ \text{ms}$ 后又打开，求 $t>t_0$ 时火花塞 R_L 上的电压 $u_L(t)$。

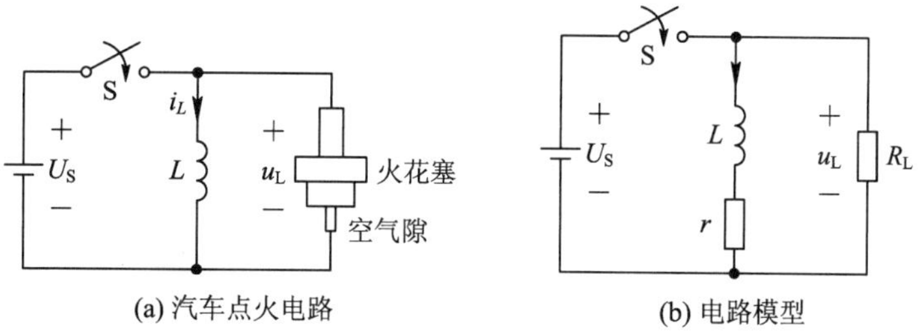

图 5.7-1　汽车点火电路及模型

解　当 $0<t<t_0$ 时，从电感两端看去的等效电阻为

$$R_{01}=r=6\ \Omega$$

时常数

$$\tau_{01}=\frac{L}{R_{01}}=\frac{L}{r}=\frac{2}{3}\times 10^{-3}\text{ s}$$

由于 $t_0=1\ \text{ms}\gg 5\tau$，因此 $t=t_0$ 时电路已达稳态，故

$$i_L(t_{0-})=\frac{U_S}{r}=2\ \text{A}$$

当 $t>t_0$ 时，

$$R_{02}=R_L+r=20\ \text{k}\Omega$$

$$\tau_{02}=\frac{L}{R_{02}}=\frac{4\times 10^{-3}}{20\times 10^{3}}=2\times 10^{-7}\text{ s}$$

$$i_L(t_{0-})=i_L(t_{0+})=2\ \text{A}$$

$$u_L(t_{0+})=-R_L i_L(t_{0+})=-20\times 10^3\times 2=-40\ \text{kV}$$

$$u_L(\infty)=0$$

由三要素法公式，得

$$u_L(t)=-40\text{e}^{-5\times 10^6(t-t_0)}\ \text{kV}\quad t>t_0$$

可见，火花塞上瞬时电压可以达到 40 kV，该电压足使火花塞点火。开关的闭合和打开可采用脉冲宽度为 1 ms 的脉冲电子开关控制。

5.7.2 电梯接近开关

日常生活中使用的电器包含许多开关，多数开关是机械的。还有一种触摸控制开关应用也很广，如电梯的控制开关和台灯的控制开关等。许多电梯使用的是电容式接近开关，当触摸这类接近开关时，使电容量发生变化，从而引起电压的变化，形成开关。

电梯接近开关按钮如图 5.7-2(a)所示，它由一个金属环和一个圆形金属平板构成电容的两个电极。电极由绝缘膜覆盖，防止直接与金属接触。可将它等效为一个电容 C_1，如图 5.7-2(b)所示。当手指接触到按钮时，电路好像增加了一个连到地的另一个电极，并与按钮的两极分别形成电容 C_2 和 C_3，其电路模型如图 5.7-2(c)所示。

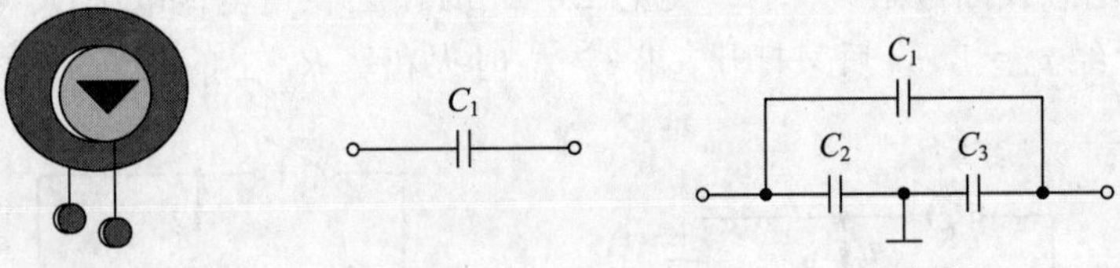

(a) 电梯接近开关按钮　(b) 等效电容　(c) 电路模型

图 5.7-2　电梯接近开关按钮及其等效电容、电路模型

图 5.7-3(a)所示为电梯接近开关电路，C 是一个固定电容。图 5.7-2 和图 5.7-3 中电容的实际值范围是 10～50 pF，它取决于手指如何接触，是否戴手套等。为了分析方便，设 $C=C_1=C_2=C_3=25$ pF。当手指没有触摸电梯接近开关按钮时，其等效电路如图 5.7-3(b)所示，输出电压为

$$u=\frac{C_1}{C_1+C}u_S=\frac{1}{2}u_S$$

当手指触摸按钮时，其等效电路如图 5.7-3(c)所示，输出电压为

$$u=\frac{C_1}{C_1+(C_3+C)}u_S=\frac{1}{3}u_S$$

可见，当触摸按钮时输出电压将降低，一旦电梯的控制计算机检测到电梯接近开关按钮输出电压降低，将会使电梯到达相应楼层。

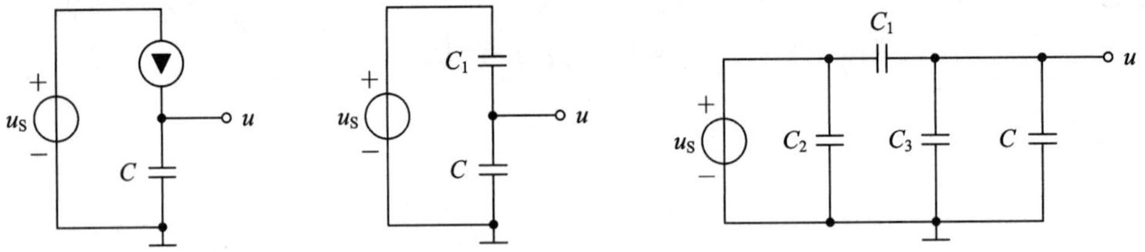

(a) 电梯接近开关按钮　(b) 没触摸时等效电路　(c) 触摸时等效电路

图 5.7-3　电梯接近开关电路及其等效电路

5.7.3 闪光灯电路

电子闪光灯电路是一阶 RC 电路应用的一个实例，它利用了电容阻止其电压突变的特性。图 5.7-4 给出了一个简化的闪光灯电路，它由一个直流电压源、一个限流的大电阻 R 和一个与闪光灯并联的电容 C 等组成，闪光灯用一个小电阻 r 等效。开关 S 处于位置 1 时，电容已充满电。当开关 S 由位置 1 打向位置 2 时，闪光灯开始工作，但闪光灯的小电阻 r 使电容在很短的时间内放电完毕，放电时间近似为 $5\tau=5rC$，从而达到闪光的效果。电容放电时将会产生短时间的大电流脉冲。

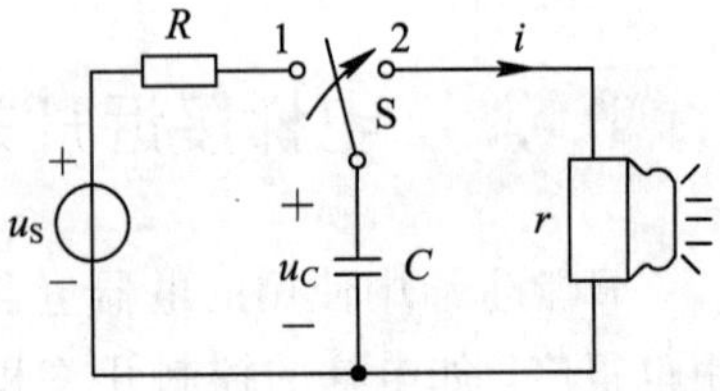

图 5.7-4　闪光灯电路

例 5.7-2　闪光灯电路如图 5.7-4 所示，闪光灯的电阻 $r=10\ \Omega$，$C=2$ mF 的电容充

电到 80 V 时，开关 S 由位置 1 打向位置 2，闪光灯的截止电压为 20 V，求闪光灯的闪光时间和流经闪光灯的平均电流。

解　设开关转换时刻为 0，则由题知

$$u_C(0_+)=u_C(0_-)=80\text{ V}$$

$$i(0_+)=\frac{u_C(0_+)}{r}=8\text{ A}$$

$$\tau=rC=10\times2\times10^{-3}=0.02\text{ s}$$

$$u_C(\infty)=0,\ i(\infty)=0$$

代入三要素公式，得

$$u_C(t)=80\mathrm{e}^{-50t}\text{ V}$$

$$i(t)=8\mathrm{e}^{-50t}\text{ A}$$

由于闪光灯的截止电压为 20 V，因此电压 $u_C(t)$降至 20 V 时所需时间 T_H 就是闪光灯的闪光时间，有

$$u_C(T_H)=20=80\mathrm{e}^{-50T_H}$$

解得

$$T_H\approx0.0277\text{ s}$$

则流经闪光灯的平均电流

$$I=\frac{1}{T_H}\int_0^{T_H}i(t)\mathrm{d}t=\frac{1}{0.2277}\int_0^{0.0277}8\mathrm{e}^{-50t}\mathrm{d}t\approx6\text{ A}$$

由于简单的 RC 电路能产生短时间的大电流脉冲，因此这一类电路还可用于电子点焊机、电火花加工机和雷达发射管等装置中。

5.7.4　数字集成电路中的频率限制

现代数字集成电路(如可编程逻辑阵列(PLA)和微处理器)都是由称为门的晶体管电路连接而成的。

数字信号用数码 1 和 0 的组合来表示。从电气上看，高电压表示逻辑“1”，低电压表示逻辑“0”。实际上，数字集成电路的高电压和低电压都有对应的电压范围，如 7400 系列 TTL 集成电路中，2～5 V 之间的电压将被认为是逻辑“1”，0～0.8 V 之间的电压被认为是逻辑“0”，0.8～2 V 之间的电压不与任何逻辑状态对应。

数字集成电路的一个关键参数是工作速度。这里的“速度”是指一个门电路从一个逻辑状态转换到另一个逻辑状态的速度，以及将一个门电路的输出传到另一个门电路的输入所需的延时。目前限制数字集成电路速度的主要因素是互连线。可以用一个简单的 RC 电路来等效两个逻辑门之间的连接线。例如，一条长 2000 μm，宽 2 μm 的连接线，在典型的硅集成电路中，这样的连线可用一个 0.5 pF 的电容(寄生电容)与一个 100 Ω 的电阻组成的电路来等效，如图 5.7－5 所示。

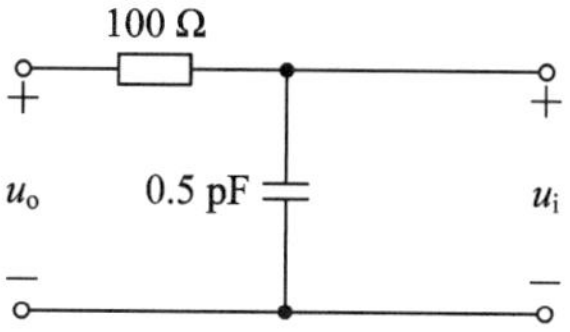

图 5.7－5　集成电路互连线等效电路

设电压 u_o 为一个门电路的输出电压，它从逻辑“0”变化到逻辑“1”，u_i 为另一个门电路

的输入电压。设 u_o 发生变化的时刻为 0，$u_o(0)$ 为高电平的最小值，且电容的初始储能为 0，即 $u_i(0)=0$，电路时常数为 $\tau=RC=50$ ps，则可以得到

$$u_i(t)=u_o(0)(1-e^{\frac{-t}{\tau}})$$

一般认为，u_i 经过 5τ（即 250 ps）暂态过程结束，其值达到 $u_o(0)$。如果暂态过程结束之前 u_o 再次发生状态改变，则电容没有足够的时间进行完全充电。在这种情况下，u_i 将小于 $u_o(0)$，这表示 u_i 将不会随之变为逻辑“1”。如果这时 u_o 突然变为 0 V（逻辑 0），则电容将开始放电，从而使 u_i 进一步减小。所以，如果逻辑状态转换得太快，将不能使信息从一个门电路传送到另一个门电路。

因此，门逻辑状态能够变化的最快速度为 $\frac{1}{5\tau}$ Hz 可以用最大工作频率来表示，即

$$f_{\max}=\frac{1}{2\times 5\tau}$$

其中，常数因子 2 考虑了充电和放电周期。对于图 5.7-5 所示电路，其最大工作频率 $f_{\max}=2$ GHz。如果需要集成电路工作在更高的频率下来执行更快的计算，则需要减小互连电容和互连电阻。

5.7.5 示波器探头 RC 补偿电路

示波器等仪器的测量输入端总有输入电阻和输入电容或寄生电容。当信号通过测量线进入测量设备时，信号会受到这类电阻和电容的影响。为了减少影响，一般在该类仪器的测试探头中增加一个 RC 并联补偿电路，如图 5.7-6 所示。

从图 5.7-6 中可看出，此时被测信号并没有完全加到示波器的输入端，而是相当于在示波器输入端引入一个分压器，所以加了 RC 补偿电路的探头称为衰减式探头。

例 5.7-3 电路如图 5.7-6 所示，$t=0$ 时接入信号电源，求 $t>0$ 时电压 u_{C_2}。

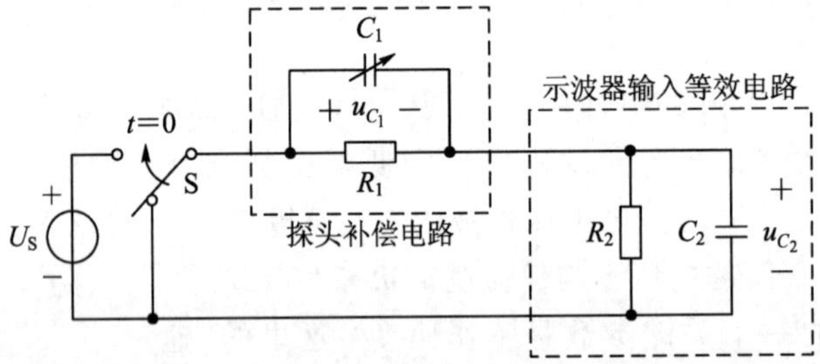

图 5.7-6 示波器探头 RC 补偿电路

解 将图 5.7-6 所示电路中的电压源用短路代替后，电容 C_1 与 C_2 并联可等效为一个电容 C，说明该电路是一个直流激励的一阶电路，可以利用三要素公式，其时常数为

$$\tau=RC=\frac{R_1R_2}{R_1+R_2}(C_1+C_2)$$

由电路可知 $u_{C_1}(0_-)=u_{C_2}(0_-)=0$，当 $t=0$ 时开关转换，由 KVL 有

$$u_{C_1}(0_+)+u_{C_2}(0_+)=U_S \tag{5.7-1}$$

此式说明电容电压在 $t=0_+$ 时刻的值不为 0，电容电压强迫发生跃变。为计算 $u_{C_2}(0_+)$，需利用电荷守恒定律，即有

$$-C_1u_{C_1}(0_+)+C_2u_{C_2}(0_+)=-C_1u_{C_1}(0_-)+C_2u_{C_2}(0_-)=0 \qquad (5.7-2)$$

由式(5.7-1)和式(5.7-2)解得

$$u_{C_2}(0_+)=\frac{C_1}{C_1+C_2}U_S$$

$t\to\infty$电路达到直流稳态时，电容相当于开路，利用分压公式，得

$$u_{C_2}(\infty)=\frac{R_1}{R_1+R_2}U_S$$

代入三要素公式，得

$$\begin{aligned}u_{C_2}(t)&=\left[\frac{R_2}{R_1+R_2}+\left(\frac{C_1}{C_1+C_2}-\frac{R_2}{R_1+R_2}\right)e^{-\frac{t}{\tau}}\right]U_S\\&=\left[\frac{R_2}{R_1+R_2}+\frac{R_1C_1-R_2C_2}{(C_1+C_2)(R_1+R_2)}e^{-\frac{t}{\tau}}\right]U_S \qquad t>0\end{aligned}$$

可见，改变 C_1 的值可以得到 3 种情况：① 当 $R_1C_1<R_2C_2$ 时，输出电压的初始值比稳态值小，暂态分量不为 0，称为欠补偿；② 当 $R_1C_1>R_2C_2$ 时，输出电压的初始值比稳态值大，暂态分量不为 0，称为过补偿；③ 当 $R_1C_1=R_2C_2$ 时，输出电压的初始值与稳态值相等，暂态分量为 0，称为完全补偿或无失真补偿，此时输出波形与输入波形相同，测量结果无失真。这就是在示波器探头中设置一个可调电容的原因。

有时还在示波器的输入端引出多个不同衰减倍数的探头，以适应示波器对不同大小输入信号的测量要求。

5.7.6 延时电路设计

RC 电路常为报警器、电机控制等产生一个延时。图 5.7-7 给出一个报警延时应用电路及原理。图 5.7-7(a)所示 RC 延时电路中的报警单元包含一个门限检测器，当报警单元的输入超过某门限值时，报警器被打开。图 5.7-7(b)所示原理中 u_i 是来自传感器的电压，u_C 是报警单元的输入。

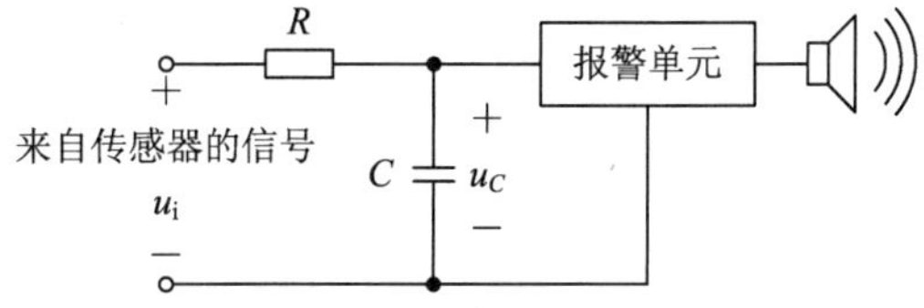

(a) RC 延时电路

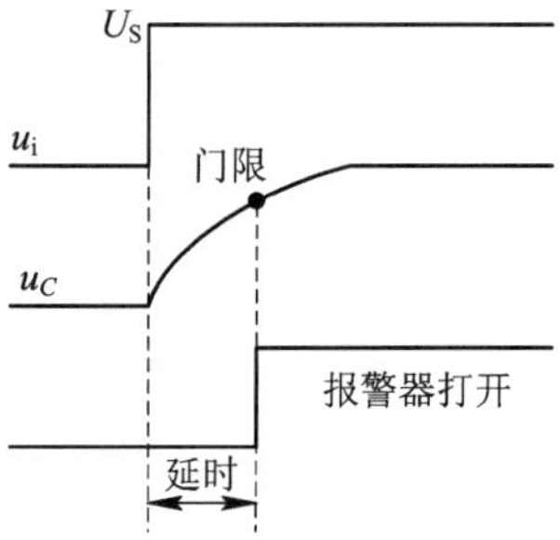

(b) 原理

图 5.7-7 RC 报警延时应用电路及原理

例 5.7-4 有一防盗保险柜，当保险柜门被打开时，防盗传感器会产生一个 20 V 的直

流电压。当报警单元的输入电压超过门限电压 $U_T=16$ V 时，报警器被激活。请设计一 RC 电路，当主人打开保险柜门时，要求至少有 25 s 的时间延时来关闭报警系统。（现手头有一 40 μF 的电容器）

解 选图 5.7-7 所示的 RC 延时电路结构，且 $C=40$ μF。现在的任务就是确定 R 的值。当保险柜门打开时，$u_i=U_S=20$ V，对于这样一个简单的 RC 电路，可得

$$u_C(t)=U_S(1-e^{-\frac{t}{RC}})$$

整理上式并取自然对数，有

$$-\frac{t}{RC}=\ln\left(\frac{U_S-U_C}{U_S}\right)$$

当 $u_C=U_T$ 时，延时时间

$$t_d=-RC\ln\left(\frac{U_S-U_T}{U_S}\right) \tag{5.7-3}$$

令式(5.7-3)中 $t_d=25$ s，$U_T=16$ V，$U_S=20$ V，$C=40$ μF，可解得

$$R\approx 388\ \text{k}\Omega$$

选大于 388 kΩ 的邻近标准电阻值，即可得 $R=390$ kΩ。

习 题 5

5-1 电路如题 5-1 图所示，已知电容电压 $u_C=10\sin 2t$ V，$-\infty<t<\infty$，求电路的端电压 u。

5-2 电路如题 5-2 图所示，已知 $t\geqslant 0$ 时 $u=5+2e^{-2t}$ V，$i=1+2e^{-2t}$ A，求电阻 R 和电容 C。

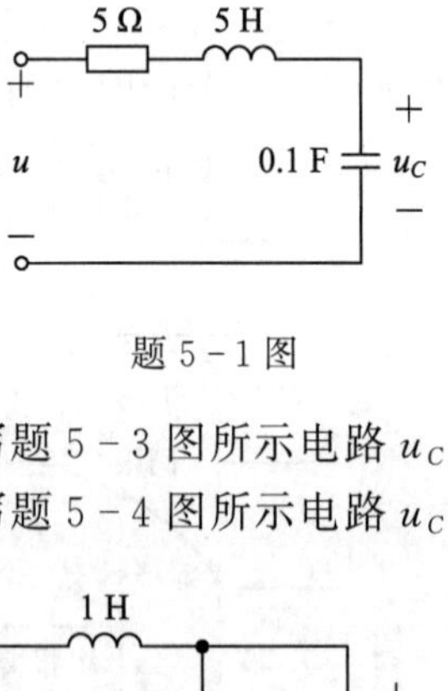

题 5-1 图

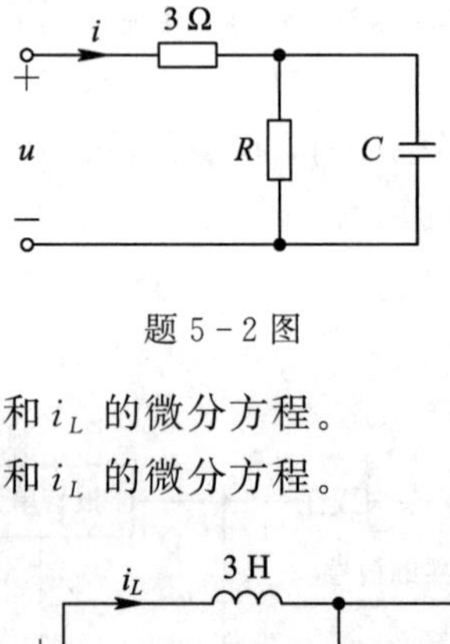

题 5-2 图

5-3 列写题 5-3 图所示电路 u_C 的微分方程和 i_L 的微分方程。

5-4 列写题 5-4 图所示电路 u_C 的微分方程和 i_L 的微分方程。

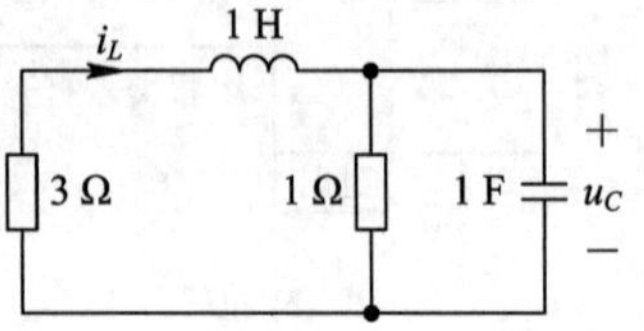

题 5-3 图

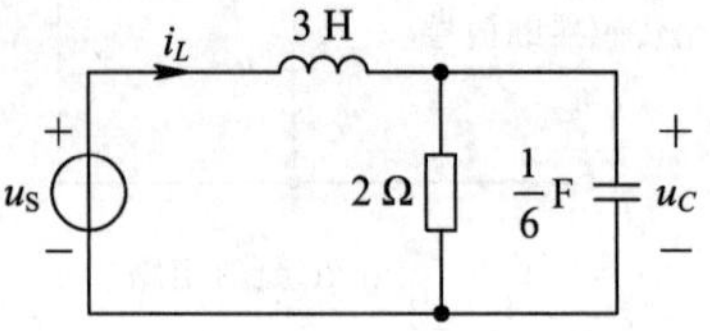

题 5-4 图

5-5　电路如题 5-5 图所示，在 $t<0$ 时开关 S 位于位置 1，电路已处于稳态。当 $t=0$ 时开关 S 由位置 1 闭合到位置 2，求初始值 $i_L(0_+)$和 $u_L(0_+)$。

5-6　电路如题 5-6 图所示，开关 S 断开，电路已处于稳态。当 $t=0$ 时开关 S 闭合，求初始值 $i_L(0_+)$、$u_C(0_+)$、$i_C(0_+)$和 $i_R(0_+)$。

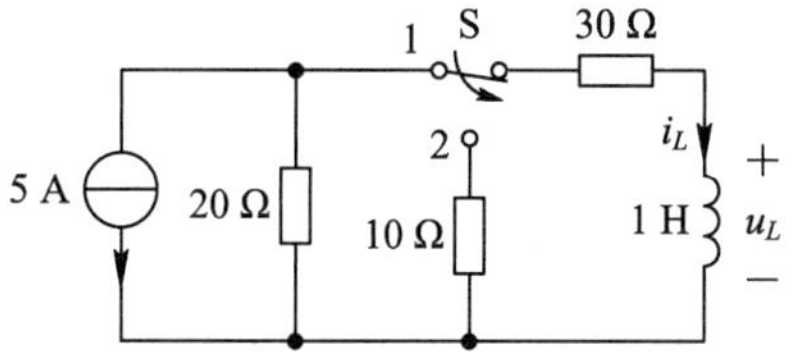

题 5-5 图

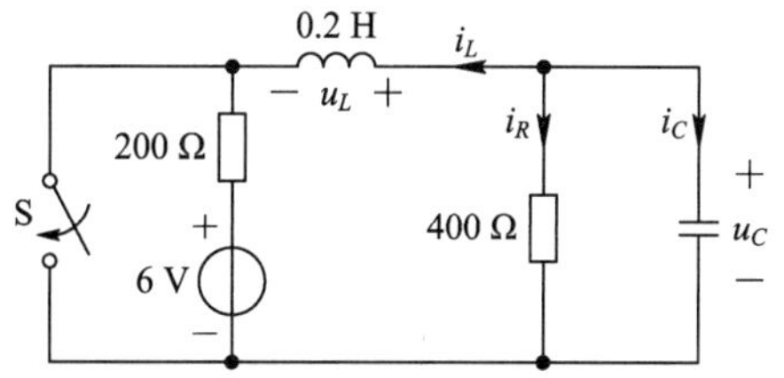

题 5-6 图

5-7　电路如题 5-7 图所示，开关 S 断开，电路已处于稳态。当 $t=0$ 时开关 S 闭合，求初始值 $u_L(0_+)$、$i_C(0_+)$和 $i(0_+)$。

5-8　电路如题 5-8 图所示，$t<0$ 时开关 S 断开，电路已处于稳态。当 $t=0$ 时开关 S 闭合，求初始值 $u_L(0_+)$、$i_C(0_+)$和 $u_R(0_+)$。

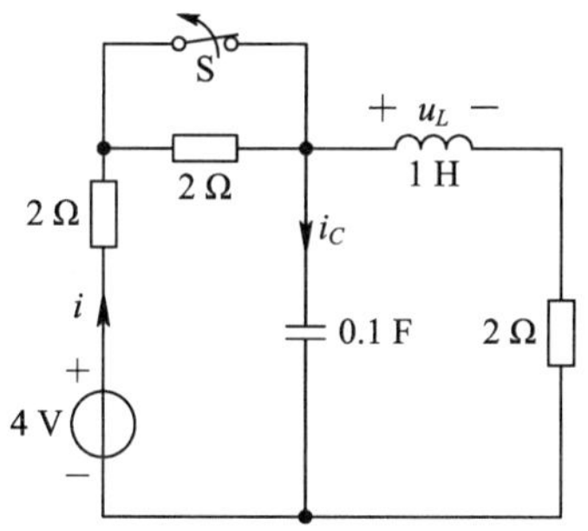

题 5-7 图

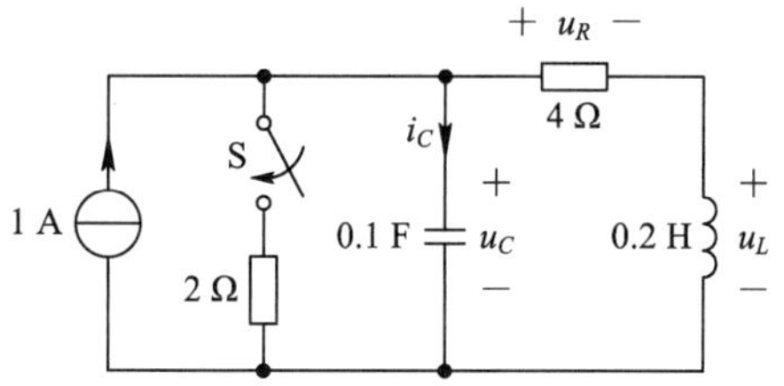

题 5-8 图

5-9　电路如题 5-9 图所示，$t=0$ 时开关闭合，闭合前电路已处于稳态。求 $t\geqslant 0$ 时的电压 $u_C(t)$，并画出其波形。

5-10　电路如题 5-10 图所示，$t<0$ 时开关 S 断开，电路已处于稳态。当 $t=0$ 时开关 S 闭合，求 $t\geqslant 0$ 时的电压 u_C、电流 i 的零输入响应和零状态响应，并画出其波形。

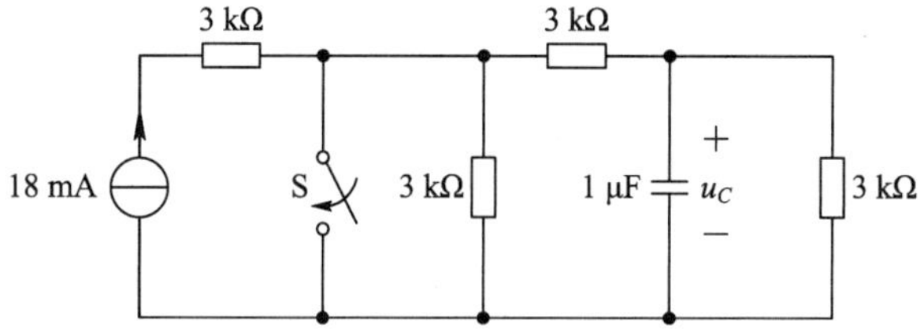

题 5-9 图

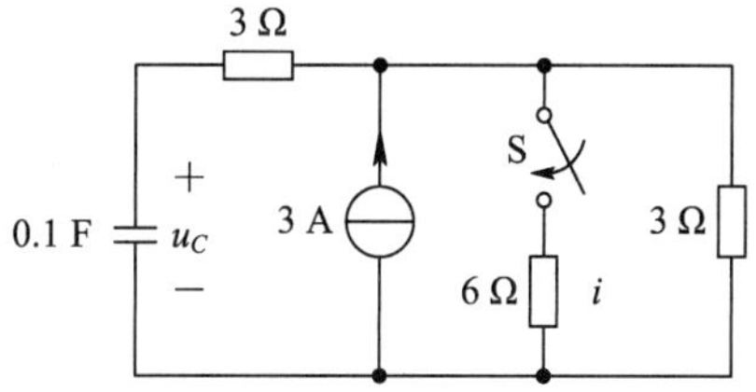

题 5-10 图

5-11　电路如题 5-11 图所示，在 $t<0$ 时开关 S 位于位置 1，电路已处于稳态。当 $t=0$ 时开关 S 由位置 1 闭合到位置 2，求电压 u_C、电流 i 的零输入响应和零状态响应，并

画出其波形。

5－12　电路如题 5－12 图所示，在 $t<0$ 时开关 S 位于位置 1，电路已处于稳态。当 $t=0$ 时开关 S 由位置 1 闭合到位置 2，求电压 i_L、u 的零输入响应和零状态响应，并画出其波形。

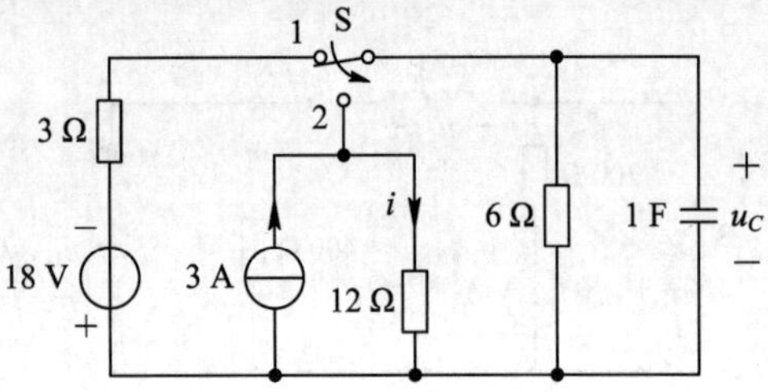

题 5－11 图

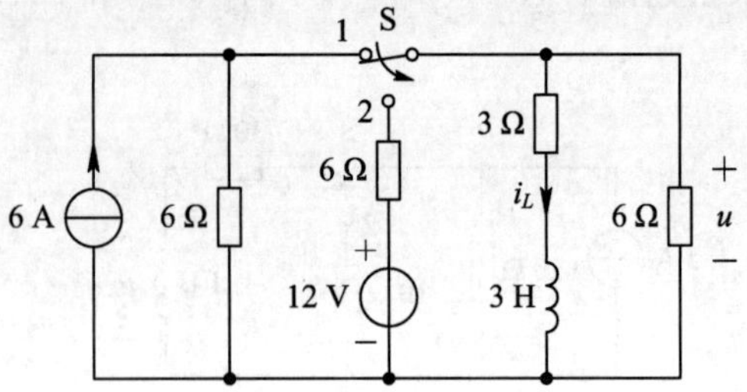

题 5－12 图

5－13　电路如题 5－13 图所示，电容初始储能为零，当 $t=0$ 时开关 S 闭合，求 $t\geqslant 0$ 时的电压 u_C。

5－14　电路如题 5－14 图所示，电感初始储能为零，当 $t=0$ 时开关 S 闭合，求 $t\geqslant 0$ 时的电压 i_L。

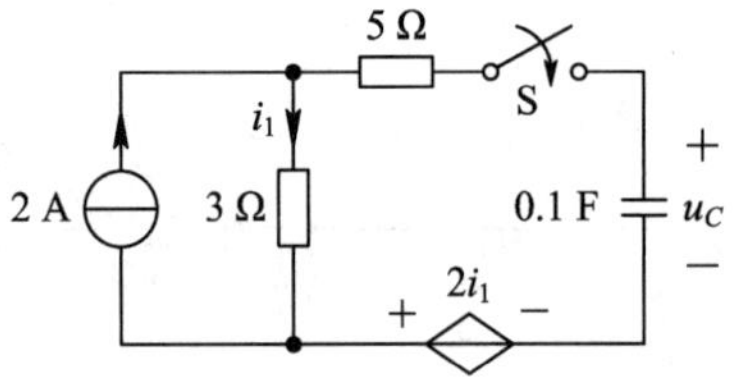

题 5－13 图

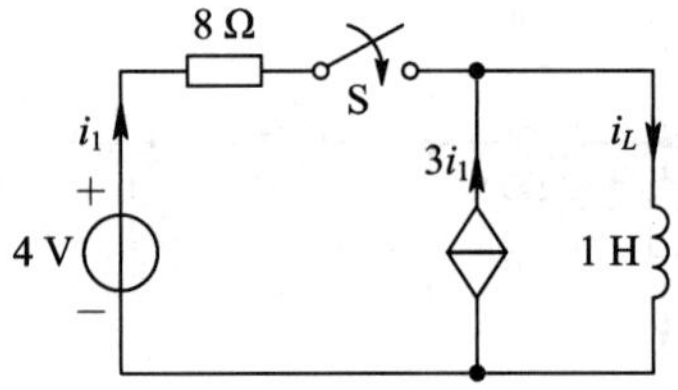

题 5－14 图

5－15　电路如题 5－15 图所示，电容初始储能为零，当 $t=0$ 时开关 S 闭合，求 $t\geqslant 0$ 时的电压 i_1。

5－16　电路如题 5－16 图所示，$t<0$ 时开关 S 闭合，电路已处于稳态。当 $t=0$ 时开关 S 打开，求 $t\geqslant 0$ 时的 u_L、i_L。

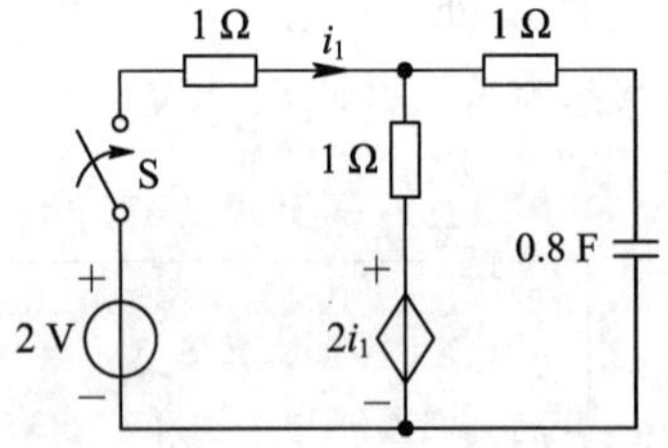

题 5－15 图

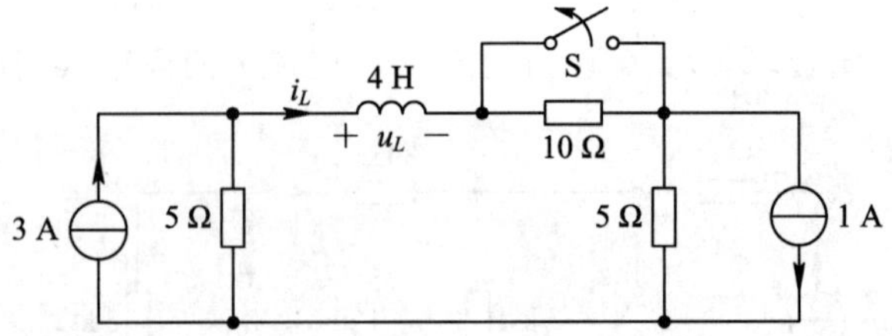

题 5－16 图

5－17　电路如题 5－17 图所示，在 $t<0$ 时开关 S 位于位置 1，电路已处于稳态。当 $t=0$ 时开关 S 由位置 1 闭合到位置 2，求电压 u、电流 i 的零输入响应和零状态响应，并画出其波形。

5－18　电路如题 5－18 图所示，在 $t<0$ 时电路已处于稳态。当 $t=0$ 时开关 S 闭合，

闭合后经过 10 s 开关又断开，求 $t \geqslant 0$ 时的 u_C，并画波形。

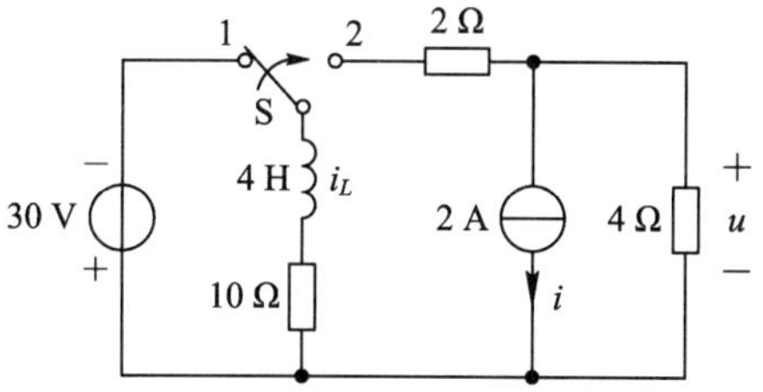

题 5-17 图

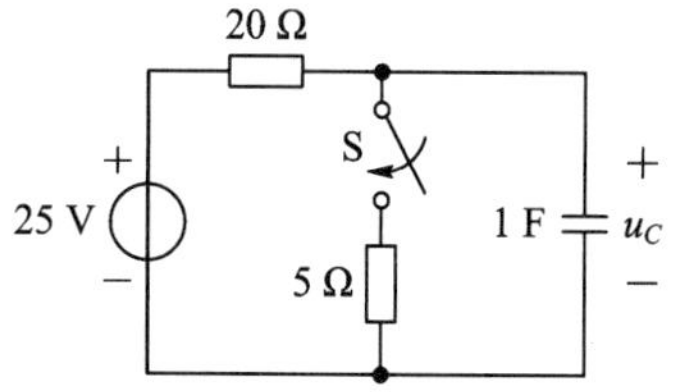

题 5-18 图

5-19　电路如题 5-19 图所示，在 $t<0$ 时开关 S 位于位置 1，电路已处于稳态。当 $t=0$ 时开关 S 由位置 1 闭合到位置 2，经过 2 s 后，开关又由位置 2 闭合至位置 3。

（1）求 $t \geqslant 0$ 时的 u_C，并画出波形。

（2）求电压 u_C 恰好等于 3 V 时刻 t 的值。

5-20　电路如题 5-20 图所示，在 $t<0$ 时开关 S 是断开的，电路已处于稳态。当 $t=0$ 时开关 S 闭合，求 $t \geqslant 0$ 时的电流 i。

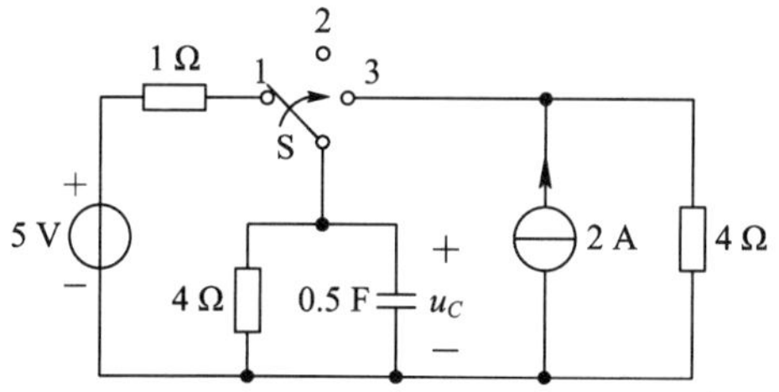

题 5-19 图

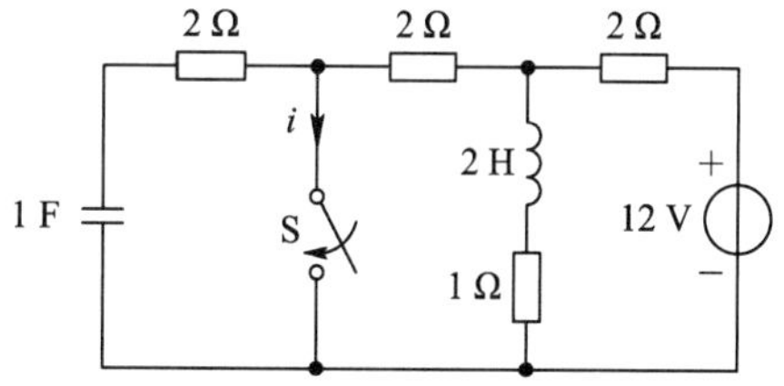

题 5-20 图

5-21　电路如题 5-21 图所示，已知 $i_L(0_-)=0$，$u_C(0_-)=0$，求 $t \geqslant 0$ 时的电压 u 和电流 i。

5-22　电路如题 5-22 图所示，已知电容的初始电压 $u_C(0_+)$ 一定，激励源均在当 $t=0$ 时接入。已知当 $u_S=2$ V，$i_S=0$ 时，$t \geqslant 0$ 时全响应 $u_C=1+e^{-2t}$ V；当 $u_S=0$，$i_S=2$ A 时，$t \geqslant 0$ 时全响应 $u_C=4-2e^{-2t}$ V。

（1）求 R_1、R_2 和 C 的值。

（2）求当 $u_S=2$ V，$i_S=2$ A 时，全响应 u_C。

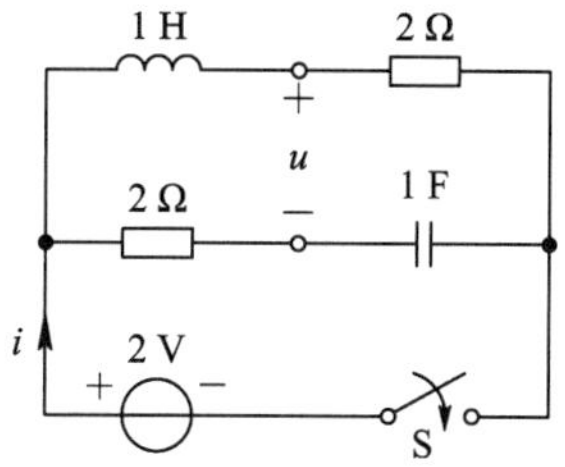

题 5-21 图

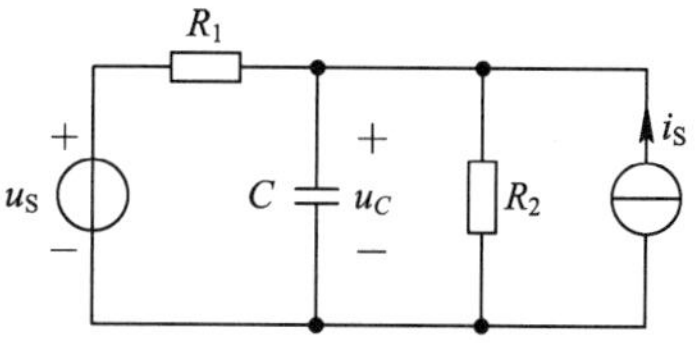

题 5-22 图

5-23　电路如题 5-23 图所示，电路 N 中不含储能元件，$t \geqslant 0$ 时输出电压的零状态响应

$u_0(t)=1+e^{\frac{-t}{4}}$(V)。如果将 2 F 的电容换为 2 H 的电感，求输出电压的零状态响应$u_0(t)$。

5-24 电路如题 5-24 图所示，在 $t<0$ 时开关 S 是断开的，电路已处于稳态。当 $t=0$ 时开关 S 闭合，求 $t\geqslant 0$ 时的电压 $u(t)$和电流 $i(t)$。

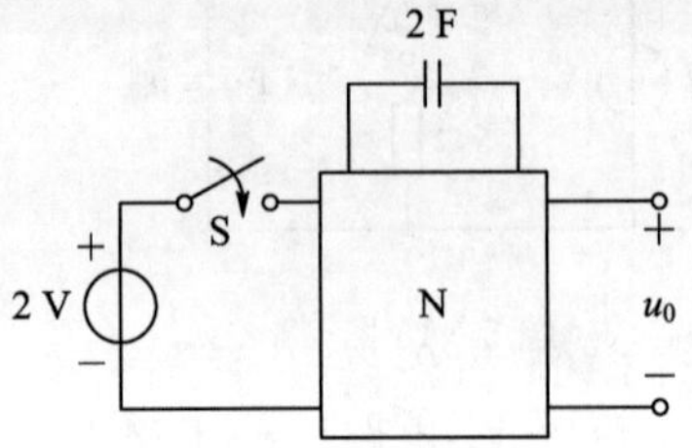

题 5-23 图

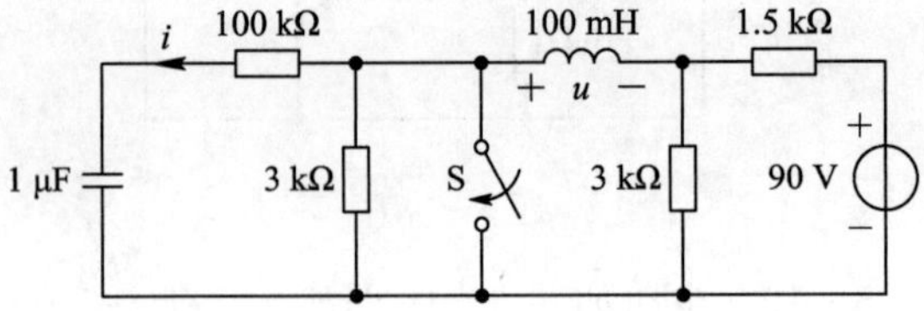

题 5-24 图

5-25 电路如题 5-25 图所示，已知 $I_S=100$ mA，$R=1$ kΩ，$t=0$ 时开关 S 闭合。

(1) 求使得固有响应为零的电容初始电压值。

(2) 若 $C=1$ μF，$u_C(0_+)=50$ V，求 $t=10^{-4}$ s 时的 u_C 和 i_C 的值。

(3) 若 $u_C(0_+)=-50$ V，为使 $t=10^{-3}$ s 时的 u_C 等于零，求所需的电容 C 的值。

5-26 电路如题 5-26 图所示，在 $t<0$ 时开关 S 位于位置 1，电路已处于稳态，当 $t=0$ 时开关 S 由位置 1 闭合到位置 2。

(1) 若 $C=0.1$ F，求 $u_C=\pm 3$ V 时的时间 t。

(2) 为使 $t=1$ s 时的 u_C 为零，求所需的 C 的值。

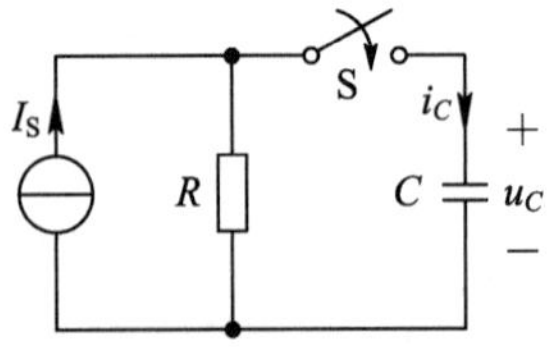

题 5-25 图

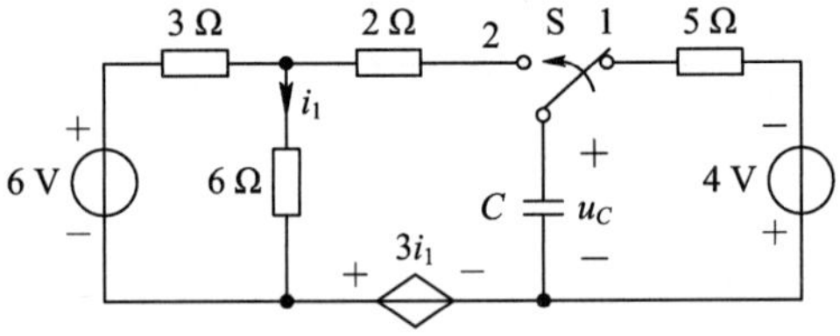

题 5-26 图

5-27 题 5-27 图所示电路原已处于稳态，当 $t=0$ 时，受控源的控制系数 r 突然由 10 Ω 变为 5 Ω，求 $t\geqslant 0$ 时的电压 $u_C(t)$。

5-28 电路如题 5-28 图所示，在 $t=0_-$ 时，$u_1(0_-)=60$ V，$u_2(0_-)=0$，$t=0$ 时开关 S 闭合。

(1) 求 $t\geqslant 0$ 时的 u_1 和 u_2，并画出其波形图。

(2) 计算在 $t\geqslant 0$ 时电阻吸收的能量。

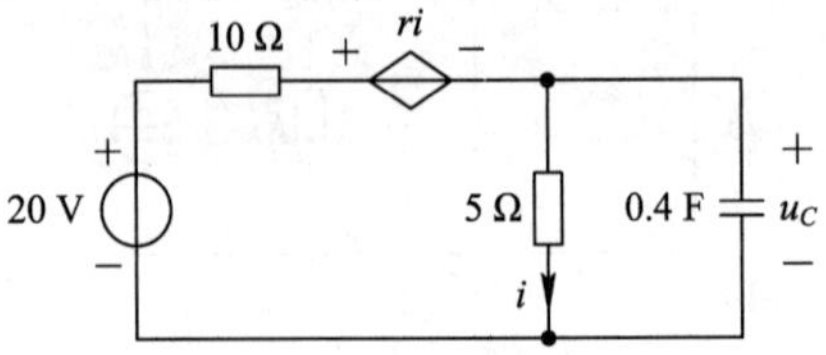

题 5-27 图

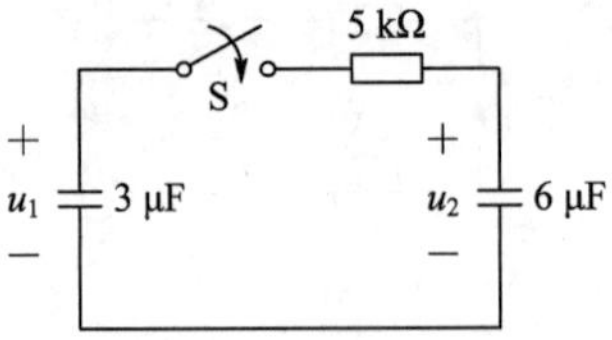

题 5-28 图

5－29　电路如题 5－29 图所示，以 i_L 为输出。

(1) 求阶跃响应。

(2) 若输入信号 i_S 的波形如题 5－29 图(b)所示，求 i_L 的零状态响应。

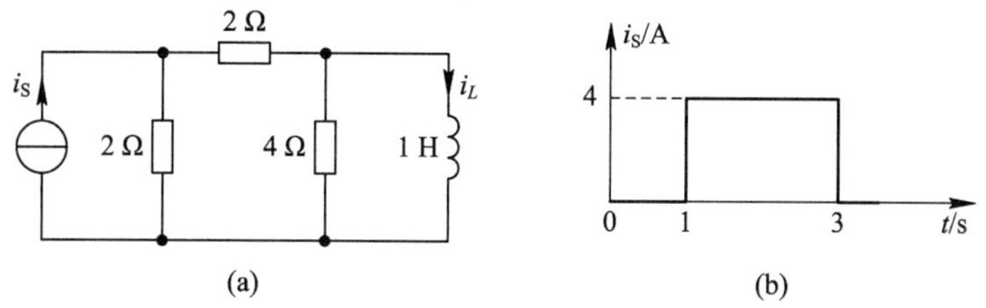

题 5－29 图

5－30　电路如题 5－30 图(a)所示，若输入电压 u_S 如题 5－30 图(b)所示，求 u_C 的零状态响应。

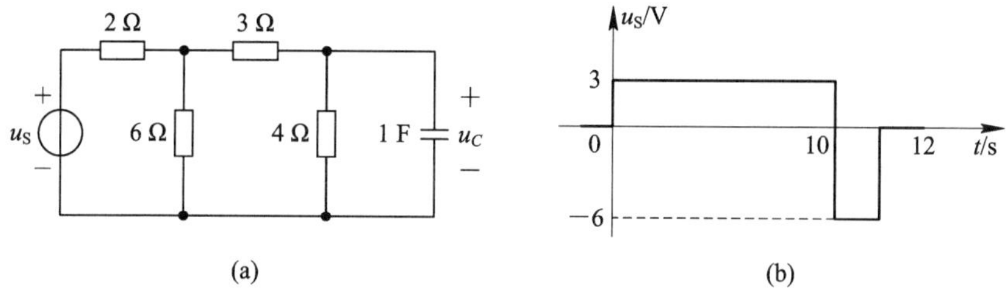

题 5－30 图

5－31　电路如题 5－31 图所示，若以 u_C 为输出，求其阶跃响应。

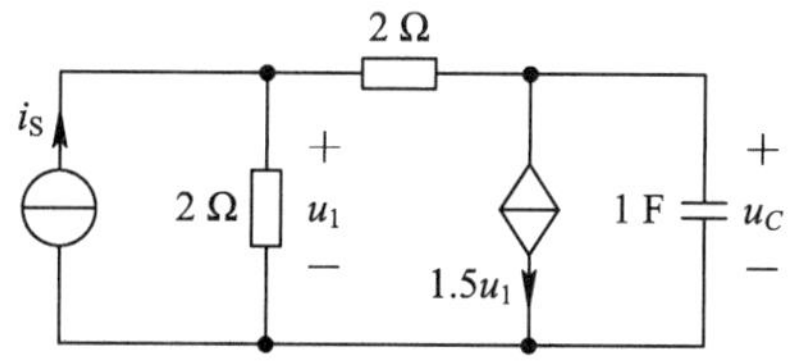

题 5－31 图

部分习题参考答案

第 1 章

1-1 (1) 8 W; (2) $-10\ \mu W$; (3) 4 V; (4) -60 A

1-2 $I=-2$ A

1-3 $P_A=32$ W; $P_B=-12$ W

1-4 $P_B=-30$ W; $P_C=15$ W

1-5 $i_1=-2$ A; $i_2=3$ A

1-6 $u_1=-2$ V; $u_{ab}=9$ V

1-7 (1) $u(t)=\begin{cases}15t\ \text{V} & 0\leqslant t\leqslant 2\ \text{s}\\ 0 & \text{其余}\end{cases}$

(2) $p(t)=\begin{cases}45t^2\ \text{mW} & 0\leqslant t\leqslant 2\ \text{s}\\ 0 & \text{其余}\end{cases}$

(3) $\omega=120$ mJ

1-8 $i=0.5$ A

1-9 (1) $i=-1$ A; (2) $u=14$ V; (3) $i=3$ A

1-10 -12 W; 25 W; -12 W

1-11 (1) $i=2$ A; (2) $i=-1$ A; (3) $u=-4$ V

1-12 $R=2.5$ kΩ; $R=800$ Ω

1-13 (1) $u_1=1.5$ V; $u_2=26.5$ V; (2) $u_S=15$ V; $i=1$ A

1-14 20 Ω; 2 Ω; 1.5 Ω; 16.3 Ω; 10 Ω

1-15 (1) $R=3$ Ω; (2) $u_A=1$ V

1-16 (1) $R_{ab}=\dfrac{1}{1+\beta}$ Ω; $R_{ab}=\dfrac{6}{5-\gamma}$ Ω; $R_{ab}=\dfrac{2}{3-\alpha}$ Ω

1-17 (1) $u_{ab}=2.5$ V; (2) $i_{ab}=1.2$ mA

1-18 $u=2$ V

1-19 $u=-6$ V; $i=2$ mA

1-20 $R=4$ Ω

1-21 $i=-0.4$ A

1-22 $i_1=1$ A; $u=3$ V

1-23 $-3\ \text{V}\leqslant u_a\leqslant 9$ V

1-24 $R_1=0.6$ Ω; $R_2=5.4$ Ω

1-25 (1) $i=2e^{-t}$A, $t\geqslant 0$; (2) $W_{C\max}=4$ J

1-26 $u(t)=\begin{cases}0 & t\leqslant 0\\ 10t\ \text{V} & 0<t\leqslant 1\\ 10\ \text{V} & 1<t\leqslant 3\\ 10(t-2)\ \text{V} & 3<t\leqslant 4\\ 20\ \text{V} & t>4\end{cases}$

1-27 $u=2e^{-2t}$ V，$t\geqslant 0$；$W_{C\max}=2.5$ J

1-28 $i(t)=\begin{cases}0 & t\leqslant 0\\ 0.5t\ \text{A} & 0<t\leqslant 1\\ 0.5\ \text{A} & 1<t\leqslant 3\\ 0.5(4-t)\ \text{A} & 3<t\leqslant 4\\ 0 & t>4\end{cases}$

1-29 $u=5$ V，$t\geqslant 0$

1-30 $i(t)=\begin{cases}0 & t\leqslant 0\\ 5t+2\ \text{mA} & 0<t\leqslant 1\\ 5\ \text{mA} & 1<t\leqslant 2\\ -2.5t+9\ \text{mA} & 2<t\leqslant 4\\ 0 & t>4\end{cases}$

1-31 (1) 9 H；(2) 16 μF；(3) 150 pF

第 2 章

2-1 (a) $i_1=-1$ A，$i_2=-1$ A，$i_3=-2$ A；

(b) $i_1=-0.8$ A，$i_2=-2$A，$i_3=-1.2$ A

2-2 (a) $\begin{cases}3i_1-i_2=2\\ -i_1-4i_2=-3\end{cases}$ (b) $\begin{cases}4i_a+2i_b+i_c=-2\\ 2i_a+5i_b=-6\\ i_a+3i_c=6\end{cases}$

(c) $\begin{cases}5i_1-3i_2=2i_a-2\\ -3i_1+5i_2+2i_3=-4\\ 2i_2+3i_3=2i_a，\ i_a=i_2+i_3\end{cases}$ (d) $\begin{cases}i_a=1\\ 2i_a+3i_b+u=0\\ -i_a+3i_c-u=-2\\ i_b-i_c=2\end{cases}$

2-3 (a) $\begin{cases}2u_1-0.5u_2-u_3=1\\ -0.5u_1+u_2-0.5u_3=-2\\ -u_1-0.5u_2+2.5u_3=3\end{cases}$ (b) $\begin{cases}8u_1-5u_3=-2\\ 3u_2-u_3=2\\ -u_2+6u_3=3\end{cases}$

(c) $\begin{cases}4u_1-u_2-2u_3=6\\ -u_1+3u_2-2u_3=-3u\\ u_3=10，\ u=u_1\end{cases}$ (d) $\begin{cases}2.5u_1-2.5u_2=6\\ -2.5u_1+3u_2=-5\end{cases}$

2-4 $u=8$ V；$i=3$ A；$P_{产生}=-8$ W

2-5 $u=-2$ V；$i=1$ A；$P_{产生}=18$ W

2-6 $u=2$ V；$i=2$ A；$P_{产生}=25$ W

2-7 $u=16$ V；$i=-4$ A

2-8 (a) $u_{ab}=3$ V；(b) $u_{ab}=4$ V

2-9 $i=2$ A

2-10 $u=20$ V

2-11 $i_x=3.2$ A

2-12 $i_x=2$ A，$u_x=3$ V

2-13 (1) $u_x=-4$ V；(2) $u_x=-3$ V；(3) $u_x=-1$ V

2-14 $i=2.5$ mA

2-15 $u=15$ V；$i=1$ A

2-16 $i_x(t)=e^{-t}+2-4\cos 2t$ A

2-17 (1) $u_1=12$ V，$i=2$ A，$u_S=54$ V；
(2) $u_1=2.22$ V，$u_2=0.74$ V，$i=0.37$ A；
(3) $u_1=9$ V，$u_2=3$ V

2-18 $i=13$ mA

2-19 $u=2$ V

2-20 1.8 倍

2-21 (a) $u_{OC}=6$ V，$R_0=2$ Ω；　(b) $u_{OC}=4$ V，$R_0=1$ Ω；
(c) $u_{OC}=5$ V，$R_0=2$ Ω；　(d) $u_{OC}=-3$ V，$R_0=1.5$ Ω。

2-22 $i_L=6$ A

2-23 $R=4$ Ω

2-24 (a) $R_L=5$ Ω，$P_{Lmax}=1.25$ W；　(b) $R_L=10$ Ω，$P_{Lmax}=2.5$ W；
(c) $R_L=6$ Ω，$P_{Lmax}=6$ W；　(d) $R_L=6$ Ω，$P_{Lmax}=1.5$ W。

第 3 章

3-1～3-3 答案略

3-4 $u_S(t)=1.58\cos(10^6 t+26.6°)$ V

3-5 $i(t)=1.58\cos(10^3 t+33.4°)$ A

3-6 $u_S=25$ V

3-7 $I=50$ mA

3-8 $\dot{I}_1\approx 9.84\angle 56.4°$ A；$\dot{I}_2\approx 8.45\angle -5°$ A；$\dot{I}_3\approx 8.95\angle 172°$ A；

3-9 设 $\dot{U}=10\angle 0°$ V，$\dot{I}_R=0.2\angle 0°$ A；$\dot{I}_L=0.4\angle 90°$ A；$\dot{I}_C=0.5\angle 90°$ A；$\dot{I}\approx 0.22\angle 26.6°$ A

3-10 (1) $Z=R=20$ Ω，$Y=1/R=0.05$ S；(2) $Z=5\angle 90°$ Ω，$Y=0.2\angle -10°$ S
(3) $Z=\mathrm{j}20$ Ω，$Y=-\mathrm{j}0.05$ S；(4) $Z=5\angle 170°$ Ω，$Y=0.2\angle -17°$ S
(4) $Z=5\angle 17°$ Ω，$Y=0.2\angle -17°$ S

3-11 (1) $R=5$ Ω；(2) $C=0.002$ F；(3) $L=0.5$ H

3-12 $C=20\ \mu F$

3-13 $R_1=4\ \Omega$；$X_L=3\ \Omega$；$R_2\approx 7.07\ \Omega$；$X_C\approx 7.07\ \Omega$；$Z\approx 4.24\angle 12.1°\ \Omega$

3-14 (a) $Z=2\ \Omega$, $Y=0.5$ S；(b) $Z\approx 2\angle 53.1°\ \Omega$；$Y\approx 0.5\angle -53.1°$ S

(c) $Z\approx 9.85\angle -35.2°\ \Omega$；$Y\approx 0.1\angle -35.2°$ S

3-15 $U\approx 83.3$ V；$I\approx 0.833$ A

3-16 $I_R\approx 1.41$ A；$U\approx 100$ V

3-17 $i_C=2\cos(10^6 t+90°)$ A

3-18 (1) $C=200$ pF；(2) $U_S=10$ V, $U_{ab}=5$ V, $I_R=7.07$ mA, $I_L=7.07$ mA

3-19 $X_L=\dfrac{20}{2\mp\sqrt{2}}\approx\begin{cases}76.5\ \Omega & \text{这时 } \dot{U}_1 \text{ 滞后于 } \dot{U}_2\, 30° \\ 5.36\ \Omega & \text{这时 } \dot{U}_1 \text{ 滞后于 } \dot{U}_2\, 150°\end{cases}$

3-20 伏特计读数为 4.8 V；$C=0.025\ \mu F$

3-21 $R=50\ \Omega$；$L=200$ mH；$C=5\ \mu F$

3-22 $I\approx 17.3$ A；$R\approx 6.04\ \Omega$；$X_2\approx 2.89\ \Omega$；$X_C\approx 11.5\ \Omega$

3-23 $\dot{I}=1-j1$ A

3-24 (a) $50+j50$ V；(b) $j4$ V

3-25 (a) $\dot{U}_{OC}=\dfrac{1}{j\omega C}\dot{I}_S$, $Z_{ep}=\dfrac{1}{j\omega C(1+a)}$；(b) $\dot{U}_{OC}=3\angle 0°$ V, $Z_{ep}=3\angle 0°\ \Omega$

3-26 $u(t)=10+3.16\cos(t+18.4°)+7.07\cos(2t+8.13°)$ V

3-27 $u_C(t)=1.41\cos(t-45°)+1.41\cos(2t-45°)$ V

3-28 (1) $Z=1000\angle 30°\ \Omega$, $\widetilde{S}=4.33+j2.5$ VA, $S=5$ VA

(2) $Z=250\angle -45°\ \Omega$, $\widetilde{S}=3.54-j3.54$ VA, $S=5$ VA

3-29 $I=2.24$ A；$U_{ab}=20$ V；$\widetilde{S}=40-j20$ VA

3-30 $r=750\ \Omega$；$X_L=375\ \Omega$

3-31 $R_2\approx 9.98\ \Omega$；$X_L\approx 10.7\ \Omega$

3-32 $\dot{I}\approx 1\angle 16.3°$ A；$\dot{I}_2\approx 1.7\angle 73.7°$ A

3-33 $\dot{U}_1\approx 10.6\angle -135°$ V；$\dot{U}_2=j10$ V

3-34 $Z_L=4-j3\ \Omega$；$P_{Lmax}=4.5$ W

3-35 $Z_L=1.5+j0.5\ \Omega$；$P_{Lmax}=0.75$ W

3-36 $Z_L=500+j500\ \Omega$；$P_{Lmax}=625$ W

3-37 $Z_L=3+j3\ \Omega$；$P_{Lmax}=1.5$ W

3-38 (1) $P=7.68$ W；(2) 65 W

3-39 $P=0+1768+(-130)+0=1638$ W；$U=124.3$ V；$I=38.7$ A

3-40 (1) $\cos\theta\approx 0.822$；(2) $C\approx 137.1\ \mu F$

3-41 (1) 答案略；(2) $u_{ab}=8e^{-2t}$ V, $u_{ad}=-4e^{-2t}$ V, $u_{ac}=12e^{-2t}$ V

3-42 (1) $\dot{I}_1\approx 0.6\angle -53.1°$ A, $\dot{U}_{ab}\approx 2.4\angle 36.9°$ A；(2) $\dot{I}_1=1\angle 0°$ A；$\dot{I}_{ab}=2\angle 0°$ A

3-43 (a) 2 H；(b) 6 H；(c) 4 H

3-44 $\dot{I}_1 \approx 5\angle -53.1^\circ$ A，$\dot{I}_3 \approx 4.47\angle -26.6^\circ$ A；(2) $\dot{U}_{ab} \approx 72.75\angle -4.76^\circ$ V

3-45 (1) $\dot{I}_1 \approx 4\angle -53.1^\circ$ A，$\dot{I}_2 \approx 4.47\angle 26.6^\circ$ A，$P=40$ W；
(2) $R_L=5.83\ \Omega$；$P_{Lmax}=56.6$ W；
(3) $Z_L=3-j5\ \Omega$；$P_{Lmax}=83.3$ W

3-46 $\dot{U}_2 \approx 0.316\angle 161.6^\circ$ V

3-47 $\dot{I}_1=2\angle 0^\circ$ A，$\dot{U}_2=60\angle 180^\circ$ V，$P=20$ W

3-48 (a) $n\approx 3.16$，$P_L=0.2$ W；(b) $n=3$，$P_L=9$ W

3-49 (1) $\dot{I}_1=1.5$ A，$Z_{in}=4\ \Omega$，$P_L=9$ W；(2) $\dot{I}_1=2$ A，$Z_{in}=3\ \Omega$，$P_L=9$ W

3-50 $\dot{U}=10$ V；$Z_{in}=10\ \Omega$；$U_2=4$ V

3-51 (1) $U_p=220$ V，$P_L=4.45$ kW；(2) $I_1=26.3$ A，$P_L=10.4$ W

3-52 $I_1=40$ A；$Z\approx 3.18\angle 36.9\ \Omega$

第 4 章

4-1 (a) $H(j\omega)=\dfrac{R_2}{R_1+R_2}\times\dfrac{j\omega}{j\omega+\dfrac{R_1R_2}{L(R_1+R_2)}}$；(b) $H(j\omega)=\dfrac{j\omega+\dfrac{1}{R_1C}}{j\omega+\dfrac{R_1+R_2}{R_1R_2C}}$

4-2 (a) $H(j\omega)=-\dfrac{\dfrac{1}{RC}}{j\omega+\dfrac{1}{RC}}$，$\omega_C=\dfrac{1}{RC}$，$0\sim\omega_C$；

(b) $H(j\omega)=-\dfrac{j\omega}{j\omega+\dfrac{R}{L}}$，$\omega_C=\dfrac{R}{L}$，$\omega_C\sim\infty$

4-3 (1) $H(j\omega)=\dfrac{\dfrac{1}{R_1C_2}j\omega}{(j\omega)^2+\left(\dfrac{1}{R_1C_2}+\dfrac{1}{R_2C_2}+\dfrac{1}{R_2C_1}\right)j\omega+\dfrac{1}{R_1R_2C_1C_2}}$

(2) $\omega_0=\dfrac{1}{RC}$，$Q=\dfrac{1}{3}$，$H_{max}=\dfrac{1}{3}$，$\omega_{C_1}=0.3028\omega_0$，$\omega_{C_2}=3.303\omega_0$

4-4 $f_0=1.989\approx 2$ MHz；$Q=80$；$B=24.9$ kHz；$I_0=0.1$ A；$U_L=U_C=80$ V

4-5 $Q=50$；$r=10\ \Omega$；$L=796\ \mu$H；$C=3180$ pF

4-6 $r=2.5\ \Omega$；$L=0.396$ H

4-7 (1) $\omega_0=10^5$ rad/s，$Q=10$，$B=1.59$ kHz
(2) $C=796$ pF，$L=31.8\ \mu$H

4-8 (1) $f_0=796$ kHz，$Z_0=100$ kΩ，$Q=100$，$B=7.96$ kHz
(2) $C=126.7$ pF，$B=20$ kHz
(3) $R=41.9$ kΩ

4-9 (1) $f_0=1.59$ MHz, $Q=40$, $Z_0=40$ kΩ

(2) $Q_L=20$, $I_L=I_C=20$ mA, $I_R=0.5$ mA, $U=20$ V

4-10 $U_L=50$ V, $R_2=100$ Ω

4-11 $\omega_0=\dfrac{R}{\sqrt{\left(R^2+\dfrac{L}{C}\right)}}\times\dfrac{1}{\sqrt{LC}}$，谐振阻抗 $Z_0=\dfrac{L}{RC}$

4-12 答案略

4-13 电流表 A_2 的读数为 6 A

4-14 $L_1=0.12$ H, $L_2=0.96$ H

4-15 (1) 0.54～1.624 MHz；(2) 68～204

第 5 章

5-1 $u=10\sqrt{2}\cos(2t+45^\circ)$ V

5-2 $R=2$ Ω, $C=0.5$ F

5-3 $u_C''+4u_C'+4u_C=0$；$i_L''+4i_L'+4i_L=0$

5-4 $u_C''+3u_C'+2u_C=2u_S$；$i_L''+3i_L'+2i_L=u_S'/3+u_S$

5-5 $i_L(0_+)=-2$ A；$u_L(0_+)=80$ V

5-6 $u_C(0_+)=4$ V；$i_L(0_+)=-10$ mA；$i_C(0_+)=0$，$i_R(0_+)=10$ mA

5-7 $u_L(0_+)=0$ V；$i(0_+)=0.5$ mA；$i_C(0_+)=-0.5$ A

5-8 $u_R(0_+)=4$ V；$i_C(0_+)=-2$ A；$u_L(0_+)=0$

5-9 $u_C(t)=18e^{-\frac{2000}{3}t}$ V, $t\geqslant 0$

5-10 $u_{Czi}(t)=9e^{-2t}$ V, $t\geqslant 0$；$i_{Czi}(t)=0.6e^{-2t}$ A, $t\geqslant 0$

$u_{Czs}(t)=6(1-e^{-2t})$ V, $t\geqslant 0$；$i_{Czs}(t)=1-0.4e^{-2t}$ A, $t\geqslant 0$

5-11 $u_{Czi}(t)=-12e^{-t/4}$ V, $t\geqslant 0$；$i_{zi}(t)=-e^{-t/4}$ A, $t\geqslant 0$

$u_{Czs}(t)=12(1-e^{-t/4})$ V, $t\geqslant 0$；$i_{zs}(t)=1-e^{-t/4}$ A, $t\geqslant 0$

5-12 $i_{Lzi}(t)3e^{-2t}$ A, $t\geqslant 0$；$u_{zi}(t)=-9e^{-2t}$ V, $t\geqslant 0$

$i_{Lzs}(t)=1-e^{-2t}$ A, $t\geqslant 0$；$u_{zs}(t)=3(1+e^{-2t}$ V, $t\geqslant 0$

5-13 $u_C(t)=10(1-e^{-t})$V, $t\geqslant 0$

5-14 $i_L(t)=2(1-e^{-2t})$A, $t\geqslant 0$

5-15 $i_1(t)=0.5+0.3e^{-t}$A, $t\geqslant 0$

5-16 $i_L(t)=1+e^{-5t}$A, $t\geqslant 0$；$u_L(t)=-20e^{-5t}$V, $t\geqslant 0$

5-17 $i_L(t)=0.5+2.5e^{-4t}$A, $t\geqslant 0$；$u(t)=-6+10e^{-4t}$V, $t\geqslant 0$

5-18 $u_C(t)=\begin{cases}5+20e^{-t/4}\ \text{V} & 0\leqslant t\leqslant 10\ \text{s}\\ 25-18.4e^{-\frac{t-10}{20}}\ \text{V} & t>10\ \text{s}\end{cases}$

5-19 (1) $u_C(t)=\begin{cases}4e^{-t/4}\ \text{V} & 0\leqslant t\leqslant 2\ \text{s}\\ 4-2.53e^{-(t-2)}\ \text{V} & t>2\ \text{s}\end{cases}$

(2) $u_C=3$ V时, $t_1=0.575$ s, $t_2=2.928$ s

5-20 $i(t)=2e^{-t/2}+1.5-0.5e^{-t}$ A, $t\geqslant 0$

5-21 $i(t)=1-e^{-2t}+e^{-t/2}$ A, $t\geqslant 0$; $u(t)=2e^{-2t}+2e^{-t/2}$ V, $t\geqslant 0$

5-22 (1) $R_1=R_2=4\ \Omega$, $C=0.25$ F; (2) $u_C(t)=5-3e^{-2t}$ V, $t\geqslant 0$

5-23 $u_0(t)=2-e^{-t}$ V, $t\geqslant 0$

5-24 $i(t)=-0.45e^{-10t}$ A, $t\geqslant 0$; $u(t)=45e^{-10^4 t}$ V, $t\geqslant 0$

5-25 (1) $u_C(0_+)=100$ V; (2) $u_C=54.8$ V, $i_C=45.2$ mA, (3) $C=2.47\ \mu$F

5-26 (1) $u_C=-3$ V时, $t=0.527$ s; $u_C=3$ V时, $t=0.602$ s

(2) $C=0.392$ F

5-27 $u_C(t)=5-e^{-t}$ V, $t\geqslant 0$

5-28 (1) $u_1(t)=20+40e^{-100t}$ V, $t\geqslant 0$; $u_2(t)=20(1-e^{-100t})$ V, $t\geqslant 0$

(2) 3.6 mJ

5-29 (1) $g(t)=0.5(1-e^{-2t})\varepsilon(t)$ A

(2) $i_L(t)=2[1-e^{-2(t-1)}]\varepsilon(t-1)-2[1-e^{-2(t-3)}]\varepsilon(t-3)$ A

$$=\begin{cases}0 & t\leqslant 1\text{ s}\\ 2[1-e^{-2(t-1)}]\text{A} & 1\text{ s}<t\leqslant 3\text{ s}\\ 1.96e^{-2(t-3)}\text{ A} & t>3\text{ s}\end{cases}$$

5-30 $u_C(t)=[1-e^{\frac{-t}{2}}]\varepsilon(t)-3[1-e^{\frac{-(t-10)}{2}}]\varepsilon(t-10)+2[1-e^{\frac{-(t-12)}{2}}]\varepsilon(t-12)$V

$$=\begin{cases}1-e^{\frac{-t}{2}}\text{ V} & 0\leqslant t\leqslant 10\text{ s}\\ -2+2.99e^{-\frac{t-10}{2}}\text{V} & 10\text{ s}\leqslant t\leqslant 12\text{ s}\\ 0.9e^{-\frac{t-12}{2}}\text{ V} & t>12\text{ s}\end{cases}$$

5-31 $g(t)=-(1-e^{-t})\varepsilon(t)$ V

电路常用名词索引

参考文献

[1] 邱关源，罗先觉. 电路. 5 版. 北京：高等教育出版社，2006.

[2] 李瀚荪. 电路分析基础. 4 版. 北京：高等教育出版社，2006.

[3] 周长源. 电路理论基础. 2 版. 北京：高等教育出版社，1996.

[4] 江泽佳. 电路原理. 3 版. 北京：高等教育出版社，1992.

[5] 林争辉. 电路理论(第一卷). 北京：高等教育出版社，1988.

[6] CHU L O，DESOER C A，KUH E S. Linear and Nonlinear Circuits. New York：McGraw-Hill，Inc.，1987.

[7] 陈洪亮，张峰，田社平. 电路基础. 北京：高等教育出版社，2007.

[8] 于歆杰，朱桂萍，陆文娟. 电路原理. 北京：清华大学出版社，2007.

[9] 王松林，吴大正，李小平，等. 电路基础. 3 版. 西安：西安电子科技大学出版社，2008.

[10] 王松林，王辉. 电路基础(第三版)教学指导书. 西安：西安电子科技大学出版社，2009.

[11] 胡翔骏. 电路分析. 2 版. 北京：高等教育出版社，2007.

[12] 燕庆明. 电路分析教程. 2 版. 北京：高等教育出版社，2007.

[13] 张永瑞，王松林，李小平. 电路分析. 北京：高等教育出版社，2004.

[14] CHARLES K A，MATTHEW N O S. 电路基础. 刘巽亮，倪国强，译. 北京：电子工业出版社，2003.

[15] WILLIAM H H，JACK E K，STEVEN M D. 工程电路分析. 8 版. 周玲玲，蒋乐天，译. 北京：电子工业出版社，2007.

[16] ALLAN H R，WLIHELM C M. Circuit Analysis：Theory and Practice(影印本). 北京：科学出版社，2003.

[17] JAMES W N，SUSAN A R. 电路. 7 版. 周玉坤，冼立勤，李莉，等，译. 北京：电子工业出版社，2005.

[18] 陈怀琛，吴大正，高西全. MATLAB 及在电子信息课程中的应用. 北京：电子工业出版社，2002.

[19] 孙肖子，张企民，赵建勋，等. 模拟电子电路及技术基础. 2 版. 西安：西安电子科技大学出版社，2008.

[20] 贾新章. 电子电路 CAD 技术：基于 OrCAD9.2. 西安：西安电子科技大学出版社，1994.

[21] 邱关源. 网络理论分析. 北京：科学出版社，1982.

[22] 来新泉，王松林，王辉，等. 专用集成电路设计实践. 西安：西安电子科技大学出版社，2008.

[23] ROBERT L B. 电路分析导论. 12 版. 陈希有，张新燕，李冠林，等译. 北京：机械工业出版社，2014.

[24] 陈希有. 电路理论教程. 北京：高等教育出版社，2013.

[25] 齐超，刘洪臣，王竹萍. 工程电路分析基础. 北京：高等教育出版社，2016.